中小型水利工程质量监督实践与示例

王伟灵　编著

中国水利水电出版社
www.waterpub.com.cn
·北京·

内 容 提 要

本书对我国中小型水利工程质量监督管理实践探索予以全面、系统的总结。针对中小型水利工程，特别是北方地区中小型水利工程投资规模相对较小、工期相对较短，参建各方的技术水平不高，甚至县区质监机构的质监人员既缺乏工程建设经验，又缺少参考资料的特点，以水利工程质量监督的工作程序为主线，依据当前国家和水利部有关水利工程质量管理、质量监督和质量检测等方面的法律、法规、技术标准，结合各地中小型水利工程质量监督的实践，介绍了工程质量监督概要、水利工程质量监督体制、工程质量监督手续办理与工作计划、工程项目划分确认、工程质量验收评定表格的确定与填写、工程质量监督检查、工程质量监督报告编写等内容。书中选用了大量通用表格样式和近年来对水利工程质量监督工作具有启示和警示作用的工程实践案例。

本书可供从事中小型水利工程建设质量监督管理及项目管理、勘察设计、施工、监理、质量检测等专业人员使用，对水利工程建设领域的生产、管理、教学、科研人员也具有参考价值。

图书在版编目（CIP）数据

中小型水利工程质量监督实践与示例 / 王伟灵编著
. -- 北京 : 中国水利水电出版社, 2019.6
ISBN 978-7-5170-7570-7

Ⅰ. ①中… Ⅱ. ①王… Ⅲ. ①水利工程－工程质量监督－研究 Ⅳ. ①TV512

中国版本图书馆CIP数据核字(2019)第055218号

书　名	**中小型水利工程质量监督实践与示例** ZHONGXIAOXING SHUILI GONGCHENG ZHILIANG JIANDU SHIJIAN YU SHILI
作　者	王伟灵　编著
出版发行	中国水利水电出版社 （北京市海淀区玉渊潭南路1号D座　100038） 网址：www.waterpub.com.cn E-mail：sales@waterpub.com.cn 电话：（010）68367658（营销中心）
经　售	北京科水图书销售中心（零售） 电话：（010）88383994、63202643、68545874 全国各地新华书店和相关出版物销售网点
排　版	中国水利水电出版社微机排版中心
印　刷	清淞永业（天津）印刷有限公司
规　格	184mm×260mm　16开本　25.25印张　614千字
版　次	2019年6月第1版　2019年6月第1次印刷
印　数	0001—2500册
定　价	**120.00**元

前言

这本书汇集了许许多多陕西省水利工程质量管理工作者的宝贵实践，凝聚了方方面面的关爱与支持！

1998年，我从河海大学毕业到陕西省参加工作，那时起便开始从事水利工程质量监督工作，恰逢陕西省水利建设史上的第三次高潮，全省八大重点水利工程建设如火如荼。我有幸得到了原陕西省水利工程质量监督中心站站长宋玉书先生的言传身教，终日穿梭于三秦大地火热的水利建设工程一线进行监督检查。在工地工作之余，我搜集了一些工程实例，并进行简单的总结分析，有的已撰写为专业论文并发表。后来，在陕西省水利工程质量监督员培训过程中，我在进行专业知识讲解时，就拿自己搜集的工程实例和大家一起交流、切磋。近年来，西安、咸阳、宝鸡、铜川的一些市县水利局和质监站邀请我去给专业技术干部做质量管理及质量监督方面的培训。授课时我会针对不同的对象，选择相应的行业规程、规范和质量标准，以及自己在各个工地拍摄的工程图片和示例，制作成PPT课件供学员参考，同志们也给予了我宝贵、中肯的修改建议。

转眼之间，年逾不惑。20年的水利工程质量监督工作让我积累了不少纸质和电子文件资料。水利行业的各位同学、好友都鼓励支持我编写个人著作并出版，陕西各市质监站也建议编著水利工程质量监督操作手册类的书籍以便对工作起到指导参考作用。在各方亲友团的鼓励和支持下，我出书的想法也逐步清晰、逐步坚定，最终于2018年年初，开始筹划、构思、准备工作。谋划之初，我给自己明确了四个努力的目标：

(1) 接地气——紧扣陕西省中小型水利工程质量监管工作实际。本书有别于法规和规范性文件生硬的条文要求，也不同于常见的理论研究书籍。书中大量的工程案例全部来自于陕西省水利建设中丰富的工程实践，小型水利工程突出了陕西省水利建设特色，紧扣工程特点，简明扼要，便于参考学习、实践操作；文字力求朴实、通俗易懂，贴近县、区水利部门的工作实际，努力成为广大基层水利技术干部从事中小型水利工程质量监管工作的操作指南。

（2）破困局——解决市县中小型水利工程质量监管之急。中小型水利工程的特点是投资规模较小，工期较短，参建各方的技术水平不高，甚至县区质监机构的质监人员也是既缺乏工程建设经验，又缺少有关的参考资料。水利部近年颁布的许多质量管理规程、规范和技术标准，不太适用于量大面广的小型水利工程，在工程质量检验评定过程中，经常出现无章可循的局面。所以，通过本书的编著，希望能部分解决市县水利管理部门的燃眉之急，为中小型水利工程的质量管理确定“量体裁衣”的标尺。

（3）闯新路——拓展全省水利工程质量管理思路。随着社会科技的进步，水利建设中也出现了越来越多的新技术、新方法、新材料、新设备、新工艺的研发和推广应用。本书要在水利工程建设新材料的质量控制、质量检测技术运用与监管、质量监督信息化管理等方面进行积极的探索和实践，为它们下一步在全省范围内全面运用打下一定的基础，提供有益的借鉴。

（4）树规矩——有助于规范全省水利工程质量监管。水利工程质量监督机构是受水行政主管部门的委托，代替其行使水利工程质量监督职能的机构，对水利工程质量具体实施监督管理。本书定位为中小型水利工程质量监督工作手册，就要明确工作责任、确定工作重点、制定工作程序、规范工作内容，促进各级水利工程质量监督机构按照中央及省有关要求，落实质量责任制，规范监管工作程序，抓好工程质量关键部位和关键环节，建立起责权明确、行为规范、执法有力的质量监管队伍。

在编写本书大纲之时，许多同志都根据本地工程质量监督工作中出现的问题，为本书提出了许多很好的编写建议，并提供了自己近年来进行专业研究的论文、工作经验总结和大量的工程示例。编写过程中，各方行家里手不辞辛劳、积极参与。高存厚参编第4、5、7、8、10、11、12章，王勇参编第2、4、9、10、11、12章，李凯参编第9、10、11、12章，李俊辉参编第6、8章，李晓旭参编第5、10章，崔巍参编第1章，朱振东参编第1、3章，鲍河冰参编第3、13章。他们的参编与修改工作，极大地增强了我的信心和动力，加快了本书的编写进度。

书稿初成，82岁高龄的老站长宋玉书审阅了全书，并提出许多修改意见和建议；其他已退休的老领导和老专家吕卫东、高希望、王俊明分别对本书不同的章节进行了重点审阅，为拙作增色不少。我的老朋友、著名书法家、陕西省书法家协会副主席郑墨泉先生，听闻此事，欣然题写书名以示祝贺。中国水利水电出版社李亮分社长从繁忙的工作中抽身担任本书责任编辑，为本书的出版尽心尽力。同时，还要感谢我的家人，他们承担了家里的琐碎事务，默默地支持，确保我集中精力于本书的编写工作，使其能顺利付梓。在此，也要感谢许多默默无闻地工作在水利建设一线的同志们、朋友们，他们辛勤的水利工程实践为拙作提供了最强大的源头活水。

如何规范和提高中小型水利工程的质量监督工作，有许多问题需要研究与探索，本书只是在这方面做了初步的探索。由于编者能力有限，书中难免存在疏漏与不妥之处，恳请广大读者批评指正。

编者

2019年5月于西安杜陵等驾坡

目　　录

第一章　工程质量监督概要

“百年大计，质量第一”，工程质量不仅关系到投资效益，甚至关系到国民经济和社会的发展及社会的安定。党中央、国务院对基础设施和各种建设工程质量，特别是水利工程的质量问题极为关心，多次强调质量责任重于泰山，绝不能搞“豆腐渣工程”，并出台了一系列法律法规、政策和措施，确保建设工程质量。

一、工程质量的影响要素

1. 影响要素分类

影响工程质量的原因很多，一般归纳为偶然性原因和异常性原因两类。

偶然性原因是对工程质量经常起作用的原因。如取自同一合格批次的混凝土，尽管每组（个）试块的强度值在一定范围内只有微小差异，但不易控制和掌握，只能用方差、离散系数和保证率等综合性指标来判断整体的质量状况。偶然性原因一般是不可避免的，是不易识别和预防的（也可能采取一定技术措施加以预防，但在经济上显然不合理），所以在工程质量控制工作中，一般都不考虑偶然性原因对工程质量波动影响。偶然性原因在质量标准中是通过规定保证率、离散系数、方差、允许偏差的范围来体现的。

异常性原因是那些人为可以避免的，凭借一定的手段或经验完全可以发现与消除的原因。如调查不充分、论证不彻底，导致项目选择失误；参数选择或计算错误，导致方案选择失误；材料、设备不合格，施工方法不合理，违反技术操作规程等都可能造成工程质量事故等，都是影响工程质量的异常性原因。异常性原因对工程质量影响比较大，对工程质量的稳定起着明显的作用，因此，在工程建设中，必须正确认识它，充分分析它，设法消除它，使工程质量各项指标都控制在规定的范围内。异常性原因在工程质量上的表现是其结果导致某些质量指标偏离规定的标准。

2. 异常性原因

影响工程建设质量的异常性原因很多，概括起来有“人（Man）、机（Machine）、料（Material）、法（Method）、环（Environment）”等五大主要因素，简称4M1E。

随着科学技术的发展，检验检测（Measure）在质量中所起的作用也逐步被社会所重视，“人机料法环”五大要素也逐步发展成为“人机料法环测”六大要素，简称“5MIE”。

（1）“人”的因素。任何工程建设都离不开人的活动，即使是先进的自动化设备，也需要人的操作和管理。这里的“人”不仅是操作者，也包括组织者和指挥者。由于工作质量是工程质量的一个组成部分，而工作质量则取决于与工程建设有关的所有部门和人员。每个岗位工作人员的知识结构、工作经验、质量意识以及技术能力、技术水平的发挥程度，思想情绪和心理状态，执行操作规程的认真程度，对技术要求、质量标准的理解、掌握程度，身体状况、疲劳程度与工作积极性等都对工程质量有不同程度的影响。为此，必须采取切实可行的措施提高人的素质，以确保工程建设质量。

（2）“机”的因素。“机”是投入工程建设的机械设备，在工程施工阶段就是施工机械，它是形成工程实体质量的重要手段。随着科学技术和生产的不断发展，工程建设规模愈来愈大，施工机械已成为工程建设中不可缺少的设备，用来完成大量的土石料开采、运输、填筑和碾压，混凝土拌和、运输和浇筑等工作，代替了繁重的体力劳动，加快了施工进度的同时，施工机械设备的装备水平，在一定程度上也体现了对工程施工质量的控制水平，如土石方工程中的碾压设备、混凝土浇筑工程中的拌和系统计量的现代化程度等都直接影响着工程质量。所以在施工机械设备型号和性能参数选择时，应根据工程的特点、施工条件，并考虑施工的适用性、技术的先进性、操作的方便性、使用的安全性、保证施工质量的可靠性和经济上的合理性，同时要加强对设备的维护、保养和管理，以保持设备的稳定性、精度和效率，从而保证工程质量。

（3）“料”的因素。“料”是投入工程建设的材料、配件和生产用的设备等，是构成工程的实体。所以，工程建设中的材料、配件和生产用设备的质量直接影响着工程实体的质量。因此，必须从组织上、制度上及试验方法和试验手段上采取必要的措施，建筑材料（包括筑堤的土料）在选购前一定要进行试验，确保其质量达到有关规定的要求；对采购的原材料不仅要有出厂合格证，还要按规定进行必要的试验或检验；生产用的配件、设备是使工程项目获得生产能力的保证，不仅其质量要符合有关规定，而且其选择要满足有关规定的要求，以便为最终的工程实体质量打下良好的基础。

（4）“法”的因素。“法”就是施工方法、施工方案和施工工艺。施工方法正确与否、施工方案选择是否得当、施工工艺是否先进可行都对工程项目质量有直接影响。为此，在严格遵守操作规程，尽可能选择先进可行的施工工艺的同时，还要针对施工的难点、重点以及工程的关键部位或关键环节，进行认真研究、深入分析，制定出安全可靠、经济合理、技术可行的施工技术方案，并付诸实施，以保证工程的施工质量。

（5）“环”的因素。“环”即是环境。影响工程项目建设质量的环境因素很多，主要有自然环境，如地形、地质、气候、气象、水文等；劳动环境，如劳动工具、作业面、作业空间等；工程管理环境，如各种规章制度、质量保证体系等；社会环境，如周围群众的支持程度、社会治安等。环境的因素对工程质量的影响复杂而多变，对此要有足够的预见性和超前意识，采取必要的防范与保护措施，以确保工程项目质量目标的实现。

（6）“测”，就是检验检测。质量检测是做好工程质量管理工作的技术保证和重要手段。它为工程设计提供必要的、科学量化的控制指标，从而达到保证工程设计的安全、适用和科学；在工程建设过程中，它提供的各类检测信息，是参建各方组织施工、质量控制、纠正偏差、分析质量事故原因的重要信息和依据，将检测数据和过程控制结合起来，充分利用检测数据进行质量管理。

工程质量检测有单位内部和外部之分。对单位内部来说，内部试验室是本单位的质量保证机构，承担本单位承建工程质量的检测工作；对单位外部来说，就是指向社会出具公正数据的产品质量检验机构，它必须经省级及其以上计量主管部门计量认证，并且取得相应的行业资质。它具有公正性、科学性、真实性、准确性、时效性、严肃性六大特点。

二、水利工程质量管理体系

水利工程质量管理体系一般由项目法人单位质量检查体系、勘察设计单位质量保证体系、施工单位质量保证体系、监理单位质量控制体系、检测单位质量保证体系、其他单位质量保证体系、质量监督机构行政监督体系等组成。

1. 项目法人单位质量检查体系

项目法人对于水利经营性项目是工程建设的投资人，对于公益性项目是政府部门委托代理人，是工程项目建设的总负责方，拥有确定建设项目的规模、功能、外观、选用材料设备、按照国家法律法规规定选择承包单位、支付工程价款等权力，在工程建设各个环节负责综合管理工作，在整个工程项目建设活动中居于主导地位。

要确保建设工程的质量，首先就要对项目法人的行为进行规范和约束，因而，国家对项目法人的质量责任作了明确的规定。其次，项目法人为了维护自己或政府部门的利益，保证工程建设质量，充分发挥投资效益，也需要建立自己的质量检查体系，成立质量检查机构，对工程建设的各个工序、隐蔽工程和各个建设阶段的工程质量进行检查、复核和认可。在实行建设监理的工程项目中，项目法人把这部分工作的全部或部分委托给监理单位来承担。但项目法人仍要对工程建设的质量进行检查和管理，以担负起建设工程质量的全面责任。

目前，项目法人单位存在的主要问题如下：

(1) 建设管理技术人员多为非水利工程专业，或者只具有初级技术职称，缺乏类似工程建设质量管理经验，专业技术力量不足。

(2) 内设机构存在责权分离、职能互相交叉、工作关系不顺等现象，制定的质量管理制度缺少针对性，质量管理体系不完善、质量管理制度不健全、质量管理责任落实不到位。

(3) 质量检测工作安排上，施工自检单位与第三方检测单位同体，还存在检测单位资质等级不符合要求，检测合同中主要检测内容缺项等问题。

(4) 项目质量监督手续办理不及时、主体工程开工后才办理质量监督手续，项目划分不规范、申报确认滞后。

(5) 项目验收工作不规范。有的分部工程已投入使用，但尚未进行分部工程验收；有的单元工程已完工并具备评定条件，也未进行质量评定；交通工程未经验收即投入使用。

(6) 设计变更管理不规范。将重大设计变更作为一般设计变更处理；部分工程重大设计变更未完成报批程序，但已经按照变更方案实施；未履行设计变更手续和未对设计变更组织审查确认等现象。

(7) 其他问题。项目法人没有有效开展质量检查工作；对上级有关部门和质量监督机构监督检查发现的问题整改不到位。

2. 勘察设计单位质量保证体系

勘察设计是整个工程项目建设的灵魂，工程质量在很大程度上取决于设计质量。建设项目能否满足规定要求和具备所需要的特征和特性，主要靠设计的质量来体现。如果一个项目设计方案选择不合理或计算错误，就直接影响工程效益和使用寿命，后期的施工质量再好，也失去实际意义；即便是设计图纸出现小小的差错，也可能给工程施工带来麻烦，进而影响工程建设进度。为此，以较好的勘察设计质量来保证工程建设质量，是工程建设的一个中心环节。

要想取得较好的勘察设计质量，勘察设计单位就应顺应市场经济的发展要求，建立健全自己的质量保证体系，从组织上、制度上、工作程序和方法等方面来保证勘察设计质量，以此来赢得社会信誉，增强在市场经济中的竞争力。勘察设计单位也只有建立一个通过规章制度、程序、方法、组织把质量保证活动加以系统化、程序化、标准化和制度化的体系，才能保证勘察设计成果质量，从而担负起勘察设计单位的质量责任。

住房和城乡建设部（简称“住建部”）将水利水电勘察设计单位按资历和信誉、技术力量、技术装备及应用水平、管理水平和业务成果 5 个方面分成甲、乙、丙 3 个资质等级。

目前，勘察设计单位存在的主要问题如下：

（1）初设审查意见不落实，导致后续工程实体质量出现问题。

（2）设计内容不完整，工程存在防渗、抗冻、耐久性、安全监测等设计内容不完整的现象。

（3）设计深度不足，又未开展施工图审查工作，导致后续工程施工质量控制指标不明确，增加了质量管理难度。

（4）设计要求不明确。例如沥青混凝土心墙高坝，设计单位没有明确心墙沥青混凝土变形和力学等施工质量主控指标，没有根据实际情况对心墙沥青混凝土配合比等主要指标作相应调整，也没有提出特殊施工处理技术要求等。

（5）其他问题。一是主要技术标准选用不当。例如：不选用现行水利行业技术标准，而选用电力行业技术标准；涉及公路桥梁工程，未选用路桥技术标准，仍采用水工技术标准。二是设计变更说明的内容描述过于简单，且没有附必要的图纸说明。三是现场设计服务不到位，对施工过程中出现的应急情况不能及时提出处理方案。四是工程设代日志记录不完整、不规范，设计技术交底不到位。五是未按规定参加重要隐蔽（关键部位）单元工程验收；或者验收资料中没有附地质素描等。

3. 施工单位质量保证体系

工程施工是指根据合同约定和工程的设计文件及相应的技术标准的要求，通过各种技术作业，最终形成建设工程实体的活动。施工阶段是工程质量形成阶段，是工程质量监督的重点阶段。在勘察设计质量有保证的前提下，整个工程建设的质量状况，最终取决于施工质量。

由于工程施工涉及的单位多，生产环节多、时间长，影响质量稳定的因素多，协调管理的难度较大，因此，施工阶段质量控制的任务十分艰巨。施工单位应建立和运用系统工程的观点与方法，以保证工程质量为目的，将企业内部的各部门、各环节的生产、经营、管理等活动严密协调地组织起来，明确他们在保证工程质量方面的任务、责任、权限、工作程序和方法，形成一个有机整体的质量保证体系，并采取必要的措施，使其有效运质量。

根据建设部令第22号《建筑业企业资质管理规定》，住建部会同水利部颁发的《建筑企业资质等级标准》（水利水电施工企业部分）中对从事水利水电工程建设的施工企业，根据其施工的经历、技术队伍的状况、工程机械设备和质量控制检测手段、固定资产和流动资金状况，以及施工能力，将水利水电施工企业资质等级标准分为1个水利水电工程施工总承包企业资质等级标准和水工大坝工程、水工隧洞工程、水工建筑物基础处理工程、水工金属结构制作与安装工程、水利水电设备安装工程、堤防工程等7个专业承包企业资质等级标准。其中水利水电工程施工总承包企业资质分为特级、一级、二级和三级4个等级标准，7个专业承包企业资质均分为一级、二级和三级3个等级标准。

目前，施工单位存在的主要问题如下：

（1）投标承诺的项目建造师、技术负责人和质检员，随意更改、以次充好，“正规企业中标，包工头转包，无证人员上岗”等违规情况时有发生。

（2）原材料及中间产品管理不规范。混凝土拌和站料场露天置放，粗、细骨料标示不清，砂中含泥块较多、骨料粒径不合格，有的工程存在原材料未经检测用于工程建设，甚至检测不合格的原材料用于工程建设，直接造成工程质量问题。

（3）未按设计及规范要求施工。坝体填筑时未按设计和规范要求的“先粗后细”原则进行，而是先填筑了垫层区，后填筑主堆石区；干砌石护坡施工未按规范插砌施工而采用叠砌施工；工程钢筋施工中，机械连接丝头加工质量不合格、连接空隙过大、搭接长度不足。

（4）施工质量控制不到位。没有对混凝土块成品预制件采取养护措施；混凝土施工中，入仓、平仓和振捣等施工工序质量控制不严，墙面出现蜂窝、麻面和气泡等现象；明渠护坡预制块之间的缝隙采用干硬性砂浆回填；溢洪道控制段底板混凝土、心墙基座混凝土、主坝基础混凝土存在贯穿裂缝。

（5）质量评定工作不规范。质量评定表中主控项目缺项较多，如钢筋制作及安装工序质量评定表中未填写钢筋规格和数量，未填写焊接钢筋的规格和焊缝长度、宽度、高度等；个别工程质量评定表内容失真，表中记录内容与其施工资料及现场复核情况明显不符。

4. 监理单位质量控制体系

监理单位受项目法人委托，按照监理合同对工程建设参与者的行为进行监控和督导。它以工程建设活动为对象，以政令法规、技术标准、设计文件、工程合同为依据，以规范建设行为、提高经济效益为目的。在水利工程项目建设实施阶段，监理单位依据监理合同的授权，进行进度、投资和质量控制，而质量控制是监理工作的中心内容。

监理工程师必须严格对每一个单元（工序）进行检查，检查合格，签发单元（工序）工程合格认可单，方可进行下一单元（工序）的施工。如不合格，下达监理通知书给施工单位并指明整改项目。凡整改的项目，整改的结果应反馈给监理单位。对未经监理工程师审查或审查不合格的单元（工序）工程，不予认可，不签发付款凭证。对质量可疑的部位，监理工程师可以要求进行抽检，要求施工单位对不合格或者有缺陷的工程部位进行返工或修补。

监理单位对工程质量的控制，有一套完整的、严密的组织机构、工作制度、控制程序和方法，构成了工程建设项目质量控制体系，它是我国水利工程质量管理体系中一个重要的组成部分，对强化工程质量管理工作，保证工程建设质量发挥着重要的作用。

2006年12月18日，水利部令第29号发布了《水利工程建设监理单位资质管理办法》(2010年5月14日水利部令第40号修改，2015年12月16日水利部令第47号第二次修改，2017年12月22日水利部令第49号第三次修改)，从技术力量、监理经历、管理能力、质量控制手段、人员配备、注册资金等方面对水利工程监理单位资质提出了要求，将其分为水利工程施工监理、水土保持工程施工监理、机电及金属结构设备制造监理和水利工程建设环境保护监理4个专业。其中，水利工程施工监理专业资质和水土保持工程施工监理专业资质分为甲级、乙级和丙级3个等级，机电及金属结构设备制造监理专业资质分为甲级、乙级两个等级，水利工程建设环境保护监理专业资质暂不分级。

目前，监理单位存在的主要问题如下：

(1) 总监理工程师、监理工程师、监理员及其他工作人员的组成（人员素质及数量）达不到合同要求的条件，不能满足所承担监理任务的要求，部分监理人员无证上岗。

(2) 施工过程质量控制不到位。对施工单位不按设计及规范要求施工的现象，没有采取有效措施予以纠错；在工程出现实体质量问题后，也未及时提出整改要求；在施工单位对整改通知长期不予回复的情况下，没有进一步采取有力措施督促整改，导致部分质量问题整改不落实；有的工程存在监理对技术方案审核不严格的问题，有的旁站监理工作流于形式。

(3) 原材料及中间产品质量把关不严。没有原材料进场检查记录，没有督促施工单位及时履行原材料进场报验程序；有的工程存在未经报验的原材料用于工程建设的问题，个别工程甚至存在检测不合格的原材料用于工程建设的问题。

(4) 监理规划和实施细则内容不完善、针对性不强。对质量控制的重点，监理单位没有提出有针对性的质量控制措施，监理规划严重缺项；有的监理实施细则中，缺少高边坡支护、大坝帷幕灌浆、堆石坝填筑和施工期安全监测等关键内容，缺少质量检测数量和具体技术要求等。

5. 设备、材料供应单位质量保证体系

水利工程建设质量是由勘察设计质量、施工质量、材料、配件和设备质量的有机集合而构成的。因此，即使勘察设计质量再好，施工水平再高，而没有采取有效的控制措施，使用了不合格的材料、配件和设备，则整个工程的质量就会存在隐患，甚至造成质量事故，可能导致工程停工而贻误工期。所以说，用于工程的材料、配件和设备采购的质量控制十分重要。

一方面，项目法人、监理、施工单位要采取切实可行的措施和科学分析的方法，采购符合规定要求的产品；另一方面，材料、配件和设备的生产单位要采用先进的科学技术和设备，在提高自身生产能力的同时，也要从组织和管理方面采取必要措施，建立健全质量保证体系以担负起保证产品质量的责任，向用户提供优质产品。

目前，设备、材料供应单位存在的主要问题如下：

(1) 质量控制不严。有意或无意识情况下，将不合格的原材料用于设备制造、工程建设，造成工程质量隐患；出厂检验流于形式，或者没有出厂检验，出厂合格证没有可信

度；有的产品未经有关机构检验，而是通过弄虚作假、私刻检验机构印章、伪造检验报告等手段蒙混过关。

(2) 偷工减料时有发生。为牟取非法利益，低价中标后偷工减料，生产过程中故意只将产品外露或容易检验的部位按合同要求标准生产以备抽检，中间隐蔽部分投机取巧、达不到合同要求标准，产品整体质量及性能不高。

(3) 以次充好，谋取利润。单纯以价格为主要决定因素的采购方式，促使不法供应商铤而走险，恶意低价竞标，提供的材料、设备劣质高价。

(4) 创新意识不强。不重视新材料、新工艺的应用，材料、设备的科技含量不高。

6. 检测单位质量保证体系

水利工程质量检测单位是在获得省级以上（含省级）计量主管部门的计量认证资质认定证书的基础上，又获得水行政主管部门的资质证书，根据国家有关法律、法规和标准，对水利工程实体以及用于水利工程的原材料、中间产品、金属结构和机电设备等进行的检查、测量、试验或者度量，并将结果与有关标准、要求进行比较以确定工程质量是否合格，具有独立承担民事责任、独立法人地位的经济实体。省级以上人民政府计量行政部门通过对质量检测单位的计量检定、测试仪器设备的性能，计量器具的工作环境，考核检测人员的素质，保证量值统一、准确的措施及检测数据公正可靠的管理制度等进行全面考核和承认，促进质量检测单位提供准确可靠的检测数据，提高工作质量，树立起产品检验工作的信誉。

2018 年 4 月 4 日，水利部以〔2018〕3 号公告发布了水利工程质量检测单位资质等级标准，从人员配备、业绩、管理体系和质量保证体系、检测能力等方面的要求将水利工程质量检测单位资质分为岩土工程、混凝土工程、金属结构、机械电气和量测 5 个类别，每个类别分为甲级、乙级 2 个等级。

目前，水利工程质量检测单位存在的主要问题如下：

(1) 超资质范围承揽检测业务。承担工程检测任务所需的检测参数超出了检测单位所通过的计量认证参数范围。

(2) 检测试验内容不完整。出具的检测报告中主控项目缺项。如：砂石骨料品质未定期进行全项抽样检测；未对掺外加剂的混凝土性能进行验收检验；未对骨料碱活性进行质量检测等。

(3) 现场试验室不合规。没有在现场建立符合需要的标准养护室；检测环境条件不满足要求，如没有设置样品间，或者样品的存储环境不合规；必要的仪器、设备缺失，有的仪器设备无状态标识或者未经检定/校准；有的检测单位没有对现场试验室检测参数进行授权；没有建立不合格品登记台账，样品取样登记记录、代表批量等原始记录缺失，检测工作无可追溯性。

(4) 检测报告合法性和真实性无法保证：检测报告没有编号，或者没有相关检测、审核人员签字；检测报告中的数据和结论互相矛盾或者存在逻辑错误；没有采用现行有效的水利行业技术标准，而采用其他行业标准或者过期作废的技术标准；检测报告中检测参数不全，缺少骨料坚固性、有机质含量等主要参数指标。

7. 政府质量监督体系

为了保证建设工程质量，保障公共安全，保护人民群众和生命财产安全，维护国家和人民群众的利益，政府必须加强建设工程质量的监督管理。国务院令第279号《建设工程质量管理条例》将政府质量监督作为一项制度，以法规的形式予以明确，强调了建设工程的质量必须实行政府监督管理。

国家对建设工程质量的监督管理主要是以保证建设工程使用安全和环境质量为主要目的，以法律、法规和强制性标准为依据，以工程建设实体质量和有关的工程参建单位的质量行为为主要内容，以监督认可与质量核验为主要手段。

由于建设工程周期长、环节多、点多面广，而工程质量监督是一项专业性强、技术性强，而且又很繁杂的工作，政府不可能有那么多的精力来亲自进行日常监督检查的工作，为此《建设工程质量管理条例》第四十六条规定，建设工程质量的监督管理职责可以由建设行政主管部门或者其他有关部门委托的工程质量监督机构来承担。各级工程质量监督机构是代表政府履行相应权力，其工作是向各级政府部门负责。

质量监督机构存在的主要问题如下：

(1) 质量监督职责不明确、履职不到位。联合监督的责任主体之间职责划分不清晰，监督的形式、内容和方法不明确；联合监督的下级监督机构基本没有开展监督检查工作或者履职不到位。

(2) 质量监督责任不落实。质量监督员不明确、不固定；监督工作随意变化、没有统一计划安排；监督力量不足，没有行政执法资格人员实施监督工作。

(3) 监督范围不完整。没有把独立实施的机电设备采购安装、部分附属工程等纳入监督范围等。

(4) 质量监督制度不完整、计划不完善。没有制定必要的质量监督制度，或者制定的制度缺少针对性和可操作性；没有根据工程实际情况制定质量监督工作计划；质量监督文件内容不完整，缺少相关参建单位基本信息等。

(5) 项目划分确认不准确。上报的项目划分，不同程度的存在项目划分不准确的问题，如没有明确主要分部工程、重要隐蔽单元工程和关键部位单元工程，质量监督机构对上述不合理项目划分进行了批复。

(6) 质量监督工作不到位。没有对参建单位的资质等级和经营范围进行复核；没有对参建单位质量管理体系和强制性条文执行情况进行监督检查；没有对重要隐蔽工程和关键部位开展有针对性的监督检查；没有督促相关单位报备重要隐蔽（关键部位）单元工程质量评定资料；现场检查记录表中，对主要问题的描述过于简单；质量监督档案不完整；质量监督检查的整改工作不闭合等。

三、工程质量监督体制

1. 工程质量监督制度

建筑工程是人们日常生活和生产、经营、工作的主要场所，是人类赖以生存和发展的物质基础。建设工程质量，不仅关系到生产经营活动的正常进行，也关系到人民生命财产安全。但是，建设工程质量方面存在的问题仍相当突出：工程垮塌事故时有发生，给国家财产和人民生命安全造成了巨大损失；一些民用建筑工程特别是住宅工程，影响使用功能的质量通病比较普遍，已成为群众投诉的热点；在使用的一些工程也有质

量问题，有的甚至还存在影响结构安全的重大隐患。因此，进一步提高工程质量水平，确保建设工程的安全可靠，保证人民生命财产安全，加强工程质量监督管理已成为全社会的要求和呼声。

为了加强建设工程质量管理，提高建设工程质量，以满足我国经济社会发展的要求，国务院于2000年1月10日以第279号总理令颁发了《建设工程质量管理条例》，强调了国家实行建设工程质量监督管理制度，将政府质量监督作为一项制度，以法规的形式在条例中加以明确，从而确立了政府质量监督的法律地位，使我国建设工程质量管理走上了法制化的轨道。

国务院令第279号《建设工程质量管理条例》第四十三条明确指出："国家实行建设工程质量监督管理制度""国务院建设行政主管部门对全国的建设工程质量实施统一管理。国务院铁路、交通、水利等有关部门按照国务院规定的职责分工，负责对全国的有关专业建设工程质量的监督管理""县级以上地方人民政府建设行政主管部门对本行政区域内的建设工程质量实施监督管理。县级以上地方人民政府交通、水利等有关部门在各自的职责范围内，负责对本行政区域内的专业建设工程质量的监督管理"。上述规定，首先以法规的形式明确了政府质量监督作为国家对建设工程质量实行监督管理的一项制度，强调了建设工程质量必须实行政府监督管理。其次是明确规定了国家建设工程质量监督管理体制，是实行国务院（或县级以上地方人民政府）建设行政主管部门统一监督管理，各专业部门按照国务院（或县级以上地方人民政府）确定的职责分别对其管理范围内的专业工程进行监督管理。职权划分清晰，权力与职责一致，体现了"谁管理谁负责"的原则，有利于对建设工程质量实行监督管理。

2. 工程质量监督特性

政府对建设工程质量实行监督管理主要是以保证建设工程使用安全和环境质量为主要目的，以法律、法规和强制性标准为依据，以建设工程实体质量和与此相关的工程建设各方主体的质量行为为主要内容，以巡回检查和质量核验为主要手段。建设工程质量监督管理具有如下特性：

（1）权威性。国家实行建设工程质量监督管理的制度，是国务院依据《中华人民共和国建筑法》，以法规的形式在国务院令第279号《建设工程质量管理条例》中予以明确的。表明了从事建设工程质量监督工作体现的是国家的意志，在我国境内的任何单位和个人都应当在这种制度管理之下从事工程建设活动。

（2）强制性。国务院令第279号《建设工程质量管理条例》中明确规定了实行建设工程质量监督管理是政府各部门的职责，规定了建设行政主管部门或者其他有关部门及其委托的工程质量监督机构依法执行监督检查公务活动，受到法律保护。也就是说，在我国境内的任何单位和个人都必须服从建设工程质量监督管理，否则将受到法律制裁。这体现了国家政权的强制力。

（3）公正性。对建设工程质量进行监督管理是政府部门的职责，体现的是国家的意志，其行为必须公正、客观，在对建设工程实体质量及参与各方的质量行为进行监督管理的同时，也要维护建设各方的合法权益。这就要求工程质量监督必须坚持公正立场。

(4) 综合性。政府对建设工程质量进行监督管理，就其管理范围来说应当贯穿于建设活动的全过程，而不局限于建设过程中的某一阶段或某一个方面。对于参与工程建设的项目法人、勘察设计单位、施工单位、监理单位和材料、配件及设备供应单位等都应当置于这种监督管理之中。

四、各级政府都非常重视质量监管工作

1. 中共中央、国务院《关于开展质量提升行动的指导意见》

2017 年 9 月 5 日，中共中央、国务院《关于开展质量提升行动的指导意见》提出："（八）提升建设工程质量水平，确保重大工程建设质量和运行管理质量，建设百年工程。规范重大项目基本建设程序，坚持科学论证、科学决策，加强重大工程的投资咨询、建设监理、设备监理，保障工程项目投资效益和重大设备质量。全面落实工程参建各方主体质量责任，强化建设单位首要责任和勘察、设计、施工单位主体责任。加快推进工程质量管理标准化，提高工程项目管理水平。加强工程质量检测管理，严厉打击出具虚假报告等行为。健全工程质量监督管理机制，强化工程建设全过程质量监管。

……

（二十八）加强党对质量工作领导 健全质量工作体制机制，完善研究质量强国战略、分析质量发展形势、决定质量方针政策的工作机制，建立"党委领导、政府主导、部门联合、企业主责、社会参与"的质量工作格局。加强对质量发展的统筹规划和组织领导，建立健全领导体制和协调机制，统筹质量发展规划制定、质量强国建设、质量品牌发展、质量基础建设。地方各级党委和政府要将质量工作摆到重要议事日程，加强质量管理和队伍能力建设，认真落实质量工作责任制。强化市、县政府质量监管职责，构建统一权威的质量工作体制机制。"

2. 中国共产党第十九次全国代表大会报告

2017 年 10 月 18 日，中国共产党第十九次全国代表大会隆重开幕。习近平代表第十八届中央委员会向大会作了题为《决胜全面建成小康社会 夺取新时代中国特色社会主义伟大胜利》的报告，报告提出：必须坚持质量第一，明确提出建设质量强国。这也是"质量第一""质量强国"首次出现在党代会报告中。而且在十九大报告中，有 16 处提到了质量。报告明确提出："加强水利、铁路、公路、水运、航空、管道、电网、信息、物流等基础设施网络建设。"

3. 陕西省人民政府《关于加强全面质量监管的意见》

2017 年 12 月 24 日，为全面落实《中共中央国务院关于开展质量提升行动的指导意见》(中发〔2017〕24 号）和《国务院办公厅关于西安地铁"问题电缆"事件调查处理情况及其教训的通报》(国办发〔2017〕56 号）精神，进一步提高全省整体质量水平，陕西省人民政府印发了《关于加强全面质量监管的意见》(陕政发〔2017〕57 号)。

(1) 加强全面质量监管的总体要求。

深入贯彻党的十九大精神和习近平新时代中国特色社会主义思想，按照"追赶超越"目标和"五个扎实"要求，牢固树立质量第一的强烈意识，深刻汲取西安地铁"问题电缆"事件教训，认真查找我省产品、服务、工程和环境质量监管中存在的薄弱环节，不断

加强对重大基础设施、食品药品、特种设备、治污降霾等涉及民生的质量监管，从生产、销售、招投标、使用等各个环节实施全过程全链条全方位监管，坚决守住质量安全底线。完善党委领导、政府负责、社会协同、公众参与、法治保障的质量监管体制，夯实部门监管责任，全面提高质量监管的社会化、法治化、智能化、专业化水平，推动质量强省战略深入实施，助推陕西追赶超越。

（2）构建质量共治格局。

一是落实企业主体责任。按照“谁生产谁负责、谁销售谁负责”的原则，落实法定代表人或主要负责人质量安全首负责任制。督促企业建立质量控制关键岗位责任制和生产经营索证索票制度，实施工程质量终身责任书面承诺制度，建立重大质量事故报告及应急处置制度，依法承担质量损害赔偿责任。督促企业履行出厂检验、质量担保、检查验收、售后服务、缺陷召回等法定义务。

二是落实政府管总责任。按照属地管理原则，全省各级政府对本地的质量监管工作负总责。各地要把质量监管工作纳入重要议事日程，并在规划制订、力量配备、经费保障等方面大力支持。支持督促质量监管部门和行业主管部门依法履职，明确细化部门职责分工和各环节分工，避免出现职责不清、重复监管和监管盲区。推动建立质量多元救济制度，将质量安全应急纳入突发事件应急救援管理体系，规范应急处置工作流程和要求。抓好质量工作宣传教育和舆论引导，及时回应社会关切，动员社会各界参与、支持和监督质量工作。

三是落实部门监管责任。按照“谁主管谁负责、谁审批谁负责”的原则，各部门要依据法律法规和职能划分，对企业提供的产品、服务、工程质量进行监督指导，督促企业落实好质量主体责任。质量监管部门要强化质量宏观管理，开展执法监督和事故调查处理，对质量违法行为实施责任追究，监督企业严把工程质量关。行业主管部门要落实对本行业领域质量安全监管和标准执行情况监督检查，加强对行业企业生产经营活动的服务指导和监督检查，着力发现并破解行业内存在的降低质量的“潜规则”，积极营造“优质优价”的市场氛围，推动“拼价格”向“拼质量”转变，鼓励企业积极应用新技术、新工艺、新材料提高产品质量和服务水平。

四是落实第三方机构质量连带责任。检验检测、认证认可、监理监造、评审、采购等各类第三方机构，应以非当事人身份，根据有关法律法规、标准或合同，公正、独立、自主进行产品检验、工程验收等工作，确保检验检测数据、结果真实完整。严厉打击出具虚假检测报告、评审报告、认证证书等违法行为，推动建立检验认证机构对产品质量承担连带责任制度。督促工程监理监造、评审、认证机构充分发挥在质量控制中的作用，严格规范设计变更、评价行为。督促各类第三方机构建立重大信息报告制度，发现不符合法定要求或强制性标准，以及可能存在严重质量安全隐患的情况，要立即向监管部门报告。

五是落实用户单位质量验收把关责任。推动电力、交通、建筑等重点领域用户单位，特别是重点工程完善产品采购质量把关制度，建立动态的合格供方名录，突出供货企业质量信用和质量安全保障能力，推行第三方验货检验和重点产品监造模式，加强对乙供材料尤其是关键材料的监管。用户单位发现产品质量突出问题，应及时采取处置措施，及时向主管部门报告，并配合相关部门调查处理。支持用户单位借助质检技术机构专业优势，做好产品、工程质量管控，打造精品工程，保障安全生产。

（3）完善质量监管机制。

一要严格市场准入制度。对行政审批项目，强化过程监管。严格执行国家规定的许可条件、审批环节、法定程序要求，不符合的一律不予许可。强化个人执业资格管理，加大执业责任追究力度。推行“互联网＋政务服务”，实行“一站式”网上审批。对非行政审批项目，落实分类监管、企业巡查、飞行检查、日常监督检查等监管措施，对质量安全风险较高的产品和工程，保持严查严管态势。对委托下放的行政审批项目，要明确下放范围、技术指标和管理规定，建立健全后续监管制度和责任追究机制，避免只接权力、不接责任。

二要加强事中事后监管。深入推进“放管服”改革，加快转变政府职能，创新监管方式，打造良好营商环境。要明规矩于事前，明确市场主体行为边界，特别是不能触碰的红线，规范市场秩序；寓严管于事中，建立重心下移、力量下沉的质量监管工作机制，合理配备和充实基层监管人员，确保监管力量与监管任务相匹配，确保能够及时发现和处理质量安全问题；施重惩于事后，把严重违法违规的市场主体坚决清除出市场。全面落实“双随机、一公开”监管制度，抽查情况及查处结果及时向社会公开。

三要加强部门协同监管。建立政府领导下的部门质量监管协同机制，完善部门间信息互通、抽检互认、监管互助机制。推动跨行业、跨区域监管协作，发现违法行为涉及其他部门职责的，及时通报相关部门采取措施。

四要健全质量信用监管。推进质量诚信体系建设，质量监管部门和行业主管部门要按照统一的技术标准，加快整合完善本行业质量监管信息，及时上传至省公共信用信息平台和国家企业信用信息公示系统（陕西），向社会统一公示，实现信用信息共享，强化信用协同监管。实施质量信用分类标准、差别化监管项目清单，实现自动、适时的动态评价和调整。健全信用约束和失信联合惩戒机制，建立质量失信“黑名单”，加强对质量失信行为的联合惩戒。引入具备条件的第三方信用服务机构参与企业质量信用监督和评价。

五要实施质量风险分析。质量监管部门要建立质量安全风险监测、风险研判、风险预警和风险快速处置机制，构建基于风险管理的闭环监管模式，做到重大质量安全隐患早发现、早研判、早预警、早处置，确保不发生系统性、区域性质量安全事故。

六要加强质量执法检查。严厉打击未经认证擅自出厂、销售、进口或在其他经营活动中使用强制性认证产品的行为。强化涉及公共安全工程质量安全监督执法检查，加大对工程建设全过程和主要建筑材料、构配件质量抽查抽检力度。

七要探索质量监管新手段。充分利用信息网络技术实现在线即时监督监测，加强非现场监管执法。充分运用移动执法、电子案卷等手段，提高执法效能。增强大数据运用能力，实现“互联网＋质量监管”模式。加快利用物联网、射频识别等信息技术，建立质量安全溯源管理制度，形成“来源可查、去向可追、全程留痕、责任可究”的完整信息链条。

（4）强化保障措施。

一是健全法治建设。牢固树立依法监管理念，完善质量监管法规政策。组织编制《陕西省实施〈中华人民共和国招投标法〉办法》，规范执法行为，保证严格执法、公正执法、文明执法。完善质量法制监督机制，做到有权必有责、有权受监督、侵权须赔偿、违法要追究。

二是夯实监管基础。完善工程质量管控体系，推进质量行为管理标准化和工程实体质量控制标准化。完善政府购买检验检测认证服务制度，健全在市场准入、质量监督、行政执法中采信认证认可检验检测结果的措施和办法。

三是狠抓责任落实。各地、各有关部门要做到对质量工作认识到位、责任到位、措施到位、投入到位，形成省市县分级管理、上下联动，部门相互协调、密切配合的工作机制。对产品、工程、服务、环境质量存在严重隐患或问题突出的市场主体、监管部门和地方政府依法依规追究责任。

四是严肃执纪问责。进一步强化党政同责、一岗双责、失职追责，完善落实质量安全工作中的激励和问责机制，坚决纠正和严肃查处吃拿卡要、执法不公等问题，以严肃执纪问责撬动各级政府和部门的工作主动性，推动政风、作风持续转变。

五是加强社会监督。坚持正确的舆论导向，发挥新闻媒体正面引导和监督作用，营造扶优治劣的良好氛围。建立完善质量监管信号传递反馈机制，鼓励消费者组织、行业协会、第三方机构等开展产品质量比较试验、综合评价、体验式调查。建立政府、行业、社会相结合的质量监管网络，拓宽公众参与监督的渠道和方式，引导社会力量广泛参与对市场主体的质量监管，形成网格化监管合力。

《意见》最后强调，加强全面质量监管事关全省经济社会健康发展，事关党和政府的形象，事关人民群众切身利益。各地、各有关部门要认真落实意见精神，结合实际研究制定具体实施方案和政策措施，明确责任分工和时间进度要求，确保各项工作举措和要求落实到位。

【延伸阅读】《陕西省开展质量提升行动实施方案》

中共陕西省委文件

陕发〔2017〕18号

中共陕西省委 陕西省人民政府关于印发《陕西省开展质量提升行动实施方案》的通知

各市委、市政府，省委和省级国家机关各部门，各人民团体：

现将《陕西省开展质量提升行动实施方案》印发给你们，请结合实际认真贯彻落实。

中共陕西省委

陕西省人民政府

2017年12月21日

（此件全文公开）

陕西省开展质量提升行动实施方案

为全面贯彻落实《中共中央、国务院关于开展质量提升行动的指导意见》（中发〔2017〕24 号）精神，加快实施质量强省战略，下大气力抓全面质量提升，推动我省经济发展进入质量时代，制定本实施方案。

一、总体要求

（一）指导思想

全面贯彻党的十九大精神，以习近平新时代中国特色社会主义思想为指导，深入落实省第十三次党代会精神，紧扣追赶超越目标和“五新”战略任务，牢固树立和贯彻落实新发展理念，以供给侧结构性改革为主线，以质量强、品牌强、标准强、制造强、效益好为目标，以提高发展质量和效益为中心，将质量强省战略摆在更加突出的位置，开展质量提升行动，加强全面质量监管，大力提升质量水平，为实现“两个一百年”奋斗目标奠定坚实质量基础。

（二）主要目标

到 2020 年，供给质量明显改善，供给体系更有效率，质量安全和重点产品质量检测监控体系更加健全，质量技术基础更加扎实，质量强省建设取得明显成效；到 2030 年，质量总体水平进入全国第一梯队，质量发展成果更多惠及人民群众。

（1）产品质量明显提升。质量安全突出问题得到有效治理，重点点行业和重点领域产品质量达到或接近国际先进水平，出口产品质量溢价水平明显提升，智能化、消费友好的中高端产品供给大幅增加，制造业整体实力进入国家制造强省行列。

（2）工程质量整体跃升。建筑工程节能效率和工业化建造比重不断提高，绿色建筑发展迅速。重大工程建设质量和运行管理质量得到有效保障，达到或接近国际先进水平。

（3）服务质量明显改善。服务标准化、规范化和品牌化取得明显进展，重点服务企业和项目的服务质量达到或接近国际先进水平，高附加值和优质服务供给比重、服务业品牌价值和效益进一步提升。

（4）城乡发展质量成效显著。城乡统筹一体化加快推进，城市主体功能和产业布局更加合理，政府管理运行水平明显提升，现代公共文化服务体系基本建成。单位生产总值能耗显著下降，治污降霾取得明显成效。

（5）区域质量水平整体提升。区域主体功能定位和产业布局更加合理，产业特色鲜明、重点突出、协调发展，质量升级同步推进，资源、环境合理利用，区域品牌逐步形成，质量效益同步发展，各行业质量水平明显提开。

（6）质量技术作用充分发挥。计量、标准、检验检测、认证认可等质量基础能力建设不断完善，技术水平、服务水平显著提高，区域竞争力优势明显提升，对科技进步、产业升级、社会治理等方面的支撑作用更加有力。

二、重点任务

（一）全面提升产品质量

以重点产品质量提升为牵引，分行业分层次采取质量提升措施，开展质量技术服务进企业活动。完善落实工业企业技术改造、重大技术装备及先进装备保险补偿等扶持政策。实施“中国制造 2025”，推进制造业转型升级，提升生产过程智能化水平。推行绿色制造，推广先进生产工艺，降低单位产品制造资源消耗，提升终端用能产品质量和能放。推动原材料提质升级，鼓励矿产资源、能源的综合勘查、评价、开发和利用，推进绿色矿山建设。提高煤炭洗选加工比例，提升油品供给质量。大力实施可靠性提升工程，提高高端材料质量稳定性。广泛开展质量提升活动，鼓励企业健全标准体系，促进内外销产品“同线同标同质”。推行农业标准化生产，健全优势特色农产品标准体系，加快高标准农田建设。完善质量安全检验检测和追溯体系，推进出口食品农产品质量安全示范区建设。大力发展农产品深加工，提升农产品附加值和质量水平，增加农产品、食品优质供给。提高药品质量和疗效，促进医药产业结构调整。（省工业和信息化厅、省国土资源厅、省农业厅、省林业厅、省质监局、省食品药品监管局、陕西出入境检验检疫局等部门按分工负责）

（二）大力提升工程质量

加快海绵城市建设和地下综合管廊建设，提高建筑节能、城市综合防灾和安全设施建设配置标准。加强重大工程的投资咨询和建设监理、设备监理，确保工程建设质量和运行管理质量。全面落实工程参建各方主体质量责任和项目负责人工程质量终身责任制。完善工程质量监管体系，推进工程质量行为管理标准化和工程实体质量控制标准化。加强工程质量检测管理和全过程监管，严厉打击出具虚假报告等行为。鼓励企业申报建筑工程鲁班奖等奖项，推广应用工程建设专有技术和工法，以技术进步支撑装配式建筑发展。鼓励绿色建材生产和应用，完善绿色建材标准，推进绿色生态小区建设。鼓励建设、勘察、设计、施工、监理等大型骨干企业成立技术联盟，向城市综合运营商转型。（省住房城乡建设厅牵头，省发展改革委、省交通运输厅、省水利厅、省质监局等部门按分工负责）

（三）推动服务业提质增效

开展服务业质量提升行动，建立健全现代服务标准体系，提高生活性服务业品质，促进生产性服务业专业化发展。在旅游服务、居民服务、养老服务等重点行业，健全以诚信评价、行政监管、风险监测、认证认可等制度为核心的服务质量治理体系。实施旅游服务质量提升计划，显著改善旅游市场秩序。借助“一带一路”建设，支持家政、旅游、文化企业对外输出标准。大力发展农村电商和跨境电商，促进服务贸易与货物贸易紧密结合、联动发展。提高律师、公证、法律援助、司法鉴定等法律服务水平，提升商贸、物流、银行、保险等行业标准化程度和服务质量。加快知识产权服务体系和标准化建设。扩大服务名牌培育和评选领域，提高服务业质量水平和竞争能力。建立服务质量评价体系，在民生领域开展顾客满意度调查和行业竞争力评价，并向社会公布。（省发展改革委、省司法厅、省商务厅、省旅游发展委、省质监局、陕西出入境检验检疫局等部门按分工负责）

（四）提升社会治理和公共服务水平

推行社会治理和公共服务标准化建设，推广“互联网＋政务服务”，转变政府职能，

优化服务流程，提高行政效能。促进义务教育优质均衡发展，推广标准化学校建设，扩大普惠性教育和优质职业教育供给。健全覆盖城乡的公共就业创业服务体系。整顿流通秩序，推进流通体制改革。持续开展改善医疗服务行动计划，全面提升医疗质量和医疗安全，建立医疗纠纷预防调节机制，构建和谐医患关系。提升社会保险、社会救助、社会福利、优抚安置等保障水平。全面放开养老服务市场，创新养老服务供给模式，完善养老服务标准化体系，提升居家社区养老服务能力。加强运输安全保障能力建设，推进综合交通网络发展。鼓励创造优秀文化产品，打造特色文化品牌。提高供水、供电、供气、供热等服务质量和安全保障水平。开展公共服务质量、服务满意度和行政效能评价，并向社会公布。（省发展改革委、省教育厅、省民政厅、省人力资源社会保障厅、省交通运输厅、省文化厅、省卫生计生委等部门按分工负责）

（五）大力提升城乡发展质量

以“品质陕西”为统领，构建“品质城市”标准体系，完善公共服务体系、社会保障体系，创新社会管理，加快城乡统筹，优化社会供给。打好脱贫攻坚战。提升经济发展质量、社会发展质量、生态发展质量、政府服务质量，构筑品质新生活。加强节能减排和环境治理，加大治污减霾力度，加快清洁能源和可再生能源开发利用。扎实开展清洁水源、清洁空气、清洁土壤系列行动，严守基本生态控制线，完善生态补偿机制，推进森林、景区和城市绿化建设，对公共基础设施实施绿色改造。开展创建节约型机关、绿色家庭、绿色学校、绿色社区和绿色出行等行动。改革生态环境监管体制，培育发展节能环保产业，建立环境监测、环境治理等新机制。高起点、高标准推进中心城区建设，加快卫星城市、中心镇建设，全力打造美丽乡村。梳理汇总公开事项清单，编制公开事项标准目录。（省发展改革委、省工业和信息化厅、省环境保护厅、省住房城乡建设厅、省农业厅、省林业厅等部门按分工负责）

（六）大力提升区域质量水平

持续推进质量强省、质量强市、质量强县、质量强业和质量强企建设，鼓励争创“全国质量强市示范城市”，开展全域旅游示范省创建。以提升质量水平拉动投资环境、创新环境、人文环境的发展，推动绿色发展、开放发展、共享发展。做好关中、陕南、陕北三大区域的产业布局和产业发展规划，实现协调互补发展。同步推进产业发展与质量提升，大力发展生态产业，开展绿色、有机产品以及有机示范县认证，提升品牌价值和产品附加值。提升水利工程、移民搬迁、小城镇建设、生态保护、道路交通等重点工程的质量水平。利用美丽山水、革命老区、特色文化等资源，将美丽乡村标准化建设与产业发展相结合，做强旅游品牌，实现旅游景点互联互通，加速带动道路沿线农家乐、特色小镇等产业发展。（省发展改革委、省工业和信息化厅、省农业厅、省水利厅、省旅游发展委、省质监局等部门按分工负责）

（七）加强品牌建设

鼓励中小企业培育和优化品牌，推动创建自主品牌。支持大型骨干企业实施品牌多元化系列化发展战略，创建具有国际影响力的知名品牌。鼓励有实力的企业收购国外品牌和将自主品牌商标进行国际注册。以陕西省重点农业龙头企业、陕西省名牌产品生产企业为重点，培育和发展农产品品牌。以建筑、金融、物流、信息、旅游、文化、商务等现代服务业为重点，培育一批知名品牌服务企业。以经济技术开发区、自主创新示范区、高新技术产业园区、新型工业化产业示范基地为重点，创建知名品牌示范区。推进有机产品示范县、绿色产品示范基地创建。加强对中华老字号、地理标志保护产品、中国驰名商标的培育，建立陕西省传统工艺振兴目录，打造陕西传统工艺品牌，培育更多的百年老店和陕西特色品牌。积极组织各类园区和企业开展品牌价值评价活动。（省发展改革委、省工业和信息化厅、省农业厅、省商务厅、省工商局、省质监局等部门和各设区市人民政府负责）

（八）加强品牌创新和保护

通过技术创新推动产品创新、服务创新、文化创新，通过持续创新提升品牌竞争力，满足智能化、个性化、时尚化消费需求，引领、创造和拓展新需求。建立品牌保护体系和品牌文化体系，打造专业服务平台，为企业提供品牌创建、品牌推介、品牌营运、商标代理、境外商标注册、打假维权等服务。实施需求结构升级工程，促进品牌推广和传播。加强农村产品质量安全和消费知识宣传普及，引导科学消费理念。开展农村市场专项整治，清理“三无”产品。加强与国际品牌管理及服务机构的交流与合作。实施陕西名牌产品出口振兴暨外贸孵化工程，鼓励企业在“一带一路”沿线国家建设“海外仓”或“陕西商品展示中心”，从信息、政策、资金等方面支持有条件的品牌“走出去”。开展“中国品牌日”宣传活动。加大品牌、商标知识产权保护力度，严厉打击侵犯商标专用权行为。（省工业和信息化厅、省农业厅、省商务厅、省工商局、省质监局等部门按分工负责）

（九）大力提升标准化水平

全面实施标准化战略，持续推进基层党建、养老服务、军民融合、脱贫攻坚、政务服务标准化工作。深入推进标准化“放管服”改革工作，全面落实标准“瘦身”、企业标准自我声明、地方标准公开、企业标准“领跑者”制度。实施团体标准百千万工程，覆盖万家企业。开展现代农业标准化建设，进一步完善“从农田到餐桌”的全产业链农业标准体系。以实体经济为重点，不断提升高端装备制造业及现代物流标准化水平。对标国外先进标准，引领“陕西制造”向“陕西创造”转型。稳步实施农村综合改革标准化，推进美丽乡村标准化建设。打造国际标准化研究培训平台和标准化技术平台，提升我省标准化工作的质量和水平。（省质监局牵头，省发展改革委、省工业和信息化厅、省农业厅、省食品药品监管局等部门按分工负责）

（十）夯实计量基础建设

加快“一带一路”国家计量测试中心（陕西）建设，组织开展西北区域计量战略合作与协作，积极构建计量服务国家“一带一路”建设和西北区域经济社会发展的技术支撑体系。加快陕西省计量科学研究院新址建设，加快提升西北大区和省级最高计量标准、社会公用计量标准建设水平。完善计量规范体系，强化量传体系建设，规范计量技术机构管理，加大计量人才培养力度。加快国家和省级产业计量测试服务集群建设，规划建设一批国家级和省级产业计量测试中心，全面提升计量服务产业发展能力。引导企业建立健全计量检测体系，提高计量管理水平。（省质监局牵头，省发展改革委、省科技厅、省工业和信息化厅等部门按分工负责）

（十一）完善合格评定体系

发展自愿性认证，引导和规范发展联盟认证、区域认证，推动实施低碳、电子商务、

新能源、信息安全等新领域认证认可制度，培育和发展具有国际先进水平的认证产品。在陕南、陕北创建有机产品认证示范基地，在能源化工、装备制造等优势行业大力开展质量管理体系、能源管理体系和低碳节能产品认证。实施进出口食品企业注册备案制度。加快推进检验检测机构跨区域、跨行业整合，组建具有公益性和社会第三方公正地位、市场化运作的公共检测服务平台，鼓励不同所有制形式的技术机构平等参与市场竞争。推动陕西省检验检测集中园区建设。建成一批国家产品质量监督检验中心、重点实验室和省级授权产品质量监督检验机构。大力发展检验检测高技术服务业，推动公共检测服务平台基础设施、仪器设备开放共享，支撑企业研发孵化。重要日用消费品质量安全监管检验检测能力覆盖率达95%以上。（省质监局牵头，省发展改革委、省工业和信息化厅、省农业厅、省科技厅、陕西出入境检验检疫局等部门按分工负责）

（十二）深化质量基础设施融合发展

加强质量基础设施的统一建设、统一管理，打破地域、行业壁垒，鼓励整合市级、县级质量基础设施，建立服务区域发展的第三方统一质量基础公共服务平台，保持省市县三级质量基础设施的系统完整。构建协调发展的质量基础设施军民融合发展体系。探索建立区域合格评定体系，发挥新丝路标准化战略联盟、中亚标准化（陕西）研究中心、“一带一路”国家计量测试中心（陕西）等区域合作平台的作用，依托陕西自贸试验区建设，加强与“一带一路”沿线国家间质量技术基础的互认合作，积极推动双边、多边质量技术基础服务互认合作。加强“一带一路”沿线国家和地区、主要贸易国家和地区质量国际合作。（省发展改革委、省工业和信息化厅、省农业厅、省质监局、省食品药品监管局等部门按分工负责）

（十三）加强全面质量监管

深化“放管服”改革，强化事中事后监管，严格按照法律法规从各个领域、各个环节加强对质量的全方位监管。开展质量问题突出产品专项整治和区域集中整治，严厉查处质量违法行为。推动质量安全领域行政执法与刑事司法衔接。制定出台加强全面质量监管的政策文件，进一步强化各级政府属地管理责任，发挥政府在抓质量工作中的主导作用；进一步夯实行业管理部门质量监管责任，督促企业严把生产、流通、服务和工程质量关。按照“谁生产谁负责、谁销售谁负责、谁主管谁负责”原则，督促企业严格落实主体责任。推动大中型企业设立首席质量官，实行质量安全“一票否决”。建立旅游市场综合监管机制，严厉打击扰乱旅游市场秩序的违法违规行为，净化旅游消费环境。（省住房城乡建设厅、省旅游发展委、省工商局、省质监局、省食品药品监管局等部门和各设区市人民政府负责）

（十四）建立健全质量共治格局

创新质量治理模式，注重社会各方参与，推进质量多元化治理，构建市场主体自治、行业自律、社会监督、政府监管的质量共治格局。鼓励企业购买质量服务，推动质量管理、检验检测、信用评价等质量服务组织建设，促进形成开放性、竞争性质量服务市场。鼓励行业协会、商会等社会组织加强行业自律，制定行业标准，加强技术交流。鼓励开展以产品质量比对、综合评价等为手段的社会质量监督和舆论监督。鼓励高等院校、科研院所探索成立质量研究中心，开展质量项目研究。（省科技厅、省工业和信息化厅、省质监

局等部门和各设区市人民政府负责）

（十五）加强质量信用体系建设

健全企业质量信用体系，并将其纳入社会信用体系建设范畴。加强行业自律，建立企业质量信用档案、信用信息公示、信用公开承诺、“红黑名单”管理制度。依托陕西省公共信用信息平台和国家企业信用信息公示系统（陕西），推进质量信用信息全面公开和共享，建立跨地区、跨部门、跨领域的部门协同监管和联合奖惩机制。扩大质量信息在行政管理、公共服务及银行证券、保险等领域的应用。培育和发展信用服务市场，引入具备条件的第三方信用服务机构参与企业质量信用监督和评价，加强对质量信用服务机构和从业人员的严格监管。（省发展改革委、省工业和信息化厅、省工商局、省质监局等部门按分工负责）

三、完善质量发展政策和制度

（一）推进质量法规体系建设

推动出台《陕西省质量促进条例》，做好《陕西省标准化条例》的修订工作，基本建成完备的质量法规体系，依法治理质量问题。建立产品质量安全事故强制报告制度、产品质量安全风险监控及风险调查制度，按照国家有关规定建立商品质量惩罚性赔偿制度。建立健全产品损害赔偿、产品质量安全责任保险和社会帮扶并行发展的多元救济机制。督促企业切实履行质量担保责任和法定义务。改革工业产品生产许可证制度，加快向产品认证制度转变，全面清理各类工业产品生产许可证。建立产品质量三包、产品质量担保、缺陷产品召回等制度。严格行政执法，建立执法人员责任追究和倒查制度。加强执法队伍建设，提高执法人员的综合素质和执法水平。完善质量安全有奖举报、惩罚性赔偿等消费者维权机制。（省工商局、省质监局、省政府法制办、省食品药品监管局等部门按分工负责）

（二）加大财政金融扶持力度

建立质量发展经费多元化筹措渠道，鼓励和引导资金投向质量创新、质量技术基础建设。加大财政投入力度，把质量发展工作经费纳入财政预算。支持质量技术基础研究和质量共性问题攻关，实施首台（套）重大技术装备保险补偿机制，加大产品质量保险推广力度，支持企业运用保险手段促进产品质量提升和新产品推广应用。探索在构建质量融资体系中纳入质量综合竞争力、质量信用评价、质量水平等质量指标。鼓励金融机构加大对中国驰名商标企业和陕西省名牌产品生产企业的扶持力度。推动形成优质优价的政府采购机制，改革低价中标的采购规则。在制定采购文书、组织采购的全过程纳入质量、服务、安全等要求。（省发展改革委、省科技厅、省工业和信息化厅、省财政厅、省质监局、省金融办等部门按分工负责）

（三）加强质量人才教育培养

将质量教育纳入全民教育体系。推进中小学质量教育社会实践基地建设，开展质量主题实践活动。推进高等教育人才培养质量，加强质量相关学科、专业、课程建设。鼓励有条件的高等院校设立质量管理、标准化工程等专业，开展在职人员质量专业的职业继续教育。创新质量工程技术人员评价标准体系，强化技术人员在标准制定、专利和科技成果转化等方面的评审导向。鼓励有条件的企事业单位设立质量相关领域研究工作站。实施企业

质量素质提升工程，加强质量人才梯次队伍建设，广泛开展质量管理、技能教育培训，提升企业领导者的质量素养，完善技术技能型人才培养体系，培育更多质量工匠。发挥各级工会和共青团组织作用，开展各种技能竞赛和质量实践活动。（省教育厅、省人力资源社会保障厅、省科技厅省质监局、省总工会、团省委等部门按分工负责）

（四）建立健全质量激励机制

按规定开展陕西省质量奖、陕西建设工程长安杯奖等评选表彰活动，树立质量标杆，弘扬质量先进。鼓励企业和个人争创国家级质量奖励，按有关规定对获得国家、省级政府质量奖的企业和个人给予表彰奖励，并在融资、信贷、项目投资等方面给予重点扶持，激励广大企业、质量从业者和社会各界重视和提升质量。建立获得质量奖励的企业和个人先进质量管理经验长效宣传推广机制。在劳动模范、三八红旗手、五一劳动奖章等评选表彰中突出质量榜样，在旅游景区等级评定和中华老字号评选中纳入质量指标要求。探索制定技术技能人才的激励办法，探索建立首席技师制度，降低职业技能型人才落户门槛。（省发展改革委、省人力资源社会保障厅、省住房城乡建设厅、省质监局、省金融办等部门按分工负责）

四、保障措施

（一）加强党对质量工作领导

加强对质量发展的统筹规划和组织领导，将陕西省质量强省工作推进委员会调整为陕西省质量发展委员会，由省委和省政府领导同志分别担任主任、副主任，强化对质量强省战略实施的整体部署和协同推进，委员会的日常工作由省质监局承担。各级党委和政府要将质量工作摆到重要议事日程，认真落实质量工作责任制，定期听取质量工作汇报，分析研究质量工作发展形势，协调解决质量工作中的重大问题，统筹质量发展规划制定和质量强省建设、品牌建设、质量基础建设工作，加强质量管理和队伍能力建设，积极开展党建标准化和政务服务标准化工作。（省质量发展委员会各成员单位按分工负责）

（二）强化质量考核督察

将质量工作纳入市级政府年度目标责任考核。健全省级质量工作考核机制，考核结果作为各级党委和政府领导班子及有关领导干部综合考核评价的重要内容。加大对考核优秀地区的宣传表彰，及时总结和复制推广各地质量发展经验做法。探索建立省级质量工作督察机制，严肃查处质量安全责任事故中的渎职腐败行为，确保质量工作落实到位、质量问题整治到位。以全要素生产率、质量竞争力指数、公共服务质量满意度等为重点，探索构建符合创新、协调、绿色、开放、共享发展理念的新型质量统计评价体系。健全质量统计分析制度，分行业定期发布质量状况分析报告。（省委组织部、省考核办、省监察厅、省人力资源社会保障厅、省质监局、省统计局等部门按分工负责）

（三）加强质量文化宣传动员

大力宣传党和国国家质量方针政策，打造以“诚实守信、持续改进、创新发展、追求卓越”为核心内容的质量文化，弘扬工匠精神。将质量文化的精神内涵作为社会主义核心价值观教育的重要内容，组织开展形式多样、内容丰富的质量宣传，讲好陕西质量故事，宣传陕西质量品牌，塑造陕西质量形象。把质量发展纳入党校、行政学院和相关干部培训教学计划，让质量第一成为各级党委和政府的根本理念，成为领导干部的工作责任，推动形成党委和政府重视质量、企业追求质量、社会崇尚质量、人人关注质量的良好氛围。(省委组织部、省委宣传部、省人力资源社会保障厅、省质监局、省新闻出版广电局等部门按分工负责)

各地、各有关部门要按照本方案要求，结合工作实际，研究制定具体工作方案，出台推动质量提升的具体政策措施，明确责任分工和时间进度要求，组织各行业、各企业持续深入开展质量提升行动，全面提升质量水平。省质监局要会同省级有关部门对方案实施情况进行督促检查和跟踪分析，确保各项工作举措和要求落实到位。

第二章 水利工程质量监督体制

水利工程质量监督机构是受水行政主管部门的委托，代替其行使水利工程质量监督职能的机构，对水利工程质量具体实施监督管理，并对水行政主管部门负责。自1986年水利电力部成立了水利电力工程质量监督总站至今，水利行业已经基本形成了“部、省、市、县”四级设置、职责明确、人员齐备、制度完善、程序规范、执行有力、效果显著的工程质量监督体系。

一、质量监督机构的发展历程

水利工程质量监督工作起步于1986年，当时的水利电力部以水电基字〔1986〕47号文颁发了《水利电力部基本建设工程质量监督条例》，要求对水利基本建设工程进行质量监督，同时水利电力部成立了水利电力工程质量监督总站。

1988年水利部组建后，又于1989年4月3日颁发了《水利基本建设工程质量监督暂行规定》，规定了水利工程质量监督机构分三级设置的基本框架。到1995年，全国水利行业共成立了36个水利工程质量监督中心站，300多个地（市）级水利工程质量监督站。在总结前几年工作的基础上，水利部又于1997年8月颁发了《水利工程质量监督管理规定》，并于同年12月以部长令的形式下发了《水利工程质量管理规定》，进一步明确了水利工程质量监督机构的性质和任务。

国务院令第279号颁发了《建设工程质量管理条例》，将政府质量监督作为一项制度，以法规的形式在条例中加以明确，从而确立了政府质量监督的法律地位，使我国建设工程质量管理走上了法制化的轨道，水利工程质量监督机构的发展也进入了快速发展时期。

2008年11月，根据财政部、国家发展和改革委员会（简称国家发展改革委）《关于公布取消和停止征收100项行政事业性收费项目的通知》（财综〔2008〕78号）的规定，自2009年1月1日起，在全国统一取消和停止征收包括水利建设工程质量监督费等100项行政事业性收费，质量监督工作经费来源发生了根本性变化，质量监督机构由此基本都转为全额拨款性独立事业单位。

2011年，中央先后出台1号文件、召开水利工作会议，明确提出力争通过5～10年的努力，从根本上扭转水利建设明显滞后的局面，今后10年全社会对水利的年平均投入比2010年高出1倍，至2020年水利建设总投资将达到4万亿元。

2012年，国务院印发《质量发展纲要（2011—2020）》，要求进一步强化质量安全意识，落实质量安全责任，严格质量安全监管，加强质量安全风险管理，提高质量安全保障能力。随着水利建设呈现投资规模更大、建设项目类型更多、进度和质量要求更高，建设重点以中小型水利工程为主，项目实施主体以市县水行政主管部门为主，单项工程规模小、项目分布广、建设管理难度大，全国各地开始探索在县区设立质量监督机构。

截至2017年年底，全国2558个承担水利建设任务的县（市、区）中，由政府编制部门批准成立的县级水利工程质量监督机构有1359个，占53.13%；1359个有编制的县级机构中，纳入财政预算的机构的1009个，占74.25%。县级水利工程质量监督机构现有监督人员6434名，其中在编人员5567名，占86.52%，聘用人员867名，占13.48%。

随着市、县级水利工程质监机构的建立，也出现了一些新问题，主要表现为：质监人员缺少系统培训，从事监督工作的专职人员少、业务技能不强、对相关的法律法规不熟悉，质量监督队伍难以适应监督工作的需要。

二、质量监督机构的职责

水利部主管全国水利工程质量监督工作，设置水利部水利工程质量与安全监督总站。水利水电规划设计管理局设置水利工程设计质量监督分站，各流域机构设置流域水利工程质量监督分站作为总站的派出机构。各省、自治区、直辖市水利（水电）厅（局），新疆生产建设兵团水利局设置水利工程质量监督中心站。地（市）水利（水保）局设置水利工程质量监督站。各县（区）水利（水保）局设置县（区）水利工程质量监督站。

各级质量监督机构隶属于同级水行政主管部门，业务上接受上一级质量监督机构的指导。各级质量监督机构的正副站长由其主管部门任命，并报上一级质量监督机构备案。水利工程质量监督项目站（组），是相应质量监督机构的派出单位。水利工程质量监督机构的基本职责是依据法律、法规和国家强制性标准对参加建设工程活动的各方主体行为以及建设工程的实体质量进行监督、检查。

1. 水利部水利工程质量与安全监督总站及分站的主要职责

（1）总站主要职责。

1）贯彻执行国家和水利部有关工程建设质量管理的方针、政策。

2）制订水利工程质量监督、检测有关规定和办法，并监督实施。

3）归口管理全国水利工程的质量监督工作，指导各分站、中心站的质量监督工作。

4）对部直属重点工程组织实施质量监督。参加工程的阶段验收和竣工验收。

5）监督有争议的重大工程质量事故的处理。

6）掌握全国水利工程质量动态。组织交流全国水利工程质量监督工作经验，组织培训质量监督人员。开展全国水利工程质量检查活动。

（2）分站主要任务。

水利工程设计质量监督分站受总站委托承担的主要任务如下：

1）归口管理全国水利工程的设计质量监督工作。

2）负责设计全面质量管理工作。

3）掌握全国水利工程的设计质量动态，定期向总站报告设计质量监督情况。

（3）各流域分站主要职责。

各流域水利工程质量监督分站的主要职责为：

1）对本流域内下列工程项目实施质量监督：

• 总站委托监督的部属水利工程。

• 中央与地方合资项目，监督方式由分站和中心站协商确定。

• 省（自治区、直辖市）界及国际边界河流上的水利工程。

2）监督受监督水利工程质量事故的处理。

3）参加受监督水利工程的阶段验收和竣工验收。

4）掌握本流域内水利工程质量动态，及时上报质量监督工作中发现的重大问题，开展水利工程质量检查活动，组织交流本流域内的质量监督工作经验。

2. 各省、自治区、直辖市，新疆生产建设兵团水利工程质量监督中心站的职责

（1）贯彻执行国家、水利部和省、自治区、直辖市有关工程建设质量管理的方针、政策。

（2）管理辖区内水利工程的质量监督工作；指导本省、自治区、直辖市的市（地区）质量监督站工作。

（3）对辖区内除全国水利工程质量监督总站、流域水利工程质量监督分站规定以外的水利工程实施质量监督；协助配合由部总站和流域分站组织监督的水利工程的质量监督工作。

（4）参加受监督水利工程的阶段验收和竣工验收。

（5）监督受监督水利工程质量事故的处理。

（6）掌握辖区内水利工程质量动态和质量监督工作情况，定期向总站报告，同时抄送流域分站。

（7）组织培训质量监督人员，开展水利工程质量检查活动，组织交流质量监督工作经验。

3. 市（地区）水利工程质量监督站的职责

（1）贯彻执行国家、水利部和省、自治区、直辖市有关工程建设质量管理的方针、政策。

（2）管理辖区内水利工程的质量监督工作。

（3）指导本市县（区）质量监督站工作。

（4）对辖区内除全国水利工程质量监督总站、流域水利工程质量监督分站、省中心站规定以外的水利工程实施质量监督。

（5）协助配合中心总站和流域分站组织监督的水利工程的质量监督工作。

（6）参加受监督水利工程的阶段验收和竣工验收。

（7）监督受监督水利工程质量事故的处理。

（8）掌握辖区内水利工程质量动态和质量监督工作情况，定期向中心站报告。

（9）组织培训县（区）质量监督人员，开展水利工程质量检查活动，组织交流质量监督工作经验。

4. 县（区）水利工程质量监督站的职责

（1）贯彻执行国务院、水利部、省、市有关水利工程建设质量管理方针政策和法规、规定。

（2）配合由市监督水利工程的质量监督工作。

（3）负责本县（区）域内的项目质量监督工作。

（4）负责对参与水利工程建设的监理、施工等单位的质量管理体系的检查和关键岗位人员、资质的核查。

（5）参加水利工程的阶段验收和竣工验收。

（6）监督受监督水利工程质量事故的调查处理。

（7）掌握境内水利工程质量动态和质量监督工作情况，定期向上级质量监督部门报告，竣工验收提交的工程质量监督报告。

（8）组织质量管理相关培训，开展质量检查活动，总结质量管理经验。

三、工程质量监督人员

各级质量监督机构应配备一定数量的专职质量监督员。质量监督员的数量由同级水行政主管部门根据工作需要和专业配套的原则确定。国务院令第279号《建设工程质量管理条例》中质量监督员是一种岗位职务。质量监督员按专业性质设置岗位。只有在工程质量监督单位工作，并从事工程质量监督工作的专业技术人员才可以成为工程质量监督员。也就是说，对于已取得质量监督员资格，如果他脱离了工程质量监督单位，不再从事质量监督工作，其质量监督员资格也就被取消。质量监督员的工作是代表其质量监督单位对其管辖范围内的工程质量进行监督，如果其工作超出其单位的管辖范围或离开质量监督单位，就不能再履行工程质量监督员的职责。

1. 水利工程质量监督员条件

工程质量监督员是代表质量监督站对工程质量进行监督的执法人员，在政治上和业务上都有特定的要求。建设部不仅对质量监督人员的资格作了统一规定，同时还对各级工程质量监督站站长的技术水平作了统一要求。

以前，水利工程质量监督机构定位于独立的全额拨款性事业单位，水利部要求水利工程质量监督员必须具备以下条件：

（1）取得工程师职称，或具有大专以上学历并有五年以上从事水利水电工程设计、施工、监理、咨询或建设管理工作的经历。

（2）坚持原则，秉公办事，认真执法，责任心强。

（3）经过培训并通过考核取得“水利工程质量监督员证”。

随着全国事业单位改革的不断深入，很多地方的质量监督机构列入公益一类机构，质量监督机构人员的选录都按照公务员录用的方式进行全社会公开选拔，上述要求条件也就无法达到了。目前，各地从质量监督队伍建设的实际情况出发，要求水利工程质量监督员应具备的条件如下：

（1）机构编制内正式人员，持有相关工作证件。

（2）项目质量监督负责人及质量等级核备（备案）人员，应具有工程类专科以上学历或中级以上职称、3年以上水利工程质量监督、建设管理、勘察设计、施工、监理、质量检测等工作经历。

（3）坚持原则，秉公办事，认真执法，责任心强。

（4）熟悉国家工程建设质量管理的法律、法规、方针和政策，国家及行业的有关技术标准、规程和规范。

质量监督机构可聘任符合条件的工程技术人员作为工程项目的兼职质量监督员。为保证质量监督工作的公正性、权威性，凡从事该工程监理、设计、施工、设备制造的人员不得担任该工程的兼职质量监督员。

2. 水利工程质量监督员业务素质要求

(1) 质量监督员应具有较高的政策理论水平。由于工程质量监督机构是以其政府主管部门的名义进行质量监督活动的，质量监督员的工作实质上是政府行为，质量监督员就必须要有较高的工程建设方面的政策理论水平，熟练地掌握并能正确运用工程建设方面的方针、政策和技术质量标准，以便在监督工作中能抓住中心，正确地把握质量监督工作的大方向和大原则。

(2) 质量监督员应当熟知有关工程建设的法律、法规和技术质量标准。质量监督的行为过程，实质上是行政执法的过程，同时也是有关法律、法规、规程规范和质量标准的执行和运用过程。质量监督员只有充分了解和熟练掌握工程建设有关的法律、法规、规程规范和技术质量标准，才能正确运用手中的权力，客观、公正、科学、准确地处理好每一个问题，真正树立质量监督工作的权威。

(3) 质量监督员应当具有较高的专业技术水平。专业技术是质量监督员从事质量监督工作所必需的知识和技能，它是对理论知识的应用。质量监督员在工作中会遇到应用各种技术、技能的情况，如果不了解、不熟悉，就可能发现不了质量问题，发现了质量问题也不易查出其原因，影响质量监督的效果，也就不能树立质量监督的权威。因此，质量监督员只有经过多个工程建设实际的反复锻炼，熟悉和掌握影响工程质量的关键环节和技术，丰富和提高自己的专业技术水平，才能增强自己对质量问题的判断和鉴别能力。也可以说具有工程经验，是一名合格质量监督员应具备的重要条件。进行质量监督工作，要善于发现质量问题，并能指出其症结所在。而发现质量问题并能分析其原因的能力，取决于质量监督员的经验和阅历。见多识广，就会对常见的质量问题非常敏感，提请有关方面注意，从而采取主动的控制措施。经验丰富，就能练就识别和判断异常质量问题的本领，及时提醒有关方面采取有效方法进行处理。有丰富的工程经验（包括参与工程质量事故调查、分析和处理的工作经历），就拥有识别工程质量通病的敏锐性，具有发现鉴别异常质量问题的能力，这是胜任质量监督工作的基础。

(4) 质量监督员应具有一定的组织协调能力。工程质量是在项目法人、勘察设计、施工和监理单位等方面的建设活动过程中形成的，一方面，工程建设过程中出了质量问题需要质量监督员进行监督和仲裁；另一方面，质量监督机构是独立于参加建设各方主体行为之外的另一方，常常能够站在比较公正的立场上，建设过程中各方主体之间有一些问题、矛盾和纠纷，往往需要质量监督员出面进行协调，同时，质量监督工作本身也需要有关方面的支持与配合等，都需要工程质量监督员具有一定的组织和协调能力。

3. 质量监督员业务素质提升的五个层次

(1) 入门级。工程类专业专科以上学历，有工程建设管理或设计、监理、检测、施工等工作经历，理解并能执行水利行业的各种质量规程、规范和标准。

(2) 合格级。有工程类专业职称，了解水利基本建设的有关规定，有水利工程建设管理或设计、监理、检测、施工等工作经历，理解并能执行水利行业的各种质量规程、规范和标准，能发现工程建设过程中存在的质量问题。

(3) 骨干级。有工程类专业中级职称，了解水利基本建设的有关规定，有水利工程建设质量管理岗位的经历，能结合工程特点执行水利行业的各种质量规程、规范和标准，对各类工程质量管理的重点、难点及质量通病有所了解，能发现工程建设过程中存在的质量问题，提请有关单位采取主动的应对措施。

(4) 头领级。有工程类专业高级职称，了解水利基本建设程序和行政监督的有关规定，全面掌握水利行业的各种质量规程、规范和标准并能结合工程特点执行，有一定的工程建设质量管理的经验，对各类工程质量管理的重点、难点及质量通病都有一定的掌握，能发现工程建设过程中存在的质量问题，提请有关单位采取主动的应对措施。

(5) 专家级。有工程类专业高级职称，熟悉水利基本建设程序和行政监督的有关规定，熟练掌握水利行业的各种质量规程、规范和标准，有了丰富的工程建设经验，对各类工程质量管理的重点、难点及质量通病都有深入的把握，能敏锐地发现工程建设过程中存在的质量问题和隐患，并能分析出其产生的原因，指导参建各方采取主动的应对措施。建设过程中各方主体在质量管理方面出现问题、矛盾和纠纷时，能够客观、公正、科学、准确地协调解决，在工程建设各方中树立了极高的威信。

质量监督工作是一项政策性、专业性、技术性和实践性都很强的工作，质量监督员必须加强学习，不断丰富专业基础知识，提高政策理论水平，经常深入工程建设实践，及时总结经验，才能更好地胜任工程质量监督工作。

四、工程质量监督的依据

工程质量监督的主要依据为两个层面：一是我国现行工程建设质量的有关法律、行政法规、部门规章、技术标准、规程、规范等；二是批准的设计文件等。

1. 法律

主要有《中华人民共和国建筑法》《中华人民共和国水法》《中华人民共和国防洪法》《中华人民共和国招标投标法》《中华人民共和国合同法》《中华人民共和国标准化法》《中华人民共和国计量法》《中华人民共和国产品质量法》《中华人民共和国档案法》《中华人民共和国安全生产法》等。

2. 行政法规

(1)《建设工程质量管理条例》(国务院令第279号，2000年1月30日发布，2017年10月7日修订)。

(2)《陕西省建设工程质量和安全生产管理条例》(1996年12月26日陕西省第八届人民代表大会常务委员会第二十四次会议通过，2009年11月26日修订)。

3. 部门规章及规范性文件

建设工程强制性标准包括：各类工程的勘察、设计、施工、安装、验收等项内容所制定的标准，有关安全、卫生、环境、基本功能要求的标准；必须在全国统一的规范、公差计算单位、符号、术语与制图方法等基础标准；与评定质量有关的试验方法和检测方法，对工程质量有重要影响的工程和产品标准；建设工程勘察、设计、施工及验收的规范等。

(1)《水利工程建设项目管理规定（试行）》(1995年4月21日水利部水建〔1995〕128号印发，2014年8月19日水利部令第46号修改)。

(2)《水利工程质量管理规定》(1997年12月21日水利部令第7号发布，2017年12月22日水利部令第49号修改)。

(3)《水利工程质量监督管理规定》(1997年8月25日水利部水建〔1997〕339号印发)。

(4)《水利工程建设程序管理暂行规定》(1998年1月7日水利部水建〔1998〕16号发布，2014年8月19日水利部令第46号修改，2016年8月1日水利部令第48号第二次修改，2017年12月22日水利部令第49号第三次修改)。

(5)《水利工程质量事故处理暂行规定》(1999年3月4日水利部令第9号发布)。

(6)《水利工程建设监理规定》(2006年12月18日水利部令第28号发布，2017年12月22日水利部令第49号修改)。

(7)《水利工程建设监理单位资质管理办法》(2006年12月18日水利部令第29号发布，2010年5月14日水利部令第40号修改，2015年12月16日水利部令第47号第二次修改，2017年12月22日水利部令第49号第三次修改)。

(8)《水利工程建设项目验收管理规定》(2006年12月18日水利部令第30号发布，2014年8月19日水利部令第46号修改，2016年8月1日水利部令第48号第二次修改，2017年12月22日水利部令第49号第三次修改)。

(9)《水利工程质量检测管理规定》(2008年11月3日水利部令第36号发布，2017年12月22日水利部令第49号修改)。

(10)《水利工程建设项目档案管理规定》(2005年11月1日水利部水办〔2005〕480号印发)。

4. 水利水电及相关行业技术标准、规程、规范

(1)《水利水电工程施工质量检验与评定规程》(SL 176—2007)。

(2)《水利水电建设工程验收规程》(SL 223—2008)。

(3)《给水排水管道工程施工质量及验收规范》(GB 50268—2008)。

(4)《水利水电工程单元工程施工质量验收评定标准》(SL 631～637—2012)。

(5)《水利水电工程单元工程施工质量验收评定标准》(SL 638～639—2013)。

(6)《小型水电站建设工程验收规程》(SL 168—2012)。

(7)《村镇供水工程施工质量验收规范》(SL 688—2013)。

(8)《水利工程施工监理规范》(SL 288—2014)。

(9)《灌溉与排水工程施工质量评定规程》(SL 703—2015)。

(10)《水利工程质量检测技术规程》(SL 734—2016)。

(11)《水利工程建设标准强制性条文》(2016年版)。

在实际工作中，国家和水利水电行业颁发的非强制性的有关规程、规范和技术质量标准，经批准的设计文件及项目法人与设计、施工、监理等单位签订的合同等也应当是质量监督的依据。

五、工程质量监督的工作内容

工程质量监督是依据国家有关工程建设方面的法律、法规和强制性标准对建设工程的实体质量和参加建设各方主体的行为进行监督管理，期限为自工程办理完善质量监督手续之日起，至工程通过竣工验收之日止。

质量监督程序一般包括办理质量监督手续、制订质量监督计划、质量监督工作交底、

复核参建单位资质、检查参建单位质量管理体系、项目划分确认、质量监督检查、列席法人验收、质量结论备案与核备、参加政府验收并提交质量评价意见或质量监督报告等。

水利工程质量监督工作的主要内容有以下几个方面：

(1) 复核各质量责任主体的资质及其派驻现场的项目负责人、有关从业人员的资格，对质量责任主体质量管理体系建立、运行等质量行为进行监督检查。

(2) 对参建单位贯彻执行法律法规、工程建设强制性条文和技术标准情况进行监督。

(3) 对工程项目划分进行确认。

(4) 对工程实体质量进行监督抽查。

(5) 监督检查工程质量检验和质量评定情况。

(6) 按规定列席法人验收会议，对法人验收活动进行监督，对重要隐蔽（关键部位）单元工程、分部工程、单位工程验收质量结论和工程项目质量等级进行备案、核备。

(7) 受理工程质量缺陷备案，监督工程质量事故的调查处理。

(8) 参加政府验收，提交质量评价意见或质量监督报告。

(9) 整理质量监督工作档案资料并归档。

六、工程质量监督的权限

质量监督人员在检查中发现工程质量存在问题时，有权签发整改通知，责令限期改正；发现存在涉及结构安全和使用功能的严重质量缺陷、工程质量管理失控时，有权责令暂停施工或局部暂停施工等强制措施，以便立即改正；对发现结构质量隐患的工程有权责令进行检测，根据检测结果，要求项目法人整改。需要行政处罚的，由工程质量监督机构报相应的政府部门查处。

具体地说，水利工程质量监督具有下列权限：

(1) 对监理、设计、施工、检测等单位的资质等级、经营范围进行核查，发现越级承包工程等不符合规定要求的，责成项目法人单位限期改正，并向水行政主管部门报告。

(2) 进入施工现场执行质量监督，对工程有关部位进行检查，调阅建设、监理单位和施工单位的检测试验成果、检查记录和施工记录。

(3) 对违反技术规程、规范、质量标准或设计文件的施工单位，责成项目法人、监理单位采取纠正措施。

(4) 对使用未经检验或检验不合格的原材料、构配件及设备等，责成项目法人单位采取措施纠正，并提请有关部门进行处罚。

(5) 提请有关部门奖励先进质量管理单位及个人。

(6) 提请有关部门或司法机关追究造成重大工程质量事故的单位和个人的行政、经济、刑事责任。

七、工程质量监督工作的要求

工程质量监督工作要努力做到以下四个方面。

1. 坚持原则，不徇私情

质量监督过程是行政执法过程，对于严重违反工程建设方面的法律、法规和强制性标

准的现象和行为，监督人员要坚决予以制止，在原则面前不能有半点让步。在监督工作中，原则就是大局，不能因为同学、熟人或朋友就可以不坚持原则；也不能在面对利诱、贿赂乃至抵制、威胁甚至是刁难的情况下，就丧失原则。监督人员通过耐心的解释、说服和教育工作，帮助责任方分析问题，找出原因，使其认识到问题的严重性，增强执行规定的自觉性；监督人员切忌简单地以个人好恶，强行要求他人执行自己的意见。

2. 机警敏锐，洞若观火

工程施工过程中，影响工程质量的因素是多方面的，有暴露的，有隐藏的，有潜在的。监督人员在工地现场检查，一定要采取少讲、多看、多问、多听的方式，力争在较短的时间内获取较多的信息，仔细查看、分析、询问，及时发现问题。在检查中，如遇到复杂的情况或突发事件，要保持镇静，不要因激动而丧失客观性。在调查了解客观证据的过程中，如遇工作复杂，调查量大等情况，要把工作做细做好，把证据收集齐全，切忌马虎草率，轻易下结论、轻率出文件；对于吃得准、拿得住的问题，特别是比较严重的问题，要督促有关方面采取坚决的措施予以纠正，并进行跟踪监督，直至问题得到圆满解决。在质量监督工作中，应坚持以客观证据为基础，严格按有关法律、法规、标准等做出判断，切忌自以为是、主观臆断，切忌先入为主、凭印象判断。

3. 精准处理，不留隐患

要坚持“客观、冷静、及时、规范”的处理质量问题。发现问题要冷静地分析，按照质量问题造成的经济损失情况，界定问题的性质是属于质量事故、质量缺陷、质量不达标等三种中的哪一种，按照规范规定的程序区别对待、及时整改，落实补救措施，彻底消除质量隐患。作为质量监督人员，不能对不同单位、不同的人采取不同的态度或采用不同的尺度和标准，不能无限上纲，也不能大事化小；既不能证据不足就提一堆问题，也不能抱着“非找出问题不罢休”；对于下发质量监督整改通知书，特别是停工通知书，一定要慎重。

4. 技术指导，金牌服务

要按照建设服务型政府的要求，提供金牌技术服务。一方面，加强宣传和教育，让人们切实认识到水利工程质量不仅关系到工程经济效益和社会效益的发挥，更关系到工程涉及地区的广大人民生命财产的安全，关系到社会的稳定；另一方面，要在组织上和制度上采取措施，明确各自的质量责任，使其具有较高的质量意识，努力做好工作，把提高工程质量变成其自觉行动。第三方面，要强化技术服务意识，要求有关参建单位提供资料时，要提前一次性公示告知，争取一次办完；不论发生什么样的质量问题，都抱着满腔热情和谦虚谨慎、以理服人的态度与有关方面进行分析、讨论，达到既维护工程质量的严密性，又与有关方面沟通思想交流感情，以取得其理解和信任，使其理解、配合、支持质量监督工作；要尊重别人，耐心地听取别人的介绍或意见，不要盛气凌人，在监督工作中要始终保持彬彬有礼的风度，任何情况都不要发脾气、使性子。

【示例 1】 陕西省咸阳市乾县水利工程质量监督站设立文件

乾县机构编制委员会文件

乾编发〔2016〕18 号

关于设立乾县水利工程质量监督站的通　知

各镇党委、政府，城关街道党工委、办事处，县委和县级国家机关各部门、直属机构、各人民团体：

为了进一步加强水利工程质量监督管理工作，落实质量监督责任，根据市编办《关于县市区设立水利工程质量监督站的通知》(咸编办发〔2016〕83 号)文件精神，经县编委会，县委常委会研究，同意设立乾县水利工程质量监督站，现就有关事宜通知如下：

乾县水利工程质量监督站，在县水利局水利工作队挂牌，实行一套机构，两块牌子，均为副科级建制，配队长(站长)1 名、副队长(副站长)1 名(均为副科级)。

乾县水利工程质量监督站主要职责：承担县域内水利工程质量监督管理，参与监督工程设计的审核和验收，参与监督工程质理事故的调查和处理等工作。

乾县机构编制委员会

2016 年 9 月 28 日

抄报：市编办。

乾县机构编制委员会办公室　　2016 年 9 月 28 日印发

共印 20 份

【示例 2】 水利工程质量监督工作程序框图

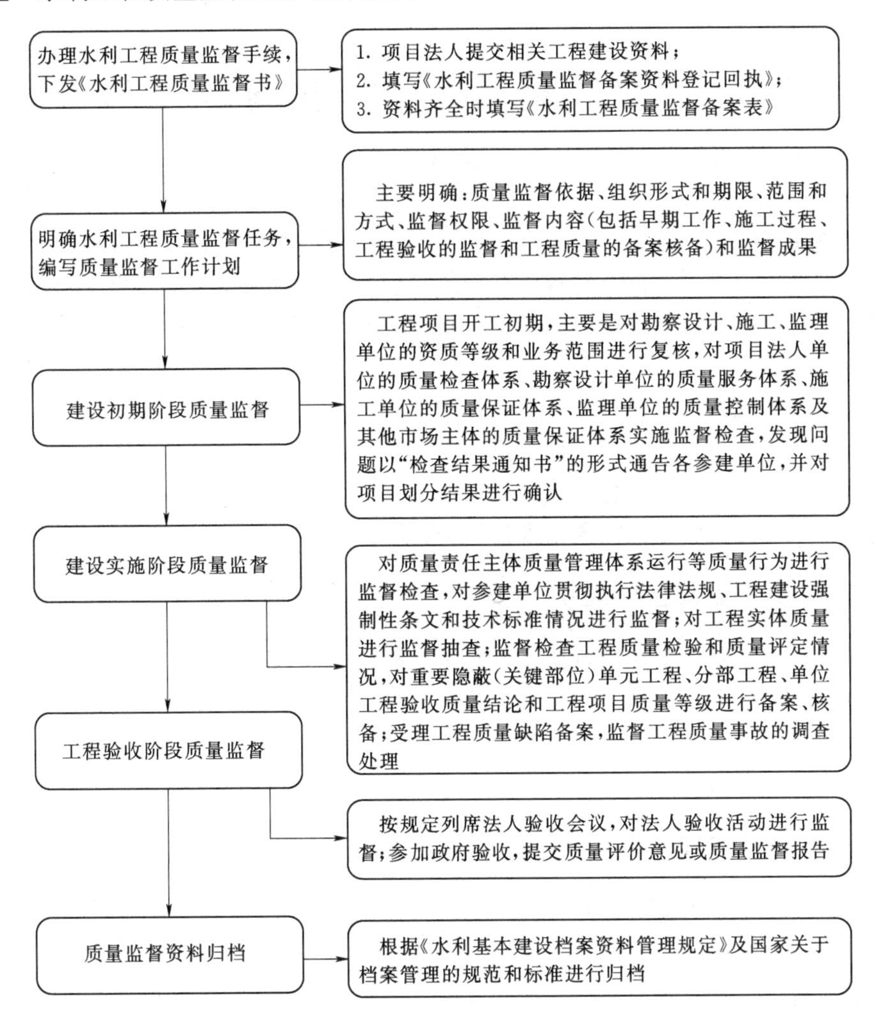

第三章　工程质量监督手续办理与工作计划

按照国务院令第279号《建设工程质量管理条例》的规定，办理质量监督手续是法定程序，不办理质量监督手续的，建设行政主管部门和其他有关专业部门不签发施工许可证或批准工程开工报告，工程不准开工。目前，国务院虽然取消了工程开工行政许可，但工程质量监督手续依然作为开工备案手续的重要内容，项目法人单位应于工程建设开工前，携带有关资料到相应的工程质量监督机构办理工程质量监督手续。

工程质量监督工作计划是质量监督机构针对具体的水利工程项目实施质量监督活动的指导性文件。做好工程质量监督工作计划，可以增强质量监督工作的计划性、主动性和针对性，促进质量监督工作有的放矢，到位又不越位。

一、工程质量监督备案表

办理质量监督手续的工程质量监督备案表一般都是采取各省统一格式，在水行政主管部门的官方网站提供电子文本，项目法人单位自行下载后填写。建立了信息化管理系统的地方也有采取电子版本网上申报和纸质文件同时上报的管理形式，大大提高了工作效率和管理水平。水利工程质量监督备案表样式见本章【示例1】。

二、应提供的资料

项目法人单位应于工程建设开工前，携带有关资料到相应的工程质量监督机构办理工程质量监督备案手续，需要的材料主要如下：

（1）项目初步设计报告或实施方案、概算、地质勘察报告、图纸原件及批复文件。

（2）项目法人批复成立文件及内设质量管理机构设立文件；实行代建制的项目，要提供项目代建合同及现场管理机构设立文件。

（3）勘察设计单位资质证书，项目负责人和技术人员职称证书。

（4）施工单位资质证书，单位中标通知书、施工合同，施工项目部成立文件，项目建造师资质证书。

（5）监理单位资质证书，单位中标通知书、监理合同，监理项目部成立文件，监理人员资格证书。

（6）工程质量检测单位资质，第三方检测合同，类似工程经历一览表，工程质量检测方案，项目质量检测人员资格证书。

（7）其他需要提供的文件资料。

三、办理程序

要求提供各类证书原件的，工程质量监督机构应及时安排有关人员，将原件与相应复

印件进行核对、验证，及时将其退还给报送单位；质量监督机构5个工作日内审核完毕，符合规定的由质量监督机构发给《水利工程质量监督书》4份。水利工程质量监督书样式见本章【示例2】。

由多家质量监督机构共同监督的水利工程，各方应签订工作协议或采取其他方式明确监督责任主体、质量监督职责与分工。

四、办理手续的意义

办理质量监督备案手续，不仅仅是一项简单的工作程序，它实质上是全面落实各方主体工程质量责任，特别是强化项目法人单位的首要责任和勘察设计、施工、监理单位主体责任的一种具体形式。

（1）落实从业单位质量主体责任。项目法人、勘察、设计、施工、监理及质量检测等从业单位是水利工程质量的责任主体。项目法人对水利工程质量负总责，勘察、设计单位对勘察、设计质量负责，施工单位对施工质量负责，监理单位对工程质量承担监理责任，质量检测、工程监测、鉴定评估等单位对检测、监测和鉴定评估结果负责。相关单位违反国家规定、降低工程质量标准的，依法追究责任，由此发生的费用由责任单位承担。

（2）落实从业单位领导人责任。项目法人、勘察、设计、施工、监理等单位的法定代表人或主要负责人，要按各自职责对所承建项目的工程质量负领导责任。因工作失误导致重大工程质量事故的，除追究直接责任人责任外，还要追究参建单位法定代表人或主要负责人的领导责任。

（3）落实从业人员责任。勘察设计工程师对其签字的设计文件负责。施工单位确定的工程项目建造师、技术负责人和施工管理责任人按照各自职责对施工质量负责。总监理工程师、监理工程师按各自职责对监理工作负责。质量检测、工程监测、鉴定评估等从业人员按照各自职责对其工作成果负责。建立企业质量控制关键岗位责任制，强化对关键岗位持证上岗情况的检查，严格按照质量规范操作。造成质量事故的，要依法追究有关从业人员的责任。

（4）落实质量终身责任制。项目法人、勘察设计、施工、监理及质量检测等从业单位的工作人员，按各自职责对其经手的工程质量负终身责任。因调动工作、退休等原因离开原单位的相关人员，如发现在原单位工作期间违反工程质量管理有关规定，或未切实履行相应职责，造成重大质量事故的，也要依法追究法律责任。

办完质量监督备案手续，各方责任人正式得到确定，各个质量责任制开始正式履行，质量管理体系开始运行，工程建设的序幕正式拉开。

五、准备工作

质量监督机构在接受工程项目的质量监督任务后，根据受监工程的规模、特点及重要性等落实专职或兼职质量监督人员，应指定不少于2名质量监督人员组成工程质量监督组，负责具体的质量监督工作；质量监督组必须按照质量监督机构授权开展工程质量监督工作，履行质量监督职责，但不代替工程建设参建各方的质量管理工作。

质量监督组经批准设立后，要及时制定质量监督管理制度、质量监督人员岗位责任制度、质量监督检查工作制度等有关规章制度。要安排拟承担该工程质量监督工作任务的监督员熟悉设计图纸，查阅地质勘察资料和设计文件，了解设计意图，初步掌握工程质量控制的关键环节和质量监督到位点，为编制质量监督计划做好准备。

对设计审查中发现的问题，应与项目法人、勘察设计单位交换意见。对于一般性的问题，经项目法人、勘察设计单位认可或同意后，即可对施工图的内容进行修改，并履行设计变更签证手续；对于较大问题，或涉及方案变更等重大问题，还要报请主管部门的设计原批准单位批准同意，方可修改、变更。

六、质量监督计划的制订

工程质量监督工作计划是质量监督机构针对具体的水利工程项目特点，根据有关法律、法规和技术标准编制的，对该水利工程实施质量监督活动的指导性文件。质量监督计划主要明确在工程项目实施期间质量监督工作做什么、怎样做、何时做、谁来做以及有什么要求等。有了质量监督计划，可以避免质量监督工作的盲目性和随意性，增强质量监督工作的计划性、主动性和针对性，使质量监督工作有的放矢，到位又不越位。

1. 计划类别

工程质量监督计划一般分为年度计划和总体计划。

总体质量监督计划是整个工程项目建设阶段编制的质量监督工作的整体工作计划，总体质量监督计划在项目建设初期编制。

年度质量监督计划主要针对规模比较大、建设期比较长的工程项目，增强质量监督计划的针对性和可操作性，需要编制年度质量监督计划，年度质量监督计划一般在每年的年初编制。

由此看出，对常见的规模比较小、建设期比较短的中小型水利工程而言，质量监督计划是指总体质量监督计划。

2. 计划内容

工程质量监督书下达后，受指派的质量监督员要根据工程概况、设计意图、工程特点和关键部位，编制质量监督计划。监督计划的繁简程度主要取决于工程规模的大小，建设内容多寡，工程本身的复杂程度和工程所处的地理位置等因素。

工程质量监督计划一般包括如下内容：

(1) 项目概况。

(2) 质量监督依据。

(3) 质量监督组织形式和期限。

(4) 质量监督范围和方式。

(5) 质量监督权限。

(6) 质量监督内容（包括早期工作的监督、施工过程的监督、工程验收的监督、工程质量的核备）。

(7) 质量监督成果。

3. 编写原则

编写工程质量监督计划应掌握以下原则：

（1）尽可能地掌握和了解受监工程的情况，编写计划的依据应可靠。

（2）计划书编写应及时，尽可能做到在施工单位进场前将质量监督计划发出。

（3）计划书应体现质量监督是以抽查为主的原则。

（4）计划书编写要突出重点，抓住关键工序和重点部位。

（5）计划书编写中，对于能吃得准拿得住又觉得需要指出的问题一定要在监督计划中反映出来，对吃不准的事可以不写，必要时可以粗写。

质量监督计划下发之前，最好能与项目法人、监理和有关单位的负责人沟通思想、交流信息、征求意见，取得有关单位的支持与配合。

4. 下发确定

工程质量监督计划应以质量监督站文件的形式下发给项目法人，并抄送给勘察设计、施工、监理单位。质量监督计划下发后，如遇工程建设内容或建设计划调整，要及时调整质量监督计划并告知有关单位。质量监督计划一经下达，就要严格执行，以维护质量监督计划的严肃性和水利工程质量监督机构的权威。

七、首次质量监督会议

质量监督会议是质量监督工作过程中质量监督人员与参建各方交流沟通的主要手段。工程项目质量监督负责人应适时召开由参建各方参加的首次进场监督会议，就质量监督的内容和要求进行交底，并将质量监督工作计划的主要内容通报参建各方。

首次质量监督会议是现场质量监督工作的序幕，首次会议的召开就表明现场监督工作的正式开始。在受理工程质量监督手续后，质量监督机构应在15个工作日内到工地现场开展质量监督工作，召开质量监督会议。质量监督会议也可结合设计交底会议一并进行。

首次质量监督会议由工程质量监督机构主持，项目法人、勘察设计、施工、监理、质量检测和主要原材料、产品制作和供应单位参加。

会议主要内容一般包括：

（1）宣布工程质量监督机构的职责、工作方式、主要工作内容，与各参建单位建立沟通联络机制。

（2）查看工程实地情况、设计图纸和技术要求，进一步熟悉工程情况。

（3）听取有关单位关于工程质量管理体系和质量责任制的建立、工作计划的制定等情况的汇报。

（4）检查参建各单位建立质量体系文件。

（5）检查施工和监理日志、质量评定表格准备情况，施工自检、监理平行检测、工程质量检测合同签订及检测方案制定情况等。

（6）将质量监督工作计划的有关要求向各参建单位进行交底，现场交换意见，对重要工作提出明确要求。

根据首次质量监督会的实际情况，质量监督机构可向项目法人下达书面处置意见，凡检查不符合要求的，应责令有关责任单位限期整改到位。

【示例1】 水利工程质量监督备案表样式

编号：

××省水利工程质量监督

备　案　表

工程名称：

项目法人：　　　　　　　　　　　　（盖章）

法定代表人：　　　　　　　　　　　（签字）

20××年××月××日

填　表　说　明

1　项目法人应严格按照《××省水利工程质量监督备案表》的格式、内容如实填写，报质量监督机构登记。

2　编号由工程质量监督机构确定。

3　《××省水利工程质量监督备案表》中，有关单位人员数量可根据实际情况增行填写。

4　主要建设内容应按批复的初步设计内容填写。

<table>
<tr><td colspan="3">工程名称</td><td colspan="2"></td><td colspan="2">建设地点</td><td></td></tr>
<tr><td colspan="3">主管部门</td><td colspan="5"></td></tr>
<tr><td rowspan="2">可行性
研究报告</td><td colspan="2">批准机关</td><td colspan="5"></td></tr>
<tr><td colspan="2">批准日期和文号</td><td colspan="5"></td></tr>
<tr><td rowspan="3">初步设计
（实施方案）
报告</td><td colspan="2">批准机关</td><td colspan="5"></td></tr>
<tr><td colspan="2">批准日期和文号</td><td colspan="5"></td></tr>
<tr><td colspan="2">批复工期</td><td colspan="5"></td></tr>
<tr><td colspan="3">计划开工日期</td><td colspan="2"></td><td colspan="2">计划竣工日期</td><td></td></tr>
<tr><td colspan="3">主要建设内容</td><td colspan="5"></td></tr>
<tr><td rowspan="2">总工程量</td><td colspan="2">土石方</td><td colspan="2">万 m^3</td><td colspan="2">混凝土及钢筋混凝土</td><td>万 m^3</td></tr>
<tr><td colspan="2">砌体</td><td colspan="2">万 m^3</td><td colspan="2">（其他）</td><td></td></tr>
<tr><td colspan="3">总投资</td><td colspan="2">万元</td><td colspan="2">建安工程量</td><td>万元</td></tr>
<tr><td rowspan="5">项目法人单位</td><td colspan="2">名称</td><td colspan="5"></td></tr>
<tr><td colspan="2">法定代表人</td><td></td><td>职称及证书编号</td><td></td><td>联系电话</td><td></td></tr>
<tr><td colspan="2">技术负责人</td><td></td><td>职称及证书编号</td><td></td><td>联系电话</td><td></td></tr>
<tr><td colspan="2" rowspan="2">质量管理部门
负责人</td><td rowspan="2"></td><td>职称及证书编号</td><td></td><td>联系电话</td><td></td></tr>
<tr><td>资格证书</td><td></td><td>电子信箱</td><td></td></tr>
<tr><td rowspan="5">现场管理机构</td><td colspan="2">名称</td><td colspan="5"></td></tr>
<tr><td colspan="2">现场负责人</td><td></td><td>职称及证书编号</td><td></td><td>联系电话</td><td></td></tr>
<tr><td colspan="2">技术负责人</td><td></td><td>职称及证书编号</td><td></td><td>联系电话</td><td></td></tr>
<tr><td colspan="2" rowspan="2">质量管理部门
负责人</td><td rowspan="2"></td><td>职称及证书编号</td><td></td><td>联系电话</td><td></td></tr>
<tr><td>资格证书
及编号</td><td></td><td>电子信箱</td><td></td></tr>
<tr><td rowspan="7">勘察设计单位</td><td colspan="2">名称</td><td colspan="3"></td><td>资质等级
及证书编号</td><td colspan="2"></td></tr>
<tr><td colspan="2">法定代表人</td><td></td><td>职务、职称</td><td></td><td>联系电话</td><td></td></tr>
<tr><td rowspan="5">现场
主要
人员</td><td>负责人及专业</td><td></td><td>职称及证书编号</td><td></td><td>联系电话</td><td></td></tr>
<tr><td>成员及专业</td><td></td><td>职称及证书编号</td><td></td><td>联系电话</td><td></td></tr>
<tr><td>成员及专业</td><td></td><td>职称及证书编号</td><td></td><td>联系电话</td><td></td></tr>
<tr><td>成员及专业</td><td></td><td>职称及证书编号</td><td></td><td>联系电话</td><td></td></tr>
<tr><td>成员及专业</td><td></td><td>职称及证书编号</td><td></td><td>联系电话</td><td></td></tr>
</table>

续表

<table>
<tr><td rowspan="5">设备制造单位</td><td>名称</td><td colspan="2"></td><td>资质等级
及证书编号</td><td colspan="2"></td></tr>
<tr><td>法定代表人</td><td></td><td>职务、职称</td><td></td><td>联系电话</td><td></td></tr>
<tr><td>项目负责人</td><td></td><td>职称及证书编号</td><td></td><td>联系电话</td><td></td></tr>
<tr><td>设备制造主要内容</td><td colspan="5"></td></tr>
<tr><td>设备制造工程量</td><td colspan="5"></td></tr>
<tr><td rowspan="16">监理单位</td><td>名称</td><td colspan="2"></td><td>资质等级
及证书编号</td><td colspan="2"></td></tr>
<tr><td>法定代表人</td><td></td><td>职务、职称</td><td></td><td>联系电话</td><td></td></tr>
<tr><td rowspan="2">总监理工程师
及专业</td><td rowspan="2"></td><td>职称及证书编号</td><td></td><td>联系电话</td><td></td></tr>
<tr><td>总监岗位证书
编号</td><td></td><td>电子邮箱</td><td></td></tr>
<tr><td rowspan="2">副总监理工程师
及专业</td><td rowspan="2"></td><td>职称及证书编号</td><td></td><td>联系电话</td><td></td></tr>
<tr><td>从业资格及
岗位证书编号</td><td></td><td>电子邮箱</td><td></td></tr>
<tr><td rowspan="2">监理工程师
及专业</td><td rowspan="2"></td><td>职称及证书编号</td><td></td><td rowspan="2">联系电话</td><td rowspan="2"></td></tr>
<tr><td>从业资格及
岗位证书编号</td><td></td></tr>
<tr><td rowspan="2">监理工程师
及专业</td><td rowspan="2"></td><td>职称及证书编号</td><td></td><td rowspan="2">联系电话</td><td rowspan="2"></td></tr>
<tr><td>从业资格及
岗位证书编号</td><td></td></tr>
<tr><td rowspan="2">监理工程师
及专业</td><td rowspan="2"></td><td>职称及证书编号</td><td></td><td rowspan="2">联系电话</td><td rowspan="2"></td></tr>
<tr><td>从业资格及
岗位证书编号</td><td></td></tr>
<tr><td rowspan="2">监理员及专业</td><td rowspan="2"></td><td>职称及证书编号</td><td></td><td rowspan="2">联系电话</td><td rowspan="2"></td></tr>
<tr><td>监理员
岗位证书编号</td><td></td></tr>
<tr><td rowspan="2">监理员及专业</td><td rowspan="2"></td><td>职称及证书编号</td><td></td><td rowspan="2">联系电话</td><td rowspan="2"></td></tr>
<tr><td>监理员
岗位证书编号</td><td></td></tr>
</table>

续表

<table>
<tr><td rowspan="2">监理单位</td><td rowspan="2">监理员及专业</td><td rowspan="2"></td><td>职称及证书编号</td><td></td><td rowspan="2">联系电话</td><td rowspan="2"></td></tr>
<tr><td>监理员
岗位证书编号</td><td></td></tr>
<tr><td rowspan="10">施工单位（1）</td><td>名称</td><td colspan="2"></td><td>资质等级</td><td colspan="2"></td></tr>
<tr><td>法定代表人</td><td></td><td>职务、职称</td><td></td><td>联系电话</td><td></td></tr>
<tr><td rowspan="2">项目建造师</td><td rowspan="2"></td><td>职称及证书编号</td><td></td><td>联系电话</td><td></td></tr>
<tr><td>从业资格</td><td></td><td>电子信箱</td><td></td></tr>
<tr><td>技术负责人</td><td></td><td>职称及证书编号</td><td></td><td>联系电话</td><td></td></tr>
<tr><td rowspan="2">质量管理负责人</td><td rowspan="2"></td><td>职称及证书编号</td><td></td><td>联系电话</td><td></td></tr>
<tr><td>资格证书</td><td></td><td>电子信箱</td><td></td></tr>
<tr><td>标段主要建设
内容</td><td colspan="5"></td></tr>
<tr><td rowspan="2">工程量</td><td>土石方</td><td></td><td colspan="2">混凝土及钢筋混凝土</td><td></td></tr>
<tr><td>砌体</td><td></td><td colspan="2">（其他）</td><td></td></tr>
<tr><td rowspan="10">施工单位（2）</td><td>名称</td><td colspan="2"></td><td>资质等级</td><td colspan="2"></td></tr>
<tr><td>法定代表人</td><td></td><td>职务、职称</td><td></td><td colspan="2">联系电话</td></tr>
<tr><td rowspan="2">项目建造师</td><td rowspan="2"></td><td>职称及证书编号</td><td></td><td>联系电话</td><td></td></tr>
<tr><td>从业资格</td><td></td><td>电子信箱</td><td></td></tr>
<tr><td>技术负责人</td><td></td><td>职称及证书编号</td><td></td><td>联系电话</td><td></td></tr>
<tr><td rowspan="2">质量管理负责人</td><td rowspan="2"></td><td>职称及证书编号</td><td></td><td>联系电话</td><td></td></tr>
<tr><td>资格证书</td><td></td><td>电子信箱</td><td></td></tr>
<tr><td>标段主要建设
内容</td><td colspan="5"></td></tr>
<tr><td rowspan="2">工程量</td><td>土石方</td><td></td><td colspan="2">混凝土及钢筋混凝土</td><td></td></tr>
<tr><td>砌体</td><td></td><td colspan="2">（其他）</td><td></td></tr>
<tr><td rowspan="7">第三方质量
检测单位</td><td>名称</td><td colspan="2"></td><td colspan="2">资质等级</td><td></td></tr>
<tr><td>法定代表人</td><td></td><td>职务、职称</td><td></td><td>联系电话</td><td></td></tr>
<tr><td rowspan="2">质量管理负责人</td><td rowspan="2"></td><td>职称及证书编号</td><td></td><td>联系电话</td><td></td></tr>
<tr><td>从业资格</td><td></td><td>电子信箱</td><td></td></tr>
<tr><td rowspan="3">项目负责人</td><td rowspan="3"></td><td rowspan="2">职称及
证书编号</td><td rowspan="2"></td><td rowspan="2">联系电话</td><td rowspan="2"></td></tr>
<tr></tr>
<tr><td>资格证书</td><td></td><td>电子信箱</td><td></td></tr>
</table>

办理水利工程质量监督备案手续资料清单

序号	资料名称	份数	原件/复印件	核查情况	备注
1	××省水利工程质量监督备案表	4	原件		
2	经审批的项目实施方案报告、概算、图纸	1			
3	项目初步设计或实施方案批文	1			
4	年度投资计划下达文件	1			
5	项目法人批复成立文件及项目法人内设机构设立文件	1			
6	项目代建合同及代建机构设立文件（如有）	1			
7	勘察设计单位明确项目组（设代组）和人员文件及人员资格证书	1			
8	监理单位中标通知书、监理合同及其单位资质证书	1			
9	项目监理机构成立文件及监理人员资格证书、注册证书	1			
10	施工单位中标通知书、施工合同及其单位资质证书	1			
11	项目施工管理机构成立文件及主要人员资格证书	1			
12	施工自检合同及检测单位资质	1			
13	第三方检测合同，检测单位资质，类似工程经历，质量检测方案	1			
14	第三方检测单位项目检测人员资格证书	1			
15	按规定需要提交的其他文件资料	1			

水利工程质量监督备案资料登记回执

<table>
<tr><td>工程名称</td><td colspan="3"></td></tr>
<tr><td>备案单位</td><td colspan="3"></td></tr>
<tr><td>备案时间</td><td colspan="3"></td></tr>
<tr><td>备案单位经办人</td><td></td><td>联系电话</td><td></td></tr>
<tr><td>受理单位经办人</td><td></td><td>联系电话</td><td></td></tr>
<tr><td>工程质量
监督单位
备案意见</td><td colspan="3">经核查：
☐ 项目法人所报资料齐全，质量监督机构将在10个工作日内受理批复。
☐ 项目法人所报资料基本齐全，请尽快补充报送以下资料：
1)
2)
3)</td></tr>
<tr><td>备注</td><td colspan="3">回执为一式两份</td></tr>
</table>

【示例 2】 水利工程质量监督书

××省水利工程

质 量 监 督 书

项目名称：____________________________

监督编号：　　质监（　　）第　号

××省水利工程质量监督中心站制

说　　明

1. 根据项目法人单位备案，经工程质量监督机构核查，符合工程质量监督备案条件的，制发本监督书。

2. 本监督书内容包括：

(1) ××省水利工程质量监督书。

(2) ××省水利工程质量监督备案表。

3. 本监督书一式四份，工程质量监督机构留存两份，项目法人单位留存两份。

××省水利工程质量监督书

（独立监督）

＿＿＿＿（项目法人单位）：

根据你单位申请，按照水利工程建设质量监督有关法规的要求，我站依法对＿＿＿＿＿＿工程实施质量监督。水利工程质量实行项目法人负责制，监理、施工、设计等单位按照合同及有关规定对各自承担的工作负责。质量监督机构履行政府监督职能，不代替项目法人、监理、设计、施工、检测等单位的质量管理工作。

联系人：　　　　（监督组长）

联系电话：

监督单位：×××水利工程质量监督站

（单位盖章）

＿＿＿＿年＿＿月＿＿日

××省水利工程质量监督书
（联合监督）

＿＿＿＿（项目法人单位）：

根据你单位申请，按照水利工程建设质量监督有关法规的要求，我们依法联合对＿＿＿＿＿＿工程实施质量监督，＿＿＿＿＿＿水利工程质量监督站为负责单位，监督组长：＿＿＿＿＿＿，联系电话：＿＿＿＿＿＿。（职责分工见附件）

水利工程质量实行项目法人负责制，监理、施工、设计等单位按照合同及有关规定对各自承担的工作负责。质量监督机构履行政府监督职能，不代替项目法人、监理、设计、施工、检测等单位的质量管理工作。

附件：水利工程质量联合监督单位工作职责分工

监督单位：×××水利工程质量监督站

（单位盖章）

×××水利工程质量监督站

（单位盖章）

＿＿＿＿年＿＿月＿＿日

附件：

水利工程质量联合监督单位工作职责分工

1.×××水利工程质量监督站工作责任：

联系人：
联系电话：

2.×××水利工程质量监督站工作责任：

联系人：
联系电话：

【示例 3】 水利工程质量监督备案问题处理

×××质字〔2014〕＊号

关于××××水电站工程质量监督有关事项的通知

××××水电发展有限公司：

经我站 2014 年 2 月 20 日现场核查××××水电站工程情况，并要求对质量不合格的部分大坝碾压混凝土拆除整改；3 月 27 日，我站再次对大坝工程施工现场进行检查，对工程施工、监理单位提出了质量监督意见。鉴于××××水电站项目提交了水利水电工程质量监督所必需的有关资料，基本具备进行质量监督的条件，经研究决定：我站自即日起正式对该项目开展水行政主管部门质量监督工作。现将有关问题通知如下：

一、目前，××××水电站泄洪导流洞开挖和二期混凝土衬砌工程已经完成，发电洞已经贯通并完成部分混凝土浇筑，发电厂房完成水轮机层以下混凝土浇筑，碾压混凝土重力坝工程已经碾压填筑到 305.5m 高程。

在工程开工之时，工程项目法人单位未及时办理水利工程质量监督手续，没有主动接受水行政主管部门的监督，致使工程建设质量处于失控状态。工程项目划分无质监部门核准，泄洪导流洞工程的验收评定及截留前阶段验收都没有水利工程质量监督部门参与或列席，大坝基础开挖、建基面重要隐蔽单元验收等关键环节工作不完备、没有水利工程质量监督部门的监督。对于该项目之前的施工质量，我站不负水行政主管部门工程质量监督责任。

当前，我站从不完整的留存工程资料上着手，尽可能地进行了事后追溯监督并提出相应的补救措施，要求项目法人单位进行质量检测。项目法人单位应按照建管程序要求完善有关程序，根据各个检测报告所提出的问题及处理建议，逐一进行补强加固，消除质量隐患。

二、自即日起，我站和×××水利工程质量监督站将严格按照《水利水电工程施工质量检验与评定规程》（SL 176—2007）的要求进行联合监督。

我站的职责主要是：不定时对工程进行巡查监督，参加或列席重要隐蔽工程验收、单位工程验收、阶段验收、技术预验收和竣工验收，核定外观质量评定结果及单位工程质量等级，参加工程的质量事故分析处理，核定项目质量等级、审定工程质量评定报告。

×××水利工程质量监督站的主要职责是：制订工程项目的质量监督计划，对工程的项目划分进行审查，对监理、设计、施工和有关产品制作单位的资质进行复核，对建设、监理单位的质量检查体系和施工单位的质量保证体系以及设计单位现场服务等实施监督检查，监督检查技术规程、规范和质量标准的执行情况，检查施工单位和建设、监理单位的工程质量检验和质量评定情况，参与受监工程质量缺陷的分析、处理，参加或列席重要隐蔽工程验收、主要分部工程验收、单位工程验收会议，列席外观质量评定及单位工程质量

等级评定，接受工程质量核备资料，初步核定工程质量等级，编制工程质量评定报告初稿，参加阶段验收、技术预验收和竣工验收。

三、当前，工程项目所在地气温开始升高，根据碾压混凝土大坝的施工特点，施工单位要尽快编制《大坝施工温控方案》经监理单位审查后报项目法人单位，并报两个水利工程质监站备案。同时，施工、监理单位要按照《水工碾压混凝土施工规范》（DL/T 5112—2009）的规定，结合工程建设实际情况加强施工现场管理，按照《水利水电工程施工质量检验与评定规程》（SL 176—2007）和《水利水电工程单元工程施工质量验收评定标准》（SL 631～639）的规定，及时做好工程的质量评定工作。

×××水利工程质量监督站（盖章）

2014年4月21日

抄送：×××水利工程质量监督站

【示例4】 ××市水利工程质量监督计划书

水利工程质量监督计划书

××××水利工程项目建设办公室：

为加强对____________________工程质量安全的监督管理，保证工程质量，提高工程效益，根据《建设工程质量管理条例》《水利工程质量管理规定》《水利工程质量监督管理规定》《××市水利工程质量安全监督管理细则》等有关规定，以及批准的设计文件和签订的建设合同，特制定本工程监督计划，请遵照执行。

一、工程概况

（一）工程名称及位置

（二）工程主要建设内容

（三）工程批复时间及投资

二、工程质量监督人员配备及监督时间

根据《水利工程质量监督管理规定》和工程的实际情况，经××××水利工程质量安全监督站研究，于××××年××月××日成立××××工程项目质量监督组，由监督组具体负责本工程质量监督全面工作。

1. 质量监督组人员组成情况如下：

组长：×××

成员：×××

　　　×××

2. 质量安全监督时间

××××年××月××日至××××年××月××日

三、质量安全监督的程序和内容

1. 工程项目划分确认

工程开工前，项目法人应组织设计、监理和施工单位按《水利水电施工质量检验与评定规程》的要求，进行工程项目划分，并将项目划分情况报工程质量监督机构审查确认。工程质量监督机构应在14个工作日内进行确认。

2. 工程外观质量标准确认

项目法人在主体工程开工初期，组织设计、监理、施工等单位根据工程特点（工程等级及使用情况）和相关技术标准，按《水利水电工程施工质量检验与评定规程》（SL 176—2007）水利水电工程外观质量评定办法A.1、A.2、A.3、A.4、A.5中所列各项目的质量标准提出本工程的外观质量评定标准，报工程质量监督机构审查确认。工程质量监督机构应在14个工作日内进行确认。

3. 质量安全监督方法和内容

本工程质量安全监督方式以抽查为主，主要监督检查各参建单位与工程质量安全有关的质量安全行为，质量管理体系和工程实体质量。

监督检查项目法人的质量管理体系，项目法人应有独立的质量管理机构和专职质量检查人员，针对本工程制定的质量管理理规章制度，明确工程质量目标，加强对工程的质量管理。

监督检查监理单位的质量管理体系，监理单位按合同承诺派出现场监理机构，制定监理规划（实施细则），通过旁站、巡视和平行检验等形式对工程质量进行有效的控制。

监督检查施工单位的质量管理体系，施工单位在施工中要据推行全面质量管理，落实质量责任制和“三检制”，严格执行强制性条文、现行规程、规范和技术标准及批准的设计文件，确保工程质量。

质量监督机构对工程质量监督的重点是重要隐蔽工程以及影响使用功能和安全的工程关键部位，并对工作程进行不定期抽查。

四、质量安全监督到位计划

为顺利完成工程质量监督工作，请项目法人在工程进行到以下阶段时，提前通知质量监督机构，以确保质监人员及时到位监督工作。

（1）施工技术交底会。

（2）基坑验槽。

（3）重要隐蔽工程和工程关键部位联合验收。

（4）主要分部工程验收。

（5）单位工程质量外观评定。

（6）单位工程验收、阶段验收。

（7）工程质量事故或其他有关质量的重要问题。

（8）竣工验收。

五、质量监督工作目标

为贯彻执行《建设工程质量管理条例》，要求参建各方加强质量管理，保证工程竣工交付使用时的工程质量达到有关规范要求，一次验收合格率达到100%。

××市水利工程质量安全监督站

________年____月____日

【示例5】 续建配套节水改造工程项目质量监督计划

×××灌区2013年续建配套节水改造工程项目质量监督计划

一、工程质量管理

根据国务院《建设工程质量管理条例》和《水利工程质量管理规定》的有关规定，×××灌区2013年续建配套节水改造工程项目实行项目法人单位负责、监理单位控制、施工单位保证和质量监督机构监督的质量管理体制。

项目法人单位、监理、设计、施工（及质量检测、仪器设备供应）等单位的负责人，对本单位的质量工作负领导责任。各单位在工程现场的项目负责人对本单位在工程现场的质量工作负直接领导责任。各单位的工程技术负责人对质量工作负技术责任。具体工作人员为直接责任人。

项目法人单位要加强工程质量管理，建立健全工程质量检查体系，根据工程特点建立质量管理机构和质量管理制度。同时，应及时组织设计和施工单位进行技术交底；对工程施工质量进行检查，及时组织有关单位进行工程质量验收和签证。

监理单位应建立健全质量控制体系，根据工程特点建立质量管理机构和质量管理制度。严格履行监理合同，签发施工图纸；审查施工单位的施工组织设计和技术措施；指导监督合同中有关质量标准、要求的实施；参加工程质量检查、工程质量事故调查和工程验收。

设计单位必须建立健全设计质量保证体系，加强设计过程质量控制，健全设计文件的审核、会签和批准制度，做好设计文件的技术交底工作，随时掌握施工现场情况，做好现场服务工作。

施工单位要推行全面质量管理，建立健全质量保证体系，制定和完善岗位质量规范、质量责任，落实质量责任制。在施工过程中要加强质量检验工作，执行“三检制”，做好工程质量的全过程控制。

二、质量监督到位计划

水利工程质量监督实行以抽查为主的监督方式。按照国家和水利行业有关工程建设法规、技术标准和设计文件实施监督，对施工现场影响工程质量的行为进行监督检查。为了更好地履行工程质量监督职责，请项目法人单位在工程进行到以下阶段时，提前3天通知我站，以便安排相关质监人员到位监督。

（1）发生质量事故及其他有关质量的重要问题。

（2）工程质量等级核定（重要隐蔽工程）。

（3）法人验收（单位工程验收、合同工程完工验收）。

（4）竣工验收自查。

三、质量监督的程序和内容

（一）工程项目划分

工程开工前，项目法人单位应组织设计、监理和施工单位，按水利部颁布的《水利水电工程施工质量检验与评定规程》（SL 176—2007）、《水利水电基本建设工程单元工程质量等级评定标准》的要求，进行工程项目划分、质量评定表的选用，并将划分情况报我站审查确认。当需要对主要分部工程、重要隐蔽单元工程和关键部位单元工程的项目划分进行调整时，项目法人应重新报送我站确认。

（二）对各方质量行为的监督

（1）监督检查项目法人单位质量管理的规章制度和质量管理体系。

（2）核查设计单位资质是否与承担工程等级相适应，施工图纸签证是否完善，是否盖出图章，设计单位现场服务是否落实。

（3）核查监理单位的监理大纲和监理细则，监理人员是否持证上岗。

（4）核查施工单位资质等级与投标时是否相符，质量管理体系是否完善，规章制度是否健全。

（三）对实体工程质量的监督

1. 对施工过程抽查

（1）检查施工企业是否按规范施工。

（2）抽查分部工程及单位工程，施工单位是否按标准自检、自评，自检、自评资料监理单位是否复核，签证是否齐全，如抽查发现有与标准明显不符或有较大出入的，则责令施工单位重新自检、自评，直至全部符合要求。

（3）检查工程使用的水泥、钢材等原材料、中间产品是否按照标准规定的检测项目及数量进行检测；检测单位是否具有相应资质。

（4）工程质量通病是否消除或纠正。

2. 质量事故处理和质量缺陷备案

（1）工程建设过程中发生质量事故，应按水利部〔1999〕第9号令发布的《水利工程质量事故处理暂行规定》的要求进行处理。

（2）如出现工程质量缺陷，由监理单位组织填写质量缺陷备案表，并由项目法人及时报我站备案。

四、工程质量等级评定

工程质量等级评定应按照《水利水电工程施工质量检验与评定规程》（SL 176—2007）的要求进行。

1. 单元工程质量评定

单元工程质量由施工单位自评合格后，报监理单位复核，由监理工程师核定质量等级并签证认可。

2. 分部工程质量评定

分部工程质量包括分部工程中所有单元工程评定的质量和原材料、中间产品。分部工程质量评定在施工单位自评合格后，由监理单位复核，项目法人认定。

项目法人应在分部工程验收通过之日后10个工作日内，将验收质量结论和相关资料报我站核备，我站将在收到验收结论之日后20工作日内将核备资料返还项目法人。

3. 外观质量评定

项目法人提前10个工作日将要进行的项目外观质量评定的质量标准及标准得分报我站确认。并在外观质量评定工作完成后10个工作日内将外观质量评定结论报我站核备。

4. 单位工程质量评定

单位工程质量等级包括分部工程质量，原材料、中间产品、金属结构的质量，工程外观质量和单位工程施工检验资料核查情况，工程质量事故处理情况及施工质量检验资料等方面。单位工程质量评定是在施工单位自评合格后，由监理单位复核，项目法人认定。

项目法人应在单位工程验收通过之后10个工作日内，将验收质量结论和相关资料报我站核定，我站将在收到验收结论之日后20个工作日内将核定意见反馈项目法人。

5. 工程项目质量评定

单位工程质量评定合格后，由监理单位进行统计并评定工程项目质量等级，并报项目法人认定。

项目法人应在完成竣工验收自查工作之日起10个工作日内，将自查的工程项目质量结论和相关资料报我站核定，我站将在收到竣工验收自查报告之日后20个工作日内将核定意见反馈项目法人。

×××水利工程质量监督站

2014年3月

第四章　工程项目划分确认

工程项目划分是工程质量管理的规划工作，是工程质量验收评定的基础，是工程建设实施过程中必不可少的内容，也是工程质量监督工作的基本功。目前，许多中小型水利工程点多、线长，牵涉到的专业多，要在依据项目划分大原则的前提下，从施工单位的施工能力出发，因地制宜地确定项目划分。

一、项目划分的目的

（1）将项目合理划分成单位、分部、单元工程，便于整个工程质量管理和验收评定工作有序进行。

（2）合理的项目划分，有助于参建各方关注目标、厘清职责，促进工程建设做到宏观控制、微观管理，从微观到宏观全面监控。

（3）项目划分便于估算工程量，明确每个任务持续的时间，需要的成本和资源估计，更好地分析和控制项目的风险。

（4）通过项目划分，可以对水利工程建设项目的施工质量进行分项、分块、分段、分期的全覆盖和全过程管理。

二、项目划分的依据

（1）设计文件，包括设计图纸和技术要求。

（2）合同文件，包括施工合同和监理合同。

（3）施工部署，包括年度计划、项目法人要求及施工计划安排等。

三、项目划分的原则

1. 项目划分的总原则

（1）原则性：即根据批准的设计所列项目划分。

（2）灵活性：即根据批准的设计和施工部署的实际划分。

（3）适用性：即项目划分的结果有利于现场质量控制，组织质量验收评定，竣工资料的整理及资料按规定归档。

（4）易操作性：对质量和进度控制考核时易操作。

2. 单位工程划分原则

（1）新建水利工程。

1）枢纽工程：按每座独立的建筑物或一个建筑物具有独立施工条件的一部分划为一个单位工程。

2）堤防工程：按招标标段或工程结构划为一个单位工程。

3）渠道工程：按招标标段、工程结构及每座独立的建筑物划为一个单位工程。

（2）除险加固工程。按招标标段或加固内容，并结合工程量划为一个单位工程。

3. 分部工程划分原则

按主要组成部分和功能进行划分；同一个单位工程中，同类型的各个分部工程的工程量不宜相差太大，分部工程数量不宜少于5个。

（1）新建水利工程。

1）枢纽工程：土建部分按设计的主要组成部分划分，金属结构及启闭机安装工程和机电设备安装工程按在一个建筑物内能组合发挥功能的安装工程划分分部工程。

2）堤防工程：依据设计、施工部署按长度或功能划分分部工程。

3）渠道工程：依据设计、施工部署按长度划分分部工程；中型工程按建筑物或构筑物工程部位划分分部工程。

（2）除险加固工程。按加固内容或部位划分分部工程。

4. 单元工程划分原则

依据结构和施工组织要求，建筑工程按层、块、段划分单元工程，金属结构、水力机械、电气设备、自动化等工程按孔、台、类划分单元工程；同一分部工程中，同类单元工程的工程量或投资不宜相差太大。

（1）土方填筑工程：线性土方填筑工程按填筑层、施工部署段划分单元工程，在施工段内，每层划分为一个单元工程；块性土方填筑工程填筑区域不大、填筑层数不多时（如建筑物基础回填处理等），划分为一个单元工程，除其他工序外，每层应为一个工序；填筑区域大，填筑层数多时，每区、每层一个单元工程。

（2）混凝土工程：大体积混凝土浇筑时，应该每仓一个单元工程；小体积混凝土建筑物，划分为一个单元工程时，除其他工序外，分次浇筑时，每浇筑一次应该是一个工序。

（3）枢纽工程：土建部分依据设计结构、施工部署或质量考核要求划分的层、块、段划分单元工程。金属结构、启闭机、水利机械、电气设备安装等均按几个工种施工完成的最小综合体划分单元工程。

（4）堤防和渠道工程：按施工方法、部署及便于质量控制和考核的原则划分单元工程。

四、项目划分的方法

1. 单位工程划分方法

（1）枢纽工程，每座独立的建筑物划分为一个单位工程。

（2）河道、堤防工程，按工程结构或招标标段划分单位工程，规模较大的交叉连接建筑物，将每座独立的建筑物划分为一个单位工程。

（3）含有多座规模较小独立建筑物的工程，可将若干座独立建筑物划分为一个单位工程，其中每座建筑物作为一个子单位工程。

（4）小型水库除险加固和更新改造工程，一般划分为一个单位工程。

（5）独立的房屋建筑物工程和公路工程，各划分为一个单位工程。

（6）其他工程，一般按招标标段划分。

2. 分部工程划分方法

建筑物中，建筑工程按结构划分分部工程，金属结构、水力机械、电气设备、自动化按组合功能划分分部工程。

河道、堤防工程，将每个单位工程划分为若干段（层），每段（层）作为一个分部工程。河道开挖结合堤防填筑并有防护工程的，可将每段河道的开挖、堤防填筑、防护工程分别作为一个分部工程。有质量要求的排泥场或弃土区宜单独划分为分部工程。

水下工程阶段验收前应完成的工程与阶段验收后完成的工程宜划分为不同的分部工程。

五、常见单元工程划分

中小型水利工程单元工程参照《水利水电工程单元工程施工质量验收评定标准》（SL 636—2012、SL 638—2013、SL 639—2013）进行划分。

1. 土石方工程

（1）土方明挖。土方明挖工程宜以工程设计结构或施工检查验收的区、段划分，每一区、段划分为一个单元工程。单元工程宜分为表土及土质岸坡清理、软基和土质岸坡开挖 2 个工序，其中软基和土质岸坡开挖为主要工序。

（2）河道开挖。河道开挖以长度 100～500m 为一个单元工程，开挖标准相同和顺直段取大值；建筑物上下游引河开挖以长度 50～100m 为一个单元工程；独立的施工段、渐变段和地形复杂段可作为一个单元工程。

（3）建筑物基础土方开挖。以工程设计结构或工区、段划分，护坡与格埂、护底（坦）土方开挖为护坡与护底单元工程中的一个工序。

（4）土质洞室开挖。土质洞室开挖工程宜以施工检查验收的区、段、块划分，每一个施工检查验收的区、段、块（仓）10～20m，划分为一个单元工程。

（5）岩石岸坡开挖。岩石岸坡开挖工程宜以施工检查验收的区、段划分，每一区、段 150～300m 为一个单元工程。单元工程宜分为岩石岸坡开挖、地质缺陷处理 2 个工序，其中岩石岸坡开挖工序为主要工序。

（6）岩石地基开挖。岩石地基开挖工程宜以施工检查验收的区、段划分，每一区、段为一个单元工程。单元工程宜分为岩石地基开挖、地质缺陷处理 2 个工序，其中岩石地基开挖为主要工序。

（7）岩石洞室开挖。岩石平洞开挖工程宜以施工检查验收的区、段或混凝土衬砌的设计分缝确定的块划分，每一个施工检查验收的区、段或一个浇筑块，沿洞轴线每 10～20m 划为一个单元工程。

岩石竖井（斜井）开挖工程宜以施工检查验收段每 5～15m 划分为一个单元工程。

（8）建筑物基础土方回填。以工程设计结构或工区、段划分，也可以按层划分。

（9）碾压式堤（坝）身填筑。单元工程宜以工程设计结构或施工检查验收的区、段、层划分，通常每一区、段的每一层即为一个单元工程。新堤（坝）身填筑以轴线长 100～500m 为一个单元工程；老堤（坝）加高培厚按填筑量 500～2000m^3 为一个单元工程。

土料铺填施工单元工程宜分为结合面处理、卸料及铺填、土料压实、接缝处理 4 个工序，其中土料压实工序为主要工序。

沙砾料铺填施工单元工程宜分为沙砾料铺填、压实 2 个工序，其中沙砾料压实工序为主要工序。

堆石料铺填施工单元工程宜分为堆石料铺填、压实 2 个工序，其中堆石料压实工序为主要工序。

反滤（过渡）料铺填单元工程宜分为反滤（过渡）料铺填、压实 2 个工序，其中反滤（过渡）料压实工序为主要工序。

垫层料铺填单元工程施工宜分为垫层料铺填、压实 2 个工序，其中垫层料压实工序为主要工序。

（10）坝体排水。以沙砾料、石料作为排水体的坝体贴坡排水、棱体排水和褥垫排水等单元工程宜以排水工程施工的区、段划分；每一区、段 100～200m 为划分一个单元工程。

（11）干砌石。干砌石工程宜以施工检查验收的区、段划分，沿长度方向 50～100m 为一个单元工程。

干砌石护坡与护底单元工程分为土方开挖、土工织物铺设、砂石垫层铺筑、干砌石砌筑等 4 个工序。

（12）水泥砂浆砌石体。水泥砂浆砌石体工程宜以施工检查验收的区、段、块划分，每一个（道）墩、墙划分为一个单元工程，或每一施工段、块的一次连续砌筑层（砌筑高度一般为 3～5m）长度 50～100m 为一个单元工程。

一般水泥砂浆砌石体施工单元工程宜分为浆砌石体层面处理、砌筑、伸缩缝 3 个工序，其中砌筑工序为主要工序。

水泥砂浆砌石体护坡与护底单元工程分为土方开挖、土工织物铺设、砂石垫层铺筑、浆（灌）砌石砌筑等 4 个工序。

（13）混凝土砌石体。混凝土砌石体工程宜以施工检查验收的区、段、块划分，每一个（道）墩、墙或每一施工段、块的一次连续砌筑层（砌筑高度一般为 3～5m）长度 50～100m 划分为一个单元工程。

一般混凝土砌石体单元工程施工宜分为砌石体层面处理、砌筑、伸缩缝 3 个工序，其中砌石体砌筑工序为主要工序。

混凝土砌石体护坡与护底单元工程分为土方开挖、土工织物铺设、砂石垫层铺筑、浆（灌）砌石砌筑等 4 个工序。

（14）水泥砂浆勾缝。浆砌石体迎水面水泥砂浆防渗砌体勾缝，或其他部位的水泥砂浆勾缝工程宜以水泥砂浆勾缝的砌体面积或相应的砌体分段、分块划分。

（15）土工织物滤层与排水。土工织物滤层与排水工程宜以设计和施工铺设的区、段划分。平面形式每 500～1000m^2 划分为一个单元工程；圆形、菱形或梯形断面（包括盲沟）形式每 50～100 延米划分为一个单元工程。

土工织物施工单元工程宜分为场地清理与垫层料铺设、织物备料、土工织物铺设、回填和表面防护 4 个工序，其中土工织物铺设工序为主要工序。

（16）土工膜防渗。土工膜防渗工程宜以施工铺设的区、段划分，每一次连续铺填的区、段或每 500～1000m^2 划分为一个单元工程。土工膜防渗体与刚性建筑物或周边连接部

位，应按其连续施工段（一般 30～50m）划分为一个单元工程。

土工膜防渗体单元工程施工宜分为下垫层和支持层、土工膜备料、土工膜铺设、土工膜与刚性建筑物或周边连接处理、上垫层和防护层 5 个工序，其中土工膜铺设工序为主要工序。

（17）弃土区及排泥场堆填。每个独立的陆上土方弃土区、河道疏浚施工排泥场为一个单元工程，排泥场单元工程分为排泥场围堰填筑、排泥场外观质量检查 2 个工序。

2. 混凝土工程

（1）普通浇混凝土。普通混凝土单元工程宜以混凝土浇筑仓号或一次检查验收范围划分。对混凝土浇筑仓号，应按每一仓号分为一个单元工程；对排架、梁、板、柱等构件，应按一次检查验收的范围分为一个单元工程。护坡、护底、挡墙沿长度方向 50～100m 为一个单元工程；洞室混凝土衬砌沿洞轴线方向每一仓 10～20m 为一个单元工程。

底板、墩墙、流道、廊道、排架、胸墙、闸门槽、梁板柱等单元工程分为基础或施工缝处理、模板安装、钢筋制作与安装、止水片及伸缩缝制作与安装、混凝土浇筑、外观质量检查等 6 个工序。

护坡、护坦（护底）单元工程分为土方开挖、土工织物铺设、砂石垫层铺筑、模板安装、钢筋制作与安装、混凝土浇筑、外观质量检查等 7 个工序。

格埂单元工程分为土方开挖、模板安装、钢筋制作与安装、混凝土浇筑、外观质量检查等 5 个工序。

河道堤防挡墙单元工程分为基础或施工缝处理、模板安装、钢筋制作与安装、预埋件制作与安装、混凝土浇筑、外观质量检查等 6 个工序。

（2）碾压混凝土。以一次连续填筑的段、块划分，每一段、块为一单元工程。

碾压混凝土单元工程分为基础面及层面处理、模板安装、预埋件制作及安装、混凝土浇筑、成缝、外观质量检查 6 个工序，其中基础面及层面处理、模板安装、混凝土浇筑宜为主要工序。

（3）混凝土面板工程。以每块面板或每块趾板划分为一个单元工程。

混凝土面板单元工程分为基面清理、模板安装、钢筋制作及安装、预埋件制作及安装、混凝土浇筑（含养护）、外观质量检查 6 个工序，其中钢筋制作及安装、混凝土浇筑（含养护）宜为主要工序。

（4）预应力混凝土工程。以混凝土浇筑段或预制件的一个制作批次划分为一个单元工程。

预应力混凝土单元工程分为基础面或施工缝处理、模板安装、钢筋制作及安装、预埋件（止水、伸缩缝等设置）制作及安装、混凝土浇筑（养护、脱模）、预应力筋孔道预留、预应力筋制作及安装、预应力筋张拉、灌浆、外观质量检查 10 个工序，其中混凝土浇筑、预应力筋张拉宜为主要工序。

（5）混凝土预制构件安装工程。以每一次检查验收的根、组、批划分，或者按安装的桩号、高程划分，每一根、组、批或某桩号、高程之间的预制构件安装为一个单元工程。

预制混凝土梁板柱构件安装单元工程分为构件外观质量检查、吊装、接缝及接头处理 3 个工序，其中吊装宜为主要工序。

预制混凝土块铺砌护坡、护底，沿长度方向 50～100m 为一个单元工程，分为护坡与格埂土方开挖、土工织物铺设、砂石垫层铺筑、预制混凝土块铺砌等 4 个工序，其中预制混凝土块铺砌宜为主要工序。

（6）混凝土坝坝体接缝灌浆工程。以设计、施工确定的灌浆区（段）划分，每一灌浆区（段）为一个单元工程。

混凝土坝坝体接缝灌浆单元工程分为灌浆前检查和灌浆 2 个工序，其中灌浆宜为主要工序。

（7）混凝土防腐蚀涂层。混凝土防腐蚀涂层以施工部位或闸孔划分为一个单元工程。

3. 地基处理与基础工程

（1）岩石地基帷幕灌浆。帷幕灌浆宜按一个坝段（块）或相邻的 10～20 个孔划分为一个单元工程；对于 3 排以上帷幕，宜沿轴线相邻不超过 30 个孔划分为一个单元工程。

岩石帷幕灌浆单孔施工工序宜分为钻孔（包括冲洗和压水试验）、灌浆（包括封孔）2 个工序，其中灌浆为主要工序。

（2）岩石地基固结灌浆。固结灌浆宜按混凝土浇筑块（段）划分，或按施工分区划分为一个单元工程。

岩石地基固结灌浆单孔施工工序宜分为钻孔（包括冲洗）、灌浆（包括封孔）2 个工序，其中灌浆为主要工序。

（3）覆盖层地基灌浆。宜按一个坝段（块）或相邻的 20～30 个灌浆孔划分为一个单元工程。

循环钻灌法单孔施工工序宜分为钻孔（包括冲洗）、灌浆（包括灌浆准备、封孔）2 个工序，其中灌浆为主要工序。

预埋花管法单孔施工工序宜分为钻孔（包括清孔）、花管下设（包括花管加工、花管下设及填料）、灌浆（包括注入填料、冲洗钻孔、封孔）3 个工序，其中灌浆为主要工序。

（4）隧洞回填灌浆。隧洞回填灌浆单元工程以施工形成的区段划分，宜按 50m 一个区段划分为一个单元工程。

隧洞回填灌浆单孔施工工序宜分为灌浆区（段）封堵与钻孔（或对预埋管进行扫孔）、灌浆（包括封孔）2 个工序，其中灌浆为主要工序。

（5）钢衬接触灌浆。钢衬接触灌浆宜按 50m 一段钢管划分为一个单元工程，可根据实际脱空区情况适当增减，各单元工程长度不要求相同。

钢衬接触灌浆单孔施工工序宜分为钻（扫）孔（包括清洗）、灌浆 2 个工序，其中灌浆为主要工序。

（6）劈裂灌浆。劈裂灌浆宜按沿坝（堤）轴线相邻的 10～20 个灌浆孔和检查孔划分为一个单元工程。

劈裂灌浆单孔施工工序宜分为钻孔、灌浆（包括多次复灌、封孔）2 个工序，其中灌浆为主要工序。

（7）混凝土防渗墙。混凝土防渗墙宜以施工区、段或 3～10 个槽段划分为一个单元工程。

施工工序宜分为造孔、清孔（包括接头处理）、混凝土浇筑（包括钢筋笼、预埋件、

观测仪器安装埋设）3个工序，其中混凝土浇筑为主要工序。

（8）高压喷射灌浆防渗板墙。以施工区、段或沿轴线50～100m，或以相邻的30～50个高喷孔或连续600～1000m^{2}的防渗墙体划分为一个单元工程，分为钻孔和灌浆2个工序，宜为重要隐蔽单元工程。

（9）水泥土搅拌防渗墙。水泥土搅拌防渗墙宜按沿堤坝轴线每20m划分为一个单元工程。

（10）排水孔排水。排水孔排水主要用于坝肩、坝基、隧洞及需要降低渗透水压力工程部位的岩体排水。单元工程宜按排水工程的施工区（段）划分，每一区（段）或20个孔左右划分为一个单元工程。

排水孔单孔施工工序宜分为钻孔（包括清洗）、孔内及孔口装置安装（需设置孔内、孔口保护和需孔口测试时）、孔口测试（需孔口测试时）3个工序，其中钻孔为主要工序。岩体排水孔钻孔及清洗是必需的工序，孔内及孔口装置安装、孔口测试则视工程需要而定。

（11）管（槽）网排水。管（槽）网排水宜按每一施工区（段）划分为一个单元工程。施工工序宜分为铺设基面处理、管（槽）网铺设及保护2个工序，其中管（槽）网铺设及保护为主要工序。

（12）锚喷支护。锚喷支护工程宜以每一施工区（段）划分为一个单元工程。单元工程施工工序宜分为锚杆（包括钻孔）、喷混凝土（包括钢筋网制安）2个工序，其中锚杆为主要工序。

（13）预应力锚索加固。单根预应力锚索设计张拉力大于或等于500kN的，应将每根锚索划分为一个单元工程；单根预应力锚索设计张拉力小于500kN的，宜以3～5根锚索划分为一个单元工程。

预应力锚索单根锚索施工工序宜分为钻孔、锚束制作安装、外锚头制作和锚索张拉锁定（包括防护）4个工序，其中锚索张拉锁定为主要工序。

（14）钻孔灌注桩。钻孔灌注桩单元工程宜按柱（墩）基础划分，每一柱（墩）下的灌注桩基础或5～20根划分为一个单元工程。不同桩径的灌注桩不宜划分为同一单元。

单孔灌注桩单桩施工工序宜分为钻孔（包括清孔和检查）、钢筋笼制造安装、混凝土浇筑3个工序，其中混凝土浇筑为主要工序，宜为重要隐蔽单元工程。

（15）振冲法地基加固。振冲法地基加固工程宜按一个独立基础、一个坝段或不同要求地基区（段）划分为一个单元工程。

（16）强夯法地基加固。强夯法地基加固工程宜按1000～2000m^{2}加固面积划分为一个单元工程。

（17）地基换填。地基换填工程以施工区、段划分为一个单元工程，施工工序宜分为铺填、压实2个工序，宜为重要隐蔽单元工程。

（18）垂直防渗铺塑。垂直防渗铺塑工程以施工区、段或沿轴线50～100m划分为一个单元工程，施工工序宜分为成槽、铺膜和回填3个工序。

4. 堤防工程

（1）堤基清理。堤基清理宜沿堤轴线方向将施工段长200～500m划分为一个单元工程，单元工程宜分为基面清理和基面平整压实2个工序，其中基面平整压实工序为主要工序。

堤基清理是保证堤基与堤身结合面满足抗渗、抗滑要求的关键施工措施，属于重要隐蔽工程。

（2）土料碾压筑堤。土料碾压筑堤单元工程宜按施工的层、段来划分。新堤填筑宜按堤轴线施工段长100～500m划分为一个单元工程；老堤加高培厚宜按填筑工程量500～2000m^3划分为一个单元工程。

土料碾压筑堤单元工程宜分为土料摊铺和土料碾压2个工序，其中土料碾压为主要工序。

（3）土料吹填筑堤。土料吹填筑堤宜按一个吹填围堰区段（仓）或按堤轴线施工段长100～500m划分为一个单元工程。

土料吹填筑堤单元工程宜分为围堰修筑和土料吹填2个工序，其中土料吹填为主要工序。

（4）堤身与建筑物结合部填筑。堤身与建筑物结合部填筑工程量较小，因此将建筑物按填筑工程量相近的原则，两侧分别将5个以下若干填筑层划分成一个单元工程进行验收评定。

堤身与建筑物结合部填筑单元工程宜分为建筑物表面涂浆和结合部填筑2个工序，其中结合部填筑为主要工序。

（5）防冲体护脚。防冲体护脚工程宜按平顺护岸的施工段长60～80m或以每个丁坝、垛的护脚工程为一个单元工程。单元工程宜分为防冲体制备和防冲体抛投2个工序，其中防冲体抛投为主要工序。

（6）沉排护脚。沉排护脚工程宜按平顺护岸的施工段长60～80m或以每个丁坝、垛的护脚工程为一个单元工程。沉排护脚单元工程宜分为沉排锚定和沉排铺设2个工序，其中沉排铺设为主要工序。

（7）护坡工程。平顺护岸的护坡工程宜按施工段长50～100m划分为一个单元工程，现浇混凝土护坡宜按施工段长30～50m划分为一个单元工程；丁坝、垛的护坡工程宜按每个坝、垛划分为一个单元工程。

（8）河道疏浚。河道疏浚工程按设计、施工控制质量要求，每一疏浚河段划分为一个单元工程。当设计无特殊要求时，河道疏浚施工宜以200～500m疏浚河段划分为一单元工程。

5. 金属结构制造与安装工程

（1）埋件制造。每孔闸门的埋件制造为一个单元工程，每座建筑物的拦污栅埋件制造、清污机埋件制造各为一个单元工程。

（2）钢闸门门体与拦污栅栅体制造。每扇钢闸门门体制造为一个单元工程，每孔拦污栅栅体制造为一个单元工程，宜为关键部位单元工程。

（3）铸铁闸门制造。根据工程量，以一扇或多扇铸铁闸门制造为一个单元工程。

（4）回转机清污机制造。每台回转式清污机制造为一个单元工程。

（5）金属结构防腐。每扇钢闸门门体防腐、每孔拦污栅栅体防腐、每台清污机防腐各为一个单元工程。每座建筑物闸门埋件防腐、清污机埋件防腐、拦污栅埋件防腐各为一个

单元工程。

(6) 埋件安装。每孔闸门的埋件安装为一个单元工程，每座建筑物的拦污栅埋件安装、清污机埋件安装各为一个单元工程。

(7) 钢闸门门体安装。每孔每道钢闸门门体安装为一个单元工程，宜为关键部位单元工程。

(8) 铸铁闸门安装。根据工程量，以一孔或多孔铸铁闸门安装为一个单元工程，宜为关键部位单元工程。

(9) 拦污栅栅体、回转式清污机及带式输送机安装。每座建筑物拦污栅体安装为一个单元工程，每台回转式清污机安装、每台带式输送机安装各为一个单元工程。

(10) 桥式启闭机安装工程。每台桥式启闭机安装为一个单元，宜为关键部位单元工程。

(11) 门式启闭机安装。每台门式启闭机的轨道与车挡安装为一个单元工程，每台门式启闭机安装为一个单元工程，宜为关键部位单元工程。

(12) 固定卷扬式、螺杆式、推杆式启闭机安装。每台启闭机安装为一个单元工程，宜为关键部位单元工程。

(13) 液压启闭机安装。每孔每道闸门的每套液压系统安装为一个单元工程，宜为关键部位单元工程。

(14) 压力钢管安装。以一个安装单元、一个混凝土浇筑或一个钢管段的钢管安装划分为一个单元工程，压力钢管安装一般包括管节安装、焊接与检验、表面防腐蚀等。

6. 水轮发电机组安装工程

(1) 立式反击式水轮发电机组安装。

尾水管里衬安装工程为一个单元工程；转轮室、基础环、座环安装工程为一个单元工程；蜗壳安装工程为一个单元工程；机坑里衬及接力器基础安装工程为一个单元工程；转轮装配为一个单元工程；导水机构安装为一个单元工程；接力器安装为一个单元工程；转动部件安装为一个单元工程；水导轴承及主轴密封安装为一个单元工程；附件安装为一个单元工程。

(2) 贯流式水轮发电机组安装。

尾水管安装工程为一个单元工程；管形座安装工程为一个单元工程；导水机构安装工程为一个单元工程；轴承安装工程为一个单元工程；转动部件安装工程为一个单元工程。

(3) 冲击式水轮发电机组安装。

引水管路安装工程为一个单元工程；机壳安装工程为一个单元工程；喷嘴及接力器安装工程为一个单元工程；转动部件安装工程为一个单元工程；控制机构安装工程为一个单元工程。

(4) 调速器及油压装置安装工程。

油压装置安装工程为一个单元工程；调速器（机械柜和电器柜）安装工程为一个单元工程；调速系统静态调整试验为一个单元工程。

(5) 立式水轮发电机安装工程。

上、下机架安装工程为一个单元工程；定子安装工程为一个单元工程；转子安装工程为一个单元工程；制动器安装工程为一个单元工程；推力轴承和导轴承安装工程为一个单元工程；机组轴线调整为一个单元工程。

（6）卧式水轮发电机安装工程。

定子和转子安装工程为一个单元工程；轴承安装工程为一个单元工程。

（7）灯泡式水轮发电机安装工程。

主要部件安装工程为一个单元工程；总体安装工程为一个单元工程。

7. 水力机械辅助设备系统安装工程

单元工程宜按设备的专业性质或系统管路的压力等级进行划分。

（1）空气压缩机与通风机安装工程。一台或数台同型号的空气压缩机与通风机安装划分为一个单元工程。

（2）泵装置与滤水器安装工程。一台或数台同型号的泵装置、滤水器安装划分为一个单元工程。

（3）水力监测装置与自动化元件装置安装工程。每台机组或公用的水力监测仪表、非电量监测装置、自动化元件（装置）安装划分为一个单元工程。

（4）水力机械系统管道安装工程。同一介质的管道宜划分为一个单元工程。如果管道范围过大，可按同一介质管道的工作压力等级划分为若干个单元工程。

（5）箱、罐及其他容器安装。一台或数台同型号的箱、罐及其他容器安装划分为一个单元工程。

8. 发电电气设备安装工程

（1）六氟化硫（SF_6）断路器安装。一组六氟化硫（SF_6）断路器安装工程为一个单元工程，宜为关键部位单元工程。安装工程质量检验内容应包括外观、安装、六氟化硫（SF_6）气体的管理及充注、电气试验及操作试验等。

（2）真空断路器安装。一组真空断路器安装工程宜为一个单元工程。安装工程质量检验内容应包括外观、安装、电气试验及操作试验等。

（3）隔离开关安装。一组隔离开关安装工程宜为一个单元工程。安装工程质量检验内容应包括外观、安装、电气试验及操作试验等。

（4）负荷开关及高压熔断器安装。一组负荷开关或高压熔断器安装工程宜为一个单元工程。安装工程质量检验内容应包括外观、安装、电气试验及操作试验等。

（5）互感器安装。一组电压（电流）互感器安装工程宜为一个单元工程。安装工程质量检验内容应包括外观、安装、电气试验等。

（6）电抗器与消弧线圈安装。同一电压等级、同一设备单元的干式电抗器与消弧线圈安装工程宜为一个单元工程。安装工程质量检验内容应包括外观、安装、电气试验等。

（7）避雷器安装。同一电压等级下的金属氧化物避雷器安装工程宜为一个单元工程。安装工程质量检验内容应包括外观、安装、电气试验等。

（8）高压开关柜安装。同一电压等级下的高压开关柜安装为一个单元工程。安装工程质量检验内容应包括外观、安装、电气试验及操作试验等。

（9）厂用变压器安装。一组或一台厂用变压器安装为一个单元工程。安装工程质量检验内容应包括外观及器身检查、本体及附件安装、电气试验等。

(10) 低压配电盘及低压电器安装。一排或一个区域的低压配电盘及低压电器安装为一个单元工程。安装工程质量检验内容应包括基础及本体安装、配线及低压电器安装、电气试验等。

(11) 电缆线路安装。同一电压等级的电力电缆线路安装为一个单元工程，同一控制系统的控制电缆线路安装为一个单元工程。电缆线路安装工程质量检验内容包括电缆支架安装、电缆管制作及敷设、控制电缆敷设、35kV以下电力电缆敷设、35kV以下电力电缆电气试验等。

(12) 金属封闭母线装置安装。同一电压等级、同一设备单元的金属封闭母线装置安装工程宜为一个单元工程。安装工程质量检验内容应包括外观及安装前检查、安装、电气试验等。

(13) 接地装置安装。厂房、大坝、升压站接地装置安装工程为一个单元工程。独立避雷系统接地装置安装工程为一个单元工程。安装工程质量检验内容应包括接地体安装、接地装置的敷设连接、接地装置的接地阻抗测试等。

(14) 控制保护装置安装。机组单元、升压站、公用辅助系统控制保护装置安装工程宜分别为一个单元工程。安装工程质量检验内容应包括盘、柜安装，盘、柜电器安装，二次回路接线，模拟动作试验及试运行等。

(15) 直流系统安装。直流系统安装为一个单元工程。安装工程质量检验内容应包括直流系统盘、柜安装，蓄电池安装前检查，蓄电池安装，蓄电池充放电，不间断电源装置(UPS)试验及试运行，高频开关充电装置试验及试运行等。

(16) 电气照明装置安装。整个电气照明装置安装工程宜为一个单元工程。安装工程质量检验内容应包括配管及敷设、电气照明装置配线、照明配电箱安装、灯器具安装等部分。

(17) 通信系统安装。通信系统安装工程宜为一个单元工程。安装工程质量检验内容应包括一次设备安装、防雷接地系统安装、微波天线及馈线安装、同步数字体系(SDH)传输设备安装、载波机及微波设备安装、脉冲编码调制(PCM)设备安装、程控交换机安装、电力数字调度交换机安装、通信电源系统安装、电力光缆线路安装等。

(18) 起重设备电气装置安装。一台起重设备电气装置安装为一个单元工程。装置安装工程质量检验内容应包括外部电气设备安装、配线安装、电气设备保护装置安装、变频调速装置检查及调整试验、电气试验、试运转及符合试验等。

9. 升压变电电气设备安装工程

(1) 主变压器安装。一台主变压器安装工程宜为一个单元工程，宜为关键部位单元工程。工程质量检验内容应包括外观及器身检查、本体及附件安装、变压器注油及密封、电气试验及试运行等。

(2) 六氟化硫(SF_6)断路器安装。一组六氟化硫(SF_6)断路器安装工程为一个单元工程。安装工程质量检验内容应包括外观、安装、六氟化硫(SF_6)气体的管理及充注、电气试验及操作试验等。

(3) 气体绝缘金属封闭开关设备(GIS)安装。一个间隔、主母线GIS安装工程宜为一个单元工程。GIS安装工程质量检验内容应包括外观、安装、六氟化硫(SF_6)气体的管理及充注、电气试验及操作试验等。

(4) 隔离开关安装。一组隔离开关安装工程宜为一个单元工程。安装工程质量检验内容应包括外观、安装、电气试验与操作试验等。

(5) 互感器安装。一组互感器安装工程宜为一个单元工程。安装工程质量检验内容应包括外观、安装、电气试验等。

(6) 金属氧化物避雷器和中性点放电间隙安装。一组金属氧化物避雷器或一组金属氧化物避雷器与中性点放电间隙安装工程宜为一个单元工程。安装工程质量检验内容应包括外观、安装、电气试验等。

(7) 软母线装置安装。同一电压等级、同一设备单元的软母线装置安装工程宜为一个单元工程。安装工程质量检验内容应包括外观、母线架设、电气试验等。

(8) 管形母线装置安装。同一电压等级、同一设备单元的管形母线装置安装工程宜为一个单元工程。安装工程质量检验内容应包括外观、母线安装、电气试验等。

(9) 电力电缆安装。一回线路的电力电缆安装工程宜为一个单元工程。安装工程质量检验内容应包括电缆支架安装、电缆敷设、终端头和电缆接头制作、电气试验等。

(10) 厂区馈电线路架设。一回厂区馈电线路架设工程宜为一个单元工程。厂区馈电线路架设工程质量检验内容应包括立杆、馈电线路架设及电杆上电气设备安装、电气试验等。

10. 信息自动化工程

(1) 计算机监控系统传感器。每座建筑物的计算机监控系统传感器为一个单元工程。

(2) 计算机监控系统电缆。每座建筑物的计算机监控系统电缆为一个单元工程，也可以与视频系统电缆、安全监测系统电缆合并为一个单元工程。

(3) 计算机监控系统现地控制单元。每套计算机监控系统现地控制单元为一个单元工程。

(4) 计算机监控系统站控单元硬件。每座建筑物的计算机监控系统站控单元硬件为一个单元工程，也可以与信息系统硬件合并为一个单元工程。

(5) 计算机监控系统站控单元软件。每座建筑物的计算机监控系统站控单元软件为一个单元工程。

(6) 计算机监控系统显示设备。每座建筑物的计算机监控系统显示设备为一个单元工程，也可与视频系统显示设备合并为一个单元工程。

(7) 视频系统视频前端设备和视频主机。每座建筑物的视频系统视频前端设备和视频主机为一个单元工程。

(8) 视频系统电缆。每座建筑物的视频系统电缆为一个单元工程，也可与计算机监控系统电缆、安全监测系统电缆合并为一个单元工程。

(9) 视频系统显示设备。每座建筑物的视频系统显示设备为一个单元工程，也可与计算机监控系统显示设备合并为一个单元工程。

(10) 安全监测系统监测仪器。每座建筑物的安全监测系统监测仪器为一个单元工程。

(11) 安全监测系统电缆。安全监测系统电缆为一个单元工程，也可与计算机监控系统电缆、视频监控系统电缆合并为一个单元工程。

(12) 安全监控系统测量控制单元。每座建筑物的安全监控系统测量控制单元为一个单元工程。

（13）安全监控系统中心站设备。每座建筑物的安全监控系统中心站设备为一个单元工程。

（14）计算机网络系统综合布线。每座建筑物的计算机网络系统综合布线为一个单元工程。

（15）计算机网络系统网络设备。每座建筑物的计算机网络系统网络设备为一个单元工程。

（16）信息管理系统硬件。每座建筑物的信息管理系统硬件为一个单元工程，也可与计算机监控系统站控单元硬件合并为一个单元工程。

（17）信息管理系统软件。每座建筑物的信息管理系统软件为一个单元工程。

11. 其他工程

（1）安全监测仪器设备安装。安全监测设施安装工程主要有监测仪器设备安装埋设、观测孔（井）工程、外部变形观测设施等。

安全监测仪器设备安装埋设分为仪器设备检验、仪器安装埋设、观测电缆敷设 3 个工序，其中仪器安装埋设宜为主要工序。

观测孔（井）工程施工包括造孔、测压管制作与安装、率定 3 个工序，其中率定为主要工序。

水工建筑物外部变形观测设施安装应主要包括垂线、引张线、视准线、激光准直系统等的安装。

（2）观测井。每座建筑物的观测井为一个单元工程，堤坝的观测井以每个断面为一个单元工程。

（3）PE、PVC－U 塑料管道安装工程。以施工区、段或长度方向 1000～2000m 为一个单元工程，单元工程分为管槽土方开挖、管道安装、土方回填 3 个工序。

（4）植物防护。以施工区、段或长度方向 100～500m 为一个单元工程。

（5）田间道路。沿长度方向 100～200m 为一个单元工程。单元工程分为土质路基填筑、基层和底基层铺填、面层铺筑、路缘石铺筑 4 个工序。

（6）顶管。沿长度方向 10～30m 为一个单元工程。单元工程分为导轨安装、管道顶进、顶进管道外观质量 3 个工序。

12. 临时工程

（1）土质施工围堰。以每道围堰为一个单元工程。

（2）基坑降排水。以建筑物或施工区、段为一个单元工程。

（3）基坑边坡防护。以建筑物或施工区、段为一个单元工程。

（4）场内施工道路。沿长度方向 100～200m 为一个单元工程，单元工程分为土质路基填筑、碎石基层铺填、泥结碎石面层铺筑三个工序。

（5）混凝土拌和楼。以每座为一个单元工程。

（6）钢管脚手架。以施工区、块、段为一个单元工程。

六、项目划分程序

工程项目正式开工初期，应由项目法人组织勘察设计、施工、监理等单位召开项目划分研究讨论会，必须由设计人员对工程结构特点、工程建设要点、施工部署要求和实施过程中需要注意的问题进行设计交底，达成共识。

依据《水利水电工程施工质量检验与评定规程》（SL 176—2007）中各类项目划分的要求，结合设计批复文件中建筑物等级要求、工程建设结构、招标标段等进行项目划分，并确定主要单位工程、主要分部工程、重要隐蔽单元工程和关键部位单元工程。

项目法人负责上报工程质量监督机构。一般由各施工单位提出本标段的项目划分方案，经工程监理机构审核后上报到项目法人。项目法人汇总各标段的项目划分情况，根据项目的总体情况，综合考虑确定划分方案，以文件的形式上报相应的工程质量监督机构。上报文件的内容包括工程概况、建设内容、工程中标情况以及项目划分表和说明等。

七、项目划分要点

1. 工程项目划分注意事项

（1）根据工程的特点和项目实施情况，结合施工标段和施工单位的施工能力，因地制宜地进行项目划分，不能生搬硬套规范条文。

（2）项目划分要囊括永久工程和临时工程在内的全部建设内容，不能漏项；各级工程名称要准确，不能随意调整更换。

（3）同一个单位工程中，同类型的各个分部工程的工程量不宜相差太大，分部工程数量宜不少于 5 个。

（4）在一个分部工程内，防止有的按层次划分、有的按段长划分单元工程，同一分部工程中单元工程的数量不宜太少，一般不少于 3 个。

（5）线性工程的分部、单元工程长度划分尾部不足一个单位长度时，可采用如下办法处理：长度超过或等于单位长度一半的可作为独立分部（或单元）工程；长度不超过单位长度一半的，可就近划入相邻分部（或单元）工程。

（6）项目划分的结果不是唯一的，只要有利于现场质量控制、有利于质量验收评定、有利于资料的整理及归档，各种结果都是合理的。

2. 项目划分表的重要性

（1）项目划分表是单元、分部、单位工程及项目质量评定与验收工作的重要依据，可避免质量评定与验收工作漏项或重复。

（2）项目划分表是按位置和层次有序收集、归类、归档、整理质量评定表的纲目。项目法人、施工、监理、检测、质量监督等人员都要根据项目划分表开展相应的工作。

（3）项目划分表是项目法人、施工、监理和检测等单位工作报告中不可缺少的内容之一。

（4）没有项目划分表就无法进行工程质量评定工作，也不可能做好施工各阶段的工程验收。

3. 常见中小型水利工程项目划分表

依据项目划分的原则和工程施工情况及工程项目构成，提出如表 4－1～表 4－6 所示的各类常见的工程项目划分表，供中小型水利工程质量监督工作参考。

表 4-1　　小型枢纽工程项目划分

工程类别	单位工程	分部工程	说明
△一、拦河坝工程	(一) 土质心(斜)墙土石坝	1. 地基开挖与处理	视工程量可分为数个分部工程
		△2. 地基防渗	视工程量可分为数个分部工程
		△3. 防渗心(斜)墙	
		★4. 坝体填筑	含坝体、坝面及地基排水
		5. 排水	含马道、梯步、排水沟
		6. 上游坝面护坡	
		7. 下游坝面护坡	
		8. 坝顶	含栏杆、路面、灯饰等
		9. 护岸及其他	
		10. 观测设施	
	(二) 均质土坝	1. 地基开挖与处理	视工程量可分为数个分部工程
		△2. 地基防渗	视工程量可分为数个分部工程
		★3. 坝体填筑	视工程量可分为数个分部工程
		4. 排水	含坝体、坝面及地基排水
		5. 上游坝面护坡	
		6. 下游坝面护坡	
		7. 坝顶	含栏杆、路面、灯饰等
		8. 护岸及其他	
		9. 观测设施	
	(三) 混凝土面板堆石坝	1. 地基开挖与处理	
		△2. 趾板及地基防渗	视工程量可分为数个分部工程
		△3. 混凝土面板及接缝止水	
		4. 垫层与过渡层	视工程施工可分为数个分部工程
		5. 堆石体	
		6. 下游坝面护坡	
		7. 坝顶	含栏杆、路面、灯饰等
		8. 护岸及其他	
		9. 观测设施	
	(四) 复合土工膜斜(心)墙土石坝	1. 地基开挖与处理	
		2. 地基防渗	
		△3. 土工膜斜(心)墙	
		★4. 坝体填筑	视工程量可分为数个分部工程
		5. 排水	含坝体、坝面排水
		6. 上游坝面护坡	
		7. 下游坝面护坡	
		8. 坝顶	含栏杆、路面、灯饰等
		9. 护岸及其他	
		10. 观测设施	
	(五) 混凝土重力坝(含碾压混凝土)	1. 地基开挖与处理	
		2. 地基防渗与排水	视施工部署可分为数个分部工程
		3. 非溢流坝段	
		△4. 溢流坝段	
		★5. 引水坝段	
		6. 厂坝联结段	
		★7. 底孔坝段	
		8. 坝体接缝灌浆	
		9. 廊道及坝内交通	
		10. 坝顶	含栏杆、路面、灯饰等
		11. 消能防冲工程	
		12. 金属结构及启闭机安装	
		13. 观测设施	

续表

工程类别	单位工程	分部工程	说明
△一、拦河坝工程	(六) 混凝土拱坝(含碾压混凝土)	1. 地基开挖与处理	
		2. 地基防渗排水	视工程量可分为数个分部工程
		3. 非溢流坝段	
		△4. 溢流坝段	
		★5. 底孔坝段	
		6. 坝体接缝灌浆	
		7. 廊道	
		8. 消能防冲	
		9. 坝顶	含栏杆、路面、灯饰等
		△10. 推力墩(重力墩、翼坝)	
		△11. 周边缝	仅限于有周边缝拱坝
		△12. 铰座	仅限于铰拱坝
		13. 金属结构及启闭机安装	
		14. 观测设施	
△二、泄洪工程	(一) 溢洪道工程(含陡槽溢洪道、侧堰溢洪道、竖井溢洪道)	△1. 地基防渗及排水	视工程量可分为数个分部工程
		2. 进口引水段	
		△3. 闸室段(或溢流堰)	
		4. 泄水段	
		5. 消能防冲段	
		6. 尾水段	
		7. 护坡及其他	
		8. 金属结构及启闭机安装	
	(二) 泄洪洞(含放空洞)	△1. 进水口或竖井(土建)	视工程量可分为数个分部工程
		2. 有压泄水段	
		3. 无压泄水段	
		△4. 工作闸门段(土建)	
		5. 出口消能段	
		6. 尾水段	
		7. 金属结构及启闭机安装	
△三、引水工程	(一) 引水隧洞及压力管道工程	△1. 进口闸室段(土建)	视工程量可分为数个分部工程
		2. 隧洞开挖与衬砌	
		3. 调压井	
		△4. 压力管道段	
		5. 回填与固结灌浆	
		6. 金属结构及启闭机安装	
	(二) 引水渠道工程	△1. 进口闸室段(土建)	视工程量可分为数个分部工程
		2. 明渠、暗渠	
		3. 渠道主要建筑物	
		△4. 前池	
		5. 溢流堰及冲沙建筑	
		6. 金属结构及启闭机安装	

续表

工程类别	单位工程	分部工程	说明
四、发电工程	发电厂房	1. 进口段 2. 安装间 3. 主机段（土建） 4. 尾水段 5. 尾水渠 6. 副厂房、中控室 △7. 水轮发电机组安装 8. 辅助设备安装 9. 电气设备安装 10. 通信系统安装 11. 金属结构及启闭（起重）设备安装 △12. 主厂房房建工程 13. 厂区交通、排水及绿化	闸坝式 每台机组段为一个分部工程 每台机组为一个分部工程 电气一次、二次可分列 拦污栅、进口及尾水闸门启闭机、桥式起重机可单列分部工程
五、升压变电工程	升压变电站	1. 变电站（土建） 2. 开关站（土建） 3. 操作控制室 △4. 主变压器安装 5. 其他电气设备安	
六、公路交通工程［按《公路工程质量检验评定标准》（JTG F80/1—2017）规定划分］	（一）路基工程	△1. 路基土石方工程 2. 排水工程 3. 小桥 4. 中小型涵洞 5. 砌筑工程 6. 大型挡土墙	以1～3km路段划分分部工程
	（二）路面工程	路面工程	以1～3km路段划分分部工程
	（三）桥梁工程（全路汇总）	1 基础及墩、台 △2. 上部支承结构 △3. 总体及桥面 4. 引桥工程 5. 防护工程	 含护坡、护岸、导流工程等
	（四）隧道工程（全路汇总）	1. 洞身开挖 △2. 洞身衬砌 3. 总体及洞口 △4. 隧道路面	
	（五）交通安全设施	△1. 标志标线 △2. 防护栏、栅 3. 紧急电话安装 4. 照明设施安装	以1～3km路段划分分部工程

续表

工程类别	单位工程	分部工程	说明
七、管理设施	（一）办公及宿舍楼 （二）生活福利房屋 （三）库房 （四）其他辅助房屋	1. 土基与基础工程 △2. 主体工程 3. 地面与楼面工程 4. 门窗工程 △5. 装饰工程 6. 屋面工程 7. 给排水及采暖工程 8. 电气安装工程 9. 通风与空调 10. 电梯安装工程	房屋建筑工程按照《建筑工程施工质量验收统一标准》（GB 50300—2013）划分分部工程

注　加“△”为主要单位工程、主要分部工程；加“★”者视实际情况可定为主要分部或一般分部工程。

表 4-2　　中小河道整治工程项目划分

单位工程	分部工程	单元工程	说明
河道整治堤防标段工程	△（一）堤基处理工程	▲堤基清理 （分为基面清理和压实平整两个工序）	轴线方向每 200m 划分为 1 个单元
	△（二）堤身填筑工程	▲土料碾压堤 （分为土料摊铺和土料碾压两个工序）	轴线方向 200m 填筑一层为 1 单元
	△（三）护脚工程	1. 基槽土石方开挖 ▲2. 土工布铺设 （分为场地清理和织物铺设两个工序） ▲3. 格宾笼护脚（或浆砌石护脚） 4. 基槽土石方回填	轴线方向每 100m 划分为 1 个单元
	△（四）护坡工程	▲1. 土工布铺设 （分为场地清理和织物铺设两个工序） ▲2. 格宾笼护坡（或浆砌石护坡） 3. 护坡覆土 4. 植草护坡	轴线方向每 100m 划分为 1 个单元
	（五）交通及管理设施工程	1. 路面工程 2. 绿化工程 3. 观测设施及通信工程 4. 生产生活设施	轴线方向每 200m 划分为 1 个单元

注　加“△”为主要分部工程；加“▲”者为重要隐蔽或关键部位单元工程。

表 4-3 **中型渠道灌溉项目划分**

工程类别	单位工程	分部工程	说明
渠道工程	△（一）进水闸	1. 进口段 △2. 闸室段（土建） 3. 泄水段 △4. 消能防冲工程 5. 沉沙设施 6. 金属结构及启闭机	
	△（二）分布闸、节制闸、泄水闸、冲砂闸	1. 进口段 △2. 闸室段（土建） 3. 交通桥 △4. 消能防冲工程 5. 下游连接段 6. 金属结构及启闭机安装	
	△（三）隧洞	1. 进口段 △2. 洞身段 △3. 隧洞灌浆 4. 出口段	洞身段含洞身开挖与衬砌，视工程量分为数个分部工程
	△（四）渡槽	△1. 基础工程 2. 进出口段 △3. 槽身 △4. 支承结构	视工程量分为数个分部工程
	（五）公路或机耕桥	按照《公路工程质量检验评定标准》（JTG F80/1—2017）中的公路桥梁划分	人行桥列入相应明渠分部工程
	△（六）倒虹吸管道工程（指模较大的倒虹管道工程）	1. 进口段 △2. 管道段 3. 出口段 4. 金属结构及启闭机安装	视工程量分为数个分部工程
	△（七）涵洞（指与铁路、公路及河流交叉的大型涵洞）	1. 进口段 △2. 洞身 3. 出口	视工程量分为数个分部工程
	（八）干渠或支渠	1. 明渠 2. 陡坡、跌水 3. 暗渠 4. 沿渠小型建筑物 5. 沿渠公路	视工程量分为数个分部工程
	（九）管理房屋	按照《建筑工程施工质量验收统一标准》（GB 50300—2013）划分分部工程	指管理站的生活及生产用房，闸房列入闸室分部工程

注 加“△”为主要单位工程、主要分部工程。

表 4-4 根据《灌溉与排水工程施工质量评定规程》（SL 703—2015）的原则要求，按照项目标段或所在行政区域划分为单位工程。

表4-4　小型农田灌溉项目划分

工程类别	分部工程	单元工程	说明
小型农田灌溉项目单位工程	(一)水源工程	1. 机井(GB/T 50625) 2. 水泵安装 3. 泵房建筑 4. 阀门井 5. 检查井	根据工程实际情况选用类别，视工程量分为数个单元工程
	△(二)输配水工程	▲1. 渠(沟)基清理 2. 渠(沟)道土方开挖 3. 渠(沟)道石方开挖 4. 渠道衬砌垫层 ▲5. 渠道防渗膜铺设 6. 渠道保温板铺设 7. 渠道浆砌石衬砌 ▲8. 渠道现浇混凝土衬砌 9. 渠道预制板衬砌 10. 渠(沟)系建筑物	根据工程实际情况确定单元工程数量
	△(三)雨水集蓄工程	▲1. 蓄水池(窖)基础处理 2. 蓄水池(窖)底板浇筑 3. 蓄水池(窖)边墙浇筑 4. 蓄水池(窖)盖板浇筑	基础工程为重要隐蔽单元，视工程量分为数个单元工程
	(四)田间灌水工程	1. 微灌首部工程设备仪表安装 2. 塑料管道安装 3. 微灌灌水器安装 4. 喷灌设备(机组)安装	根据工程实际情况选用类别，视工程量分为数个单元工程
	(五)田间道路	1. 路基 2. 泥结石路面 3. 砂石路面 4. 混凝土路面	视工程量分为数个单元工程

注　加“△”为主要分部工程；加“▲”者为重要隐蔽或关键部位单元工程。

表4-5　县城供水工程项目划分

工程类别	单位工程	分部工程	说明
县城供水工程	△(一)进水、节制闸	1. 进口段 △2. 闸室段(土建) 3. 交通桥 △4. 消能防冲工程 5. 下游连接段 6. 金属结构及启闭机安装	视工程量分为数个分部工程
	△(二)管道工程	1. 进口段 △2. 管道段 3. 出口段 4. 闸室段(土建) 5. 金属结构及启闭机安装 6. 闸房建筑	按(GB 50300—2013)划分

续表

工程类别	单位工程	分部工程	说明
县城供水工程	△（三）隧洞	1. 进口段 △2. 洞身段 △3. 隧洞灌浆 4. 出口段	洞身段含洞身开挖与衬砌，视工程量分为数个分部工程
	△（四）渡槽	1. 基础工程 2. 进出口段 △3. 槽身 △4. 支承结构	视工程量分为数个分部工程
	△（五）涵洞（指与铁路、公路及河流交叉的大型涵洞）	1. 进口段 △2. 洞身 3. 出口	视工程量分为数个分部工程
	（六）安全监测及信息化系统	按相关行业的技术标准进行项目划分	
	（七）管理房屋	按照《建筑工程施工质量验收统一标准》（GB 50300—2013）划分分部工程	指管理站的生活及生产用房

注 加"△"为主要单位工程、主要分部工程。

表4-6根据《村镇供水工程施工质量验收规范》（SL 688—2013）的原则要求，最大作为一个单位工程，多年或多批次计划项目打捆作为一个项目验收。

表4-6　村镇供水工程项目划分

工程类别	分部工程	单元工程	说明
村镇供水单位工程	△（一）取水构筑物	1. 大口井 2. 辐射井 3. 渗渠 4. 截潜流工程 5. 引泉工程 ▲6. 引水低坝基础工程 7. 引水低坝坝体工程	根据工程实际情况选用类别，视工程量分为数个单元工程
	（二）建筑物	1. 泵房 2. 加药间 3. 消毒间 4. 变配电室 5. 管理用房 6. 化验室 7. 仓库 8. 食堂 9. 卫生间 10. 围墙	根据工程实际情况确定单元工程数量

续表

工程类别	分部工程	单元工程	说　明
村镇供水单位工程	△（三）净水构筑物	▲1. 絮凝池基础工程 2. 絮凝池池身浇筑工程 ▲3. 沉淀（澄清）池基础工程 4. 沉淀（澄清）池池身浇筑工程 ▲5. 滤池基础工程 6. 滤池池身浇筑工程	基础工程为重要隐蔽单元，视工程量分为数个单元工程
	△（四）调节构筑物	▲1. 水池基础工程 2. 水池池身浇筑工程 ▲3. 水塔基础工程 4. 水塔塔身浇筑工程	基础工程为重要隐蔽单元，视工程量分为数个单元工程
	△（五）输配水管道	1. 管槽开挖 ▲2. 管道安装 ▲3. 管道水压试验 4. 覆土回填 5. 管道冲洗消毒 6. 阀门井室	视工程量分为数个单元工程
	（六）设备安装	1. 水泵机组安装 2. 水处理及消毒设备安装 3. 开关柜和配电柜（箱）安装 4. 电缆与管线安装 5. 接地装置安装 6. 接闪器和避雷引下线安装	
	（七）自动监控和视频安防系统	1. 自动监控系统 2. 仪表设备 3. 视频安防系统	

注　加“△”为主要分部工程；加“▲”者为重要隐蔽或关键部位单元工程。

八、项目划分确认

项目法人将项目划分情况以文件的形式上报后，工程质量监督机构应依据工程设计批复文件，了解工程设计要求，对照国家、行业的强制性标准、技术标准进行审查确认，并将确认后的项目划分结果以文件形式通知项目法人。

确认的项目划分具有权威性和有效性。参建各单位应严格遵照已确认的项目划分方案对工程建设实施控制管理，不能随意更改项目划分工程类别、单位工程、分部工程和单元工程名称。

工程实施过程中，需对单位工程、主要分部工程、重要隐蔽单元工程和关键部位单元工程的项目划分进行调整时，项目法人应重新将工程项目划分结果报送工程质量监督机构确认。

【示例1】 项目划分申报文件

陕引字〔2009〕25号　　　　　　　　　　　　　　　　签发人：高勤生

关于调整引红济石隧洞工程Ⅳ标项目划分及质量控制评定表编制的请示

省水利工程质量监督中心站：

双护盾TBM隧洞施工目前在国内水利工程建设上是一项新技术，现阶段在双护盾TBM施工质量管理方面，水利工程建设领域尚无相关的质量评定可执行，为进一步增强对TBM施工的了解和认识，切实加强和提高对TBM施工质量的控制和管理，促进工程又好又快建设，2009年8月6—14日由业主组织，设计、监理、施工单位主要负责人参与，并邀请监管单位领导共同对国内目前仅有的两个在建双护盾TBM施工项目——新疆八十一大坂、青海引大济湟调水工程进行实地考察、学习了解TBM施工质量管理经验。

现根据调研同类工程质量管理情况，并参考《盾构法隧道施工验收规范》(GB 50446—2008)、《铁路隧道全断面岩石掘进机法技术指南》（铁路建设〔2007〕106号)、Ⅳ标TBM施工技术合同文件，结合工程实际，在《关于确认引红济石隧洞施工Ⅳ标段项目划分方案等有关事项的通知》（陕水质字〔2008〕6号）批复文件的基础上，对Ⅳ标TBM工程项目划分、质量技术标准及TBM施工单元工程质量评定表进行局部调整修正，调整后Ⅳ标整个工程项目划分为×个单位工程，第一、二、三单位工程各分为×个分部工程，第四单位工程分为×个分部工程，共计××个分部工程，××个单元工程。

本次项目划分调整，只对所在各单位工程TBM施工段的豆砾石回填和回填灌浆的单元工程进行调整合并，列在原豆砾石回填工序所在的分部工程之内，每单元按100环确定；将原各单位工程TBM施工段的灌浆分部工程调整为砂浆勾缝灌浆分部工程，在其中增加管片砂浆勾缝封孔工序单元工程，每单元按200环确定；固结灌浆工序每单元按100环确定；其他项目划分不变。

同时，为有效地控制好TBM施工质量，把预制混凝土管片中间产品纳入整个工程质量管理对象，按每生产100环进行一次中间产品的施工质量检验评定，混凝土管片预制生产的各工序质量检验评定同比按每100环进行施工工序质量检验评定；预制混凝土管片三环拼装质量检验按每生产500环检验评定一次。

由于隧洞施工地质结构复杂多变，选择处于地质结构复杂的分部工程作为主要分部工程，将Ⅴ类围岩不良地质段的混凝土预制管片衬砌的单元工程划分为重要隐蔽或关键部位单元工程，根据地质变化情况现场确定。

结合有关规范、同类行业经验和本工程施工经验研究确定工程施工质量标准，具体详见TBM隧洞施工单元工程质量检验评定表和混凝土预制管片质量评定表。

以上调整意见，监理单位已报送建设单位，经我们审核研究，原则同意，现予以上报。妥否，请批示。

附件：1. 引红济石工程Ⅳ标项目划分及质量检验评定表调整监理报审报告（监理〔2009〕报告08号）

2. 关于调整引红济石调水工程引水隧洞Ⅳ标技术标准，工程项目划分及TBM施工单元工程质量评定表的申请报告（中隧引红济石〔2009〕03号）

二〇〇九年十二月二日

主题词：水利工程△　项目划分　质量评定　请示

陕西引红济石工程建设有限公司　　2009年12月2日印发

【**示例 2**】 项目划分确认文件

商水质监〔2014〕20 号

商洛市水利工程质量监督站
关于山阳县两岭镇、双坪镇段防洪工程项目划分的批复

山阳县中小河流治理工程项目建设管理处：

你处《关于山阳县两岭镇、双坪镇段防洪工程项目划分的报告》（山中小建字〔2014〕5 号）收悉。经审查，项目划分基本符合《水利水电工程施工质量检验与评定规程》（SL 176—2007）、《水利水电工程单元工程施工质量验收评定标准》（SL 631～634—2012）有关要求。

同意该项目按标段划分为 5 个单位工程，20 个分部工程。

工程实施过程中，需对分部工程、重要隐蔽单元工程、关键部位单元工程进行调整时，及时与商洛市水利工程质量监督站联系（具体划分见附表）。

项目在施工过程中，严格按照《水利水电工程施工质量检验与评定规程》（SL 176—2007）、《水利水电工程单元工程施工质量验收评定标准》（SL 631～634—2012）和《水利水电建设工程验收规程》（SL 223—2008）的有关规定执行，确保工程质量。

商洛市水利工程质量监督站

2014 年 12 月 19 日

【示例3】 中小河道整治工程项目划分

山阳县银花河两岭镇、双坪镇段防洪工程项目划分表

单位工程	分部工程	单　元　工　程		备　注
山阳县银花河两岭镇、双坪镇段防洪工程（Ⅱ标）	第一分部：洛峪街右岸堤防 HY0＋000.00～HY0＋400.00	第一单元	基础开挖（HY0＋000.00～HY0＋200.00）	此单元工程为重要隐蔽单元工程
		第二单元	浆砌石基础（HY0＋000.00～HY0＋100.00）	
		第三单元	浆砌石基础（HY0＋100.00～HY0＋200.00）	
		第四单元	砂砾石填筑（HY0＋000.00～HY0＋200.00）	
		第五单元	浆砌石挡墙（HY0＋000.00～HY0＋100.00）	
		第六单元	浆砌石挡墙（HY0＋100.00～HY0＋200.00）	
		第七单元	基础开挖（HY0＋200.00～HY0＋400.00）	此单元工程为重要隐蔽单元工程
		第八单元	浆砌石基础（HY0＋200.00～HY0＋300.00）	
		第九单元	浆砌石基础（HY0＋300.00～HY0＋400.00）	
		第十单元	砂砾石填筑（HY0＋200.00～HY0＋400.00）	
		第十一单元	浆砌石挡墙（HY0＋200.00～HY0＋300.00）	
		第十二单元	浆砌石挡墙（HY0＋300.00～HY0＋400.00）	
	第二分部：洛峪街右岸堤防 HY0＋400.00～HY0＋722.14	第一单元	基础开挖（HY0＋400.00～HY0＋600.00）	此单元工程为重要隐蔽单元工程
		第二单元	浆砌石基础（HY0＋400.00～HY0＋500.00）	
		第三单元	浆砌石基础（HY0＋500.00～HY0＋600.00）	
		第四单元	砂砾石填筑（HY0＋400.00～HY0＋600.00）	
		第五单元	浆砌石挡墙（HY0＋400.00～HY0＋500.00）	
		第六单元	浆砌石挡墙（HY0＋500.00～HY0＋600.00）	
		第七单元	基础开挖（HY0＋600.00～HY0＋722.14）	此单元工程为重要隐蔽单元工程
		第八单元	浆砌石基础（HY0＋600.00～HY0＋722.14）	
		第九单元	砂砾石填筑（HY0＋600.00～HY0＋722.14）	
		第十单元	浆砌石挡墙（HY0＋600.00～HY0＋722.14）	
	第三分部：洛峪街左岸护岸 HZ0＋000.00～HZ0＋412.25	第一单元	支沟基础开挖	此单元工程为重要隐蔽单元工程
		第二单元	支沟浆砌石基础	
		第三单元	支沟砂砾石填筑	
		第四单元	支沟浆砌石挡墙	
		第五单元	基础开挖（HZ0＋000.00～HZ0＋200.00）	此单元工程为重要隐蔽单元工程
		第六单元	浆砌石基础（HZ0＋000.00～HZ0＋100.00）	
		第七单元	浆砌石基础（HZ0＋100.00～HZ0＋200.00）	
		第八单元	砂砾石填筑（HZ0＋000.00～HZ0＋200.00）	
		第九单元	浆砌石挡墙（HZ0＋000.00～HZ0＋100.00）	
		第十单元	浆砌石挡墙（HZ0＋100.00～HZ0＋200.00）	
		第十一单元	基础开挖（HZ0＋200.00～HZ0＋412.25）	此单元工程为重要隐蔽单元工程
		第十二单元	浆砌石基础（HZ0＋200.00～HZ0＋300.00）	
		第十三单元	浆砌石基础（HZ0＋300.00～HZ0＋412.25）	
		第十四单元	砂砾石填筑（HZ0＋200.00～HZ0＋412.25）	
		第十五单元	浆砌石挡墙（HZ0＋200.00～HZ0＋300.00）	
		第十六单元	浆砌石挡墙（HZ0＋300.00～HZ0＋412.25）	

续表

单位工程	分部工程	单元工程		备注
山阳县银花河两岭镇、双坪镇段防洪工程（Ⅱ标）	第四分部：孤山村左岸护岸 CZ0＋000.00～CZ0＋400.00	第一单元	基础开挖（CZ0＋000.00～CZ0＋200.00）	此单元工程为重要隐蔽单元工程
		第二单元	浆砌石基础（CZ0＋000.00～CZ0＋100.00）	
		第三单元	浆砌石基础（CZ0＋100.00～CZ0＋200.00）	
		第四单元	砂砾石填筑（CZ0＋000.00～CZ0＋200.00）	
		第五单元	浆砌石挡墙（CZ0＋000.00～CZ0＋100.00）	
		第六单元	浆砌石挡墙（CZ0＋100.00～CZ0＋200.00）	
		第七单元	基础开挖（CZ0＋200.00～CZ0＋400.00）	此单元工程为重要隐蔽单元工程
		第八单元	浆砌石基础（CZ0＋200.00～CZ0＋300.00）	
		第九单元	浆砌石基础（CZ0＋300.00～CZ0＋400.00）	
		第十单元	砂砾石填筑（CZ0＋200.00～CZ0＋400.00）	
		第十一单元	浆砌石挡墙（CZ0＋200.00～CZ0＋300.00）	
		第十二单元	浆砌石挡墙（CZ0＋300.00～CZ0＋400.00）	
	第五分部：孤山村左岸护岸 CZ0＋400.00～CZ0＋800.00	第一单元	基础开挖（CZ0＋400.00～CZ0＋600.00）	此单元工程为重要隐蔽单元工程
		第二单元	浆砌石基础（CZ0＋400.00～CZ0＋500.00）	
		第三单元	浆砌石基础（CZ0＋500.00～CZ0＋600.00）	
		第四单元	砂砾石填筑（CZ0＋400.00～CZ0＋600.00）	
		第五单元	浆砌石挡墙（CZ0＋400.00～CZ0＋500.00）	
		第六单元	浆砌石挡墙（CZ0＋500.00～CZ0＋600.00）	
		第七单元	基础开挖（CZ0＋600.00～CZ0＋800.00）	此单元工程为重要隐蔽单元工程
		第八单元	浆砌石基础（CZ0＋600.00～CZ0＋700.00）	
		第九单元	浆砌石基础（CZ0＋700.00～CZ0＋800.00）	
		第十单元	砂砾石填筑（CZ0＋600.00～CZ0＋800.00）	
		第十一单元	浆砌石挡墙（CZ0＋600.00～CZ0＋700.00）	
		第十二单元	浆砌石挡墙（CZ0＋700.00～CZ0＋800.00）	
	第六分部：孤山村左岸护岸 CZ0＋800.00～CZ1＋187.27	第一单元	基础开挖（CZ0＋800.00～CZ1＋000.00）	此单元工程为重要隐蔽单元工程
		第二单元	浆砌石基础（CZ0＋800.00～CZ0＋900.00）	
		第三单元	浆砌石基础（CZ0＋900.00～CZ1＋000.00）	
		第四单元	砂砾石填筑（CZ0＋800.00～CZ1＋000.00）	
		第五单元	浆砌石挡墙（CZ0＋800.00～CZ0＋900.00）	
		第六单元	浆砌石挡墙（CZ0＋900.00～CZ1＋000.00）	
		第七单元	基础开挖（CZ1＋000.00～CZ1＋187.27）	此单元工程为重要隐蔽单元工程
		第八单元	浆砌石基础（CZ1＋000.00～CZ1＋100.00）	
		第九单元	浆砌石基础（CZ1＋100.00～CZ1＋187.27）	
		第十单元	砂砾石填筑（CZ1＋000.00～CZ1＋187.27）	
		第十一单元	浆砌石挡墙（CZ1＋000.00～CZ1＋100.00）	
		第十二单元	浆砌石挡墙（CZ1＋100.00～CZ1＋187.27）	

【示例4】 抗旱应急供水工程项目划分表

咸阳市××县2016年抗旱应急供水工程项目划分表

单位工程名称	分部工程编号	分部工程名称	单元工程编号		单元工程名称	备注
咸阳市××县2016年抗旱应急供水工程施工Ⅰ标项	Ⅰ-1	△调蓄池工程		Ⅰ-1-1	基坑开挖	
				Ⅰ-1-2	灰土基础▲	
				Ⅰ-1-3	混凝土垫层▲	
				Ⅰ-1-4	钢筋混凝土池底工程▲	
				Ⅰ-1-5	钢筋混凝土池壁工程	
				Ⅰ-1-6	钢筋混凝土池顶工程	
				Ⅰ-1-7	导流墙工程	
				Ⅰ-1-8	附属设备安装	
				Ⅰ-1-9	蓄水试验	
				Ⅰ-1-10	内外粉	
				Ⅰ-1-11	土方回填	
	Ⅰ-2	△0+000～0+735球墨铸铁管网工程	0+000～0+135球墨铸铁管网工程	Ⅰ-2-1-1	管槽开挖	控制阀 1号排气阀 1～2号镇墩
				Ⅰ-2-1-2	3∶7灰土垫层	
				Ⅰ-2-1-3	C20素混凝土管床	
				Ⅰ-2-1-4	管道安装▲	
				Ⅰ-2-1-5、Ⅰ-2-1-6	阀门安装	
				Ⅰ-2-1-7	镇墩工程	
				Ⅰ-2-1-8	管槽回填	
			0+135～0+269球墨铸铁管网工程	Ⅰ-2-2-1	管槽开挖	
				Ⅰ-2-2-2	3∶7灰土垫层	
				Ⅰ-2-2-3	C20素混凝土管床	
				Ⅰ-2-2-4	管道安装▲	
				Ⅰ-2-2-5	管槽回填	
			0+269～0+385球墨铸铁管网工程	Ⅰ-2-3-1	管槽开挖	3号镇墩
				Ⅰ-2-3-2	3∶7灰土垫层	
				Ⅰ-2-3-3	C20素混凝土管床	
				Ⅰ-2-3-4	管道安装▲	
				Ⅰ-2-3-5	镇墩工程	
				Ⅰ-2-3-6	管槽回填	
			0+385～0+485球墨铸铁管网工程	Ⅰ-2-4-1	管槽开挖	
				Ⅰ-2-4-2	3∶7灰土垫层	
				Ⅰ-2-4-3	C20素混凝土管床	
				Ⅰ-2-4-4	管道安装▲	
				Ⅰ-2-4-5	管槽回填	

续表

单位工程名称	分部工程编号	分部工程名称	单元工程编号		单元工程名称	备注
咸阳市××县2016年抗旱应急供水工程施工Ⅰ标项	Ⅰ-2	△0+000～0+735球墨铸铁管网工程	0+485～0+615球墨铸铁管网工程	Ⅰ-2-5-1	管槽开挖	4号镇墩
				Ⅰ-2-5-2	3∶7灰土垫层	
				Ⅰ-2-5-3	C20素混凝土管床	
				Ⅰ-2-5-4	管道安装▲	
				Ⅰ-2-5-5	镇墩工程	
				Ⅰ-2-5-6	管槽回填	
			0+615～0+735球墨铸铁管网工程	Ⅰ-2-6-1	管槽开挖	2号排气阀 5号镇墩
				Ⅰ-2-6-2	3∶7灰土垫层	
				Ⅰ-2-6-3	C20素混凝土管床	
				Ⅰ-2-6-4	管道安装▲	
				Ⅰ-2-6-5	阀门安装	
				Ⅰ-2-6-6	镇墩工程	
				Ⅰ-2-6-7	水压试验	
				Ⅰ-2-6-8	管槽回填	
	Ⅰ-3	△0+735～1+485球墨铸铁管网工程	0+735～0+835球墨铸铁管网工程	Ⅰ-3-1-1	管槽开挖	
				Ⅰ-3-1-2	3∶7灰土垫层	
				Ⅰ-3-1-3	C20素混凝土管床	
				Ⅰ-3-1-4	管道安装▲	
				Ⅰ-3-1-5	管槽回填	
			0+835～0+935球墨铸铁管网工程	Ⅰ-3-2-1	管槽开挖	6号镇墩
				Ⅰ-3-2-2	3∶7灰土垫层	
				Ⅰ-3-2-3	C20素混凝土管床	
				Ⅰ-3-2-4	管道安装▲	
				Ⅰ-3-2-5	镇墩工程	
				Ⅰ-3-2-6	管槽回填	
			0+935～1+036球墨铸铁管网工程	Ⅰ-3-3-1	管槽开挖	7号镇墩
				Ⅰ-3-3-2	3∶7灰土垫层	
				Ⅰ-3-3-3	C20素混凝土管床	
				Ⅰ-3-3-4	管道安装▲	
				Ⅰ-3-3-5	镇墩工程	
				Ⅰ-3-3-6	管槽回填	

续表

单位工程名称	分部工程编号	分部工程名称	单元工程编号		单元工程名称	备注
咸阳市××县2016年抗旱应急供水工程施工Ⅰ标项	Ⅰ-3	△0+735～1+485球墨铸铁管网工程	1+036～1+185球墨铸铁管网工程	Ⅰ-3-4-1	管槽开挖	8号镇墩
				Ⅰ-3-4-2	3∶7灰土垫层	
				Ⅰ-3-4-3	C20素混凝土管床	
				Ⅰ-3-4-4	管道安装▲	
				Ⅰ-3-4-5	镇墩工程	
				Ⅰ-3-4-6	管槽回填	
			1+185～1+292球墨铸铁管网工程	Ⅰ-3-5-1	管槽开挖	
				Ⅰ-3-5-2	3∶7灰土垫层	
				Ⅰ-3-5-3	C20素混凝土管床	
				Ⅰ-3-5-4	管道安装▲	
				Ⅰ-3-5-5	管槽回填	
			1+292～1+385球墨铸铁管网工程	Ⅰ-3-6-1	管槽开挖	9～10号镇墩 1～3号检修阀 1号连通管
				Ⅰ-3-6-2	3∶7灰土垫层	
				Ⅰ-3-6-3	C20素混凝土管床	
				Ⅰ-3-6-4	管道安装▲	
				Ⅰ-3-6-5	阀门安装	
				Ⅰ-3-6-6	镇墩工程	
				Ⅰ-3-6-7	水压试验	
				Ⅰ-3-6-8	管槽回填	
			1+385～1+485球墨铸铁管网工程	Ⅰ-3-7-1	管槽开挖	1号泄水阀
				Ⅰ-3-7-2	3∶7灰土垫层	
				Ⅰ-3-7-3	C20素混凝土管床	
				Ⅰ-3-7-4	管道安装▲	
				Ⅰ-3-7-5	阀门安装	
				Ⅰ-3-7-6	管槽回填	
	Ⅰ-4	△1+485～2+190球墨铸铁管网工程	1+485～1+585球墨铸铁管网工程	Ⅰ-4-1-1	管槽开挖	3号排气阀
				Ⅰ-4-1-2	3∶7灰土垫层	
				Ⅰ-4-1-3	C20素混凝土管床	
				Ⅰ-4-1-4	管道安装▲	
				Ⅰ-4-1-5	阀门安装	
				Ⅰ-4-1-6	管槽回填	
			1+585～1+685球墨铸铁管网工程	Ⅰ-4-2-1	管槽开挖	1号泄水阀
				Ⅰ-4-2-2	3∶7灰土垫层	
				Ⅰ-4-2-3	C20素混凝土管床	
				Ⅰ-4-2-4	管道安装▲	
				Ⅰ-4-2-5	阀门安装	
				Ⅰ-4-2-6	管槽回填	

续表

单位工程名称	分部工程编号	分部工程名称	单元工程编号		单元工程名称	备注
咸阳市××县2016年抗旱应急供水工程施工Ⅰ标项	Ⅰ-4	△1+485～2+190球墨铸铁管网工程	1+685～1+785球墨铸铁管网工程	Ⅰ-4-3-1	管槽开挖	
				Ⅰ-4-3-2	3∶7灰土垫层	
				Ⅰ-4-3-3	C20素混凝土管床	
				Ⅰ-4-3-4	管道安装▲	
				Ⅰ-4-3-5	管槽回填	
			1+785～1+913球墨铸铁管网工程	Ⅰ-4-4-1	管槽开挖	11号镇墩
				Ⅰ-4-4-2	3∶7灰土垫层	
				Ⅰ-4-4-3	C20素混凝土管床	
				Ⅰ-4-4-4	管道安装▲	
				Ⅰ-4-4-5	镇墩工程	
				Ⅰ-4-4-6	管槽回填	
			1+913～2+023球墨铸铁管网工程	Ⅰ-4-5-1	管槽开挖	14号镇墩 4号检修阀
				Ⅰ-4-5-2	3∶7灰土垫层	
				Ⅰ-4-5-3	C20素混凝土管床	
				Ⅰ-4-5-4	管道安装▲	
				Ⅰ-4-5-5	阀门安装	
				Ⅰ-4-5-6	镇墩工程	
				Ⅰ-4-5-7	管槽回填	
			2+023～2+128球墨铸铁管网工程	Ⅰ-4-6-1	管槽开挖	
				Ⅰ-4-6-2	3∶7灰土垫层	
				Ⅰ-4-6-3	C20素混凝土管床	
				Ⅰ-4-6-4	管道安装▲	
				Ⅰ-4-6-5	管槽回填	
			2+128～2+190球墨铸铁管网工程	Ⅰ-4-7-1	管槽开挖	4号排气阀 15号镇墩
				Ⅰ-4-7-2	3∶7灰土垫层	
				Ⅰ-4-7-3	C20素混凝土管床	
				Ⅰ-4-7-4	管道安装▲	
				Ⅰ-4-7-5	阀门安装	
				Ⅰ-4-7-6	镇墩工程	
				Ⅰ-4-7-7	水压试验	
				Ⅰ-4-7-8	管槽回填	
				Ⅰ-4-7-9	冲洗消毒	

续表

单位工程名称	分部工程编号	分部工程名称	单元工程编号		单元工程名称	备注
咸阳市××县2016年抗旱应急供水工程施工Ⅰ标项	Ⅰ-5	阀井工程	控制阀井	Ⅰ-5-1-1	土方开挖	控制阀井
				Ⅰ-5-1-2	混凝土垫层	
				Ⅰ-5-1-3	钢筋混凝土底板	
				Ⅰ-5-1-4	砖砌阀井	
				Ⅰ-5-1-5	附属设备	
				Ⅰ-5-1-6	内粉	
			检修阀井	Ⅰ-5-2-1	土方开挖	1～4号检修阀井
				Ⅰ-5-2-2	混凝土垫层	
				Ⅰ-5-2-3	钢筋混凝土底板	
				Ⅰ-5-2-4	砖砌阀井	
				Ⅰ-5-2-5	附属设备	
				Ⅰ-5-2-6	内粉	
			排气阀井	Ⅰ-5-3-1	土方开挖	1～4号排气阀井
				Ⅰ-5-3-2	混凝土垫层	
				Ⅰ-5-3-3	钢筋混凝土底板	
				Ⅰ-5-3-4	砖砌阀井	
				Ⅰ-5-3-5	附属设备	
				Ⅰ-5-3-6	内粉	
			泄水阀井	Ⅰ-5-4-1	土方开挖	1号泄水阀井
				Ⅰ-5-4-2	混凝土垫层	
				Ⅰ-5-4-3	钢筋混凝土底板	
				Ⅰ-5-4-4	砖砌阀井	
				Ⅰ-5-4-5	附属设备	
				Ⅰ-5-4-6	内粉	

注　加“△”者为主要分部工程；加“▲”者为重要隐蔽或关键部位单元工程。

【示例5】 小型枢纽工程项目划分表

小型枢纽工程项目划分表

单位工程		分部工程		单元工程	单元工程划分标准
编号	名称	编号	名称	工程名称	
01	碾压混凝土重力坝	01-01	地基开挖与处理	石方开挖工程	左右岸，坝基，齿槽计4单元
				砂砾石开挖工程	计1单元
				左、右岸灌浆平洞开挖，混凝土衬砌	每20m为1单元计10单元
		01-02	△地基防渗与排水	固结灌浆178孔	每相邻10孔为1单元计18单元
				排水孔53孔，帷幕灌浆182孔▲	每相邻10孔为1单元计23单元
		01-03	坝基垫层混凝土	清洗、浇筑▲	每坝段、仓为1单元计4单元
		01-04	坝体碾压混凝土及变态混凝土	高程293.5～338.0m，每仓高3m，层厚0.3m	每一仓为1单元计15单元
				非溢流坝段（左、右）▲	每一仓为1单元计12单元
		01-05	△溢流坝段	8个闸墩混凝土工程（高15m）▲	每一仓为1单元计56单元
				四个坝段溢流面混凝土工程▲	每一仓号为1单元计48单元
		01-06	灌浆及排水廊道	预制、安装、混凝土浇筑	每段每仓为1单元计18单元
				排水廊道混凝土工程	一区、段计1单元
		01-07	坝顶	公路桥、弧形闸墩闭合、顶面混凝土浇筑	每一段、仓为1单元计13单元
				栏杆	计1单元
		01-08	消能防冲工程	砂砾石开挖工程	计1单元
				护坦混凝土工程▲	每一仓为1单元计4单元
		01-09	金属结构及启闭机安装	检修闸埋件安装	一孔为1单元计7单元
				检修闸闸门安装▲	一扇计1单元
				检修闸启闭机安装	一组计1单元
				弧形闸埋件安装	一孔为1单元计7单元
				弧形闸闸门安装▲	一扇为1单元计7单元
				弧形闸启闭机安装	一组为1单元计7单元
		01-10	观测设施	埋设	不同高程部位设备为1单元，平台及竖井各为1单元计5单元
02	泄洪洞	02-01	进水口	土石方开挖工程	每一区段为1单元计2单元
				混凝土浇筑▲	每一仓为1单元计4单元
		02-02	有压泄水段	土石方开挖工程	每30m一段为1单元计3单元
				混凝土工程▲	每9m一仓为1单元计11单元
				回填灌浆工程	计1单元

续表

单位工程		分部工程		单元工程	单元工程划分标准
编号	名称	编号	名称	工程名称	
02	泄洪洞	02-03	△工作闸门段	土石方开挖工程	一区、段计1单元
				混凝土工程▲	每一仓号为一单元计9单元
		02-04	△竖井	土石方开挖工程	一段计1单元
				混凝土工程▲	每一仓号为1单元计10单元
		02-05	无压泄水段	混凝土工程▲	每一仓号为1单元计40单元
				喷混凝土工程	每50m一段为1单元计6单元
				回填灌浆工程	每一段为1单元计3单元
		02-06	出口消能段	土石方开挖工程	计1单元
				混凝土工程▲	计1单元
		02-07	金属结构及启闭机安装	检修门埋件安装	计1单元
				检修门门体安装▲	一扇计1单元
				弧门埋件安装	一孔计1单元
				弧门门体安装▲	一扇计1单元
				启闭机安装	一组计1单元
03	引水隧洞及压力管道工程	03-01	△进水闸室段	土石方开挖工程	计1单元
				护砌工程	计1单元
				混凝土工程▲	每一仓为1单元计6单元
		03-02	隧洞开挖	进、出口石方明挖	各为1单元计2单元
				石方洞挖	30m为1单元计16单元
				支护工程	1段为1单元计3单元
		03-03	隧洞衬砌	混凝土工程▲	9m一仓为1单元计45单元
				回填灌浆工程	30m一段为1单元计16单元
				固结灌浆工程	30m一段为1单元计16单元
		03-04	△压力管道	压力钢管制作▲	每节为1单元计22单元
				压力钢管安装▲	每节为1单元22单元
		03-05	金属结构及启闭机安装	拦污栅埋件安装	一孔计1单元
				拦污栅栅体安装	一扇计1单元
				检修门埋件安装	一孔计1单元
				检修门门体安装▲	一扇计1单元
				启闭机安装	一组计1单元

续表

单位工程		分部工程		单元工程	单元工程划分标准
编号	名称	编号	名称	工程名称	
04	地面发电厂房工程	04-01	地基开挖	砂浆石及石方开挖	各为一单元计2单元
		04-02	厂房315.53m以下土建	建筑及装修工程	按工民建进行单元划分
				混凝土工程▲	每一仓为1单元计22单元
				砂砾石回填	不同高程部位为1单元计2单元
		04-03	厂房315.53m以上土建	建筑及装修工程	按住建行业标准划分计4单元
				混凝土工程▲	每一仓为1单元计16单元
				混凝土预制构建安装	按区段划分单元计3单元
		04-04	尾水渠	砂砾石开挖工程	计1单元
				底板混凝土▲	每一仓号为1单元计6单元
				侧墙混凝土▲	每一仓号为1单元8单元
		04-05～04-08	△1～2号水轮发电机组安装	尾水管里衬安装	每一台（套）为1单元计2单元
				座环安装	每一台（套）为1单元计2单元
				转轮安装	每一台（套）为1单元计2单元
				蜗壳安装	每一台（套）为1单元计2单元
				机坑里衬或按接力器基础安装	每一台（套）为1单元计2单元
				导水机构安装	每一台（套）为1单元计2单元
				水导及主轴密封安装	每一台（套）为1单元计2单元
				转动部件安装	每一台（套）为1单元计2单元
				接力器安装	每一台（套）为1单元计2单元
				水轮机附件安装	每一台（套）为1单元计2单元
				油压装置安装	每一台（套）为1单元计2单元
				调速器安装及调试	每一台（套）为1单元计2单元
				调速系统整体调试及模拟试验	每一台（套）为1单元计2单元
				上、下机架组装及安装	每一台（套）为1单元计2单元
				定子组装与安装	每一台（套）为1单元计2单元
				转子组装与安装	每一台（套）为1单元计2单元
				制动器安装	每一台（套）为1单元计2单元
				推力轴承与导轴承安装	每一台（套）为1单元计2单元
				机组轴线调整	每一台（套）为1单元计2单元
				电气部分检查与试验	每一台（套）为1单元计2单元
				机组充水试验	每一台（套）为1单元计2单元
				机组空载试验	每一台（套）为1单元计2单元
				机组并列及负荷试验	每一台（套）为1单元计2单元
				蝶阀安装	每一台（套）为1单元计2单元
				伸缩节安装	每一台（套）为1单元计2单元

续表

单位工程		分部工程		单元工程	单元工程划分标准
编号	名称	编号	名称	工程名称	
04	地面发电厂房工程	04-09	辅助设备安装	空气压缩机安装	每一台（套）为1单元计2单元
				水泵安装	每一台（套）为1单元计3单元
				油泵安装	一台（套）计1单元
				水力测量仪表安装	每一台（套）为1单元计2单元
				容器安装	一台（套）计1单元
				通风机安装	每一台（套）为一单元计2单元
				系统管路安装	一台（套）计1单元
		04-10	电气设备安装	互感器安装	每一台（套）为1单元计4单元
				高压开关柜安装	每一台（套）为1单元计9单元
				厂用变压器安装	每一台（套）为1单元计2单元
				低压配电器及低压电器安装	每一台（套）为1单元计4单元
				母线装置安装	同一电压等级计1单元
				电缆线路安装	每一根为1个单元计2单元
				接地装置安装	计1单元
				控制保护装置安装	计1单元
				蓄电池安装	计1单元
				电气照明装置安装	计1单元
				计算机监控系统设备安装▲	计1单元
		04-11	通信系统	系统调度通信安装	计1单元
				电站内部系统通信安装	计1单元
				通信电源系统安装	计1单元
		04-12	起重机安装	起重机轨道安装	计1单元
				起重机安装	计1单元
				起重机电气设备安装	计1单元

续表

单位工程		分部工程		单　元　工　程	单元工程划分标准
编号	名称	编号	名称	工程名称	
05	自动测报系统	05－01	大坝安全监测、渗流监测工程	坝体渗流监测	每一个监测控制单元为1个单元计11单元
				坝基渗流监测	每一个监测控制单元为1个单元计9单元
				坝体测压管	每一个监测控制点为1个单元计6单元
				廊道量水堰	计1个单元
		05－02	大坝温度和裂缝监测	坝体温度计	每一个监测控制点为一个单元计15单元
				坝体裂缝监测	每一个监测控制点为1个单元计10单元
		05－03	大坝安全监测工作基点、水准网测点	坝体综合测点	每一测点为1个单元计10单元
				坝体校核基点	每一基点为1个单元计2单元
				坝体工作基点	每一基点为1个单元计2单元
				水准基点	计1个单元
				坝体水准网测点	每一测点为1个单元计10单元
		05－04	水文气象观测工程	人工水尺	计1个单元
				百叶箱	计1个单元
				雨量计	计1个单元
		05－05	自动化控制系统工程	测控单元	计3个单元
				通信设备	计1个单元
				计算机及外设	计1个单元
				软件安装调试	计1个单元
				软、硬件系统联合调试	计1个单元

注　加“△”者为主要分部工程；加“▲”者为重要隐蔽或关键部位单元工程。

【示例6】 小型农田水利重点县建设项目划分表

咸阳市××县2017年新增小型农田水利重点县建设项目划分表

单位工程		分部工程		单元工程		备注
编号	工程名称	编号	工程名称	工程名称	数量	
Ⅱ	咸阳市××县2017年新增小型农田水利项目县建设项目Ⅱ标段	Ⅱ-1	井泉村低压管灌工程（0.193km²）	水源井及配套工程▲	1	新打井
				井房工程	1	
				PVC-U管道安装工程▲	2	每1000m划为1个单元
				阀门井工程	1	
				给水栓工程	1	
				输电线路工程	1	
		Ⅱ-2	西庄头村低压管灌工程（0.187km²）	水源井及配套工程▲	1	新打井
				井房工程	1	
				PVC-U管道安装工程▲	2	每1000m划为1个单元
				阀门井工程	1	
				给水栓工程	1	
				输电线路工程	1	
		Ⅱ-3	庄寨西村低压管灌工程（0.187km²）	水源井及配套工程▲	1	新打井
				井房工程	1	
				PVC-U管道安装工程▲	2	每1000m划为1个单元
				阀门井工程	1	
				给水栓工程	1	
				输电线路工程	1	
		Ⅱ-4	茨林村低压管灌工程（0.2km²）	水源井及配套工程▲	1	新打井
				井房工程	1	
				PVC-U管道安装工程▲	2	每1000m划为1个单元
				阀门井工程	1	
				给水栓工程	1	
				输电线路工程	1	
		Ⅱ-5	张家村低压管灌工程（0.187km²）	水源井及配套工程▲	1	修复井
				井房工程	1	
				PVC-U管道安装工程▲	2	每1000m划为1个单元
				阀门井工程	1	
				给水栓工程	1	
				输电线路工程	1	
		Ⅱ-6	国光村低压管灌工程（0.207km²）	水源井及配套工程▲	1	新打井
				井房工程	1	
				PVC-U管道安装工程▲	2	每1000m划为1个单元
				阀门井工程	1	
				给水栓工程	1	
				输电线路工程	1	
		Ⅱ-7	刘林村低压管灌工程（0.193km²）	水源井及配套工程▲	1	新打井
				井房工程	1	
				PVC-U管道安装工程▲	2	每1000m划为1个单元
				阀门井工程	1	
				给水栓工程	1	
				输电线路工程	1	

续表

单位工程		分部工程		单　元　工　程		备　注
编号	工程名称	编号	工程名称	工 程 名 称	数量	
V	咸阳市××县2017年新增小型农田水利项目县建设项目V标段	V-1	△水源工程	溢流坝基开挖与处理▲	3	
				溢流坝肩混凝土工程	2	左右坝肩各为1个单元
				溢流坝体混凝土浇筑▲	3	每20m划为1个单元
				坝后消能防冲工程	2	基础开挖与处理、混凝土浇筑工程各为1个单元
				引水渠段混凝土浇筑	1	
				抽水泵站土建工程	1	
				抽水泵站机电安装▲	1	
				管槽开挖与回填	1	
				压力钢管安装▲	1	
		V-2	△调蓄水池工程	土方开挖	4	
				灰土基础▲	1	
				混凝土垫层▲	2	
				钢筋混凝土池底工程▲	1	
				钢筋混凝土池壁工程	1	
				钢筋混凝土池盖板工程	1	
				导流墙工程	1	
				附属设备安装	1	
				蓄水试验	1	
				内外粉	1	
				土方回填	1	
		V-3	昭陵镇4个村大棚微灌工程	PVC-U管道安装工程▲	4	每1000m划为1个单元
				阀门井工程	4	每村划为1个单元
				给水栓工程	4	每村划为1个单元
				微灌灌水设备安装	4	每村划为1个单元
		V-4	赵镇吴村设施农业示范基地微灌工程	水源井及配套工程▲	1	新打井
				井房工程	1	
				PVC-U管道安装工程▲	3	每1000m划为1个单元
				阀门井工程	1	
				给水栓工程	1	
				输电线路工程	1	
				微灌灌水设备安装	1	
		V-5	骏马镇寇家村等3个村果树喷灌工程	PVC-U管道安装工程▲	3	每1000m划为1个单元
				阀门井工程	3	每村划为1个单元
				给水栓工程	3	每村划为1个单元
				喷灌灌水设备安装	3	每村划为1个单元

注　加“△”者为主要分部工程；加“▲”者为重要隐蔽或关键部位单元工程。

【示例 7】 小型水库除险加固工程项目划分表

汉中市××水库除险加固工程项目划分表

单位工程	分部工程		单元工程		
	编码	分部工程名称	单元工程名称	数量	备注
汉中市××水库除险加固工程	X-Ⅰ	△大坝迎水坡加固	齿墙土方开挖▲	1	
			M7.5浆砌石齿墙	1	
			大坝迎水坡土方回填▲	2	按层划分单元工程
			大坝迎水坡坡面整修	1	
			M7.5浆砌石肋带	3	
			M7.5浆砌石踏步	1	
			人工铺填反滤料	1	
			大坝迎水面干砌石砌筑▲	1	
	X-Ⅱ	大坝背水坡加固	排水棱体土方开挖▲	1	
			排水棱体反滤料铺设	1	
			排水体干砌石砌筑▲	1	
			排水沟土方开挖	1	
			C20混凝土排水沟	1	
			大坝背水坡土方回填	2	按层（戗台分割）划分单元
			大坝背水坡坡面整修	1	
			M7.5浆砌石踏步	1	
	X-Ⅲ	坝顶加固工程	坝顶土方回填	2	按长度100m划分单元工程
			M7.5浆砌石路肩	2	按长度100m划分单元工程
			泥结石路面	2	按长度100m划分单元工程
	X-Ⅳ	溢洪道交通桥工程	交通桥基础开挖▲	1	
			M7.5浆砌石桥墩	2	每个桥墩为1个单元
			C30钢筋混凝土桥面▲	1	
			M7.5浆砌石墙	1	
	X-Ⅴ	△放水设施改造	卧管基础开挖▲	1	
			C15混凝土垫层	1	
			C25钢筋混凝土现浇▲	1	
			土方回填	1	
			涵洞加固	1	

续表

单位工程	分部工程		单元工程		
	编码	分部工程名称	单元工程名称	数量	备 注
汉中市××水库除险加固工程	Ⅹ-Ⅵ	管理房	基础开挖▲	1	也可按《建筑工程施工质量验收统一标准》(GB 50300—2013)附录B划分为基础土方开挖、砂石地基、砖砌体、模板、钢筋、混凝土、装石抹灰、门窗制安等分项工程
			梁柱、地面、屋面	3	
			砌砖	1	
			门窗	1	
			水电	1	
			装修	1	
合计		6		44	

注 加“△”者为主要分部工程;加“▲”者为重要隐蔽或关键部位单元工程。

第五章　工程质量验收评定表格的确定与填写

水利水电工程施工质量验收评定表（以下简称质评表）是检验与评定施工质量及工程验收的基础资料，是施工质量控制过程的真实反映，也是进行工程维修和事故处理的重要凭证。工程竣工验收后，质评表作为档案资料长期保存。

对大中型水利工程和制定了小型水利工程地方标准的地区的而言，质量评定就是在成套的水利行业标准和地方质量标准中找到适用的表格，按照规范的要求进行填写、评定。

对许多地方的中小型水利工程而言，选用水利部建设与管理司组织编写的《水利水电工程单元工程施工质量验收评定表及填表说明（上、下册）》中的表格进行质量评定，有一些不适用的地方，主要表现在如下几个方面：

（1）比较烦琐。增加了一些程序、表格，如单元工程增加了向监理申请复核和申请表，在中小型水利工程实际中不易实施，导致出现资料造假的现象。

（2）一些要求与现在施工社会化现实不符。如“三检制”签字问题，现在许多工程的开挖、运土、碾压、砌石等均是外包给社会上的包工队，“三检制”难以实施，“三检制”资料不真实。

（3）有的主控项目设置得不合理，有扩大化倾向，客观上促成了施工单位的资料造假行为。

在现有水利行业质量标准中找不到符合工程施工实际情况的现成表格，而本地区又没有编制此类工程的地方质量标准，那么，中小型水利工程质评表的填写就要分三步进行：制定、确认和填写。

一、质评表的制定

水利工程质量评定所用表格均可分为以下几个类别及层次：

（1）备查类表格：如“三检制”表格、中间产品检查表等（实物评定、检测试验）。

（2）工序施工质量验收评定表（施工活动以及实物评定）。

（3）单元工程施工质量评定表（施工活动以及实物评定）。

（4）分部工程施工质量评定表（统计评定）。

（5）建筑物外观质量评定表（建筑物实体评定）。

（6）单位工程质量评定表（统计评定）。

（7）工程项目施工质量评定表（综合统计评定）。

对不同类别的表格，使用的情况也是不同的。

1. 直接选用通用表格

可以从《水利水电工程施工质量检验与评定规程》（SL 176—2007）中直接选用的工程质量评定通用表格（10 个）包括：工程项目施工质量评定表；单位工程施工质量评定

表；单位工程施工质量检验资料核查表；枢纽工程外观质量评定表；堤防工程外观质量评定表；明（暗）渠工程外观质量评定表；引水（渠道）工程外观质量评定表；水利水电工程房屋建筑工程外观质量评定表；分部工程施工质量评定表；重要隐蔽（关键部位）单元工程质量等级签证表。

以上这10个表格不需任何改动，只要根据工程需要，原样不动地按照规定要求直接填写即可。

2. 选择专用表格样表

由水利部建设与管理司组织编著的《水利水电工程单元工程施工质量验收评定表及填表说明（上、下册）》中所制定的质量评定标准表格（539个）包括：土石方工程51个；混凝土工程68个；地基处理与基础工程52个；堤防工程38个；水工金属结构安装工程50个；水轮发电机组安装工程83个；水力机械辅助设备系统安装工程45个；发电电气设备安装工程106个；升压变电电气设备安装工程46个。

以上质评表，如果能够基本满足具体的中小型水利工程施工质量控制及验收评定的需要，那么项目法人单位只需要结合工程实际情况，依据设计文件、合同文件和有关标准规定，对表格中相应的内容进行小范围的增删，就可以在工程质量评定中使用了。

3. 自制非标表格

对于在《水利水电工程单元工程施工质量验收评定表及填表说明（上、下册）》中未涉及到的中小型水利工程项目单元（工序）工程质量评定标准和表格，特别是应用了新技术、新工艺、新设备、新材料的项目，例如，胶结材料筑坝工程、自密实混凝土工程以及山水林田湖草综合治理项目等，项目法人单位就要组织监理、设计、施工单位，根据设计要求和设备生产厂家技术说明书，参考临近省份、其他地区类似工程的质量评定表格，提出主控项目和一般项目，确定质量要求、检验方法和检验数量，并按照《水利水电工程施工质量评定表》的统一格式（表头、表尾、表身），制定出符合工程实际，恰当的控制工程质量的评定表格。单元、工序中涉及的备查资料表格也要根据设计要求一并制定。

目前，江苏、安徽、河南、宁夏等省（自治区）都根据本地工程的特点，先后制定了极具地方特色的《小型水利工程施工质量检验与评定规程》，对该省小型水利工程质量总体水平的提高起到了重要的引领作用。这些地方标准中的许多质评表，如水源（机电）井单元工程质量验收评定表、小型泵站单元工程质量验收评定表、塘坝单元工程质量验收评定表和低压管灌、喷灌、滴灌单元工程质量验收评定表等，对其他省份的非标表格制定都有非常好的借鉴作用。

二、质评表的确认

项目法人单位要将所有选用的标准质量评定表格和自行制定的质量评定表格连同制表说明一同报送质量监督单位。另外，项目法人在外观质量评定前，也要组织监理、设计、施工等单位，根据工程特点制定项目的外观质量评定标准，报工程质量监督单位确认。参见本章【示例1】项目法人单位自制非标质评表的确认申请。

接到报告后，质量监督单位经过研究，认为该表格的检验项目齐全，质量要求合理，检验方法和检验数量符合工程实际，主控项目和一般项目设置恰当，能够全面准确的控制工程质量，方可书面确认在本工程中使用。得到质量监督单位的确认后，这些质量评定表格才能正式成为该工程的质量标准。参见本章【示例 2】质量监督单位确认自制非标质评表的文件。

三、质评表填写的基本要求

项目法人单位要将选定的标准质量评定表格和自行制定的非标质量评定表格汇编成套，向工程参建单位有关技术人员通报，提出表格填写要求、指出常见的填表问题，做出典型单元工程填表示例，便于有关各方在工程建设中准确把握、正确填写，最终整编归档。

1. 常见问题

目前，陕西省中小型水利水电工程施工质评表填写中存在以下几个主要问题：

(1) 一些单位没有按《水利水电工程单元工程施工质量验收评定表及填表说明》填写，有些监理单位给施工项目提供的样表极不规范，甚至有不少错误，有的施工单位选用的是其他行业的质评表。

(2) 监理单位的平行检测和跟踪检测大部分未做或由施工单位代行检测；施工单位缺少实测数据，不是在现场实测实量，而是按允许偏差范围捏造数字。

(3) 填表不随工程同步进行，施工单位资料员承担多个工程项目的资料整编任务，资料员根本没有时间去工地现场，事后在室内补资料，甚至凭经验编造虚假资料，资料严重失实。

(4) 有的施工单位直接把内业资料外包给专门做假资料的所谓“工程技术服务公司”完成，监理人员甚至项目法人单位质量管理员都心知肚明、习以为常，无人制止，质评表数据经不起现场对照检查，存在严重的弄虚作假行为。

(5) 表格内容填写不全，如工程部位、单元工程量等；检测数据不填写，或填写不下时没有索引说明等（应该在表中注明索引链接到那个检测统计资料中）；填写时间没有年份，只有日月，跨年度工程的资料整编时容易造成混乱。

所有的水利工程项目都应该及时、认真、准确地填表，水利工程质量监督站发现编造虚假资料的项目及相关单位，都要及时通报批评、处罚并记入不良行为记录。

2. 基本要求

《水利水电工程单元工程施工质量验收评定表及填表说明（上、下册）》中目录前的《填表基本规定》适用所有的水利工程，对中小型水利工程而言，尤其要注意的是：

(1) 验收评定表中的检查（检测）记录可以使用黑色水笔手写，字迹应清晰工整；也可以使用激光打印机打印，输入内容的字体应与表格固有字体不同，以示区别，字号相同或相近，匀称为宜。质量意见、质量结论及签字部分（包括日期）不可打印。施工单位的三检资料和监理单位的现场检测资料应使用黑色水笔手写，字迹清晰工整。修改错误时使用杠改，再在右上方填写正确的文字或数字。不应涂抹或使用改正液、橡皮擦、刀片刮等不标准方法。

(2) 表头空格线上填写工程项目名称，如“××水利枢纽工程”。表格内的单位工程、分部工程、单元工程名称，按项目划分确定的名称填写。单元工程部位可用桩号（长度）、

高程（高度）、到轴线或到中心线的距离（宽度）表示，使该单元从三维空间上受控，必要时附图示意。“施工单位”栏应填写与项目法人签订承包合同的施工单位全称。有电子档案管理要求的，可根据工程需要对单位工程、分部工程、单元工程及工序进行统一编号。否则，“工序编号”栏可不填写。

（3）现场检验应遵循随机布点与监理工程师现场指定区位相结合的原则，检验方法及数量应符合 SL 631～639 标准和相关规定。检验（检查、检测）记录应真实、准确，检测结果中的数据为终检数据，并在施工单位自评意见栏中由终检负责人签字。检测结果可以是实测值，也可以是偏差值，填写偏差值时必须附实测记录。

（4）当遇有选择项目（项次）时，如钢筋的连接方式、预埋件的结构型式等不发生的项目（项次），在检查记录栏划“/”。凡检验项目的“质量要求”栏中为“符合设计要求”者，应填写设计要求的具体设计指标，检查项目应注明设计要求的具体内容，如内容较多可简要说明；凡检验项目的“质量要求”栏中为“符合规范要求”者，应填写出所执行的规范名称和编号、条款。“质量要求”栏中的“设计要求”，包括设计单位的设计文件，也包括经监理批准的施工方案、设备技术文件等有关要求。

（5）对于主控项目中的检查项目，检查结果应完全符合质量要求，其检验点的合格率按 100%计。对于一般项目中的检查项目，检查结果若基本符合质量要求，其检验点的合格率按 70%计；检查结果若符合质量要求，其检验点的合格率按 90%计。

（6）单元（工序）工程完工后，在规定时间内按现场检验结果及时、客观、真实地填写质评表，不得编造数据，制造虚假资料。签字人员必须是与项目有合同关系的人员，必须由本人按照身份证上的姓名签字，不得使用化名，不得由他人代签，签字同时填写签字的实际日期。监理员无签字权。

（7）验收评定表与备查资料的制备规格采用国际标准 A4（210mm×297mm）。验收评定表一式四份，签字、复印后盖章；备查资料一式两份。手签一份（原件）单独装订。单元和工序质评表可以加盖施工单位工程项目部章和监理单位工程监理部章。

四、单元工程施工质评表的填写

1. 质量标准要求

单元（工序）工程施工质量合格标准应按照 SL 631～639 标准或合同约定的合格标准执行。以下列出了 SL 631 和 SL 632 中规定的工序质量标准和单元工程质量标准。

（1）工序质量标准。

1）合格等级标准：主控项目，检验结果应全部符合 SL 631 或 SL 632 的要求；一般项目，逐项应有 70%及以上的检验点合格，且不合格点不应集中；各项报验资料应符合 SL 631 或 SL 632 的要求。

2）优良等级标准：主控项目，检验结果应全部符合 SL 631 或 SL 632 的要求；一般项目，逐项应有 90%及以上的检验点合格，且不合格点不应集中；各项报验资料应符合 SL 631 或 SL 632 的要求。

（2）单元工程质量标准（划分工序）。

1）合格等级标准：各工序施工质量验收评定应全部合格；各项报验资料应符合 SL

631 或 SL 632 的要求。

2）优良等级标准：各工序施工质量验收评定应全部合格，其中优良工序应达到 50%及以上，且主要工序应达到优良等级；各项报验资料应符合 SL 631 或 SL 632 的要求。

（3）单元工程质量标准（不划分工序）。

1）合格等级标准：主控项目检验结果应全部符合 SL 631 或 SL 632 的要求；一般项目逐项应有 70%及以上的检验点合格，且不合格点不应集中分布；各项报验资料应符合 SL 631 或 SL 632 的要求。

2）优良等级标准：主控项目检验结果应全部符合 SL 631 或 SL 632 的要求；一般项目逐项应有 90%及以上的检验点合格，且不合格点不应集中分布；各项报验资料应符合 SL 631 或 SL 632 的要求。

2. 重要隐蔽（关键部位）单元工程质评表

（1）重要隐蔽（关键部位）单元工程质量经施工单位自评合格，监理单位抽检后，由项目法人（或委托监理）、监理、设计、施工、工程运行管理（施工阶段已经有时）等单位组成联合小组，共同检查核定其质量等级并填写签证表，报质量监督机构备案，具体要求应满足《水利水电工程施工质量检验与评定规程》（SL 176—2007）。

（2）重要隐蔽单元工程验收时，设计单位应同时派地质工程师参加并在签证表上签字。

（3）地质编录是指在地质勘查、勘探中，利用文字、图件、影像、表格等形式对各种工程的地质现象进行编绘、记录的过程。包括建基面地质剖面的岩性及厚度、风化程度、不良地质情况等。由设计部门形成书面意见，测绘人员和复核人员签字。

（4）测量成果是指平面图、纵横断面图，也包括测量原始手簿、测量计量成果等。

（5）检测试验报告包括地基岩芯试验报告、岩石完整性超声波检测报告、软基承载力试验报告、结构强度试验报告等，检测报告中须注明取样的平面位置和高程。

（6）影像资料包括照片、图像、影像光盘等。

（7）其他资料包括施工单位原材料检测资料等。

3. 不合格单元（工序）工程经处理后的施工质量评定

单元（工序）工程施工质量合格标准应按照 SL 631～639 标准或合同约定的合格标准执行。当达不到合格标准时，应及时处理。处理后的质量等级应按下列规定重新确定。

（1）全部返工重做的，重新进行验收评定，根据实际情况评定为合格或优良等级。

（2）经加固补强并经设计和监理单位鉴定能达到设计要求时，其质量评定仅能评为合格。如果该单元工程是重要隐蔽单元或关键部位单元工程，其所在的分部工程质量等级也不能评为优良；一般单元工程则不影响所在分部工程质量等级评定为优良。

（3）处理后的工程部分质量指标仍未达到设计要求时，经原设计单位复核，项目法人单位及监理单位确认能满足安全和使用功能要求，可不再进行处理；或经加固补强后，改变了建筑物外形尺寸或造成工程永久缺陷的，经项目法人单位、设计单位及监理单位确认能基本满足设计要求，其质量仅能评定为合格，并按规定进行质量缺陷备案。如果该单元工程是重要隐蔽单元或关键部位单元工程，其所在的分部工程质量等级也不能评为优良；一般单元工程则不影响所在分部工程质量等级评定为优良。

4. 备查资料要求

（1）工序施工质量验收评定应提交的资料。

1）施工单位各班（组）初检记录、施工队复检记录、施工单位专职质检员终检记录，工序中各施工质量检验项目的检验资料。

2）监理单位对工序中施工质量检验项目的平行检测资料。

3）其他相关资料，如与评定有关的施工单位原材料检测资料、测量成果、影像资料等。

（2）单元工程施工质量验收评定应提交的资料。

1）施工单位应提交单元工程中所含工序（或检验项目）验收评定的检验资料。

2）监理单位应提交对单元工程施工质量的平行检测资料。

3）其他相关资料，如与评定有关的施工单位原材料检测资料、测量成果、影像资料等。

（3）施工检验记录资料的要求。

1）施工记录一定要完整、齐全，叙事要清楚，时间、地点、施工部位、工序内容、质量情况（或问题）、施工方法、措施、施工结果、现场参加人员等均应记录清楚，不应追记或造假。责任单位和责任人应当场签认。

2）提供的资料应真实，因为虚假材料将造成判断失真，甚至不合格工程被验收评定为合格工程，危害极大，一旦发现将追究其责任单位、责任人及相关当事人的责任。

3）所有检验项目包括原材料和机电产品进场检验，应依据相关标准和规定判定该项目检验结果是否符合标准和设计要求，以便验收评定得出合理结论。

五、分部工程施工质评表的填写

1. 基本规定

分部工程施工质评表必须符合“基本规定”，并满足以下“专门规定”的要求。

2. 专门规定

（1）分部工程量：只填写本分部工程的主要工程量。

（2）单元工程类别：按 SL 636～639 标准的单元工程类型填写，如岩土地基开挖、普通混凝土等。

（3）单元工程个数：指一般单元工程、重要隐蔽单元工程及关键部位单元工程个数之和。

（4）合格个数：指单元工程质量达到合格及以上质量等级的总个数。

（5）自表头至施工单位自评意见：均由施工单位质检部门填写，并自评质量等级。评定人是指质检负责人。

（6）监理单位复核意见栏：由负责该分部工程质量控制的监理工程师填写，签字后交总监或总监代表签字并加盖公章。

（7）质量监督机构核备（备案）栏：质量监督机构核备的主要内容是检查分部工程质量评定资料的真实性及其等级评定的准确性。如发现问题，及时通知项目法人，重新复核。

（8）分部工程质量评定标准。

1）合格标准：所含单元工程的质量全部合格；质量事故及质量缺陷已按要求处理，并经验收合格；原材料、中间产品及混凝土（砂浆）试件质量全部合格；金属结构及启闭机制造质量合格；机电产品质量合格。

2）优良标准：所含单元工程的质量全部合格，其中70%以上达到优良，重要隐蔽单元工程及关键部位单元工程质量优良率达90%以上，且未发生过质量事故；中间产品全部合格，混凝土（砂浆）试件质量达到优良（当试件组数小于30时，试件质量合格）；原材料、金属结构及启闭机制造质量合格，机电产品质量合格。

六、枢纽工程外观质评表的填写

1. 基本规定

枢纽工程外观质量评定表必须符合“基本规定”，并满足以下“专门规定”的要求。

2. 专门规定

（1）枢纽工程外观质量评定表用于水工建筑物单位工程外观质量评定。表中各项质量标准，是在主体工程开工初期由项目法人组织监理、设计、施工等单位根据本工程特点（等级及使用情况等）和相关技术标准共同研究提出，报质量监督机构确认后执行。

（2）外观质量等级评定工作在单位工程完工后，由项目法人组织，项目法人、监理、设计、施工及管理运行等单位组成外观质量评定组，进行现场检验评定。参加外观质量评定组的人员，必须具有工程师及以上技术职称。评定组人数不应少于5人，大型工程不宜少于7人。

（3）检测数量。全面检查后抽测25%，且各项不少于10点。

（4）评定等级标准。

1）检测项目：测点中符合质量标准的点数占总测点数的百分率为100%时，评为一级；测点中符合质量标准的点数合格率为90.0%～99.9%时，评为二级；测点中符合质量标准的点数合格率为70.0%～89.9%时，评为三级；测点中符合质量标准的点数合格率小于70.0%时，评为四级。

其下方的百分数为相应于所得标准分的百分数。

每项评定得分按下式计算：

各项评定得分＝该项标准分×该项得分百分率

评定得分小数点后保留一位，并填写在相应级别栏内。

2）检查项目：由外观质量评定组根据现场检查结果共同讨论，决定其外观质量等级。

（5）混凝土表面缺陷是指混凝土表面的蜂窝、麻面、挂帘、裙边、小于3cm的错台、局部凹凸及表面裂缝等。如无上述缺陷，该项得分率为100%，缺陷面积超过总面积5%者，该项得分为0。

（6）表中带括号的标准分为工作量大的标准分。填表时，须将不执行的分数用“/”划掉。

（7）合计应得分是实际评定各项标准之和，实得分是各项实际得分之和。得分率＝实得分/应得分×100%，小数点后保留一位。

(8) 表尾由各单位参加外观质量评定的人员签名（施工单位 1 人，如本工程由分包单位施工，则分包单位、总包单位各派 1 人参加。项目法人、监理、设计各 1～2 人，管理运行单位 1 人）。

(9) 外观质量评定结论由项目法人报工程质量监督机构核备。

七、单位工程施工质评表的填写

1. 基本规定

单位工程质评表必须符合“基本规定”，并满足以下“专门规定”的要求。

2. 专门规定

(1) 单位工程量：只填写本单位工程的主要工程量。

(2) 分部工程名称：按项目划分时确认的名称填写，并在相应的质量等级栏内用“√”标明。

主要分部工程是指对工程安全、功能或效益起控制作用的分部工程，应在项目划分时确定，并在名称前面加“△”符号。

(3) 表身填写：表身各项由施工单位按照经项目法人、监理复核的质量结论填写。

(4) 表尾填写。

1) 施工单位评定人是指施工单位质检处负责人。若本单位工程是分包单位施工，本表应由分包单位上述人员填写和自评，总包施工单位质检处负责人和项目建造师审查、签字、加盖公章。

2) 监理单位复核人是指负责本单位工程质量控制的监理工程师。

3) 项目法人认定人是指负责本单位工程现场质量管理的人员。

4) 质量监督机构的核备人是指负责本单位工程的质量监督员，机构负责人是指项目组组长或机构分管领导。

(5) 关于原材料、中间产品、金属结构与启闭机、机电产品质量。

1) 对工程量大的工程，应计入分部工程进行质量评定，评定单位工程时，不再重复评定原材料、中间产品等质量。

2) 对工程量不大的工程则计入单位工程评定。

(6) 单位工程施工质量评定标准。

1) 合格标准：所含分部工程质量全部合格；质量事故已按要求进行处理；工程外观质量得分率达到 70%以上；单位工程施工质量检验与评定资料基本齐全；工程施工期及试运行期，单位工程观测资料分析结果符合国家和行业技术标准以及合同约定的标准要求。

2) 优良标准：所含分部工程质量全部合格，其中 70%以上达到优良等级，主要分部工程质量全部优良，且施工中未发生较大质量事故；质量事故已按要求进行处理；外观质量得分率达到 85%以上；单位工程施工质量检验与评定资料齐全；工程施工期及试运行期，单位工程观测资料分析结合符合国家和行业技术标准以及合同约定的标准要求。

(7) 单位工程施工质量检验资料核查意见。

填写单位工程施工质量检验资料核查意见时，应考虑监理单位核查单位工程施工质量检验资料的意见，综合确定。

1）齐全：指单位工程能按水利水电行业施工规范、评定标准和评定规程要求，具有数量和内容完整的技术资料。

2）基本齐全：指单位工程的质量检验资料的类别或数量不够完善，但已有资料仍能反映其结构安全和使用功能符合设计要求者。

对达不到“基本齐全”要求的单位工程，尚不具备评定单位工程质量等级的条件。

八、工程项目施工质评表的填写

1. 基本规定

工程项目施工质评表必须符合“基本规定”，并满足以下“专门规定”的要求。

2. 专门规定

(1）工程项目名称：按批准的初步设计报告的项目名称填写。

(2）工程等级：填写本工程项目等别、规模及主要建筑物级别。

(3）建设地点：填写枢纽工程建设的具体地名，如省、县、乡。

(4）主要工程量：填写2～3项数量最大及次大的工程。有混凝土（包括钢筋混凝土）量、土石方填筑方量、砌石方量等主要项目时必须填写。

(5）项目法人（项目法人单位）：填写全称。

(6）设计、施工、监理等单位名称：应填写与项目法人签定合同时所用的全称。

若一个工程项目是由多个施工（或多个设计、监理）单位承担任务时，表中只需填出承担主要任务的单位全称，并附页列出全部承担任务单位全称及各单位所完成的单位工程名称。

若工程项目由一个施工单位总包、几个单位分包完成，表中只填总包单位全称，并附页列出分包单位全称及所完成的单位工程名称。

(7）开工日期：填写主体工程开工的年份（4位数）及月份。竣工日期：填写批准设计规定的内容全部完工的年份（4位数）及月份。

(8）评定日期：填写工程项目质量等级评定的实际日期。

(9）主要建筑物单位工程：主要建筑物指失事后将造成下游灾害或严重影响工程效益的建筑物，如堤坝、泄水建筑物、输水建筑物、电站厂房及泵站等。主要建筑物单位工程应在项目划分时确定，并在名称前面加“△”符号。

(10）填写要点。

1）工程项目施工质评表在工程项目批准设计规定的内容已全部完成，各单位工程已进行施工质量等级评定后，由项目总监理工程师进行工程项目质量评定，签字并加盖公章。

2）若工程项目由多个监理单位监理时，各监理单位项目总监理工程师负责统计本单位监理的单位工程质量评定结果（含单元工程、分部工程质量统计）及主要量统计交项目法人。再由项目法人委托一个主要监理单位的项目总监理工程师汇总各单位统计资料，填写工程项目质量评定表，并签字、盖本监理单位公章。

3）工程项目施工质量评定表填好后交项目法人评定，项目法人的法定代表人签字，

并盖公章，报质量监督机构核备质量等级。

4）质量监督机构委派的该项目负责人在工程项目施工质评表上签字，并加盖公章。

（11）工程项目施工质量评定标准。

1）合格标准：单位工程质量全部合格；工程施工期及试运行期，各单位工程观测资料分析结果均符合国家和行业技术标准以及合同约定的标准要求。

2）优良标准：单位工程质量全部合格，其中70%以上单位工程优良等级，且主要单位工程质量全部优良；工程施工期及试运行期，各单位工程观测资料分析结果符合国家和行业技术标准以及合同约定的标准要求。

【示例1】　项目法人单位自制非标质评表的确认申请

陕引字〔2009〕25号

签发人：高勤生

关于上报陕西省引红济石枢纽桥梁工程补充施工质量评定表的请示

省水利工程质量监督中心站：

为了切实加强引红济石枢纽工程桥梁施工质量管理工作，枢纽监理部与施工项目建造师部根据《公路桥涵施工技术规范》（JTG F80/1—2004）、《公路工程质量检验评定标准》和《水利水电工程施工质量评定表填表说明与示例》（试行），参照其他工程项目的施工经验，结合引红济石枢纽工程桥梁设计、施工组织设计、施工方案和枢纽工程施工质量管理实际，补充编制了枢纽工程桥梁施工质量评定表和填表说明。共有七个单元工程质量评定表，具体包括：①墩、台身单元工程质量评定表；②交通桥门机轨道桥梁混凝土板制安单元工程质量评定表（含3个工序表：交通桥、门机轨道桥混凝土预制工序质量评定表，钢绞线后张法工序质量评定表，交通桥、门机轨道桥混凝土安装工序质量评定表）；③钢筋混凝土垫石单元工程质量评定表；④橡胶支座安装单元工程质量评定表；⑤伸缩缝安装单元工程质量评定表；⑥混凝土桥面铺装单元工程质量评定表；⑦交通桥、门机轨道桥钢护栏单元工程质量评定表（含1个工序：栏杆安装工序质量评定表）。

公司按照《公路桥涵施工技术规范》（JTG F80/1—2004）和标准以及《水利水电工程施工质量评定表填表说明与示例》（试行）要求对枢纽标段报来的交通桥、门机轨道桥补充的七个单元工程质量评定表进行了审核，认为符合规范标准和相应的表格模式，满足工程施工质量的要求，现予以上报。

妥否，请予以批复。

附：1. 监理报告（监理〔2011〕报告03号）；
　　2. 陕水引水枢纽〔2011〕01号。

二〇一一年六月二十九日

附表 1

水利水电工程

墩、台身单元工程质量评定表

单位工程名称			分部工程量		
分部工程名称			单元工程量		
单元工程名称、部位			检验日期	年　月　日	
项次	检查项目	质量标准	检验记录		
1	外观质量鉴定	符合设计要求			
2	质量保证资料	符合设计要求			
项次	检测项目	规定值或允许偏差	实测值或实测偏差值	合格数/点	合格率/%
1	△混凝土强度/MPa	在合格标准内			
2	断面尺寸/mm	±20			
3	竖直度或斜度/mm	0.3%H 且不大于 20			
4	顶面高程/mm	±10			
5	△轴线偏位/mm	10			
6	节段间错台/mm	5			
7	大面积平整度/mm	5			
8	预埋件位置/mm	符合设计规定，设计未规定时：10			
检测结果	共检测　　点，其中合格　　点，合格率　　　%				
评　定　意　见				工序质量等级	
主要检查项目全部符合质量标准。一般检查项目　　质量标准。检查项目实测点合格率　　　%					
施工单位	年　月　日		监理单位	年　月　日	

墩、台身单元工程质量评定表
填 表 说 明

填表时必须遵守“填表基本规定”，并符合以下要求：

（1）混凝土所用的水泥、砂、石、水、外掺剂及混合材料的质量和规格，必须符合有关技术规范的要求，按规定的配合比施工。

（2）不得出现空洞和露筋现象。

（3）工序质量标准：在主要检查检测项目符合质量标准的前提下，一般检查项目基本符合质量标准，检查总点数中有70%及其以上符合质量标准，即评为合格，一般检查项目符合质量标准，检查总点数中有90%及其以上符合质量标准，即评为优良。

【示例 2】 质量监督单位确认自制非标质评表的文件

陕水质字〔2011〕＊号

关于陕西省引红济石枢纽桥梁工程补充施工质量评定表的批示

陕西引红济石工程建设有限公司：

你公司报来的《关于上报陕西省引红济石枢纽桥梁工程补充施工质量评定表的请示》（陕引字〔2011〕19 号）收悉。经研究，同意在枢纽桥梁工程施工质量评定中使用编制的七个评定表格。请按照有关要求认真做好工程质量评定工作，积累经验，以便进一步完善相应的评定表格，控制好施工质量。

二〇一一年七月七日

主题词：引红济石　桥梁　质量　评定表　批示

陕西省水利工程质量监督中心站　　2011 年 7 月 7 日印发

（共印 5 份）

【示例 3】 常用表格填写（例表）

表 1

××水利枢纽工程

项目施工质量评定表

工程项目名称	××水利枢纽工程	项目法人	××××工程建设有限公司
工程等级	Ⅱ等，主要建筑物 2 级	设计单位	×××水利水电勘测设计院
建设地点	名山县竹青镇	监理单位	×××水利水电工程监理公司
主要工程量	土石方开挖 78.3 万 m^3，混凝土 68.4 万 m^3，金属安装 2168t	施工单位	××××工程有限公司
开工、竣工日期	自×年×月×日至×年×月×日	评定日期	×年×月×日

序号	单位工程名称	单元工程质量统计			分部工程质量统计			单位工程质量等级	备注
		个数/个	其中优良/个	优良率/%	个数/个	其中优良/个	优良率/%		
1	△左岸挡水坝	221	132	59.7	8	5	62.5	优良	加△者为主要建筑物单位工程
2	△溢流泄水坝	454	307	67.6	14	11	78.6	优良	
3	△右岸挡水坝	153	104	68.0	6	5	83.3	优良	
4	防护工程	232	160	69.0	5	4	80.0	优良	
5	大坝管理及监测设施	172	105	61.0	5	3	60.0	合格	
6	△引水工程进水口	140	76	54.0	9	5	55.6	优良	
7	进水口值班房	34	6	17.6	8	0	0	合格	
8	引水隧洞	517	337	65.2	24	18	75.0	优良	
9	调压井	154	41	26.6	9	5	55.6	合格	
10	调压井值班房	37	25	67.6	8	5	62.5	优良	
11	压力管道工程	487	415	85.2	6	5	83.3	优良	
12	永久支洞	161	70	43.5	3	1	33.3	合格	
13	发电厂房工程	544	393	72.2	15	12	80.0	优良	
14	升压变电工程	158	104	65.8	5	3	60.0	优良	
15	综合楼	268	140	52.2	8	4	50.0	优良	
16	厂区防护工程	197	96	48.7	5	3	60.0	合格	
17	永久交通工程	217	109	50.2	4	2	50.0	优良	
单元工程、分部工程合计		4146	2618	63.1	142	91	64.1		
评定结果	本项目有单位工程 17 个，质量全部合格。其中优良单位工程 12 个，优良率 70.6%，主要建筑物单位工程优良率 100%								

监理单位意见	项目法人意见	质量监督机构核备意见
工程项目质量等级： 优良 总监理工程师： ××× 监理单位：（公章） ×年×月×日	工程项目质量等级： 优良 法定代表人： ××× 项目法人：（公章） ×年×月×日	工程质量等级： 优良 负责人： ××× 质量监督机构：（公章） ×年×月×日

表 2

×××水利枢纽工程
单位工程施工质量评定表

工程项目名称	×××水利枢纽工程	施工单位	中国水利水电第×工程局
单位工程名称	溢流泄水坝	施工日期	自×年×月×日至×月×日
单位工程量	混凝土 225600m³	评定日期	×年×月×日

序号	分部工程名称	质量等级		序号	分部工程名称	质量等级	
		合格	优良			合格	优良
1	5 坝段 412m 以下	√		8	7 坝段（中孔坝段）		√
2	5 坝段 412m 至坝顶		√	9	△坝基灌浆		√
3	△溢流面及闸墩		√	10	坝基及坝体排水		√
4	6 坝段▽412m 以下	√		11	坝基开挖与处理		√
5	6 坝段▽412m 至坝顶		√	12	中孔弧门及启闭机安装		√
6	坝顶工程		√	13	1 号、2 号弧门及启闭机安装		√
7	上游护岸加固	√		14	检修门及门机安装		√

分部工程共 14 个，全部合格，其中优良 11 个，优良率 78.6%，主要分部工程优良率 100%。

外观质量	应得 118 分，实得 104.3 分，得分率 88.4%
施工质量检验资料	齐全
质量事故处理情况	施工中未发生过质量事故

施工单位自评等级： 优良 评定人： ××× 项目建造师： ××× （公章） ×年×月×日	监理单位复核等级： 优良 复核人： ××× 总监或副总监： ××× （公章） ×年×月×日	项目法人认定等级： 优良 复核人： ××× 单位负责人： ××× （公章） ×年×月×日	工程质量监督机构核备等级： 优良 核备人： ××× 机构负责人： ××× （公章） ×年×月 ×日

表 3

×××水利枢纽工程
水工建筑物外观质量评定表

单位工程名称	泄水闸工程	施工单位	中国水利水电第×工程局
主要工程量	混凝土 $25600m^3$	评定日期	×年×月×日

<table>
<tr><th rowspan="2">项次</th><th rowspan="2" colspan="2">项目</th><th rowspan="2">标准分/分</th><th colspan="4">评定得分/分</th><th rowspan="2">备注</th></tr>
<tr><th>一级 100%</th><th>二级 90%</th><th>三级 70%</th><th>四级 0</th></tr>
<tr><td>1</td><td colspan="2">建筑物外部尺寸</td><td>12</td><td></td><td>10.8</td><td></td><td></td><td></td></tr>
<tr><td>2</td><td colspan="2">轮廓线</td><td>10</td><td>10.0</td><td></td><td></td><td></td><td></td></tr>
<tr><td>3</td><td colspan="2">表面平整度</td><td>10</td><td></td><td>9.0</td><td></td><td></td><td></td></tr>
<tr><td>4</td><td colspan="2">立面垂直度</td><td>10</td><td></td><td>9.0</td><td></td><td></td><td></td></tr>
<tr><td>5</td><td colspan="2">大角方正</td><td>5</td><td></td><td></td><td>3.5</td><td></td><td></td></tr>
<tr><td>6</td><td colspan="2">曲面与平面联结</td><td>9</td><td></td><td>8.1</td><td></td><td></td><td></td></tr>
<tr><td>7</td><td colspan="2">扭面与平面联结</td><td>9</td><td>9.0</td><td></td><td></td><td></td><td></td></tr>
<tr><td>8</td><td colspan="2">马道及排水沟</td><td>3（4）</td><td>/</td><td></td><td></td><td></td><td></td></tr>
<tr><td>9</td><td colspan="2">梯步</td><td>2（3）</td><td>2.0</td><td></td><td></td><td></td><td></td></tr>
<tr><td>10</td><td colspan="2">栏杆</td><td>2（3）</td><td></td><td></td><td>1.4</td><td></td><td></td></tr>
<tr><td>11</td><td colspan="2">扶梯</td><td>2</td><td></td><td>1.8</td><td></td><td></td><td></td></tr>
<tr><td>12</td><td colspan="2">闸坝灯饰</td><td>2</td><td></td><td>1.8</td><td></td><td></td><td></td></tr>
<tr><td>13</td><td colspan="2">混凝土表面缺陷情况</td><td>10</td><td></td><td></td><td>7.0</td><td></td><td></td></tr>
<tr><td>14</td><td colspan="2">表面钢筋割除</td><td>2（4）</td><td></td><td>1.8</td><td></td><td></td><td></td></tr>
<tr><td>15</td><td rowspan="2">砌体勾缝</td><td>宽度均匀、平整</td><td>4</td><td></td><td>3.6</td><td></td><td></td><td></td></tr>
<tr><td>16</td><td>竖、横缝平直</td><td>4</td><td></td><td>3.6</td><td></td><td></td><td></td></tr>
<tr><td>17</td><td colspan="2">浆砌石卵石露头情况</td><td>8</td><td>/</td><td></td><td></td><td></td><td></td></tr>
<tr><td>18</td><td colspan="2">变形缝</td><td>3（4）</td><td></td><td></td><td>2.1</td><td></td><td></td></tr>
<tr><td>19</td><td colspan="2">启闭平台梁、柱、排架</td><td>5</td><td></td><td>4.5</td><td></td><td></td><td></td></tr>
<tr><td>20</td><td colspan="2">建筑物表面</td><td>10</td><td></td><td>9.0</td><td></td><td></td><td></td></tr>
<tr><td>21</td><td colspan="2">升压变电工程围（栏栅）、杆、架、塔、柱</td><td>5</td><td>/</td><td></td><td></td><td></td><td></td></tr>
<tr><td>22</td><td colspan="2">水工金属结构外表面</td><td>6（7）</td><td></td><td>6.3</td><td></td><td></td><td></td></tr>
<tr><td>23</td><td colspan="2">电站盘柜</td><td>4（5）</td><td>/</td><td></td><td></td><td></td><td></td></tr>
<tr><td>24</td><td colspan="2">电缆线路敷设</td><td>3（4）</td><td>/</td><td></td><td></td><td></td><td></td></tr>
<tr><td>25</td><td colspan="2">电站油、气、水管路</td><td>4</td><td>/</td><td></td><td></td><td></td><td></td></tr>
<tr><td>26</td><td colspan="2">厂区道路及排水沟</td><td>8</td><td>/</td><td></td><td></td><td></td><td></td></tr>
<tr><td>27</td><td colspan="2">厂区绿化</td><td></td><td></td><td></td><td></td><td></td><td></td></tr>
</table>

<table>
<tr><td colspan="2">合计</td><td colspan="3">应得 118 分，实得 104.3 分，得分率 88.4%</td></tr>
<tr><td rowspan="6">外观质量评定组成员</td><td>单位</td><td>单位名称</td><td>职称</td><td>签名</td></tr>
<tr><td>项目法人</td><td>×××工程建设管理局</td><td>高级工程师</td><td>×××</td></tr>
<tr><td>监理</td><td>×××工程项目管理有限公司</td><td>高级工程师</td><td>×××</td></tr>
<tr><td>设计</td><td>×××水利水电勘察设计研究院</td><td>高级工程师</td><td>×××</td></tr>
<tr><td>施工</td><td>中国水利水电第×工程局</td><td>高级工程师</td><td>×××</td></tr>
<tr><td>运行管理</td><td>×××工程管理局</td><td>高级工程师</td><td>×××</td></tr>
<tr><td colspan="2">工程质量监督机构</td><td colspan="3">核备意见：同意外观质量评定为优良
核备人：×××（加盖公章）
×年×月×日</td></tr>
</table>

注　量大时，标准分采用括号内数值。

表 4　　**××河堤防工程外观质量评定表**

单位工程名称	××河堤防加高培厚	施工单位	×××水利水电工程有限公司
主要工程量	18750m³	评定日期	×年×月×日

项次	项　　目	标准分/分	评定得分/分				备注
			一级 100%	二级 90%	三级 70%	四级 0	
1	外部尺寸	30		27.0			
2	轮廓线	10		9.0			
3	表面平整度	10		9.0			
4	曲面平面联结	5		4.5			
5	排水	5			3.5		
6	上堤马道	3			3.5		
7	堤顶附属设施	5		4.5			
8	防汛备料堆放	5			3.5		
9	草皮	8	/				
10	植树	8	/				
11	砌体排列	5	/				
12	砌缝	10	/				
合计		应得 73 分，实得 64.5 分，得分率 88.3%					

外观质量评定组成员	单位	单位名称	职称	签名
	项目法人	×××江河局×××河务局	高级工程师	×××
	监理	×××工程建设监理有限公司	工程师	×××
	设计	×××水利水电设计院	高级工程师	×××
	施工	×××水利水电工程有限公司	一级建造师	×××
	运行管理	/	/	/

工程质量监督机构	核备意见： 同意外观质量评定为优良 核备人：××× （加盖公章） ×年×月×日

表 5　　堤防工程外观质量评定标准

<table>
<tr><th>项次</th><th>项 目</th><th colspan="3">检查、检测内容</th><th>质 量 标 准</th></tr>
<tr><td rowspan="13">1</td><td rowspan="13">外部尺寸</td><td rowspan="5">土堤</td><td rowspan="2">高程</td><td>堤顶</td><td>允许偏差为 0～+15cm</td></tr>
<tr><td>平（戗）台顶</td><td>允许偏差为－10～+15cm</td></tr>
<tr><td rowspan="2">宽度</td><td>堤顶</td><td>允许偏差为－5～+15cm</td></tr>
<tr><td>平（戗）台顶</td><td>允许偏差为－10～+15cm</td></tr>
<tr><td colspan="2">边坡坡度</td><td>不陡于设计值，目测平顺</td></tr>
<tr><td rowspan="8">混凝土及砌石墙（堤）</td><td rowspan="3">堤顶高程</td><td>干砌石墙（堤）</td><td>允许偏差为 0～+5cm</td></tr>
<tr><td>浆砌石墙（堤）</td><td>允许偏差为 0～+4cm</td></tr>
<tr><td>混凝土墙（堤）</td><td>允许偏差为 0～+3cm</td></tr>
<tr><td rowspan="3">墙面垂直度</td><td>干砌石墙（堤）</td><td>允许偏差为 0.5%</td></tr>
<tr><td>浆砌石墙（堤）</td><td>允许偏差为 0.5%</td></tr>
<tr><td>混凝土墙（堤）</td><td>允许偏差为 0.5%</td></tr>
<tr><td>墙顶厚度</td><td>各类砌筑墙（堤）</td><td>允许偏差为－1～+2cm</td></tr>
<tr><td colspan="2">边坡坡度</td><td>不陡于设计值，目测平顺</td></tr>
<tr><td>2</td><td>轮廓线</td><td colspan="3">用长 15m 拉线沿堤顶轮廓连续测量</td><td>15m 长度内凹凸偏差为 3cm</td></tr>
<tr><td rowspan="3">3</td><td rowspan="3">表面平整度</td><td>干砌石墙（堤）</td><td colspan="3">用 2m 靠尺检测，不大于 5.0cm/2m</td></tr>
<tr><td>浆砌石墙（堤）</td><td colspan="3">用 2m 靠尺检测，不大于 2.5cm/2m</td></tr>
<tr><td>混凝土墙（堤）</td><td colspan="3">用 2m 靠尺检测，不大于 1.0cm/2m</td></tr>
<tr><td>4</td><td>曲面与平面联结</td><td>现场检查</td><td colspan="3">一级：圆滑过渡，曲线流畅；
二级：平顺联结，曲线基本流畅；
三级：联结不够平顺，有明显折线；
四级：联结不平顺，折线突出</td></tr>
<tr><td>5</td><td>排水</td><td>现场检查，结合检测</td><td colspan="3">质量标准：排水通畅，形状尺寸误差为±3cm，无附着物。
一级：符合质量标准；
二级：基本符合质量标准；
三级：局部尺寸误差大，局部有附着物；
四级：排水尺寸误差大，多处有附着物</td></tr>
</table>

续表

项次	项　目	检查、检测内容	质　量　标　准
6	上堤马道	现场检查，结合检测	质量标准：马道宽度偏差为±2cm，高度偏差为±2cm。 一级：符合质量标准； 二级：基本符合质量标准； 三级：发现尺寸误差较大； 四级：多处马道尺寸误差大
7	堤顶附属设施	现场检查	一级：混凝土表面平整，棱线平直度等指标符合质量标准； 二级：混凝土表面平整，棱线平直度等指标基本符合质量标准； 三级：混凝土表面平整，棱线平直度等指标发现尺寸误差较大； 四级：混凝土表面平整，棱线平直度等指标误差大
8	防汛备料堆放	现场检查	一级：按规定位置备料，堆放整齐； 二级：按规定位置备料，堆放欠整齐； 三级：未按规定位置备料，堆放欠整齐； 四级：备料任意堆放
9	草皮	现场检查	一级：草皮铺设（种植）均匀，全部成活，无空白； 二级：草皮铺设（种植）均匀，成活面积90%以上，无空白； 三级：草皮铺设（种植）基本均匀，成活面积70%以上，有少量空白； 四级：达不到三级标准者
10	植树	现场检查	一级：植树排列整齐、美观，全部成活，无空白； 二级：植树排列整齐，成活率90%以上，无空白； 三级：植树排列基本整齐，成活率70%以上，有少量空白； 四级：达不到三级标准者
11	砌体排列	现场检查	一级：砌体排列整齐、铺放均匀、平整，无沉陷裂缝； 二级：砌体排列基本整齐、铺放均匀、平整，局部有沉陷裂缝； 三级：砌体排列多处不够整齐、铺放均匀、平整，局部有沉陷裂缝； 四级：砌体排列不整齐、不平整，多处有裂缝
12	砌缝	现场检查	一级：勾缝宽度均匀，砂浆填塞平整； 二级：勾缝宽度局部不够均匀，砂浆填塞基本平整； 三级：勾缝宽度多处不均匀，砂浆填塞不够平整； 四级：勾缝宽度不均匀，砂浆填塞粗糙不平

注　项次9草皮、10植树质量标准中的“空白”指漏栽（种）面积。

表 6 **明（暗）渠工程外观质量评定表**

<table>
<tr><td colspan="2">单位工程名称</td><td></td><td colspan="2">施工单位</td><td colspan="3"></td></tr>
<tr><td colspan="2">主要工程量</td><td></td><td colspan="2">评定日期</td><td colspan="3"></td></tr>
<tr><td rowspan="2">项次</td><td rowspan="2">项　目</td><td rowspan="2">标准分
/分</td><td colspan="4">评定得分/分</td><td rowspan="2">备注</td></tr>
<tr><td>一级
100%</td><td>二级
90%</td><td>三级
70%</td><td>四级
0</td></tr>
<tr><td>1</td><td>外部尺寸</td><td>10</td><td></td><td></td><td></td><td></td><td></td></tr>
<tr><td>2</td><td>轮廓线</td><td>10</td><td></td><td></td><td></td><td></td><td></td></tr>
<tr><td>3</td><td>表面平整度</td><td>10</td><td></td><td></td><td></td><td></td><td></td></tr>
<tr><td>4</td><td>曲面与平面联结</td><td>3</td><td></td><td></td><td></td><td></td><td></td></tr>
<tr><td>5</td><td>扭面与平面联结</td><td>3</td><td></td><td></td><td></td><td></td><td></td></tr>
<tr><td>6</td><td>渠坡渠底衬砌</td><td>10</td><td></td><td></td><td></td><td></td><td></td></tr>
<tr><td>7</td><td>变形缝、结构缝</td><td>6</td><td></td><td></td><td></td><td></td><td></td></tr>
<tr><td>8</td><td>渠顶路面及排水沟</td><td>8</td><td></td><td></td><td></td><td></td><td></td></tr>
<tr><td>9</td><td>渠顶以上边坡</td><td>6</td><td></td><td></td><td></td><td></td><td></td></tr>
<tr><td>10</td><td>戗台及排水沟</td><td>5</td><td></td><td></td><td></td><td></td><td></td></tr>
<tr><td>11</td><td>沿渠小建筑物</td><td>5</td><td></td><td></td><td></td><td></td><td></td></tr>
<tr><td>12</td><td>梯步</td><td>3</td><td></td><td></td><td></td><td></td><td></td></tr>
<tr><td>13</td><td>弃渣堆放</td><td>5</td><td></td><td></td><td></td><td></td><td></td></tr>
<tr><td>14</td><td>绿化</td><td>10</td><td></td><td></td><td></td><td></td><td></td></tr>
<tr><td>15</td><td>原状岩土面完整性</td><td>3</td><td></td><td></td><td></td><td></td><td></td></tr>
<tr><td colspan="2">合计</td><td colspan="6">应得　分，实得　　分，得分率　　%</td></tr>
</table>

<table>
<tr><td rowspan="6">外观
质量
评定
组成员</td><td>单位</td><td>单位名称</td><td>职称</td><td>签名</td></tr>
<tr><td>项目法人</td><td></td><td></td><td></td></tr>
<tr><td>监理</td><td></td><td></td><td></td></tr>
<tr><td>设计</td><td></td><td></td><td></td></tr>
<tr><td>施工</td><td></td><td></td><td></td></tr>
<tr><td>运行管理</td><td></td><td></td><td></td></tr>
<tr><td colspan="2">工程质量监督机构</td><td colspan="3">核备意见：

核备人：（签名），加盖公章

年　月　日</td></tr>
</table>

表 7　　明（暗）渠工程外观质量评定标准

项次	项目	检查、检测内容	质量标准
1	外部尺寸	1）上口宽、底宽	允许偏差为±1/200设计值
		2）渠顶宽	±3cm
2	轮廓线	1）渠顶边线 2）渠底边线 3）其他部位	用15m长拉线连续测量，其最大凹凸不超过3cm
3	表面平整度	1）混凝土面、砂浆抹面、混凝土预制块	用2m直尺检测，不大于1cm/2m
		2）浆砌石（料石、块石、石板）	用2m直尺检测，不大于2cm/2m
		3）干砌石	用2m直尺检测，不大于3cm/2m
		4）泥结石路面	用2m直尺检测，不大于3cm/2m
4	曲面与平面联结	现场检查	一级：圆滑过渡，曲线流畅，表面清洁，无附着物； 二级：联结平顺，曲线基本流畅，表面清洁，无附着物； 三级：联结基本平顺，局部有折线，表面无附着物； 四级：达不到三级标准者
5	扭面与平面联结		
6	渠坡渠底衬砌	1）混凝土护面、砂浆抹面现场检查	一级：表面平整光洁，无质量缺陷； 二级：表面平整，无附着物，无错台、裂缝及蜂窝等质量缺陷； 三级：表面平整，局部蜂窝、麻面、错台及裂缝等质量缺陷面积小于5%，且已处理合格； 四级：达不到三级标准者
		2）混凝土预制板（块）护面现场检查	一级：完整、砌缝整齐，表面清洁、平整； 二级：完整、砌缝整齐，大面平整，表面较清洁； 三级：完整、砌缝基本整齐，大面平整，表面基本清洁； 四级：达不到三级标准者
		3）浆砌石（含料石、块石、石板、卵石）现场检查	一级：石料外形尺寸一致，勾缝平顺美观，大面平整，露头均匀，排列整齐； 二级：石料外形尺寸 致，勾缝平顺，大面平整，露头较均匀，排列较整齐； 三级：石料外形尺寸基本一致，勾缝平顺，大面基本平整，露头基本均匀； 四级：达不到三级标准者
7	变形缝、结构缝	现场检查	一级：缝宽均匀、平顺，充填材料饱满密实； 二级：缝宽较均匀，充填材料饱满密实； 三级：缝宽基本均匀，局部稍差，充填材料基本饱满； 四级：达不到三级标准者
8	渠顶路面及排水沟	现场检查	一级：路面平整，宽度一致，排水沟整洁通畅，无倒坡； 二级：路面平整，宽度基本一致，排水沟通畅，无倒坡； 三级：路面较平整，宽度基本一致，排水沟通畅； 四级：达不到三级标准者

续表

项次	项目	检查、检测内容	质量标准
9	渠顶以上边坡	1）混凝土格栅护砌现场检查	一级：网格摆放平稳、整齐，坡脚线为直线或规则曲线； 二级：网格摆放平稳、较整齐，坡脚线基本为直线或规则曲线； 三级：网格摆放平稳、基本整齐，局部稍差； 四级：达不到三级标准者
		2）砌石衬护边坡现场检查	一级：砌石排列整齐、平整、美观； 二级：砌石排列较整齐，大面平整； 三级：砌石面基本平整； 四级：达不到三级标准者
10	戗台及排水沟	1）戗台宽度	允许偏差为±2cm
		2）排水沟宽度	允许偏差为±1.5cm
		3）戗台边线顺直度	3cm/15m
11	沿渠小建筑物	现场检查	一级：外表平整、清洁、美观，无缺陷； 二级：外表平整、清洁，无缺陷； 三级：外表基本平整、较清洁、表面缺陷面积小于5%总面积； 四级：达不到三级标准者
12	梯步	现场检查	一级：梯步高度均匀，长度相同，宽度一致，表面清洁，无缺陷； 二级：梯步高度均匀，长度基本相同，宽度一致，表面清洁，无缺陷； 三级：梯步高度均匀，长度基本相同，宽度基本一致，表面较清洁，有局部缺陷； 四级：达不到三级标准者
13	弃渣堆放	现场检查	一级：堆放位置正确，稳定、平整； 二级：堆放位置正确，稳定、基本平整； 三级：堆放位置基本正确，稳定、基本平整，局部稍差； 四级：达不到三级标准者
14	绿化	1）植树现场检查	一级：植树排列整齐、美观，全部成活，无空白； 二级：植树排列整齐，成活率90%以上，无空白； 三级：植树排列基本整齐，成活率70%以上，有少量空白； 四级：达不到三级标准者
		2）草皮现场检查	一级：草皮铺设（种植）均匀，全部成活，无空白； 二级：草皮铺设（种植）均匀，成活面积90%以上，无空白； 三级：草皮铺设（种植）基本均匀，成活面积70%以上，有少量空白； 四级：达不到三级标准者
		3）草方格（草格栅）现场检查	一级：大面平整，过渡自然，网格规则整齐，栽插均匀，栽种植物成活率达80%以上； 二级：大面较平整，网格规则，栽插较均匀，栽种植物成活率达60%以上； 三级：大面基本平整，网格基本规则，栽插基本均匀，栽种植物成活率达50%以上； 四级：达不到三级标准者
15	原状岩土面完整性	现场检查	一级：原状岩土面完整，无扰动破坏； 二级：原状岩土面完整，局部有扰动，无松动岩土； 三级：原状岩土面基本完整，松动岩土已处理； 四级：达不到三级标准者

注　项次14植树和草皮质量标准中的“空白”指漏栽（种）面积。

表 8 **引水（渠道）建筑物工程外观质量评定表**

单位工程名称		施工单位	
主要工程量		评定日期	年 月 日

项次	项 目	标准分/分	评定得分/分				备注
			一级 100%	二级 90%	三级 70%	四级 0	
1	外部尺寸	12					
2	轮廓线	10					
3	表面平整度	10					
4	立面垂直度	10					
5	大角方正	5					
6	曲面与平面联结	8					
7	扭面与平面联结	8					
8	梯步	4					
9	栏杆	4（6）					
10	灯饰	2（4）					
11	变形缝、结构缝	3					
12	砌体	6（8）					
13	排水工程	3					
14	建筑物表面	5					
15	混凝土表面	5					
16	表面钢筋割除	4					
17	水工金属结构表面	6					
18	管线（路）及电气设备	4					
19	房屋建筑安装工程	6（8）					
20	绿化	8					
合计	应得 分，实得 分，得分率 %						

外观质量评定组成员	单位	单位名称	职称	签名
	项目法人			
	监理			
	设计			
	施工			
	运行管理			
工程质量监督机构	核备意见： 核备人：（签名） 加盖公章 年 月 日			

注 量大时，标准分采用括号内数值。

表 9　　**引水（渠道）建筑物工程外观质量标准**

项次	项目	检查、检测内容	质　量　标　准
1	外部尺寸	过流断面尺寸	允许偏差为±1/200 设计值
		梁、柱截面	允许偏差为±0.5cm
		墩墙宽度、厚度	允许偏差为±4cm
		坡度 m 值	允许偏差为±0.05
2	轮廓线	连续拉线检测	尺寸较大建筑物，最大凹凸不超过 2cm/10m；较小建筑物，最大凹凸不超过 1cm/5m
3	表面平整度	1）混凝土面、砂浆抹面、混凝土预制块	用 2m 直尺检测，不大于 1cm/2m
		2）浆砌石（料石、块石、石板）	用 2m 直尺检测，不大于 2cm/2m
		3）干砌石	用 2m 直尺检测，不大于 3cm/2m
		4）饰面砖	用 2m 直尺检测，不大于 0.5cm/2m
4	立面垂直度	墩墙	允许偏差为 1/200 设计高，且不超过 2cm
		柱	允许偏差为 1/500 设计高，且不超过 2cm
5	大角方正	检测	±0.6°（用角度尺检测）
6	曲面与平面联结	现场检查	一级：圆滑过渡，曲线流畅； 二级：平顺联结，曲线基本流畅； 三级：联结不够平顺，有明显折线； 四级：未达到三级标准者
7	扭面与平面联结		
8	梯步	检测	高度偏差为 ±1cm； 宽度偏差为 ±1cm； 长度偏差为 ±2cm
9	栏杆	现场检查、检测	1）混凝土栏杆：顺直度 1.5cm/15m，垂直度±1.0cm； 2）金属栏杆：顺直度 1cm/15m，垂直度±0.5cm，漆面色泽均匀，无起皱、脱皮、结疤及流淌现象
10	灯饰	现场检查	一级：排列顺直，外形规则； 二级：排列顺直，外形基本规则； 三级：排列基本顺直，外形基本规则； 四级：未达三级标准者
11	变形缝、结构缝	现场检查	一级：缝面顺直，宽度均匀，填充材料饱满密实； 二级：缝面顺直，宽度基本均匀，填充材料饱满； 三级：缝面基本顺直，宽度基本均匀，填充材料基本饱满； 四级：未达到三级标准者
12	砌体	现场检查	一级：砌体排列整齐、露头均匀，大面平整，砌缝饱满密实，缝面顺直，宽度均匀； 二级：砌体排列基本整齐、露头基本均匀，大面平整，砌缝饱满密实，缝面顺直，宽度基本均匀； 三级：砌体排列多处不整齐、露头不够均匀，大面基本平整，砌缝基本饱满，缝面基本顺直，宽度基本均匀； 四级：未达三级标准者

续表

项次	项目	检查、检测内容	质　量　标　准
13	排水工程	现场检查	一级：排水沟轮廓顺直流畅，宽度一致，排水孔外形规则，布置美观，排水畅通； 二级：排水沟轮廓顺直，宽度基本一致，排水孔外形规则，排水畅通； 三级：排水沟轮廓基本顺直，宽度基本一致，排水孔外形基本规则，排水畅通； 四级：未达三级标准者
14	建筑物表面	现场检查	一级：建筑物表面洁净无附着物； 二级：建筑物表面附着物已清除，但局部清除不彻底； 三级：表面附着物已清除80%，无垃圾； 四级：未达到三级标准者
15	混凝土表面	现场检查、检测	一级：混凝土表面无蜂窝、麻面、挂帘、裙边、错台、局部凹凸及表面裂缝等缺陷； 二级：缺陷面积之和不大于3%总面积； 三级：缺陷面积之和为总面积3%～5%； 四级：缺陷面积之和超过总面积5%并小于10%，超过10%应视为质量缺陷
16	表面钢筋割除	现场检查、检测	一级：全部割除，无明显凸出部分； 二级：全部割除，少部分明显凸出表面； 三级：割除面积达到95%以上，且未割除部分不影响建筑功能及安全； 四级：割除面积不大于95%者； 注：设计有具体要求者，应符合设计要求
17	水工金属结构表面	现场检查	一级：焊缝均匀，两侧飞渣清除干净，临时支撑割除干净，且打磨平整，油漆均匀，色泽一致，无脱皮起皱现象； 二级：焊缝均匀，表面清除干净，油漆基本均匀； 三级：表面清除基本干净，油漆防腐完整，颜色基本一致； 四级：未达到三级标准者
18	管线（路）及电气设备	现场检查	一级：管线（路）顺直，设备排列整齐，表面清洁； 二级：管线（路）基本顺直，设备排列基本整齐，表面基本清洁； 三级：管线（路）不够顺直，设备排列不够整齐，表面不够清洁； 四级：未达到三级标准者
19	房屋建筑安装工程		见表5-10相关内容
20	绿化	现场检查	一级：草皮铺设、植树满足设计要求； 二级：草皮铺设、植树基本满足设计要求； 三级：草皮铺设、植树有空白，多处成活不好； 四级：未达到三级标准者

注　项次20绿化质量标准中的“空白”指漏栽（种）面积。

表 10 **水利水电工程房屋建筑工程外观质量评定表**

单位工程名称		分部工程名称		施工单位	
结构类型		建筑面积		评定日期	年 月 日

序号	项目		抽查质量状况										质量评价		
													好	一般	差
1	建筑与结构	室外墙面													
2		变形缝													
3		水落管、屋面													
4		室内墙面													
5		室内顶棚													
6		室内地面													
7		楼梯、踏步、护栏													
8		门窗													
1	给排水与采暖	管道接口、坡度、支架													
2		卫生器具、支架、阀门													
3		检查口、扫除口、地漏													
4		散热器、支架													
1	建筑电气	配电箱、盘、板、接线盒													
2		设备器具、开关、插座													
3		防雷、接地													
1	通风与空调	风管、支架													
2		风口、风阀													
3		风机、空调设备													
4		阀门、支架													
5		水泵、冷却塔													
6		绝热													
1	电梯	运行、平层、开关门													
2		层门、信号系统													
3		机房													
1	智能建筑	机房设备安装及布局													
2		现场设备安装													
外观质量综合评价															

外观质量评定组成员	单位	单位名称	职称	签名
	项目法人			
	监理			
	设计			
	施工			
	运行管理			
工程质量监督机构	核备意见： 核备人：(签名)，加盖公章 年 月 日			

注 质量综合评价为“差”的项目，应进行返修。

表 11

×××水利枢纽工程
分部工程施工质量评定表

<table>
<tr><td colspan="2">单位工程名称</td><td colspan="2">泄水闸工程</td><td>施工单位</td><td colspan="2">中国水利水电第××工程局</td></tr>
<tr><td colspan="2">分部工程名称</td><td colspan="2">闸室分部（土建）</td><td>施工日期</td><td colspan="2">自×年×月×日至×年×月×日</td></tr>
<tr><td colspan="2">分部工程量</td><td colspan="2">混凝土 1529m³</td><td>评定日期</td><td colspan="2">×年×月×日</td></tr>
<tr><td>项次</td><td>单元工程类别</td><td>工程量</td><td>单元工程个数</td><td>合格个数</td><td>其中优良个数</td><td>备注</td></tr>
<tr><td>1</td><td>岩基开挖</td><td>856m³</td><td>5</td><td>5</td><td>3</td><td></td></tr>
<tr><td>2</td><td>混凝土</td><td>1529m³</td><td>10</td><td>10</td><td>7</td><td></td></tr>
<tr><td>3</td><td>房建</td><td>140m²</td><td>6</td><td>6</td><td>4</td><td>闸房</td></tr>
<tr><td>4</td><td>混凝土构件安装</td><td>80t</td><td>2</td><td>2</td><td>1</td><td></td></tr>
<tr><td>5</td><td></td><td></td><td></td><td></td><td></td><td></td></tr>
<tr><td>6</td><td></td><td></td><td></td><td></td><td></td><td></td></tr>
<tr><td colspan="2">合计</td><td></td><td>23</td><td>23</td><td>15</td><td>优良率 65.2%</td></tr>
<tr><td colspan="2">重要隐蔽单元工程、
关键部位单元工程</td><td>150m³</td><td>1</td><td>1</td><td>1</td><td>关键部位
单元工程</td></tr>
<tr><td colspan="3">施工单位自评意见</td><td colspan="2">监理单位复核意见</td><td colspan="2">项目法人认定意见</td></tr>
<tr><td colspan="3">本分部工程的单元工程质量全部合格。优良率为 65.2%，重要隐蔽单元工程及关键部位单元工程 1 个，优良率为 100%。原材料质量优良，中间产品质量/，金属结构及启闭机制造质量/，机电产品质量/。质量事故及质量缺陷处理情况：无。
分部工程质量等级：合格

评定人：×××

项目技术负责人：×××
（盖公章）
×年×月×日</td><td colspan="2">复核意见：
同意施工单位自评意见

分部工程质量等级：
合格

监理工程师：×××

×年×月×日

总监或副总监：×××
（盖公章）
×年×月×日</td><td colspan="2">认定意见：
同意监理单位复核意见

分部工程质量等级：
合格

现场代表：×××

×年×月×日

技术负责人：×××
（盖公章）
×年×月×日</td></tr>
<tr><td colspan="2">工程质量监督机构</td><td colspan="5">核备（备案）意见：

同意项目法人单位认定意见

核备（备案）等级：合格　　核备（备案）人：×××　　负责人：×××

×年×月×日　　× 年×月×日</td></tr>
</table>

注　普通分部工程质量在施工单位质检部门自评的基础上，由监理单位复核其质量等级，项目法人认定后报质量监督机构备案；主要分部工程质量在施工单位质检部门自评的基础上，由监理单位复核其质量等级，项目法人认定后报质量监督机构核备。

表 12　　重要隐蔽单元工程（关键部位单元工程）质量等级签证表

单位工程名称		单元工程量	
分部工程名称		施工单位	
单元工程名称、部位		评定日期	年　月　日
施工单位自评意见	1. 自评意见： 2. 自评质量等级：　　终检人员：（签名）		
监理单位抽查意见	抽查意见： 监理工程师：（签名）		
联合小组核定意见	1. 核定意见： 2. 质量等级：　　年　月　日		
保留意见	（签名） 年　月　日		
备查资料清单	（1）地质编录 □ （2）测量成果 □ （3）检测试验报告（岩心试验、软基承载力试验、结构强度等 □ （4）影像资料 □ （5）其他（　　） □		

联合小组成员	单　位　名　称		职务、职称	签名
	项目法人			
	监理单位			
	设计单位			
	施工单位			

工程质量监督机构	备案意见： 备案人：（签名）　　负责人：（签名） 年　月　日　　年　月　日

注　重要隐蔽单元工程验收时，设计单位应同时派地质工程师参加，备查资料清单中凡涉及的项目应在“□”内打“√”，如有其他资料应在括号内注明资料的名称。

表 13

×××水利枢纽工程

不划分工序单元工程施工质量验收评定表（样式）

<table>
<tr><td colspan="2">单位工程名称</td><td></td><td>单元工程量</td><td colspan="3"></td></tr>
<tr><td colspan="2">分部工程名称</td><td></td><td>施工单位</td><td colspan="3"></td></tr>
<tr><td colspan="2">单元工程名称、部位</td><td></td><td>施工日期</td><td colspan="3">年 月 日— 年 月 日</td></tr>
<tr><td>项次</td><td colspan="2">检验项目</td><td>质量标准</td><td>检查（测）记录
或备查资料名称</td><td>合格数</td><td>合格率</td></tr>
<tr><td rowspan="5">主控
项目</td><td>1</td><td></td><td></td><td></td><td></td><td></td></tr>
<tr><td>2</td><td></td><td></td><td></td><td></td><td></td></tr>
<tr><td>3</td><td></td><td></td><td></td><td></td><td></td></tr>
<tr><td>4</td><td></td><td></td><td></td><td></td><td></td></tr>
<tr><td>5</td><td></td><td></td><td></td><td></td><td></td></tr>
<tr><td rowspan="5">一般
项目</td><td>1</td><td></td><td></td><td></td><td></td><td></td></tr>
<tr><td>2</td><td></td><td></td><td></td><td></td><td></td></tr>
<tr><td>3</td><td></td><td></td><td></td><td></td><td></td></tr>
<tr><td>4</td><td></td><td></td><td></td><td></td><td></td></tr>
<tr><td>5</td><td></td><td></td><td></td><td></td><td></td></tr>
<tr><td>施工
单位
自评
意见</td><td colspan="6">主控项目检验点100%合格，一般项目逐项检验点的合格率____%，且不合格点不集中分布。

单元工程质量等级评定为：________。

（签字，加盖公章） 年 月 日</td></tr>
<tr><td>监理
单位
复核
意见</td><td colspan="6">经抽查并查验相关检验报告和检验资料，主控项目检验点100%格，一般项目逐项检验点的合格率____%，且不合格点不集中分布。

单元工程质量等级评定为：________。

（签字，加盖公章） 年 月 日</td></tr>
</table>

表 14

×××水利枢纽工程

划分工序单元工程施工质量验收评定表（样式）

<table>
<tr><td>单位工程名称</td><td colspan="2"></td><td>单元工程量</td><td></td></tr>
<tr><td>分部工程名称</td><td colspan="2"></td><td>施工单位</td><td></td></tr>
<tr><td>单元工程名称、部位</td><td colspan="2"></td><td>施工日期</td><td>年　月　日—　年　月　日</td></tr>
<tr><td>项次</td><td colspan="3">工序名称（或编号）</td><td>工序质量验收评定等级</td></tr>
<tr><td>1</td><td colspan="3"></td><td></td></tr>
<tr><td>2</td><td colspan="3"></td><td></td></tr>
<tr><td>3</td><td colspan="3"></td><td></td></tr>
<tr><td>4</td><td colspan="3"></td><td></td></tr>
<tr><td>5</td><td colspan="3"></td><td></td></tr>
<tr><td>施工单位自评意见</td><td colspan="4">各工序施工质量全部合格，其中优良工序占____%，且主要工序达到________等级。
单元工程质量等级评定为：________。
（签字，加盖公章）　年　月　日</td></tr>
<tr><td>监理单位复核意见</td><td colspan="4">经抽查并查验相关检验报告和检验资料，各工序施工质量全部合格，其中优良工序占____%，且主要工序达到________等级。
单元工程质量等级评定为：________。
（签字，加盖公章）　年　月　日</td></tr>
</table>

注　本表所填“单元工程量”不作为施工单位工程量结算计量的依据。

表 15

×××水利枢纽工程
工序施工质量验收评定表（样式）

<table>
<tr><td colspan="3">单位工程名称</td><td colspan="1"></td><td>工序编号</td><td colspan="2"></td></tr>
<tr><td colspan="3">分部工程名称</td><td colspan="1"></td><td>施工单位</td><td colspan="2"></td></tr>
<tr><td colspan="3">单元工程名称、部位</td><td colspan="1"></td><td>施工日期</td><td colspan="2">年 月 日— 年 月 日</td></tr>
<tr><td colspan="2">项次</td><td>检验项目</td><td>质量标准</td><td>检查记录</td><td>合格数</td><td>合格率</td></tr>
<tr><td rowspan="5">主控项目</td><td>1</td><td></td><td></td><td></td><td></td><td></td></tr>
<tr><td>2</td><td></td><td></td><td></td><td></td><td></td></tr>
<tr><td>3</td><td></td><td></td><td></td><td></td><td></td></tr>
<tr><td>4</td><td></td><td></td><td></td><td></td><td></td></tr>
<tr><td>5</td><td></td><td></td><td></td><td></td><td></td></tr>
<tr><td rowspan="5">一般项目</td><td>1</td><td></td><td></td><td></td><td></td><td></td></tr>
<tr><td>2</td><td></td><td></td><td></td><td></td><td></td></tr>
<tr><td>3</td><td></td><td></td><td></td><td></td><td></td></tr>
<tr><td>4</td><td></td><td></td><td></td><td></td><td></td></tr>
<tr><td>5</td><td></td><td></td><td></td><td></td><td></td></tr>
<tr><td colspan="2">施工单位自评意见</td><td colspan="5">主控项目检验点100%合格，一般项目逐项检验点的合格率____%，且不合格点不集中分布。
工序质量等级评定为：________。
（签字，加盖公章）　　年 月 日</td></tr>
<tr><td colspan="2">监理单位复核意见</td><td colspan="5">经复核，主控项目检验点100%合格，一般项目逐项检验点的合格率____%，且不合格点不集中分布。
工序质量等级评定为：________。
（签字，加盖公章）　　年 月 日</td></tr>
</table>

表 16

×××水利枢纽工程
单元工程原材料检验备查表（样式）

单位工程名称		单元工程量	
分部工程名称		施工单位	
单元工程名称、部位		施工日期	年　月　日—　年　月　日

项次	原材料质量检验情况				
	材料名称	生产厂家	产品批号	检验日期	检验结论
1	水泥				
2	钢筋				
3	掺合料				
4	外加剂				
5	止水带（片）				

试验负责人：　　　　质量负责人：　　　　监理工程师：

表 17

×××水利枢纽工程

单元工程安装质量验收评定表（样式）

单位工程名称		单元工程量	
分部工程名称		安装单位	
单元工程名称、部位		评定日期	年 月 日— 年 月 日

项次	项 目	主控项目/个		一般项目/个	
		合格数	其中优良数	合格数	其中优良数
1					
2					
3					
4					
5					
各项试验和单元工程试运转符合水利行业专业标准的规定					
安装单位自评意见	各项试验和单元工程试运转符合要求，各项报验资料符合规定，检验项目全部合格，检验项目优良率为____%，其中主控项目优良率为____%。 单元工程安装质量等级评定为：____。 （签字，加盖公章） 年 月 日				
监理单位意见	各项试验和单元工程试运转符合要求，各项报验资料符合规定，检验项目全部合格，检验项目优良率为____%，其中主控项目优良率为____%。 单元工程安装质量等级评定为：____。 （签字，加盖公章） 年 月 日				

注 1. 主控项目和一般项目中的合格指达到合格及其以上质量标准的项目个数。

2. 优良项目占全部项目百分率 $=\dfrac{\text{主控项目优良数}+\text{一般项目优良数}}{\text{检验项目总数}}\times 100\%$。

表 18

×××水利枢纽工程
安装单元工程质量检查表（样式）

编号：________　　　　　　　　　　　　　　日期：________

分部工程名称		单元工程名称	
安装部位		安装内容	
安装单位		开/完工日期	

项次		检验项目	允许偏差/mm	实测值/mm	合格数	优良数	质量等级
主控项目	1						
	2						
	3						
	4						
	5						
一般项目	1						
	2						
	3						
	4						
	5						

检查意见：

主控项目共____项，其中合格____项，优良____项，合格率____%，优良率____%。
一般项目共____项，其中合格____项，优良____项，合格率____%，优良率____%。

检查人	（签字） 年　月　日	安装单位	（盖章） 年　月　日	监理工程师	（签字） 年　月　日	项目法人	（盖章） 年　月　日

第六章 工程质量检测监管

国务院颁布的《建设工程质量管理条例》从法规的高度确立了工程质量检测工作的地位和作用，为进一步发展、改革和完善我国建设工程质量管理体制明确了方向。2008年，水利部《水利工程质量检测管理规定》发布后，进一步明确了承担各级水利工程质量检测业务的水利工程质量检测单位的资质条件、机构性质及发展方向，促进质量检测机构真正成为具有独立承担民事责任、独立法人地位的经济实体，使质量检测工作真正走向市场化，质量检测机构也同项目法人、设计、施工、监理等单位一样成为工程质量的责任主体。

随着社会主义市场经济的不断完善，我国在更深层次、更广的领域对外开放，国外的工程质量检测机构也将逐步进入中国水利建设市场，水利工程质量检测市场的竞争将更激烈。同时，随着社会进步和科技的发展，雷达、超声波、红外线、X射线等量测技术不断地被运用到水利工程的检测中来，对工程质量检测工作也提出了新的、更高的要求。水利工程质量检测单位要适应这种新形势的需要，积极调整，加快改革，努力朝着社会化、专业化的方向加快发展，真正成为自主经营、自担风险、自我约束、自我发展的社会中介机构。

一、工程质量检测的有关规定

《水利水电工程施工质量检验与评定规程》(SL 176—2007) 中所称质量检验 (quality inspection) 是指通过检查、量测、试验等方法，对工程质量特性进行的符合性评价。按判别方法分为定性检验和定量检验；按检验手段分为感官检验和物理化学检验。由此可见，质量检测≠质量检验，质量检测是质量检验的主要内容，它属于定量检验、物理化学检验，不包含对工程质量的评价工作。

《水利工程质量检测管理规定》中所称水利工程质量检测是指水利工程质量检测单位依据国家有关法律、法规和标准，对水利工程实体以及用于水利工程的原材料、中间产品、金属结构和机电设备等进行的检查、测量、试验或者度量，并将结果与有关标准、要求进行比较以确定工程质量是否合格所进行的活动。

1. 检测单位资质管理

质量检测是工程质量控制的一项基础性工作，是质量管理的一个重要环节，也是工程质量监督的重要依据和技术保证。质量检测工作是一项技术性、专业性很强的工作，国家有关规定对开展质量检测工作的检测机构及人员做了具体、明确的要求，检测机构必须获得省级以上（含省级）计量主管部门的资质认定证书方可开展质量检测工作；在此基础上，承担水利工程质量检测工作的检测机构还必须获得水行政主管部门的资质证书。

按照《水利工程质量检测管理规定》，水利部负责审批检测单位甲级资质；省、自治区、直辖市人民政府水行政主管部门负责审批检测单位乙级资质。检测单位人员配备、业绩、管理体系和质量保证体系要求详见表6-1，检测能力要求详见表6-2。检测单位资质原则上每年集中审批一次，受理时间由审批机关提前三个月向社会公告。检测单位应当按照规定取得资质，并在资质等级许可的范围内承担质量检测业务。

检测单位资质分为岩土工程、混凝土工程、金属结构、机械电气和量测共5个类别，每个类别分为甲级、乙级两个等级。取得甲级资质的检测单位可以承担各等级水利工程的质量检测业务。大型水利工程（含一级堤防）主要建筑物以及水利工程质量与安全事故鉴定的质量检测业务，必须由具有甲级资质的检测单位承担。取得乙级资质的检测单位可以承担除大型水利工程（含一级堤防）主要建筑物以外的其他各等级水利工程的质量检测业务。

表6-1　　人员配备、业绩、管理体系和质量保证体系要求

等级		甲级	乙级
人员配备	技术负责人	具有10年以上从事水利水电工程建设相关工作经历，并具有水利水电专业高级以上技术职称	具有8年以上从事水利水电工程建设相关工作经历，并具有水利水电专业高级以上技术职称
	检测人员	具有水利工程质量检测员职业资格或者具备水利水电工程及相关专业中级以上技术职称人员不少于15人	具有水利工程质量检测员职业资格或者具备水利水电工程及相关专业中级以上技术职称人员不少于10人
业绩	延续	近3年内至少承担过3个大型水利水电工程（含一级堤防）或6个中型水利水电工程（含二级堤防）的主要检测任务	
	新申请	近3年内至少承担6个中型水利水电工程（含二级堤防）的主要检测任务	
管理体系和质量保证体系		有健全的技术管理和质量保证体系，有计量认证资质证书	

表6-2　　检测能力要求

类别	主要检测项目及参数		
岩土工程类	甲级	（一）土工指标检测15项	含水率、重度、密度、颗粒级配、相对密度、最大干密度、最优含水率、三轴压缩强度、直剪强度、渗透系数、渗透临界坡降、压缩系数、有机质含量、液限、塑限
		（二）岩石（体）指标检测8项	块体密度、含水率、单轴抗压强度、抗剪强度、弹性模量、岩块声波速度、岩体声波速度、变形模量
		（三）基础处理工程检测12项	原位密度、标准贯入击数、地基承载力、单桩承载力、桩身完整性、防渗墙墙身完整性、锚索锚固力、锚杆拉拔力、锚杆杆体入孔长度、锚杆注浆饱满度、透水率（压水）、渗透系数（注水）
		（四）土工合成材料检测11项	单位面积质量、厚度、拉伸强度、撕裂强力、圆柱顶破强力、落锥穿透孔径、伸长率、等效孔径、垂直渗透系数、耐静水压力、老化特性

续表

类别	主要检测项目及参数		
岩土工程类	乙级	（一）土工指标检测 12 项	含水率、重度、密度、颗粒级配、相对密度、最大干密度、最优含水率、渗透系数、**渗透临界坡降**、**直剪强度**、**液限**、**塑限**
		（二）岩石（体）指标检测 5 项	块体密度、含水率、单轴抗压强度、弹性模量、**变形模量**
		（三）基础处理工程检测 4 项	原位密度、标准贯入击数、地基承载力、单桩承载力
		（四）土工合成材料检测 6 项	单位面积质量、厚度、拉伸强度、撕裂强力、圆柱顶破强力、伸长率
混凝土工程类	甲级	（一）水泥 10 项	细度、标准稠度用水量、凝结时间、安定性、胶砂流动度、胶砂强度、比表面积、烧失量、**碱含量**、**三氧化硫含量**
		（二）粉煤灰 7 项	强度活性指数、需水量比、细度、安定性、烧失量、三氧化硫含量、**含水量**
		（三）混凝土骨料 14 项	细度模数、（砂、石）饱和面干吸水率、含泥量、堆积密度、表观密度、针片状颗粒含量、软弱颗粒含量、**坚固性**、压碎指标、碱活性、硫酸盐及硫化物含量、有机质含量、云母含量、超逊径颗粒含量
		（四）混凝土和混凝土结构 18 项	拌和物坍落度、拌和物泌水率、拌和物均匀性、拌和物含气量、**拌和物表观密度**、拌和物凝结时间、拌和物水胶比、抗压强度、轴向抗拉强度、抗折强度、弹性模量、抗渗等级、**抗冻等级**、钢筋间距、混凝土保护层厚度、碳化深度、回弹强度、内部缺陷
		（五）钢筋 5 项	抗拉强度、屈服强度、断后伸长率、接头抗拉强度、反复弯曲
		（六）砂浆 5 项	稠度、泌水率、表观密度、抗压强度、抗渗
		（七）外加剂 12 项	减水率、固体含量（含固量）、含水率、含气量、pH 值、细度、氯离子含量、**总碱量**、收缩率比、**泌水率比**、**抗压强度比**、**凝结时间差**
		（八）沥青 4 项	密度、针入度、延度、软化点
		（九）止水带材料检测 4 项	**拉伸强度**、**拉断伸长率**、**撕裂强度**、**压缩永久变形**
	乙级	（一）水泥 6 项	细度、标准稠度用水量、凝结时间、安定性、胶砂流动度、胶砂强度
		（二）混凝土骨料 9 项	细度模数、（砂、石）饱和面干吸水率、含泥量、堆积密度、表观密度、针片状颗粒含量、**坚固性**、压碎指标、软弱颗粒含量
		（三）混凝土和混凝土结构 9 项	拌和物坍落度、拌和物泌水率、拌和物均匀性、拌和物含气量、**拌和物表观密度**、拌和物凝结时间、拌和物水胶比、抗压强度、**抗折强度**
		（四）钢筋 5 项	抗拉强度、屈服强度、断后伸长率、**接头抗拉强度**、**反复弯曲**
		（五）砂浆 4 项	稠度、泌水率、表观密度、抗压强度
		（六）外加剂 7 项	减水率、固体含量（含固量）、含气量、pH 值、细度、**抗压强度比**、**凝结时间差**

续表

类别		主要检测项目及参数	
金属结构类	甲级	（一）铸锻、焊接、材料质量与防腐涂层质量检测16项	铸锻件表面缺陷、**钢板表面缺陷**、铸锻件内部缺陷、钢板内部缺陷、焊缝表面缺陷、焊缝内部缺陷、抗拉强度、伸长率、硬度、弯曲、表面清洁度、涂料涂层厚度、涂料涂层附着力、金属涂层厚度、金属涂层结合强度、腐蚀深度与面积
		（二）制造安装与在役质量检测8项	几何尺寸、表面缺陷、温度、变形量、振动频率、振幅、橡胶硬度、水压试验
		（三）启闭机与清污机检测14项	电压、电流、电阻、启门力、闭门力、钢丝绳缺陷、硬度、上拱度、上翘度、挠度、行程、压力、表面粗糙度、负荷试验
	乙级	（一）铸锻、焊接、材料质量与防腐涂层质量检测7项	铸锻件表面缺陷、钢板表面缺陷、焊缝表面缺陷、焊缝内部缺陷、表面清洁度、涂料涂层厚度、涂料涂层附着力
		（二）制造安装与在役质量检测4项	几何尺寸、表面缺陷、温度、水压试验
		（三）启闭机与清污机检测7项	钢丝绳缺陷、硬度、主梁上拱度、上翘度、挠度、行程、压力
机械电气类	甲级	（一）水力机械21项	流量、流速、水头（扬程）、水位、压力、压差、真空度、压力脉动、空蚀及磨损、温度、效率、转速、振动位移、振动速度、振动加速度、噪声、形位公差、粗糙度、硬度、振动频率、材料力学性能（抗拉强度、弯曲及延伸率）
		（二）电气设备16项	频率、电流、电压、电阻、绝缘电阻、交流耐压、直流耐压、励磁特性、变比及组别测量、相位检查、合分闸同期性、密封性试验、绝缘油介电强度、介质损耗因数、电气间隙和爬电距离、开关操作机构机械性能
	乙级	（一）水力机械10项	流量、水头（扬程）、水位、压力、空蚀及磨损、效率、转速、噪声、粗糙度、材料力学性能（抗拉强度、弯曲及延伸率）
		（二）电气设备8项	频率、电流、电压、电阻、绝缘电阻、励磁特性、相位检查、开关操作机构机械性能
量测类	甲级	（一）量测类24项	高程、平面位置、建筑物纵横轴线、建筑物断面几何尺寸、结构构件几何尺寸、角度、坡度、平整度、水平位移、垂直位移、振动频率、加速度、速度、接缝和裂缝开合度、倾斜、渗流量、扬压力、渗透压力、孔隙水压力、温度、应力、应变、地下水位、土压力
	乙级	（一）量测类17项	高程、平面位置、建筑物纵横轴线、建筑物断面几何尺寸、结构构件几何尺寸、坡度、平整度、水平位移、垂直位移、接缝和裂缝开合度、渗流量、扬压力、渗透压力、孔隙水压力、应力、应变、地下水位

注　表中黑体字为新增参数。

2. 检测单位资质等级标准

2018年4月4日，水利工程质量检测单位资质等级标准，以水利部〔2018〕3号公告发布：水利工程质量检测单位资质等级标准自印发之日起施行，其中检测能力要求中新增项目和参数于2019年水利工程质量检测单位资质审批时使用。

水利部〔2018〕3号公告中发布的计量认证参数，只是申报水利工程质量检测单位资质时具备的最低条件；随着业务的拓展，根据开展工作的需要，很多检测单位都会主动增

加计量认证参数，最终大大地超出规定的数量。例如，近年来技术水平提高迅速、业务管理规范的陕西众成源工程技术有限公司，在陕西水利工程质量检测企业中率先增加了PVC-U、PE等塑料管材的检测参数，而且每年都根据业务拓展情况增加了数量不等的检测参数，计量认证参数总数目前已达到207个；宝鸡金渭水利工程质量检测有限公司虽然仅有岩土、混凝土和量测类三个乙级资质，但公司积极开拓市场空间，根据本地工程建设和质量检测工作的需要，添加了自密实混凝土等工程质量检测计量认证参数，计量认证参数总数目前已达到200个。

二、工程质量检测的重要作用

工程质量检测是水利工程质量管理最重要、最直接的技术支撑，在质量管理体系的各个方面都发挥着无可替代的作用。

1. 为勘察设计单位的科学设计提供依据

通过质量检测获得的数据，可以为勘察设计提供必要的、科学量化的设计指标，从而保证设计方案的安全性、可靠性和经济性。例如常见的桩基静荷载检测试验、基础灌浆工艺检测试验等，都能为勘察设计单位提供大坝技术参数，依此作为设计的依据。

2. 为施工单位的质量保证工作提供准确的依据

《水利水电工程施工质量检验与评定规程》（SL 176—2007）中明确规定：施工单位应依据工程设计要求、施工技术标准和合同约定，结合《单元工程评定标准》的规定确定检验项目及数量并进行自检，自检过程应有书面记录，同时结合自检情况如实填写水利部颁发的《水利水电工程施工质量评定表》。施工单位应按照《水利水电工程单元工程施工质量验收评定标准》（SL 636～639）及有关技术标准对水泥、钢材等原材料与中间产品质量进行检验，并报监理单位复核，不合格产品不得使用。施工单位可以根据质量检测的结果，衡量工程施工质量情况，针对存在的问题采取相应的措施，确保建成的工程实体质量达到规范的标准和合同要求。

3. 为监理机构加强质量控制提供依据

《水利水电工程施工质量检验与评定规程》（SL 176—2007）中明确规定：监理单位应根据《单元工程评定标准》和抽样检测结果复核工程质量。其平行检测和跟踪检测的数量按《水利工程施工监理规范》（SL 238—2014）或合同约定执行。当平行检测试验结果与施工单位的自检试验结果不一致时，监理机构应组织施工及有关各方进行原因分析，提出处理意见。单元申请验收评定时，施工单位应提交单元工程所含工序（或检验项目）验收评定的检验资料，监理单位应提交对单元工程施工质量的平行检测资料。

4. 为工程质量评定和验收提供依据

项目法人单位及项目主管部门通过第三方质量检测的工作及时对工程建设的总体质量进行动态管理，发现质量问题及时采取整改措施；对已建工程质量有重大分歧时，由项目法人委托第三方具有相应资质等级的质量检测单位进行检测，检测数量视需要确定，检测费用由责任方承担。工程竣工验收时，第三方检测单位进行的质量检测和数据汇总分析工作，可以将工程建设的实际情况与工程设计文件中提出的各项技术指标进行一一对比，帮助项目法人单位及工程竣工验收委员会对工程建设总体质量有比较精确的量化评判。

5．为质量监督工作提供最有效的监督手段

工程质量检测机构出具的检测报告和反馈的检测信息，帮助质监人员及时掌握工程的质量状况，有针对性地开展质量监督工作。特别在对已建成工程质量发现疑点时，质检机构可以直接委托检测机构进行检测，对参建各方的检测工作进行校核比对，及时消除质量隐患。

三、工程质量检测工作内容

1．检测依据

（1）国家和行业现行有关法律、法规、规章。

（2）现行的水利行业标准、国家标准、其他行业标准、地方标准和企业标准。

（3）已批准的设计文件及相应的设计变更修改文件。

（4）已批准的施工设计和施工技术措施设计文件。

（5）根据以上文件、规程和标准编制的工程项目划分以及质量检查评定标准表式。

（6）设备制造厂提供的设备安装说明书和有关的技术标准。

（7）项目法人单位和施工单位双方签订的承包合同中规定的有关质量要求和施工过程中达成的有关质量要求协议等。

2．基本规定

（1）工程施工质量检验中使用的计量器具、试验仪器仪表及设备应通过县级以上计量行政主管部门认定的计量检定机构或授权设置的计量检定机构进行定期检定，并具备有效的检定证书。

（2）从事检验检测工作的人员必须经考核合格后，持证上岗。

（3）工程质量检验的项目和数量必须符合《水利水电工程单元工程施工质量验收评定标准》（SL 636～639）。

（4）工程质量检验方法应符合《水利水电工程单元工程施工质量验收评定标准》（SL 636～639）和国家及行业现行技术标准的有关规定。

（5）工程质量检验数据应真实可靠，检验记录及签证应完整齐全。

（6）对涉及工程结构安全的试块、试件及有关材料，应实行见证取样。

（7）工程中永久性房屋、专用公路、专用铁路等项目的施工质量检验与评定可按相应行业标准执行。

（8）工程中出现检验不合格的项目时处理原则如下：

1）原材料、中间产品一次抽样检验不合格时，应及时对同一取样批次另取两倍数量进行检验，如仍不合格，则该批次原材料或中间产品应定为不合格，不得使用。

2）混凝土（砂浆）试件抽样检验不合格时，应委托具有相应资质等级的质量检测单位对相应工程部位进行检验。如仍不合格，由项目法人组织有关单位进行研究，并提出处理意见。

3）单元（工序）工程质量检验不合格时，应按合同要求进行处理或返工重做，并经重新检验达到合格后方可进行后续单元（工序）工程的施工。

4）对已完工程进行质量检验不合格时，应按有关规定进行处理，经重新检验达到合格后方可进行验收或后续工程施工。

3. 检测内容

(1) 原材料。在水利工程质量检测中，对原材料的质量检测是重要的内容之一。原材料质量的好坏直接影响工程建设实体质量，保证原材料质量，是保证工程实体质量的基础环节。

施工单位按《水利水电工程单元工程施工质量验收评定标准》(SL 636～639) 及有关技术标准对水泥、钢材等原材料质量进行检验，并报监理单位复核。不合格产品不得使用。这是强制性条文。具体见表 6-3。

表 6-3　　原材料质量检测频次及依据

序号	材料名称	检测频次依据	检测频次	检测项目与内容
1	水泥	1.《通用硅酸盐水泥》(GB 175—2007)； 2.《中热硅酸盐水泥、低热硅酸盐水泥》(GB 200—2017)； 3.《低热微膨胀水泥》(GB 2938—2008)； 4.《抗硫酸盐硅酸盐水泥》(GB 748—2005)	同品种、同标号、同批号每 200t 一批	3d、28d 抗压强度及抗折强度，细度，凝结时间，安定性等
		《水工混凝土施工规范》(SL 677—2014)	同厂家、同品种、同强度等级、同批号每 200～400t 一批	3d、28d 抗压强度及抗折强度，细度，凝结时间，安定性等
2	钢筋	1.《钢筋混凝土用钢　第 1 部分：热轧光圆钢筋》(GB 1499.1—2017)； 2.《钢筋混凝土用钢　第 2 部分：热轧带肋钢筋》(GB 1499.2—2018)； 3.《水工混凝土施工规范》(SL 677—2014)	同一炉(批)号、同截面尺寸每 60t 一批	外观质量及直径、抗拉强度、屈服点、伸长率、冷弯等
3	外加剂	《水工混凝土施工规范》(SL 677—2014)	掺量≥1%：不超过 100t 为一批；掺量 $0.05\% \leqslant X < 1\%$：50t 为一批；掺量＜0.05%：2t 为一批	减水率、泌水率比、含气量、凝结时间差、塌落度损失、抗压强度比。必要时检验收缩率比、相对耐久性、匀质性
4	粉煤灰	《水工混凝土施工规范》(SL 677—2014)	连续供应的同种、同批号每 200t 一批	细度、需水量比、烧失量、含水量等
5	硅粉	《水工混凝土用硅粉品质标准暂行规定》(水规科〔1991〕10 号)	连续供应的同批号 20t 为一批	二氧化硅含量、含水率、烧失量、火山灰性指数、细度、均匀性
6	石灰	1.《建筑生石灰》(JC/T 479—2013)； 2.《建筑消石灰》(JC/T 481—2013)	每进场一批检测 1 次	氧化镁＋氧化钙、氧化镁、三氧化硫、细度、二氧化碳(生石灰)、产浆量(生石灰)、游离水(消石灰)、安定性(消石灰)
7	塑料管材	《建筑排水用硬聚氯乙烯(PVC-U)管材》(GB/T 5836.1—2006)	同厂家、同规格、同批号，每 50t 一批	平均外径、壁厚、密度、维卡软化温度、纵向回缩率、拉伸屈服强度、落锤冲击

续表

序号	材料名称	检测频次依据	检测频次	检测项目与内容
7	塑料管材	《给水用硬聚氯乙烯（PVC－U）管材》（GB/T 10002.1—2006）	同厂家、同规格、同批号：d_n≤63mm时，每50t一批；d_n>63mm，每100t一批	平均外径、壁厚、密度、维卡软化温度、纵向回缩率、落锤冲击、液压试验、卫生性能（输送饮用水时做）
		《低压输水灌溉用硬聚氯乙烯（PVC－U）管材》（GB/T 13664—2006）	同厂家、同规格、同批号，每30t一批	平均外径、壁厚、密度、纵向回缩率、拉伸屈服应力、静液压试验、扁平试验、落锤冲击
		《给水用聚乙烯（PE）管道系统　第2部分：管材》（GB/T 13663.2—2018）	同厂家、同规格、同批号，每200t一批	平均外径、壁厚、静液压强度、纵向回缩率、断裂伸长率、卫生性能（输送饮用水时做）
		《埋地用聚乙烯（PE）结构壁管道系统　第1部分：聚乙烯双壁波纹管材》（GB/T 19472.1—2004）	同厂家、同规格、同批号：内径≤500mm时，每60t一批；内径>500mm时，每300t一批	平均外径、壁厚、环刚度、冲击性能、环柔性、烘箱试验
8	水	《水工混凝土施工规范》（SL 677—2014）	地表水6个月1次；地下水每年1次；再生水3个月1次	pH值、不溶物、可溶物、氯化物、硫酸盐、碱含量
9	普通中空锚杆	《中空锚杆技术条件》（TB/T 3209—2008）	同批号、同规格每1000套一批	屈服强度、抗拉强度、屈服力、最大力、断后伸长率
10	钢丝网/格宾笼	《工程用机编钢丝网及组合体》（YB/T 4190—2009）	每进场一批检测1次	丝径、钢丝抗拉强度、钢丝伸长率、网孔尺寸；镀锌量、网片抗拉强度依据设计要求
11	聚乙烯泡沫板	《给水排水工程混凝土构筑物变形缝技术规范》（CECS/T 117—2017）	每进场一批检测1次	表观密度、抗拉强度、抗压强度、撕裂强度、硬度等
12	土工合成材料	《水利水电工程土工合成材料应用技术规范》（SL/T 225—98）	每进场一批检测1次	单位面积质量、厚度、拉伸强度、断裂伸长率、撕裂强度、顶破强度；等效孔径、渗透系数、耐静水压、抗老化性依据设计要求

止水材料质量试验检测依据标准见表6－4。

表6－4　　止水材料质量试验检测依据标准

序号	项目	检测依据	评定依据
1	橡胶止水带	1.《硫化橡胶或热塑性橡胶拉伸应力应变性能的测定》（GB/T 528—2009）； 2.《硫化橡胶或热塑性橡胶撕裂强度的测定（裤形、直角形和新月形试样）》（GB/T 529—2008）； 3.《硫化橡胶或热塑性橡胶压入硬度试验方法　第1部分：邵氏硬度计法（邵尔硬度）》（GB/T 531.1—2008）	1.《高分子防水材料　第1部分：片材》（GB 18173.1—2012）； 2.《高分子防水材料　第2部分：止水带》（GB 18173.2—2014）

续表

序号	项目	检测依据	评定依据
2	SR塑性止水材料	1.《建筑密封材料试验方法　第6部分：流动性的测定》(GB/T 13477.6—2002)； 2.《建筑密封材料试验方法　第8部分：拉伸黏结性的测定》(GB/T 13477.8—2017)； 3.《沥青针入度测定法》(GB/T 4509—2010)； 4.《塑料　非泡沫塑料密度的测定　第1部分：浸渍法、液体比重瓶法和滴定法》(GB/T 1033.1—2008)	1.《水工建筑物塑性嵌缝密封材料技术标准》(DL/T 949—2005)； 2. 依据相关施工技术要求评定
3	GB柔性填料	1.《建筑密封材料试验方法　第6部分：流动性的测定》(GB/T 13477.6—2002)； 2.《建筑密封材料试验方法　第8部分：拉伸黏结性的测定》(GB/T 13477.8—2017)； 3.《沥青针入度测定法》(GB/T 4509—2010)； 4.《塑料　非泡沫塑料密度的测定　第1部分：浸渍法、液体比重瓶法和滴定法》(GB/T 1033.1—2008)	《混凝土面板堆石坝接缝止水技术规范》(DL/T 5115—2016)
4	BW-2加强型止水条片	《硫化橡胶或热塑性橡胶拉伸应力应变性能的测定》(GB/T 528—2009)	《高分子防水材料 第3部分 遇水膨胀橡胶》(GB 18173.3—2014)
5	铜止水及铜止水片焊接接头	1.《金属材料 拉伸试验　第1部分：室温试验方法》(GB/T 228.1—2010)； 2.《金属材料 弯曲试验方法》(GB/T 232—2010)	1.《铜及铜合金板材》(GB/T 2040—2017)； 2.《铜及铜合金带材》(GB/T 2059—2017)； 3.《水工建筑物止水带技术规范》(DL/T 5215—2005)

(2) 中间产品。施工单位要按照《水利水电工程单元工程施工质量验收评定标准》(SL 631～639) 及有关技术标准对中间产品质量进行检测，并报监理单位复核，不合格产品不得使用。具体见表6-5。

表6-5　　中间产品质量检测频次及依据

序号	中间产品名称	检测频次依据	取样检测频次	备注
1	细骨料(常规检测)	《水工混凝土施工规范》(SL 677—2014)	同料源连续供应的每600～1200t/批［细度模数、石粉含量(人工砂)、含泥量、泥块含量、表面含水率］	
2	细骨料(抽样检验)	《水工混凝土施工规范》(SL 677—2014)	每月1～2次［表观密度、细度模数、石粉含量、表面含水率、含泥量、坚固性、泥块含量、硫化物及硫酸盐含量、云母含量、轻物质含量、有机质含量、碱活性(必要时)］	
3	粗骨料(常规检测)	《水工混凝土施工规范》(SL 677—2014)	同料源、同规格连续供应的碎石每2000t一批，卵石每1000t一批(超径、逊径、含泥量、泥块含量、针片状)	
4	粗骨料(抽样检验)	《水工混凝土施工规范》(SL 677—2014)	每月1～2次［压碎指标值、表观密度、吸水率、含泥量、坚固性、软弱颗粒含量、针片状颗粒含量、泥块含量、硫化物及硫酸盐含量、有机质含量、超径、逊径、碱活性(必要时)］	

续表

序号	中间产品名称	检测频次依据	取样检测频次	备注
5	块石	《水利水电工程单元工程施工质量验收评定标准 土石方工程》(SL 631—2012)	根据料源情况检测1～3组，但每种材料至少检测1组[设计指标（如饱和单轴抗压强度、软化系数等）]	
6	混凝土28d抗压强度	《水工混凝土施工规范》(SL 677—2014)	大体积混凝土500m³取1组，非大体积100m³取1组	
7	混凝土设计龄期抗压强度		大体积混凝土1000m³取1组，非大体积200m³取1组	
8	混凝土抗拉强度		28d每2000m³取1组，设计龄期每3000m³取1组	
9	混凝土抗渗指标		同一配合比每季度施工的主要部位取样1～2组	
10	混凝土抗冻指标		同一配合比每季度施工的主要部位取样1～2组	
11	混凝土坍落度		机口每4h检测2次，仓面每8h检测2次	
12	混凝土含气量		每4h检测1次（抗冻、碾压混凝土）	
13	混凝土出机温度		每4h检测1次	
14	混凝土浇筑温度		每100m² 仓面测1点，每浇筑层不少于3点	
15	钢筋电弧焊接头	《水工混凝土施工规范》(SL 677—2014)	每300根接头取样1组检测	每组3个
16	钢筋机械接头		机械连接：每500个接头为1批，做拉伸试验	每组3个
17	钢筋闪光对焊	《钢筋焊接及验收规程》(JGJ 18—2012)	每300根接头取样1组检测	每组6个：3根冷弯 3根拉伸
18	水泥砂浆	《浆砌石坝施工技术规定》(SDJ 120—84)	28d每200m³砌体取1组，设计龄期每400 m³砌体取1组	
19	喷射混凝土	《水利水电工程锚喷支护技术规范》(SL 377—2007)	每一配合比每喷1000m²混凝土至少取1组试件，检测28d抗压强度	喷大板或钻芯
20	锚杆抗拔试验		每300根锚杆为1批，每批3根	
21	坝体黏性土压实质量	《水利水电工程单元工程施工质量验收评定标准 土石方工程》(SL 631—2012)	1次/(100～200m³)	
22	坝体砾质土压实质量		1次/(200～500m³)	
23	坝体（壳）砂砾料压实质量		1000～5000m³取1个试样，每层不少于10个，渐至坝顶处每层或每单元不少于5个	
24	堆石料压实质量		主堆石区5000～50000m³取样1次，过渡层区1000～5000m³取样1次	试坑法
25	反滤（过渡）料压实质量		每200～400m³检测1次，每个取样断面每层不少于1组	试坑法

续表

序号	中间产品名称	检测频次依据	取样检测频次	备注
26	面板堆石坝垫层料压实质量	《水利水电工程单元工程施工质量验收评定标准　土石方工程》(SL 631—2012)	水平面每500～1000m³检测1次，每单元不少于3次；斜坡面每1000～2000m³检测1次	试坑法
27	堤身填筑压实质量	《堤防工程施工规范》(SL 260—2014)	每填筑100～150m³取样1个，每层不少于3个	

混凝土预制构件可由施工单位自行制作或向其他供货单位采购。自行制作原材料质量检测参照前表执行，向其他单位采购时原材料质量检测参照商品混凝土质量控制办法。安装前，施工单位应对预制构件的外观尺寸、强度等设计指标进行检测，监理单位应对其进行跟踪检测和平行检测。（有关内容参见“第七章工程质量监督检查”中“三、工程实体质量监督检查”中“11. 其他”中“（1）商品混凝土”。）

（3）土方填筑准备阶段碾压试验。土方填筑料施工前，应在料场采集代表性土样复核土料的土质，确定压实控制指标；在铺填前，应进行碾压试验，以确定碾压方式及碾压质量控制参数；填筑过程中，应通过土工试验对压实度、含水率或相对密度进行检测。有关工程的土方填筑碾压试验参照《水利水电工程单元工程施工质量验收评定标准　土石方工程》(SL 631—2012)、《水利水电工程单元工程施工质量验收评定标准　堤防工程》(SL 634—2012)和《堤防工程施工规范》(SL 260—2014）执行。

（4）碾压混凝土现场碾压试验。碾压混凝土施工前应进行现场碾压试验，通过现场碾压试验验证混凝土配合比设计的合理性，检验施工过程中原材料生产系统、混凝土制备系统、运输系统和平仓、碾压机具等的运行可靠性和配套性，确定合理的施工工艺和参数，选择优化的材料投料顺序、拌和时间以及质量控制措施，如摊铺方式、平仓厚度、碾压厚度、碾压次数等。同时，结合生产系统的综合能力，通过现场碾压试验也可以确定压实厚度。碾压混凝土碾压试验的内容参照《水利水电工程单元工程施工质量验收评定标准　混凝土工程》(SL 632—2012)、《水工碾压混凝土施工规范》(SL 53—1994）及《水工碾压混凝土施工规范》(DL/T 5112—2009）有关规定执行。

（5）水工金属结构。水工金属结构的质量状况直接影响安装后的工程质量是否合格，因此，上述重要产品出厂前应由项目法人主持，设计、监造、安装等单位的相关专业工程技术人员参加进行出厂验收。

进场后必须由项目法人组织设计、施工和监理等单位进行交货验收。交货验收应按照《水利水电工程钢闸门制造、安装及验收规范》(GB/T 14173—2008)、《水工金属结构焊接通用技术条件》(SL 36—2016)、《水利水电工程启闭机制造安装及验收规程》(SL 381—2007）等有关规定和合同约定要求进行，并有详细的验收记录资料。

安装前，施工单位应检查产品是否有出厂合格证、设备安装说明书及有关技术文件，对在运输和存放过程中发生的变形、受潮、损坏等问题应做好记录，并进行妥善处理。无出厂合格证或不符合质量标准的产品不得用于工程中。

金属结构的检测内容一般包括：

1）板（材）厚度。采用超声波测厚仪检测，依据《无损检测 接触式超声波脉冲回波法测厚方法》(GB/T 11344—2008)，对主要构件按每种规格抽检1块钢板，检测5点。

2）钢板（材）化学元素分析。采用光谱法或化学分析法，对主要构件的每种规格钢板（材）均进行抽检。

3）焊缝外观质量。用焊接检验尺和钢直尺量测，对每个检测单元按各类焊缝100%抽检。

4）焊缝内部质量。采用超声波法，依据《焊缝无损检测 超声检测 技术、检测等级和评定》(GB/T 11345—2013）进行探伤，当有争议时采用射线法依据《金属熔化焊焊接接头射线照相》(GB/T 3323—2005）进行校验。对每个检测单元按一类焊缝100%、二类焊缝50%抽检，一类、二类焊缝分别符合《焊缝无损检测 超声检测 技术、检测等级和评定》(GB/T 11345—2013）和《焊缝无损检测 超声检测 验收等级》(GB/T 29712—2013）的规定。

5）锈蚀深度和锈蚀面积。采用测厚仪、深度游标卡尺、钢板尺等仪器和工具进行检测，每个构件不少于3个检测断面。

6）防腐层厚度。依据《水工金属结构防腐蚀规范》(SL 105—2007）和《热喷涂 金属和其他无机覆盖层 锌、铝及其合金》(GB/T 9793—2012）的有关规定，采用磁性电涡流测厚仪或涂层测厚仪检测。对较大表面每$10m^2$设置3个测区；对较小表面每$2m^2$设置1个测区；对于每个测区按GB/T 9793—2012中的技术要求布置10个测点。

7）防腐层附着力。依据《水工金属结构防腐蚀规范》(SL 105—2007）采用划格法或者拉开法进行检测，每个检测单元不少于5个测区。

此外，各类金属结构产品的检测方法还应符合《水工金属结构制造安装质量检验通则》(SL 582—2012）的有关规定要求，其基本检验项目包括：进场物资检验，下料检验，机械加工检验，硬度检验，焊接检验，螺栓连接检验，几何尺寸检验，防腐蚀检验。

（6）机电设备。机电设备从机械和电气两方面分别按照有关规范的要求进行检测试验。

1）泵站工程。泵站机组启动试运行具体操作过程和有关要求参照《水轮发电机组启动试验规程》(DL/T 507—2014）执行，机组带额定负荷连续运行时间为24h或7d内累计运行时间为48h，包括机组无故障停机次数不少于3次；受水位或水量限制无法满足上述要求的，经过项目法人组织论证并提出专门报告报验收主持单位批准后，可适当降低机组启动运行负荷以及减少连续运行时间。

泵站工程中泵站机组装置效率是反映抽水设备及泵站各部分效率的综合指标，是泵站更新改造或拆除重建必须进行的测试项目，依据《泵站现场测试与安全检测规程》(SL 548—2012）执行。

泵站工程其他的有关检测试验应按照《泵站安装及验收规范》(SL 317—2015)、《泵的噪声测量与评价方法》(GB/T 29529—2013)、《泵的振动测量与评价方法》(GB/T 29531—2013)、《旋转电机振动测定方法及限值》(GB/T 10068—2008)、《旋转电机噪声测定方法及限值》(GB/T 10069—2008）和《电气装置安装工程电气设备交接试验标准》(GB/T 50150—2016）等有关规定和合同约定要求进行，并有详细的验收记录资料。

2）水电站工程。水电站工程中启动试验和功率及效率测试作为水轮发电机组综合性能的评价指标，大中型水电站反击式/冲击式水轮机水力性能现场验收试验依据《水轮机、蓄能泵和水泵水轮机水力性能现场验收试验规程》(GB/T 20043—2005）执行，机组日常

运行检查及安全检测时可参照其执行。

水电站工程的其他有关检测试验应按照《小型水电站机组运行综合性能质量评价标准》(SL 524—2011)、《小型水电站现场效率试验规程》(SL 555—2012)、《水力机械（水轮机、蓄能泵和水泵水轮机）振动和脉冲现场验收试验规程》(GB/T 17189—2007)、《水轮机、蓄能泵和水泵水轮机水力性能现场验收试验规程》(GB/T 20043—2005)、《水轮发电机组启动试验规程》(DL/T 507—2014)、《灯泡贯流式水轮发电机组启动试验规程》(DL/T 827—2014)、《水利水电工程高压配电装置设计规范》(SL 311—2004)、《大中型水轮发电机静止整流励磁系统及装置试验规程》(DL/T 489—2006) 和《电气装置安装工程电气设备交接试验标准》(GB/T 50150—2016) 等有关规定和合同约定要求进行，并有详细的验收记录资料。

(7) 单元（工序）工程质量检验。主要是由施工单位按《单元工程评定标准》检验工序及单元工程质量，做好书面记录，在自检合格后，填写《单元工程质量评定表》报监理单位复核。

监理单位根据自己抽检资料核定单元（工序）工程质量等级，发现不合格单元（工序）工程时，应要求施工单位及时进行处理，检验合格后才能进行后续工程施工。

(8) 其他专项检测。工程需要进行的专项检测试验，由施工单位制定专项检测方案，报监理单位审批后委托具备资格的检测单位进行，监理可不进行平行检测。

专项检测试验具体内容参照相关规范执行，一般包括：地基及地基承载力静载检测、桩的承载力检测、桩的抗拔检测、桩身完整性检测、金属结构设备及机电设备检测、电气设备检测、安全监测设备检测、锚杆锁定力检测、管道工程压水试验、过水建筑物充水试验、预应力锚具检测、预应力锚索与管壁的摩擦系数检测等。

四、工程质量检测工作分类及其重点

根据质量检测单位在工程建设中所发挥作用的不同，通常把它们分为四类：一是为施工单位保证质量提供依据的质量检测工作称为“自检”；二是为监理单位控制和复核质量提供依据的质量检测工作称为“抽检”；三是为建设单位总体管控质量提供依据的质量检测工作称为“第三方检测”；四是为质量监督及稽查机构随机性监督检查提供依据的质量检测工作称为“飞检”或“监督检测”。在实际的工程建设中，这四类工程检测工作按照各自不同的检测数量和检测频率开展，既有联系又有区别，既有相同的工作部分又有不同的侧重点，对保证工程施工质量共同发挥着互相不可替代的作用。

1. 施工自检

在工程施工过程中，施工单位为了控制相应部位或建筑物总体的施工质量，按照规范的要求，抽取一定数量的用于工程的主要原材料或构件进行检测，根据检测结果可以判断出所代表的部位的质量，这是施工单位保证工程施工质量所采取的最基本的、最主要的技术措施。施工单位自检的数量是四类质量检测中最大的。

一般小型水利工程的施工单位自检工作都委托给工程项目所在地就近的、具有相应水利工程质量检测资质的单位进行，中小型水利枢纽工程一般在工地施工现场设立了试验室。

自检工作的目的是保证施工单位所承担标段工程的施工质量，因此，它的工作重心在于用于所承担工程标段的主要原材料及工程实体的强度、抗渗、抗冻等指标是否达到施工规范或合同约定的标准，它所依据的主要是各类水利水电工程的施工规范。以水工混凝土为例：

(1) 主要原材料。《水利水电工程施工质量检验与评定规程》(SL 176—2007) 第4.3.3条明确规定，施工单位应按照《单元工程评定标准》及有关技术标准对水泥、钢材等原材料和中间产品质量进行检验，并报监理单位复核。不合格产品不得使用。

(2) 混凝土强度的检测。《水工混凝土施工规范》(SL 677—2014) 第4.9.12条做如下规定：现场混凝土质量检验以抗压强度为主，同一标号混凝土试件的数量应符合下列要求：

1) 大体积混凝土：28天龄期每500m^3成型试件3个；设计龄期每1000m^3成型试件3个。

2) 非大体积混凝土：28天龄期每100m^3成型试件3个；设计龄期每200m^3成型试件3个。

3) 对于抗拉强度：28天龄期每2000m^3成型试件3个；设计龄期每3000m^3成型试件3个。

《水工混凝土施工规范》(SL 677—2014) 中还特别注明：

1) 混凝土的抗渗、抗冻要求，应在混凝土配合比设计中予以保证。因此，应适当地取样成型，以检验混凝土配合比。当有其他特殊要求时，由设计与施工单位另作规定。

2) 每一浇筑块混凝土方量不足以上规定数字时，也应取样成型一组试件。

3) 主体工程混凝土方量达100万m^3以上时，成型试件数量由设计施工单位商定。

4) 三个试件应取自同一盘混凝土。

(3) 混凝土抗渗抗冻。关于混凝土抗渗抗冻的要求指标，《水工混凝土施工规范》(SL 677—2014) 第11.5.6条做出了规定。它虽然在混凝土设计中已经要求予以保证，但在施工中进行检验是必要的。因为混凝土配合比设计试验可保证达到设计要求指标，而施工中原材料质量的变化、混凝土生产工艺的过程质量控制，尤其是含气量控制的稳定性都会影响到混凝土的抗冻性、抗渗性的变化。

(4) 钻孔取芯和压水试验。《水工混凝土施工规范》(SL 677—2014) 第11.5.10条规定对已建成的混凝土建筑物应进行钻孔取芯和压水试验，并提出了大坝大体积混凝土每万立方米混凝土可钻孔取芯和压水试验2～10m。这是因为无论在机口或浇筑地点抽样成型的试件，都是代表混凝土拌和物的质量，但对混凝土施工的下料、平仓、振捣、泌水排除及层面处理和控制均未包含在内。而这些工序作用的严谨程度，对混凝土的质量有重要影响，建成的混凝土建筑物的质量要依靠钻孔取出芯样的检验及压水试验成果后做出判定，因而被列为必测项目。

2. 监理抽检

监理机构对工程质量的抽检属于复核施工单位自检工作性质的质量检测工作，它分为跟踪检测和平行检测两种，其数量以能达到核验工程质量为准，以主控检查、检测项目作为复测重点，一般项目也应复测。监理机构应有独立的抽检资料，主要指原材料、中间产品和混凝土（砂浆）试件的平行检测资料以及对各工序的现场抽检记录。

(1) 跟踪检测。跟踪检测指在施工单位进行试样检测前，监理机构对其检测人员、仪器设备以及拟订的检测程序和方法进行审核；在施工单位对试样进行检测时，实施全过程的监督，确认其程序、方法的有效性以及检测结果的可信性，并对该结果确认。

跟踪检测应符合下列规定：

1）实施跟踪检测的监理人员应监督施工单位的取样、送样以及试样的标记和记录，并与施工单位送样人员共同在送样记录上签字。发现施工单位在取样方法、取样代表性、试样包装或送样过程中存在错误时，应及时要求予以改正。

2）跟踪检测的项目和数量（比例）应在监理合同中约定。其中混凝土试样应不少于施工单位检测数量的7%，土方试样应不少于施工单位检测数量的10%。施工过程中，监理机构可根据工程质量控制工作需要和工程质量状况等确定跟踪检测的频次分布，但应对所有见证取样进行跟踪。

（2）平行检测。平行检测指监理机构在施工单位对试样自行检测的同时，独立抽样进行的检测，核验施工单位的检测结果。平行检测是由监理机构组织实施的与施工单位测量、试验等质量检测结果的对比性检测。

平行检测应符合下列规定：

1）监理机构可采用现场测量手段进行平行检测。

2）要通过实验室进行检测的项目，监理机构应按照监理合同约定通知项目法人单位委托或认可的具有相应资质的工程质量检测机构进行检测试验。

3）平行检测的项目和数量（比例）应在监理合同中约定。其中，混凝土试样应不少于施工单位检测数量的3%，重要部位每种标号的混凝土至少取样1组；土方试样应不少于施工单位检测数量的5%，重要部位至少取样3组。

施工过程中，监理机构可根据工程质量控制工作需要和工程质量状况等确定平行检测的频次分布。根据施工质量情况需要增加平行检测项目、数量时，监理机构可向项目法人提出建议，经项目法人同意增加的平行检测费用由项目法人承担。

3. 第三方检测

第三方检测主要是受项目法人的委托，为项目法人的质量管理工作提供技术支持的质量检测工作。它的工作量虽然比监理单位的抽检更少，但是它在工程建设过程中的施工质量动态监控、质量分歧评判、建成项目的工程质量总体评价、监控工程项目的总体质量等方面发挥着主导性的作用，因此，第三方检测的水平也在很大程度上影响了工程项目的质量水平。第三方检测单位一般在工程正式开工前，由项目法人单位按照水利工程建设管理的有关法律法规择优确定，并要在办理质量监督手续时得到质量监督单位的确认，从工程正式开工就开展检测工作，直至工程竣工验收，实行全过程质量检测。

（1）第三方检测单位的条件。第三方检测单位应符合以下条件：

1）第三方检测单位不能和施工自检单位为同一单位，或有隶属关系及其他经济利益关系，以保证第三方检测工作的客观公正性，有效进行质量数据的比对、评判。由于目前水利工程质量检测市场的发展所限，中小型水利工程中监理单位的平行检测一般也委托第三方检测单位进行。

2）第三方检测单位要具有与该工程项目规模相对应的水利工程质量检测资质证书并在有效期内，工程所需的检测、试验项目在其计量认证参数范围内。它也可以根据工程建设的实际条件，和施工单位自检一样设立现场试验室。

3）第三方检测单位的技术负责人要具有丰富的水利工程质量检测工作经验，特别是负责该工程项目的技术负责人和检测员，要具有类似工程的质量检测工作经历，能够全面、准确把握该类工程质量检测的重点、难点、关键点，有预见性地开展质量检测工作，防止出现工作漏项。

（2）第三方质量检测工作的主要内容。在工程建设过程中，第三方质量检测工作的内容主要包括三方面：

1）对施工质量动态监控。

a. 第三方检测单位按照项目法人单位的委托，对施工单位自检工作执行行业标准、规范和规程的情况和按照规定的批次、频率进行检测的情况进行检查督导，对施工、监理单位的检测数据进行分类统计、汇总、分析，评估、预判质量态势，发现质量问题及时采取应对措施，切实起到项目法人质量参谋和技术咨询的作用。

b. 对原材料、中间产品、半成品进行复核性检测。原材料质量检测频率为施工单位质量检测数量的1/5～1/10；中间产品、半成品的检测频率为施工单位质量检测数量的1/10～1/20，最低不少于1个。

第三方检测单位对各个标段施工单位所用于工程的水泥、钢材等原材料与中间产品质量进行抽检，通过汇总分析的检测数据，项目法人单位可以掌握各个时间点、各个施工单位用于工程的原材料与中间产品质量及某个时段内的总体质量情况，发现不合格产品应清除出场。

c. 紧随工程建设进度对已建成的工程实体质量及时进行检测，这是第三方质量检测工作的重点。

通过对各个单元工程、分部工程及单位工程混凝土、砂浆等工程实体的强度、抗渗、抗冻等指标进行检测，评定其工程质量是否符合设计和相关技术标准的要求，这是工程质量评定的重要依据。第三方检测工作使工程建设中的质量评定更加科学、准确、客观、真实。

2）对工程质量分歧评判。对已建工程质量有重大分歧时，由项目法人委托第三方具有相应资质等级的质量检测单位进行检测，检测内容和数量视解决质量分歧的需要而定，检测费用由责任方承担。对可即时实施返修或整改的质量缺陷，应由相关责任单位实施返修或整改，然后再进行2倍检测数量的复检。

3）工程竣工验收前质量总体评价。水利工程竣工验收前对整个工程进行全面的第三方质量检测，其要素包括：

a. 抽检的范围。至少应为工程竣工验收所包含的全部永久工程中的各主要建筑物及其主要设施设备和结构构件，抽检对象应具有同类结构及设施设备的代表性。

b. 抽检的依据。抽检应根据工程竣工验收范围，依据国家和行业有关法规、技术标准规定和设计文件要求，结合工程现场实际情况实施，抽检结果对现场抽检工程部位负责。

c. 抽检的内容。检测单位应根据工程实际情况，依据水利工程质量检测技术规程的规定划分检测单元，确定检测方法，明确检测依据，编入检测方案。

d. 抽检的方法。抽检应尽量采用无损检测方法，减少或避免对工程及其建筑物重要部位或受力结构造成不可恢复的损坏。同一个检测项目，有多种检测方法可以选择时，应优先选择精度高的检测方法。项目法人也可以根据工程实际需要确定检测项目和检测方法。

e. 抽检的数量。应不少于验收工程同类结构体和设备检测单元（土建工程、金属结构、水力机械与电气安装工程按照实体结构的构件、金属结构的各类闸门、启闭系统、拦

污装置、起重设备、水力机械、电气设备等）数量的1/3，最低不少于1个。

当同一类检测单元数量大于10个时，抽检比例可为1/4；当同一类检测单元数量大于20个时，抽检比例可为1/5。

对于堤防工程竣工验收抽检，应按照每2km抽检1个检测单元进行，每段堤防至少抽检1个检测单元，对于填筑材料发生变化的堤段应重新布设检测单元。

其他中小型水利工程质量抽检的数量可以参考本章“六、规范全过程质量检测工作”中的表格执行。

f. 特殊部位检测。除正常抽检内容以外，应依据工程建设过程有关文件资料，在工程的重要部位、建设过程中发生过质量问题部位、原各类检查和稽查中提出过问题的部位、质量监督单位认为应重点检查的部位、完工后发现质量缺陷等部位增加布置一定检测工作量。

g. 质量问题处理。当初步检测发现存在质量缺陷或质量问题时，应及时通报项目法人、质量监督机构和竣工验收主持单位。对可即时实施返修或整改的缺陷，应由相关责任单位实施返修或整改，然后再进行2倍检测量的复检。

对发现的重大质量缺陷或不能即时实施返修整改的质量缺陷或问题，应报告质量监督机构和竣工验收主持单位，由竣工验收主持单位会同有关单位负责提出解决意见和措施。

4. 飞检（监督检测）

水利工程工程质量监督检测中所称的“飞检”，借鉴自1991年国际奥委会赛外兴奋剂检查（亦称“飞行检查”），它原指的是在非比赛期间进行的不事先通知的突击性兴奋剂抽查，即：执行赛外检查的有关体育组织的代表、取样官员和监察员可在未通知任何人的情况下，突然来到受检运动员的训练营地、宿舍或常驻地，要求进行赛外检查。

水利工程质量飞检，通常是水利工程质量监督机构随机监督检查，或者各级工程稽查、审计机构对某处工程质量的真实性产生质疑时，直接委托工程所在地之外的、具有良好信誉和丰富工作经验的甲级水利工程质量检测单位进行工程质量专项检测。飞检的质量检测费用由工程稽查、审计或质量监督机构支付，检测内容根据工作需要确定，一般是对有疑问的工程实体质量的单项指标进行数量很少的抽检，根据检测结果对有关的责任方进行处理。由于飞检具有随机性、不确定性及极强的针对性，因此它能极大地树立稽查、审计、监督等行政执法活动的权威。

五、工地试验室的确认

水利工程质量检测单位工地试验室是水利工程建设从业单位根据工程建设质量控制和检验工作需要，委托具备水利工程质量检测资质的检测单位在工地设置的临时试验室（以下简称工地试验室）。

1. 设立条件

水利工程质量检测单位设立工地试验室应满足以下条件：

（1）工地试验室应配备满足工程建设相关试验检测要求的仪器设备和检测人员。

（2）工地试验室配备的检测仪器设备必须经过质量技术监督局检定，并在检定有效期内开展检测工作。

（3）检测单位应制定工地试验室管理制度，规范工地试验室管理。

2. 备案资料

申请登记备案工地试验室应提交以下资料：

（1）水利工程质量检测单位工地试验室设立备案申请表（参见本章【示例 1】水利工程质量检测单位工地试验室登记备案表）。

（2）水利工程质量检测单位资质证书。

（3）检测单位与工程项目相关单位签订的检测合同。

（4）工地试验室申请开展检测项目及参数配备的主要检测仪器设备清单。

（5）工地试验室技术负责人和质量负责人的任职文件、职称证书、岗位证书、身份证复印件。

（6）工地试验室检测人员的职称证书、身份证、岗位证书。

（7）工地试验室管理制度及质量控制措施。

工地试验室只能开展委托合同中所确定项目的检测工作，不得对外承揽检测业务。

3. 质量监督机构确认

工程质量监督机构在接受工地试验室登记备案资料 10 工作日内，应安排 2 个以上工作人员对备案资料进行核查并到工地现场试验室一一核对实际到位情况；工地试验室如无不实情况，质量监督机构印发文件予以确认，该工地试验室自即日起可以进行委托合同项目内的质量检测工作。（参见本章【示例 2】水利工程质量检测单位工地试验室确认文件。）

六、规范全过程质量检测工作

水利工程项目法人对工程质量实行全过程第三方检测是对施工单位质量检测的复核性检验，为工程建设全过程的质量管理提供了重要的技术支撑。目前，大中型水利工程推行全过程第三方检测已经成为整个水利行业的共识，从中央到地方各省的项目都已经全面执行，并总结出许多好的经验和办法，为中小型水利工程的全过程质量检测提供了良好的借鉴。

在工程实践中，推行项目法人全过程质量检测工作的重点主要有以下几个方面：

1. 分类确定检测重点，减少检测数量

从陕西省小型水利工程质量检测的实践来看，《水利工程质量检测技术规程》（SL 734—2016）规定的检测项目和检测方法都适用于小型工程，突出的问题是：检测频率比较高、数量比较大，从列支的检测费和实际操作情况考虑都难以达到。对此，本节按照不同的工程类别确定重点，提出原则性的检测频率或数量，为中小型水利工程推进全过程第三方质量检测提供参考。

（1）河道治理工程。中小型河道治理工程全过程第三方检测工作的重点应放在施工过程的质量抽检。竣工前质量检测按照《水利水电建设工程验收规程》（SL 238—2008）中附录 R 和《水利工程质量检测技术规程》（SL 734—2016）的有关规定执行。

河道治理工程检测项目及数量见表 6-6。

表 6－6　　　　河道治理工程检测项目及数量

<table>
<tr><th>序号</th><th colspan="2">检测类别</th><th colspan="2">检 测 项 目</th><th>检测频率/数量</th><th>备 注</th></tr>
<tr><td rowspan="2">1</td><td rowspan="2" colspan="2">石笼护脚</td><td>1</td><td>网目尺寸</td><td>500m/断面</td><td rowspan="4">每单位工程至少3个</td></tr>
<tr><td>2</td><td>防冲体体积</td><td>500m/断面</td></tr>
<tr><td rowspan="2">2</td><td rowspan="2" colspan="2">石笼护坡</td><td>1</td><td>护坡厚度</td><td>500m/断面</td></tr>
<tr><td>2</td><td>坡面平整度</td><td>500m/断面</td></tr>
<tr><td rowspan="4">3</td><td rowspan="4" colspan="2">干砌石护坡</td><td>1</td><td>护坡厚度</td><td>500m/断面</td><td rowspan="4">每单位工程至少3个</td></tr>
<tr><td>2</td><td>坡面平整度</td><td>500m/断面</td></tr>
<tr><td>3</td><td>砌石坡度</td><td>500m/断面</td></tr>
<tr><td>4</td><td>砌筑质量</td><td>500m/断面</td></tr>
<tr><td rowspan="5">4</td><td rowspan="5" colspan="2">浆砌石护坡</td><td>1</td><td>护坡厚度</td><td>500m/断面</td><td rowspan="5">每单位工程至少3个</td></tr>
<tr><td>2</td><td>坡面平整度</td><td>500m/断面</td></tr>
<tr><td>3</td><td>勾缝质量</td><td>500m/断面</td></tr>
<tr><td>4</td><td>排水孔设置及反滤</td><td>500m/组（连续5孔）</td></tr>
<tr><td>5</td><td>变形缝结构与填充质量</td><td>500m/组（连续3缝）</td></tr>
<tr><td rowspan="3">5</td><td rowspan="3" colspan="2">混凝土预制块护坡</td><td>1</td><td>预制块外观及尺寸</td><td>500m/组（连续5块）</td><td rowspan="3">每单位工程至少3个</td></tr>
<tr><td>2</td><td>坡面平整度</td><td>500m/断面</td></tr>
<tr><td>3</td><td>砌缝宽度</td><td>500m/断面</td></tr>
<tr><td rowspan="4">6</td><td rowspan="4" colspan="2">现浇混凝土护坡</td><td>1</td><td>护坡厚度</td><td>500m/断面</td><td rowspan="4">每单位工程至少3个</td></tr>
<tr><td>2</td><td>坡面平整度</td><td>500m/断面</td></tr>
<tr><td>3</td><td>排水孔设置及反滤</td><td>500m/组（连续5孔）</td></tr>
<tr><td>4</td><td>变形缝结构与填充质量</td><td>500m/组（连续3缝）</td></tr>
<tr><td rowspan="4">7</td><td rowspan="4">土堤</td><td rowspan="3">外部尺寸</td><td>1</td><td>高程</td><td>1000m/断面</td><td rowspan="3">每2000m（单位工程）至少1个断面</td></tr>
<tr><td>2</td><td>宽度</td><td>1000m/断面</td></tr>
<tr><td>3</td><td>边坡坡度</td><td>1000m/断面</td></tr>
<tr><td>干密度</td><td>4</td><td>密实度</td><td>500m/断面（每断面≥2层，每层≥3点，不得在顶层取样）</td><td>每2000m（单位工程）至少20点</td></tr>
<tr><td rowspan="7">8</td><td rowspan="7" colspan="2">混凝土及砌石堤（墙）</td><td>1</td><td>堤（墙）顶高程</td><td>500m/断面</td><td rowspan="7">每单位工程至少3个</td></tr>
<tr><td>2</td><td>堤（墙）顶宽度</td><td>500m/断面</td></tr>
<tr><td>3</td><td>边坡坡度</td><td>500m/断面</td></tr>
<tr><td>4</td><td>表面平整度</td><td>500m/断面</td></tr>
<tr><td>5</td><td>排水孔设置及反滤</td><td>500m/组（连续5孔）</td></tr>
<tr><td>6</td><td>变形缝结构与填充质量</td><td>500m/组（连续3缝）</td></tr>
<tr><td>7</td><td>勾缝质量</td><td>500m/断面</td></tr>
<tr><td>9</td><td colspan="2">水泥</td><td>1</td><td>详见6.3.3节</td><td>≥施工自检10%</td><td></td></tr>
<tr><td>10</td><td colspan="2">细骨料</td><td>1</td><td>详见6.3.3节</td><td>≥施工自检10%</td><td></td></tr>
<tr><td>11</td><td colspan="2">粗骨料</td><td>1</td><td>详见6.3.3节</td><td>≥施工自检10%</td><td></td></tr>
<tr><td>12</td><td colspan="2">块石</td><td>1</td><td>详见6.3.3节</td><td>≥施工自检10%</td><td></td></tr>
<tr><td>13</td><td colspan="2">钢筋</td><td>1</td><td>详见6.3.3节</td><td>≥施工自检10%</td><td></td></tr>
<tr><td>14</td><td colspan="2">钢筋接头</td><td>1</td><td>详见6.3.3节</td><td>≥施工自检10%</td><td></td></tr>
<tr><td>15</td><td colspan="2">聚乙烯泡沫板</td><td>1</td><td>详见6.3.3节</td><td>≥施工自检10%</td><td></td></tr>
</table>

续表

序号	检测类别		检测项目	检测频率/数量	备注
16	塑料排水管	1	详见6.3.3节	≥施工自检10%	
17	室内击实/相对密度	1	最大干密度、最优含水率/最大干密度、最小干密度	每单位工程至少1组	
18	砂浆试块	1	抗压强度	≥施工自检10%	
19	混凝土试块	1	抗压强度	≥施工自检10%	
		2	抗冻性	≥施工自检10%，每个季节施工的主要部位至少1组	
		3	抗渗性	≥施工自检10%，每个季节施工的主要部位至少1组	
20	其他相关材料或设计指标，检测频率≥施工自检10%				

(2) 灌溉与排水（供水）工程。中小型灌溉与排水（供水）工程全过程第三方检测工作的重点应放在竣工验收前的质量检测上，参照《灌溉与排水工程施工质量评定规程》(SL 703—2015)、《村镇供水工程施工质量验收规范》(SL 688—2013)、《给水排水管道工程施工质量及验收规范》(GB 50268—2008) 及其他技术规范和设计要求执行。

灌溉与排水（供水）工程检测项目及数量见表6-7。

表6-7　　灌溉与排水（供水）工程检测项目及数量

序号	检测类别		检测项目	检测频率/数量	备注
1	渠基	1	渠基处理密实度	≥施工自检5%	
2	渠（沟）道填筑	1	黏性土密实度	≥施工自检5%	
		2	无黏性土密实度	≥施工自检5%	
3	管道土方回填	1	黏性土密实度	≥施工自检5%	
		2	无黏性土密实度	≥施工自检5%	
4	浆砌石渠道	1	石料质量	≥施工自检10%	
		2	砌筑质量	500m/断面	
		3	排水孔设置	500m/组（连续5孔）	
		4	勾缝质量	500m/断面	
		5	砌石厚度	500m/断面	
		6	衬砌面平整度	500m/断面	
		7	渠底高程	500m/断面	
		8	底宽	500m/断面	
		9	上口宽	500m/断面	
		10	渠顶宽	500m/断面	
		11	变形缝结构与填充质量	500m/组（连续3缝）	

续表

序号	检测类别	检测项目		检测频率/数量	备注
5	现浇混凝土渠道	1	伸缩缝结构与填料	2000m/组（连续3缝）	
		2	混凝土表面质量	2000m/断面	
		3	渠底高程	2000m/断面	
		4	衬砌厚度	2000m/断面	
		5	底宽	2000m/断面	
		6	上口宽	2000m/断面	
		7	渠顶宽	2000m/断面	
		8	表面平整度	2000m/断面	
6	斗（农）门	1	闸门及启闭机型号、规格	每种规格5～20个	每种规格检测5～20个
		2	闸门启闭效果		
		3	砌体几何尺寸		
	蓄水池、水窖	1	垫层尺寸	1组/池（窖）	每种规格检测2～5座
		2	边墙、盖板尺寸	1组/池（窖）	
		3	长、宽、深（内径）	1组/池（窖）	
		4	底高程	1点/池（窖）	
7	泵房	1	室外感官质量		总数量的30%
		2	屋面感官质量		
		3	室内感官质量		
		4	墙面平整度	3组/座	
		5	泵房尺寸（长、宽、高）	1组/座	
		6	回填密实度	3点/座	
8	阀门井、检查井	1	砌缝质量		每种规格检测3～10组
		2	抹面质量		
		3	井室尺寸（长、宽、高）	1组/座	
		4	井盖与地面高差	500m/断面	
9	机井	1	井深		每种规格检测2～10座
		2	井径		
		3	出水流量		
10	田间道路	1	路基/泥结石密实度	≥施工自检5%	
		2	路面横向坡度	2000m/断面	
		3	路面平整度	2000m/断面	
		4	路面高程	2000m/断面	
		5	路面厚度	2000m/断面	
		6	路面宽度	2000m/断面	
11	水泥	1	详见6.3.3节	≥施工自检10%	

续表

序号	检测类别	检测项目		检测频率/数量	备　注
12	细骨料	1	详见 6.3.3 节	≥施工自检 10%	
13	粗骨料	1	详见 6.3.3 节	≥施工自检 10%	
14	块石	1	详见 6.3.3 节	≥施工自检 10%	
15	钢筋	1	详见 6.3.3 节	≥施工自检 10%	
16	钢筋接头	1	详见 6.3.3 节	≥施工自检 10%	
17	聚乙烯泡沫板	1	详见 6.3.3 节	≥施工自检 10%	
18	PVC 排水管	1	详见 6.3.3 节	≥施工自检 10%	
19	PVC 输水管	1	详见 6.3.3 节	≥施工自检 10%	
20	PE 管	1	详见 6.3.3 节	≥施工自检 10%	
21	橡胶止水带	1	详见 6.3.3 节	≥施工自检 10%	
22	室内击实/相对密度	1	最大干密度、最优含水率/最大干密度、最小干密度	每单位工程至少 1 组	
23	砂浆试块	1	抗压强度	≥施工自检 10%	
24	混凝土试块	1	抗压强度	≥施工自检 10%	
		2	抗冻性	≥施工自检 10%，每个季节施工的主要部位至少 1 组	
		3	抗渗性	≥施工自检 10%，每个季节施工的主要部位至少 1 组	
25	饮用水管的卫生性能	1	1 组（本工程使用的最小管径）		
26	其他相关材料或设计指标，检测频率≥施工自检 10%				

（3）小型水利枢纽工程。小型水利枢纽工程，包括病险水库除险加固项目全过程的第三方检测工作，应做到工程施工过程中质量检测与竣工验收前质量检测并重，参照《水利工程质量检测技术规程》（SL 734—2016）的有关规定执行。

小型病险水库除险加固工程、小型水电站工程和小型水库工程检测项目及数量分别见表 6-8～表 6-10。

表 6-8　　小型病险水库除险加固工程检测项目及数量

序号	检测类别	检测项目		检测频率/数量	备　注
1	石笼护坡	1	护坡厚度	3 个断面	
		2	坡面平整度	3 组	
2	干砌石	1	厚度	3 个断面	
		2	平整度	3 组	
		3	坡度	3 个断面	
		4	砌筑质量	3 个断面	

续表

序号	检测类别	检测项目		检测频率/数量	备注
3	水泥砂浆砌石体	1	厚度	3个断面	
		2	平整度	3组	
		3	坡度	3个断面	
		4	砌筑质量	3个断面	
		5	砌缝宽度	3个断面	
		6	顶面高程	3点	
		7	砌体断面尺寸	3个断面	
		8	抗渗性（若设计要求）	≥施工自检10%	
4	混凝土砌石体	1	厚度	3个断面	
		2	平整度	3组	
		3	坡度	3个断面	
		4	砌筑质量	3个断面	
		5	砌缝宽度	3个断面	
		6	顶面高程	3点	
		7	砌体断面尺寸	3个断面	
		8	抗渗性（若设计要求）	≥施工自检10%	
5	现浇混凝土面板	1	厚度	3个断面	
		2	表面平整度	3组	
		3	断面尺寸	3个断面	
		4	蜂窝、麻面、错台等	3个断面	
6	坝体加固	1	密实度（干密度）	≥施工自检10%	
		2	渗透系数	≥施工自检10%	
		3	坡比	2个断面	
7	坝体加高	1	密实度	≥施工自检10%	
		2	渗透系数	≥施工自检10%	
		3	坝顶宽度	3个断面	
		4	坝顶高程	3点	
		5	坡比	4个断面	
8	水泥	1	详见6.3.3节	≥施工自检10%	
9	细骨料	1	详见6.3.3节	≥施工自检10%	
10	粗骨料	1	详见6.3.3节	≥施工自检10%	
11	块石	1	详见6.3.3节	≥施工自检10%	
12	格宾网	1	详见6.3.3节	≥施工自检10%	
13	钢筋	1	详见6.3.3节	≥施工自检10%	
14	钢筋接头	1	详见6.3.3节	≥施工自检10%	

续表

序号	检测类别	检测项目		检测频率/数量	备注
15	聚乙烯泡沫板	1	详见6.3.3节	≥施工自检10%	
16	室内击实/相对密度	1	最大干密度、最优含水率/最大干密度、最小干密度	每单位工程至少1组	
17	砂浆试块	1	抗压强度	≥施工自检10%	
18	混凝土试块	1	抗压强度	≥施工自检10%	
		2	抗冻性	≥施工自检10%，每个季节施工的主要部位至少1组	
		3	抗渗性	≥施工自检10%，每个季节施工的主要部位至少1组	
19	其他相关材料或设计指标，检测频率≥施工自检10%				

表6-9　　小型水电站工程检测项目及数量

序号	检测类别		检测项目		检测频率/数量	备注
1	导流洞、泄洪洞	岩石洞室开挖	1	洞、井轴线	50m/300m	
			2	底部标高	1点/200m	
			3	径向尺寸	1个断面/200m	
			4	侧向尺寸	1个断面/200m	
			5	开挖面平整度	1组/200m	
		土质洞室开挖	1	洞、井轴线	1条/300m	
			2	底部标高	1点/200m	
			3	径向尺寸	1个断面/200m	
			4	侧向尺寸	1个断面/200m	
			5	开挖面平整度	1组/200m	
			6	钢筋网格间距偏差	1组/200m	
			7	钢拱架间距	1组/200m	
			8	初支喷混凝土厚度	1个断面/200m	
			9	喷混凝土表面平整度	1组/200m	
			10	锚杆拉拔试验	≥施工自检10%	
		洞室衬砌	1	钢筋间距	1组/200m	
			2	径向尺寸	1个断面/200m	
			3	侧向尺寸	1个断面/200m	
			4	衬砌厚度	1个断面/200m	
			5	表面平整度	1组/200m	
			6	蜂窝、麻面、错台等	1个断面/200m	
			7	底部标高	1点/200m	
			8	内部缺陷、脱空	200延米/200m（可在顶拱、边墙交错布线）	
			9	抗渗性、抗冻性	≥施工自检10%	

续表

序号	检测类别		检测项目		检测频率/数量	备注
1	导流洞、泄洪洞	隧洞灌浆	1	回填灌浆压力	3孔/200m	
			2	回填灌浆浆液水灰比	3孔/200m	
			3	回填灌浆单孔压浆试验	≥施工自检10%	
			4	固结灌浆压水试验	≥施工自检10%	
2	土石围堰		1	高程	2点	
			2	顶宽	2个断面	
			3	边坡坡度	2个断面	
			4	密实度	≥施工自检10%	
			5	室内击实/相对密度	1组	
3	明挖工程		1	基坑断面尺寸	1～3个断面/分部工程	坝基、放水塔、电站厂房基础等
			2	底部标高	1～3点/分部工程	
			3	平整度	1～3组/分部工程	
4	帷幕灌浆		1	孔深	≥施工自检10%	
			2	终孔孔径	≥施工自检10%	
			3	灌浆压力	≥施工自检10%	
			4	压水试验	≥施工自检10%	
5	固结灌浆/接触灌浆		1	孔深	≥施工自检10%	
			2	终孔孔径	≥施工自检10%	
			3	灌浆压力	≥施工自检10%	
			4	压水试验	≥施工自检10%	
6	浆砌石坝、混凝土砌石坝	坝体	1	垫层混凝土厚度	3点	
			2	砌缝饱满度与密实度	3组/坝段	
			3	砌体密度/孔隙率	≥施工自检10%	
			4	抗渗性（透水率）	≥施工自检10%	
			5	砌缝宽度	3组/坝段	
			6	坝体断面尺寸	1个断面/坝段	
			7	坝顶高程	1点/坝段	
			8	护坡厚度	1个断面/坝段	
			9	护坡平整度	1组/坝段	
			10	护坡坡度	1个断面/坝段	
		砌石墩、墙	1	断面尺寸	1个断面/座	抽检总座数的50%
			2	顶高程	1点/座	
			3	砌筑质量	2组/座	
			4	砌缝宽度	2组/座	
			5	平整度	2组/座	

续表

序号	检测类别		检测项目		检测频率/数量	备注
6	浆砌石坝、混凝土砌石坝	溢洪道溢流面	1	砌筑质量	溢洪道、溢流面各5组	
			2	砌缝宽度	溢洪道、溢流面各5组	
			3	断面尺寸	溢洪道、溢流面各2个	
			4	轮廓线	溢洪道、溢流面各2条	
			5	高程	溢洪道、溢流面各2点	
			6	表面平整度	各2组	
		混凝土防渗墙	1	墙顶高程	2点	
			2	断面尺寸	2个断面	
			3	蜂窝、麻面、错台等	2个断面	
			4	表面平整度	2组	
			5	超声回弹测强	2组	
7	混凝土坝	坝体	1	拌和物 V_c 值	≥施工自检5%	
			2	拌和物含气量	≥施工自检5%	
			3	碾压层厚度	20组	
			4	混凝土压实度	≥施工自检10%	
			5	透水率	总延米长度同坝高，可在各坝段交错布置	
			6	芯样容重	10组	
			7	芯样抗压强度	5组	
			8	芯样劈裂抗拉强度	5组	
			9	芯样抗剪强度	5组	
			10	坝顶宽度	1点/坝段	
			11	坝顶高程	1点/坝段	
		溢流面	1	顶高程	2点	
			2	断面尺寸	2个断面	
			3	蜂窝、麻面、错台等	2个断面	
			4	表面平整度	4组	
8	混凝土溢洪道		1	断面尺寸	3个断面	
			2	蜂窝、麻面、错台等	3组	
			3	表面平整度	3组	
			4	墙顶高程	2点	
			5	底板高程	2点	
9	混凝土闸墩、侧（导）墙、底板		1	断面尺寸	1个断面/座	抽检总座数的50%
			2	蜂窝、麻面、错台等	2组/座	
			3	表面平整度	2组/座	
			4	顶面高程	1点/座	
			5	底板高程	1点/座	
			6	超声回弹测强	1组/座	
			7	过流断面尺寸	1个断面/过流面	

续表

序号	检测类别		检测项目		检测频率/数量	备注
10	电站、厂房	梁、柱	1	断面尺寸	1个断面/根	总数的20%
			2	蜂窝、麻面、错台等	1组/根	
			3	超声回弹测强	1组/根	
		板、墙	1	蜂窝、麻面、错台等	1组/$100m^2$	
			2	超声回弹测强	1组/$100m^2$	
		吊车梁、岩锚梁	1	断面尺寸	1个断面/根	全数检测
			2	蜂窝、麻面、错台等	1组/根	
			3	顶面标高	1点/根	
			4	超声回弹测强	1组/根	
		机墩、机座	1	断面尺寸	1个断面/座	
			2	蜂窝、麻面、错台等	1组/座	
			3	顶面标高	1点/座	
			4	超声回弹测强	1点/座	
		其他	1	前池底板高程	2点/座	
			2	厂(站)房地面高程	2点/座	
11	水泥		1	详见6.3.3节	≥施工自检10%	
12	粉煤灰		1	详见6.3.3节	≥施工自检10%	
13	细骨料		1	详见6.3.3节	≥施工自检10%	
14	粗骨料		1	详见6.3.3节	≥施工自检10%	
15	外加剂		1	详见6.3.3节	≥施工自检10%	
16	速凝剂		1	详见6.3.3节	≥施工自检10%	
17	块石		1	详见6.3.3节	≥施工自检10%	
18	锚杆		1	详见6.3.3节	≥施工自检10%	
19	钢筋		1	详见6.3.3节	≥施工自检10%	
20	钢筋接头		1	详见6.3.3节	≥施工自检10%	
21	聚乙烯泡沫板		1	详见6.3.3节	≥施工自检10%	
22	室内击实/相对密度		1	最大干密度、最优含水率/最大干密度、最小干密度	每单位工程至少1组	
23	砂浆试块		1	抗压强度	≥施工自检10%	
24	混凝土试块		1	抗压强度	≥施工自检10%	
			2	抗冻性	≥施工自检10%，每个季节施工的主要部位至少1组	
			3	抗渗性	≥施工自检10%，每个季节施工的主要部位至少1组	
25	其他相关材料或设计指标，检测频率≥施工自检10%					

表 6-10　　小型水库工程检测项目及数量

序号	检测类别		检测项目		检测频率/数量	备注
1	导流洞、泄洪洞	岩石洞室开挖	1	洞、井轴线	50m/300m	
			2	底部标高	1点/200m	
			3	径向尺寸	1个断面/200m	
			4	侧向尺寸	1个断面/200m	
			5	开挖面平整度	1组/200m	
		土质洞室开挖	1	洞、井轴线	1条/300m	
			2	底部标高	1点/200m	
			3	径向尺寸	1个断面/200m	
			4	侧向尺寸	1个断面/200m	
			5	开挖面平整度	1组/200m	
			6	钢筋网格间距偏差	1组/200m	
			7	钢拱架间距	1组/200m	
			8	初支喷混凝土厚度	1个断面/200m	
			9	喷混凝土表面平整度	1组/200m	
			10	锚杆拉拔试验	≥施工自检10%	
		洞室衬砌	1	钢筋间距	1组/200m	
			2	径向尺寸	1个断面/200m	
			3	侧向尺寸	1个断面/200m	
			4	衬砌厚度	1个断面/200m	
			5	表面平整度	1组/200m	
			6	蜂窝、麻面、错台等	1个断面/200m	
			7	底部标高	1点/200m	
			8	内部缺陷、脱空	200延米/200m（可在顶拱、边墙交错布线）	
			9	抗渗性、抗冻性	≥施工自检10%	
		隧洞灌浆	1	回填灌浆压力	3孔/200m	
			2	回填灌浆浆液水灰比	3孔/200m	
			3	回填灌浆单孔压浆试验	≥施工自检10%	
			4	固结灌浆压水试验	≥施工自检10%	
2	土石围堰		1	高程	2点	
			2	顶宽	2个断面	
			3	边坡坡度	2个断面	
			4	密实度	≥施工自检10%	
			5	室内击实/相对密度	1组	

续表

<table>
<tr><th>序号</th><th colspan="2">检测类别</th><th colspan="2">检 测 项 目</th><th>检测频率/数量</th><th>备注</th></tr>
<tr><td rowspan="3">3</td><td rowspan="3" colspan="2">明挖工程</td><td>1</td><td>基坑断面尺寸</td><td>1～3个断面/分部工程</td><td rowspan="3">坝基、放水塔、电站厂房基础等</td></tr>
<tr><td>2</td><td>底部标高</td><td>1～3点/分部工程</td></tr>
<tr><td>3</td><td>平整度</td><td>1～3组/分部工程</td></tr>
<tr><td rowspan="4">4</td><td rowspan="4" colspan="2">帷幕灌浆</td><td>1</td><td>孔深</td><td>≥施工自检10%</td><td rowspan="4"></td></tr>
<tr><td>2</td><td>终孔孔径</td><td>≥施工自检10%</td></tr>
<tr><td>3</td><td>灌浆压力</td><td>≥施工自检10%</td></tr>
<tr><td>4</td><td>压水试验</td><td>≥施工自检10%</td></tr>
<tr><td rowspan="4">5</td><td rowspan="4" colspan="2">固结灌浆/接触灌浆</td><td>1</td><td>孔深</td><td>≥施工自检10%</td><td rowspan="4"></td></tr>
<tr><td>2</td><td>终孔孔径</td><td>≥施工自检10%</td></tr>
<tr><td>3</td><td>灌浆压力</td><td>≥施工自检10%</td></tr>
<tr><td>4</td><td>压水试验</td><td>≥施工自检10%</td></tr>
<tr><td rowspan="17">6</td><td rowspan="17">均质土坝</td><td rowspan="7">坝体</td><td>1</td><td>坝顶高程</td><td>3点</td><td rowspan="7"></td></tr>
<tr><td>2</td><td>顶宽</td><td>3个断面</td></tr>
<tr><td>3</td><td>边坡坡度</td><td>3个断面</td></tr>
<tr><td>4</td><td>密实度</td><td>≥施工自检10%</td></tr>
<tr><td>5</td><td>室内击实</td><td>1组/10万m^3（每种土质至少1组）</td></tr>
<tr><td>6</td><td>渗透系数</td><td>≥施工自检10%</td></tr>
<tr><td>7</td><td>土质分析</td><td>≥施工自检10%</td></tr>
<tr><td rowspan="4">反滤料</td><td>1</td><td>反滤料铺料厚度</td><td>3个断面</td><td rowspan="4"></td></tr>
<tr><td>2</td><td>反滤料边线偏差</td><td>3组</td></tr>
<tr><td>3</td><td>反滤料压实质量</td><td>≥施工自检10%</td></tr>
<tr><td>4</td><td>反滤料压实后断面尺寸</td><td>3个断面</td></tr>
<tr><td rowspan="6">排水棱体</td><td>1</td><td>压实质量</td><td>3点</td><td rowspan="6"></td></tr>
<tr><td>2</td><td>基底高程</td><td>2点</td></tr>
<tr><td>3</td><td>边线偏差</td><td>3组</td></tr>
<tr><td>4</td><td>压实后断面尺寸</td><td>3个断面</td></tr>
<tr><td>5</td><td>表面平整度</td><td>3组</td></tr>
<tr><td>6</td><td>顶面高程</td><td>2点</td></tr>
<tr><td rowspan="7">7</td><td rowspan="7">浆砌石坝、混凝土砌石坝</td><td rowspan="7">坝体</td><td>1</td><td>垫层混凝土厚度</td><td>3点</td><td rowspan="7"></td></tr>
<tr><td>2</td><td>砌缝饱满度与密实度</td><td>3组/坝段</td></tr>
<tr><td>3</td><td>砌体密度/孔隙率</td><td>≥施工自检10%</td></tr>
<tr><td>4</td><td>抗渗性（透水率）</td><td>≥施工自检10%</td></tr>
<tr><td>5</td><td>砌缝宽度</td><td>3组/坝段</td></tr>
<tr><td>6</td><td>坝体断面尺寸</td><td>1个断面/坝段</td></tr>
<tr><td>7</td><td>坝顶高程</td><td>1点/坝段</td></tr>
</table>

续表

序号	检测类别		检测项目		检测频率/数量	备注
7	浆砌石坝、混凝土砌石坝	坝体	8	护坡厚度	1个断面/坝段	
			9	护坡平整度	1组/坝段	
			10	护坡坡度	1个断面/坝段	
		砌石墩、墙	1	断面尺寸	1个断面/座	抽检总座数的50%
			2	顶高程	1点/座	
			3	砌筑质量	2组/座	
			4	砌缝宽度	2组/座	
			5	平整度	2组/座	
		溢洪道、溢流面	1	砌筑质量	溢洪道、溢流面各5组	
			2	砌缝宽度	溢洪道、溢流面各5组	
			3	断面尺寸	溢洪道、溢流面各2个	
			4	轮廓线	溢洪道、溢流面各2条	
			5	高程	溢洪道、溢流面各2点	
			6	表面平整度	各2组	
		混凝土防渗墙	1	墙顶高程	2点	
			2	断面尺寸	2个断面	
			3	蜂窝、麻面、错台等	2个断面	
			4	表面平整度	2组	
			5	超声回弹测强	2组	
8	混凝土坝	坝体	1	拌和物 V_c 值	≥施工自检5%	
			2	拌和物含气量	≥施工自检5%	
			3	碾压层厚度	20组	
			4	混凝土压实度	≥施工自检10%	
			5	透水率	总延米长度同坝高，可在各坝段交错布置	
			6	芯样容重	10组	
			7	芯样抗压强度	5组	
			8	芯样劈裂抗拉强度	5组	
			9	芯样抗剪强度	5组	
			10	坝顶宽度	1点/坝段	
			11	坝顶高程	1点/坝段	
		溢流面	1	顶高程	2点	
			2	断面尺寸	2个断面	
			3	蜂窝、麻面、错台等	2个断面	
			4	表面平整度	4组	

续表

序号	检测类别		检测项目		检测频率/数量	备注
9	混凝土放水塔		1	垫层断面尺寸	2个断面	
			2	塔身钢筋间距	3组	
			3	塔身断面尺寸	2个断面	
			4	塔身蜂窝、麻面、错台等	3组	
			5	塔身表面平整度	3组	
			6	塔顶高程	1点	
10	混凝土溢洪道		1	断面尺寸	3个断面	
			2	蜂窝、麻面、错台等	3组	
			3	表面平整度	3组	
			4	墙顶高程	2点	
			5	底板高程	2点	
11	混凝土闸墩、侧（导）墙、底板		1	断面尺寸	1个断面/座	抽检总座数的50%
			2	蜂窝、麻面、错台等	2组/座	
			3	表面平整度	2组/座	
			4	顶面高程	1点/座	
			5	底板高程	1点/座	
			6	超声回弹测强	1组/座	
			7	过流断面尺寸	1个断面/过流面	
12	厂房	梁、柱	1	断面尺寸	1个断面/根	总数的20%
			2	蜂窝、麻面、错台等	1组/根	
			3	超声回弹测强	1组/根	
		板、墙	1	蜂窝、麻面、错台等	1组/100m^2	
			2	超声回弹测强	1组/100m^2	
		其他	1	厂（站）房地面高程	2点/座	
13	水泥		1	详见6.3.3节	≥施工自检10%	
14	粉煤灰		1	详见6.3.3节	≥施工自检10%	
15	细骨料		1	详见6.3.3节	≥施工自检10%	
16	粗骨料		1	详见6.3.3节	≥施工自检10%	
17	外加剂		1	详见6.3.3节	≥施工自检10%	
18	速凝剂		1	详见6.3.3节	≥施工自检10%	
19	块石		1	详见6.3.3节	≥施工自检10%	
20	锚杆		1	详见6.3.3节	≥施工自检10%	
21	钢筋		1	详见6.3.3节	≥施工自检10%	
22	钢筋接头		1	详见6.3.3节	≥施工自检10%	
23	聚乙烯泡沫板		1	详见6.3.3节	≥施工自检10%	

续表

序号	检测类别	检测项目		检测频率/数量	备注
24	室内击实/相对密度	1	最大干密度、最优含水率/最大干密度、最小干密度	每单位工程至少1组	
25	砂浆试块	1	抗压强度	≥施工自检10%	
26	混凝土试块	1	抗压强度	≥施工自检10%	
		2	抗冻性	≥施工自检10%，每个季节施工的主要部位至少1组	
		3	抗渗性	≥施工自检10%，每个季节施工的主要部位至少1组	
27	其他相关材料或设计指标，检测频率≥施工自检10%				

注 1. 小型供水工程与灌溉（渠道）工程雷同部分较多，所以未单列。
2. 常见各种类型的枢纽工程建设内容均列在表6-10中，因为工程各模块结构类型多样化，不便单列，应用时可根据工程具体建设内容选择对应的检测内容。
3. 金属结构、机电设备及其他专项检测试验按照本章“三、工程质量检测工作内容”中“3. 检测内容”的有关要求执行。

2. 规范工程质量检测工作流程

第三方质量检测单位要按照《水利工程质量检测技术规程》（SL 734—2016）规定的要求开展检测工作。

（1）质量检测单位与委托人签订质量检测合同，明确检测对象、检测项目、检测责任和检测费用。

（2）根据质量检测合同安排确定符合要求的检测人员，选择检测设备，做好检测准备工作。

（3）依据检测方案，采取检测单位到现场取样或有关人员送样两种方式获得检测样品。

（4）样品入库进行登记，下发检测任务书给具体承担任务的检测人员。

（5）检测人员按照单位制定的检测程序等规定进行样品检测，并做好相关记录。

（6）检测人员、校核人员、审查人员按照规定在检测结果表格上签字。

（7）批次检测完成后编写检测报告书，相关人员按照规定在报告书上签字。

（8）在合同约定的时间内向委托人发送报告书。如委托人对检测成果有异议，可按合同中约定的方式在样品保管期限内进行处理。

3. 抓好全过程质量检测工作的虎头豹尾

中小型水利工程的建设周期短，施工时间短，过程检测的内容少、数量小，从近几年的质量监督实践看，质量检测工作监督管理的重点是工程质量检测方案和质量检测报告。

（1）虎头——工程质量检测方案。

工程质量检测方案应包括以下内容：企业资质、工程概况、检测执行的规范、检测单元划分、检测项目和检测数量、检测方法、检测单元质量评价、综合质量评价、检测费用预算。[详见本章【示例3】工程质量检测方案（计划书节选）。]

（2）豹尾——工程质量检测报告。

工程质量检测报告的内容应包括以下内容：检测报告名称；委托单位名称、工程名称、检测范围；报告的唯一性标识和每页及总页数的标识；样品接收日期、检测日期及报告日期；样品名称、生产单位、规格型号、等级、代表批量；检验样品的状态；取样单应注明取样人姓名及单位；检测依据或执行标准；检测项目及检测方法；检测使用的主要仪器设备；必要的检测说明和声明等；检测、审核、批准人（授权签字人）签名；检测单位的名称、地址及通信信息。

当需对检测结果做出解释时，检测报告中还应包括下列内容：

1）对检测方法的偏离、增添或删减，以及特殊检测条件的信息。

2）需要时，符合（或不符合）要求或规范的说明。

3）适用时，提供检测结果不确定度的声明。

4）对所采用的任何非标准方法的明确说明。

检测报告的编制、审核、签发要注意做到：

1）检测报告编制应结论准确、客观公正、信息齐全、用词规范、文字简练。

2）检测报告由检测人员签字，检测人员必须对检测结果的真实性、准确性负责。

3）检测单位应规定各检测项目的报告审核人员，审核人员必须对报告准确性、规范性负责。

4）检测报告由检测单位的签字人批准，批准人对检测报告负责。

5）检测报告应加盖质量检测资质章、检测单位公章或检测专用章，多页检测报告应加盖骑缝章。

检测报告的发放应按检测项目、编号逐一进行登记，经办人应签名确认。［详见本章【示例4】陕西众成源工程技术有限公司工程质量检测报告（节选）。］

七、大力推行双随机抽查工作

根据《国务院办公厅关于推广随机抽查规范事中事后监管的通知》（国办发〔2015〕58号）、《水利部办公厅关于印发推行“双随机一公开”监管工作方案的通知》（办政法〔2016〕204号）精神，为加强水利工程质量检测市场事中事后监管，规范水利工程质量检测单位双随机抽查工作，各省市水行政主管部门都先后试行对乙级水利工程质量检测单位开展了“双随机一公开”监管。

1. 基本概念

水利工程质量检测市场“双随机一公开”监管模式，指水行政主管部门在依法对水利工程质量检测单位监督检查时，随机抽取被查对象、随机选派监督检查人员，检查结果向社会公开。目前，各省级水行政主管部门一般委托省级质量监督机构开展抽查工作，抽查工作遵循合法、公正、公开原则，切实做到规范监管、文明执法。

2. 抽查对象

水利工程质量监督机构一般每年年初制定年度抽查计划，通过摇号、机选等形式随机抽取名录库中的检测单位。

（1）抽查采取分批方式，按照一定比例从名录库中抽取检测单位。

（2）按市级行政区域、专业类别随机抽取被查单位，两年内实现全覆盖。

（3）三年内对同一检测单位的检查原则上不超过1次。

（4）对抽查发现存在问题较多的区域，可以适度加大随机抽查比例。

（5）对投诉举报较多的检测单位，可以进行指定检查。

（6）检测单位承揽的工程发生质量事故的，应进行重点检查。

3. 抽查内容

随机抽查是对被查单位市场行为的综合性检查，其主要内容如下：

（1）企业资质。

1）承接的质量检测业务是否符合资质等级许可规定。

2）重要变更（指主要负责人、技术负责人、地址等的变更）是否在规定期限内办理相关手续。

3）检验检测机构资质认定证书是否在有效期内。

4）技术负责人条件是否满足相应等级资质要求。

5）仪器设备的运行、检定和校准情况。

6）试验检测人员职业资格情况。

7）质量保证体系与质量控制措施情况。

8）组织现场操作技能与质量检测知识培训考核情况。

（2）检测行为。

1）是否存在涂改、倒卖、出租、出借或者以其他形式非法转让《资质等级证书》的情况。

2）否存在转包或违规分包质量检测业务的情况。

3）否按照国家和行业标准进行检测。

4）出具的质量检测报告是否真实、合规。

5）是否单独建立检测结果不合格项目台账。

6）是否按规定上报发现的违法违规行为和检测不合格事项。

7）参加比对试验结果情况。

8）档案管理制度的建立与执行情况，检测数据可追溯性情况。

4. 抽查程序和方式

（1）活动组织。确定检查对象后，在抽查工作开始3日前通知被查单位。抽查工作实行组长负责制，抽查工作开始，从专家库中随机选派3人以上组成检查组，检查人员于检查开始前24小时内集中。

（2）抽查方式。抽查工作的主要方式包括：听取汇报、查阅资料、查看现场、询问核查、技能考核等。检查组应详细记录检查发现的问题和情况，采取复印、录音、摄像（影）等手段，收集相关资料，检查结束后连同检查报告一并交质量监督机构。

（3）结果公示。抽查工作结束后，检查组于2天内形成检查报告，与被查单位交换意见，通报检查情况。被查单位按照抽查意见及时进行整改，30日内将整改完成情况报质量监督机构。质量监督机构审定后，商有关部门适时公开抽查情况和整改情况。抽查结果按规定记入被查单位诚信档案，存在严重失信行为的单位列入失信黑名单。

八、第三方质量检测费列支情况

1. 重庆市

2007 年 5 月 21 日颁布的《重庆市水利工程建设项目质量验收检测管理办法》第三章第十九条规定："水利工程建设项目质量验收检测费用按建筑安装工程（含建筑工程、机电设备安装工程、金属结构安装工程、临时工程、水保工程、环保工程）费用的 0.5%～1%列入工程概算。大中型水利工程和三级及以上堤防工程取上限，其他水利工程取下限。"第二十条规定："水利工程建设项目质量验收检测费用由项目法人支付。收费标准按重庆市水利工程建设项目质量检测试验收费行业自律价格确定，验收检测费用不得突破批准的工程概算额。"

2. 安徽省

2008 年《安徽省水利水电工程设计概（估）算编制规定》在独立费中首次列入竣工检测费，取费标准按建安工程费用的 0.3%计算，2014 年调整为按概算一至四部分投资的 0.38%～0.5%计取。

3. 云南省

云南省水利厅和云南省发展和改革委员会《关于调整水利工程概（估）算人工预算单价及增列质量抽检费等事项的通知》（云水规计〔2013〕157 号）文件，将建设单位检测费率 0.5%～1.0%列入了建设管理费。

4. 山东省

《山东省水利工程建设项目质量检测管理办法》自 2016 年 1 月 1 日起施行，有效期至 2020 年 12 月 31 日。第二十条规定："水利工程建设项目质量检测费用由委托方支付，收费标准按建筑安装工程费用的 0.5%～1%或按照批复的质量检测费用执行。"

5. 陕西省

陕西省水利厅报送陕西省发展和改革委员会的《陕西省水利工程设计概（估）算编制规定》，自 2017 年 12 月 31 日执行，试用期一年。该《编制规定》在建设管理费中增列了第三方工程质量检测费，并明确"第三方工程质量检测费指项目建设单位（项目法人）在项目建设期间，为检验工程质量，在施工自检、监理检测的基础上，委托具有相应资质的机构进行工程质量检测，在相关施工费用和监理费用之外所需的检测费用。"

一般水利工程第三方工程质量检测费＝（工程部分一至四部分投资之和－设备费）×第三方工程质量检测费费率

水土保持生态建设工程第三方工程质量检测费＝（工程措施投资－设备费）×第三方工程质量检测费费率

不同类别工程第三方工程质量检测费费率为：枢纽工程为 0.3%～0.5%；引水工程、河道工程、水土保持生态建设工程、其他工程为 0.1%～0.3%。

《编制规定》试用过程中，陕西省各个水利工程质量检测单位普遍反映：①所列的检测内容不完整，设备制作安装完成后也需要整体的综合性能检测；②在当前陕西的社会经济发展水平下，检测费费率明显低于临近的西部兄弟省份，仅用列支的费用无法保证各类水利工程实行全过程的第三方工程质量检测。

目前，陕西省各中小型工程项目法人单位普遍是根据实际的市场价格，通过合同谈判合理确定第三方质量检测费用，超出《编制规定》部分费用从建设管理费中调剂列支。从长远来看，只有将质量检测费标准上调到建筑安装工程费用的0.5%～1%，给水利工程质量检测企业留下合理的利润空间，才能从根本上杜绝出具虚假报告的行为，为陕西水利工程质量检测市场的健康持续发展奠定基础。

【示例 1】 水利工程质量检测单位工地试验室登记备案表

××省水利工程质量检测单位

工地试验室登记备案表（样表）

申请单位：________________（盖章）

工地试验室名称：________________

填表日期：________________

××省水利厅制

填 表 须 知

一、本表应使用计算机打印。
二、本表第一至第五部分由申请单位如实逐项填写，如遇没有的项目请填写“无”。
三、本表一律用中文填写，数字均使用阿拉伯数字。
四、本表在填写时如需加页，可自行添加 A4 型纸。

一、检测单位法定代表人声明

本人____________（法定代表人）______________________________（身份证号码）郑重声明，本单位填报的《水利工程质量检测单位工地试验室登记备案表》及附件材料全部属实。如有提供虚假材料以及其他违法行为，本单位和本人愿意接受水行政主管部门及其他有关部门依据有关法律法规给予的处罚。

检测单位法定代表人：　　　　　　（单位公章）

（签名）　　　　　　　　　　　　年　　月　　日

二、检测单位基本情况

检测单位名称			
单位地址			
联系电话		邮政编码	
水利工程质量检测资质等级证书编号		有效时间	
检测单位资质类别及等级			
法定代表人		职称	
工地试验室名称			
工地试验室地址			
工地试验室联系电话		邮政编码	
工地试验室负责人		职称	
工地试验室技术负责人		职称	
工地试验室质量负责人		职称	
工地试验室专业技术人员数			
备注			

三、检测单位工地试验室配备质量检测员一览表

序号	姓名	检测员资格证书号	职称	专业	学历	检测年限	社会保险证号

四、工地试验室主要试验检测仪器、设备清单

设备编号	设备名称	型号规格	生产厂家	购置日期	单价（元）	量程或规格	准确度	检定/校准周期	检定/校准单位	最近检定/校准日期	保管人

五、备案审查情况

<table>
<tr><td>工地试验室申请检测业务内容：

法定代表人：（签名）　　　　　　　　　　　　　　　　（公 章）

年　月　日</td></tr>
</table>

××省水利厅备案审查意见：   负责人：（签名） （公 章） 年 月 日

【示例 2】 水利工程质量检测单位工地试验室确认文件

陕水质字〔2014〕28 号

关于引汉济渭×××工程工地试验室的复函

陕西省引汉济渭工程建设有限公司：

你公司报来的《关于引汉济渭×××工程组建现场试验室的函》（引汉建函〔2014〕46 号）收悉。中国水电建设集团十五工程局有限公司（以下简称“中水十五局”）测试中心具备具有水利工程质量检测单位岩土工程甲级、混凝土工程甲级和量测甲级资质，在引汉济渭×××工程工地设立了试验室，派出质量检测人员并授权试验负责人，开展所授权的工程质量检测工作。经对中水十五局引汉济渭×××工地试验室建设实际情况进行现场核查，工地试验室符合水利工程检测的有关规定、规程和规范要求，同意该试验室开展所申请的检测工作：

（1）集料：密度、颗粒级配、压碎值、针片状颗粒含量、砂当量、集料含泥量、坚固性、吸水率、含水率、泥块含量、超逊径颗粒含量。

（2）水泥：密度、细度、比表面积、凝结时间、安定性、胶砂强度、标准稠度用水量、胶砂流动度。

（3）水泥混凝土、砂浆：配合比设计、坍落度、密度、含气量、抗压强度。

（4）钢材（含接头）：抗拉强度、屈服强度、伸长率。

（5）土工物理力学：含水率、密度、相对密度。

我站将不定期对其质量检测工作进行检查监督，确保检测成果的科学性、可靠性。

特此函复

2014 年 6 月 12 日

【示例 3】 工程质量检测方案（计划书节选）

×××应急供水工程

质量检测计划书

（第三方抽检）

宝鸡金渭水利工程质量检测有限公司

2017 年 3 月

×××应急供水工程质量检测计划书

受××××××委托，宝鸡金渭水利工程质量检测有限公司对×××应急供水工程施工质量进行第三方抽检，目的是在工程施工过程中，对施工质量进行抽检和控制，为工程竣工验收提供质量数据。根据《水利水电工程验收规程》（SL 223—2008）、《给水排水管道工程施工及验收规范》（GB 50268—2008）、工程设计文件等，现将该工程的质量抽检做如下计划：

一、质量抽检范围

本工程主要建筑物包括水源井11口、输配水管网65.55km、高位水池19座、砖阀井85个、水厂1座。设计最高日供水量3450m³。工程等别为Ⅳ等小（1）型供水工程，主要水工建筑物为4级。

质量抽检覆盖上述所有部位。

二、主要检测内容

工程所涉及的水泥、砂、石、钢筋、PE塑料管、混凝土及砂浆试块等原材料和中间产品检测；工程土方填筑质量检测；主要建筑物及结构体外观质量检测。

三、检测依据

根据施工图设计以及水利水电工程建设验收规程，本次检测主要依据的规程、规范包括：

（1）《水利水电工程验收规程》（SL 223—2008）。

（2）《水利水电工程施工质量检验与评定规范》（SL 176—2007）。

（3）《水利水电工程单元工程施工质量验收评定标准　土石方工程》（SL 631—2012）。

（4）《水利水电工程单元工程施工质量验收评定标准　混凝土工程》（SL 632—2012）。

（5）《水利水电工程单元工程施工质量验收评定标准　地基处理与基础工程》（SL 633—2012）。

（6）《给水排水管道工程施工及验收规范》（GB 50268—2008）。

（7）《灌溉与排水工程施工质量评定规程》（SL 703—2015）。

（8）《水工混凝土施工规范》（SL 677—2014）。

四、工程检测数量

本工程第三方质量检测数量详见“工程质量抽检项目及数量一览表”。

工程质量抽检项目及数量一览表

序号	检测项目	检测内容	数量	单位	检测方法	备注
一	原材料及中间产品					
1	水泥	标准稠度、凝结时间、胶砂强度、安定性	4	组	现场取样 室内检测	暂定数量，整体≥自检10%
2	砂子	细度、含泥量、泥块含量、云母含量、表观密度	4	组	现场取样 室内检测	
3	碎石	含泥量、泥块含量、表观密度、压碎指标、针片状、超逊径	2	组	现场取样 室内检测	
4	块石	饱和单轴抗压强度	2	组	现场取样 室内检测	
5	钢筋	抗拉强度、屈服强度、伸长率	3	组	现场取样 室内检测	
6	PE管材	20℃静液压试验、纵向回缩率、外观质量、外径、壁厚	6	组	抽选6个批次，现场取样、室内检测	
7	PE管材	卫生性能	2	组	现场取样 室内检测	
8	素土	最大干密度、最优含水率	1	组	现场取样 室内检测	
9	灰土	最大干密度、最优含水率	1	组	现场取样 室内检测	
10	混凝土试块	抗压强度	20	组	现场取样 室内检测	暂定数量，整体≥自检10%
11	砂浆试块	抗压强度	6	组	现场取样 室内检测	
二	实体质量					
1		槽底处理压实质量检测	99	点	环刀法（3点/2km）	暂定数量，整体≥自检5%
2		灰土垫层压实质量检测	30	点	现场检测	
3		管沟回填压实质量检测	300	点	现场检测	
4		回弹法检测混凝土抗压强度	12	组	现场检测	
5		压力管道水压试验	5	段	现场见证	
三	外观质量					
(一)	管槽开挖					
1		槽底高程	30	点	现场仪器量测	
2		管槽断面几何尺寸（含中线每侧宽度及边坡坡度）	30	断面	现场仪器量测	
3		槽底处理压实质量检测	99	点	环刀法（3点/2km）	

续表

序号	检测项目	检 测 内 容	数量	单位	检 测 方 法	备　注
(二)	砌石明渠					
1		断面几何尺寸	4	断面	现场仪器量测	
2		平整度及轮廓线	4	点	现场仪器量测	
(三)	蓄水池					
1		边墙、盖板尺寸	5	断面	现场仪器量测	
2		长、宽、深	5	断面	现场仪器量测	
3		底高程	5	点	现场仪器量测	
(四)	井					
	a. 水源井					
1		井深	4	口	现场仪器量测	
2		井径	4	口	现场仪器量测	
	b. 阀井					
1		砌缝质量	10	个	现场仪器量测	
2		抹面质量	10	个	现场仪器量测	
3		井室尺寸（长、宽、高）	10	个	现场仪器量测	
(五)	水厂					
	a. 梁、柱					
1		断面尺寸	6	断面	现场仪器量测	
2		表面平整度	6	组	现场仪器量测	
	b. 板、墙					
1		几何尺寸	4	组	现场仪器量测	
2		表面平整度	4	组	现场仪器量测	
	c. 机墩、机座					
1		断面尺寸	2	断面	现场仪器量测	
2		表面平整度	2	组	现场仪器量测	
3		顶面标高	2	点	现场仪器量测	
	d. 其他					
1		厂房地面高程	3	点	现场仪器量测	

五、拟投入人员和设备

1. 检测人员一览表

序号	姓名	职称	检测专业	资格证书编号	本项目岗位
1	×××	工程师	混凝土、岩土	sxjc038×	项目负责人
2	×××	助理工程师	混凝土、岩土、量测	sxjc037×；JCY201314007×	检测员
3	×××	助理工程师	混凝土、岩土、量测	sxjc034×；JCY201361002×	检测员
4	×××	技术员	混凝土、量测	sxjc022×	检测员

2. 拟投入主要设备一览表

序号	设备名称	规格型号	单位	数量	检/校有效期至
1	数显压力试验机	YES-2000	台	1	2018-04-07
2	数显液压万能试验机	WES-1000B	台	1	2018-04-07
3	数显液压万能试验机	WEW-300	台	1	2018-04-07
4	电动抗折试验机	KZJ-500	台	1	2018-04-07
5	标准养护箱	SHBY-40	台	1	2018-04-07
6	电子天平	JY2002	台	1	2018-04-07
7	精密天平	FA2004B	台	1	2018-04-07
8	电子计重秤	JSB30-1	台	1	2018-04-07
9	砂石筛	/	套	1	2018-04-07
10	石子筛	/	套	1	2018-04-07
11	震击式两用振摆筛选机	ZBSX-92A	台	1	2018-04-07
12	多功能电动击实仪	CSK-Ⅵ	台	1	2018-04-07
13	电热鼓风恒温干燥箱	101-3A	台	1	2018-04-07
14	非金属超声检测仪	MC-6320	台	1	2018-04-07
15	混凝土回弹仪	HT-225	台	1	2018-04-07
16	全站仪	TC-1610	台	1	2018-04-07
17	水准仪	DSZ3-C32	台	1	2018-04-13
18	工程检测尺	/	把	1	2018-01-03
19	钢卷尺	50m	把	1	2018-04-07
20	钢卷尺	7.5m	把	1	2018-04-07

六、结果提交

(1) 施工过程中每月26日前向委托方提供当月检测月报一份。

(2) 工程完工后30个工作日内完成所有检测工作，并向委托方提供质量检测报告四份。

【示例 4】 陕西众成源工程技术有限公司工程质量检测报告（节选）

CMA
2015270290R号

报告编号：SF20161102

重要支流治理志丹县洛河防洪工程

质量检测报告

陕西众成源工程技术有限公司

2016年11月

重要支流治理志丹县洛河防洪工程

质量检测报告

批　准：王俊民

审　核：王润灵

报告编写：马[illegible]

陕西众成源工程技术有限公司

地　址：西安市长安区航天基地航天东路与航开路十字东佳为102号楼103室

电　话：（029）89238135　　*邮 编*：710100

第1页/共29页

声　明

1. 本报告涂改、错页、换页、漏页无效。

2. 本报告未盖“检测专用章”无效。

3. 本报告无检测、编写、审核、批准签字无效。

4. 部分复制本报告中的内容无效，完整复制本报告后未重新加盖“检测专用章”无效。

5. 如对本检测报告有异议或需要说明之处，可在报告发出后15日内向本检测单位书面提出，本单位将于5日内给予答复。

本次印制正本报告共计四份；其中送交委托单位三份，本公司存档一份。

企 业 资 质

1. 营业执照

营业执照

（副　本）2-1

注册号 610000100608100

名　　称　陕西众成源工程技术有限公司

类　　型　有限责任公司(自然人投资或控股)

住　　所　西安市长安区航天基地航天东路与航开路十字东佳为102号楼103室

法定代表人　李新昌

注册资本　叁佰万元人民币

成立日期　2013年11月07日

营业期限　长期

经营范围　工程质量检测咨询；水利工程建筑与管理信息系统技术咨询；系统内职（员）工培训；水利水电工程监理与招标代理。（依法须经批准的项目，经相关部门批准后方可开展经营活动）

登记机关　陕西省工商行政管理局

2015年03月20日

请于每年1月1日至6月30日报送上一年度年度报告。

企业信用信息公示系统网址：http://xygs.snaic.gov.cn/　　中华人民共和国国家工商行政管理总局监制

2. 甲级资质

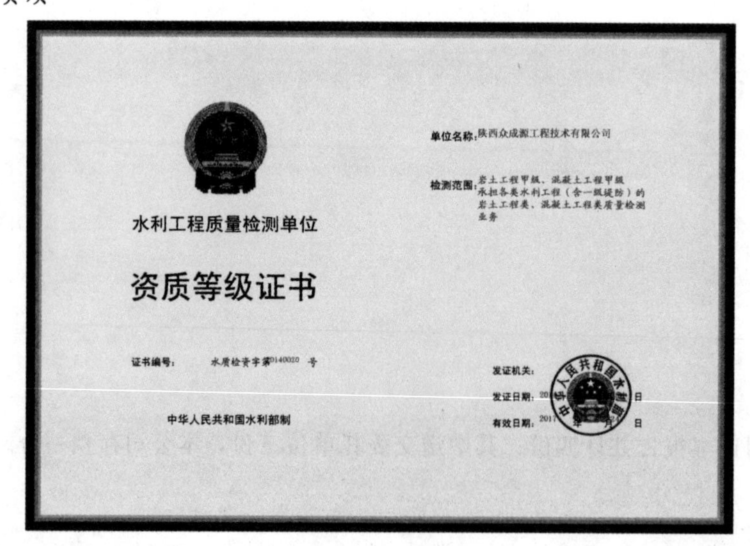

水利工程质量检测单位

资质等级证书

证书编号：水质检资字第0140020号

中华人民共和国水利部制

单位名称：陕西众成源工程技术有限公司

检测范围：岩土工程甲级、混凝土工程甲级
承担各类水利工程（含一级堤防）的岩土工程类、混凝土工程类质量检测业务

发证机关：中华人民共和国水利部

发证日期：20　年　月　日

有效日期：2017年　月　日

3. 计量证书

资质认定

计量认证证书

证书编号：2015270290R

名称：陕西众成源工程技术有限公司

地址：西安市长安区航天基地航天东路与航开路十字东佳为102号楼103室（710[illegible]）

经审查，你机构已具备国家有关法律、行政法规规定的基本条件和能力，现予批准，可以向社会出具具有证明作用的数据和结果，特发此证。

检测能力见证书附表。

准许使用徽标

CMA

2015270290R

发证日期：2015年05月26日

有效期至：2018年05月26日

发证机关：

本证书由国家认证认可监督管理委员会制定，在中华人民共和国境内有效

目　　录

重要支流治理志丹县洛河防洪工程质量检测报告

受志丹县洛河防洪工程项目办公室的委托，陕西众成源工程技术有限公司对重要支流治理志丹县洛河防洪工程施工质量进行第三方抽检，目的是在工程施工过程中对施工质量进行抽检和控制，为工程竣工验收提供质量数据。本项目质量抽检工作以跟踪检测为主，检测工作自2016年3月17日开始，到2016年8月10日结束。在检测过程中，得到了志丹县洛河防洪工程项目办公室和监理单位的大力支持以及施工单位的积极配合，使工程整体检测工作质量得以保证。

一、工程概况

志丹县洛河防洪工程分两段，为金丁镇胡新庄护岸工程和旦八镇石洼庄护岸工程。金丁镇位于志丹县西南部，总土地面积396km²，镇区面积约0.5km²，总耕地面积6780.3hm²；旦八镇位于志丹县城西部45km处，东邻周河、双河，西依金丁，北接纸坊，南连永宁、义正，总土地面积322km²，总耕地面积2913.5hm²。胡新庄护岸工程上起胡新庄支沟口左岸70m处，下至左岸岸坎与公路护岸相接，河道长约1.59km；石洼庄护岸工程上起旦八西区公路桥，下至旦八镇漫水桥，河道长约1.95km。

主要建设内容为：新建护岸3350m，其中金丁镇胡新庄洛河左岸新建护岸1540m（L0＋000～L0＋750、L0＋790～L1＋590），新建上堤路2处，共长220m，新建穿堤涵管2处、下河踏步2处；旦八镇石洼庄洛河右岸新建护岸1810m（R0＋000～R0＋950、R0＋995～R1＋415、R1＋550～R1＋990），新建下河踏步2处，改建上堤路2处，共长130m，新建穿堤涵管7处。

二、质量检测的内容及要求

根据志丹县洛河防洪工程设计文件、检测合同和有关规程、规范。本次主要检测内容如下：

（1）原材料：水泥、砂子、块石。

（2）中间产品：砂浆试块。

（3）沙砾料填筑工程。

1）填筑沙砾料的相对密度、含水率等。

2）沙砾料填筑工程的外观尺寸及堤顶高程。

（4）浆砌石护岸工程。

1）浆砌石密实度、平整度。

2）堤顶高程、护岸顶宽、边坡坡度。

三、检测依据及技术标准

（1）志丹县洛河防洪工程设计文件、图纸及设计批复文件。

(2)《水利水电工程单元工程施工质量验收评定标准　堤防工程》(SL 634—2012)。

(3)《水利水电工程单元工程施工质量验收评定标准　土石方工程》(SL 631—2012)。

(4)《堤防工程施工规范》(SL 260—2014)。

(5)《水利水电工程施工质量检验与评定规程》(SL 176—2007)。

(6)《水利水电建设工程验收规程》(SL 223—2008)。

(7)《土工试验规程》(SL 237—1999)。

(8)《水工混凝土试验规程》(SL 352—2006)。

(9) 其他质量检测依据水利水电工程相关规范。

四、检测方法及主要仪器设备

本工程运用现场量测和现场抽样后进行室内试验相结合的方法进行检测。各检测项目检测时采用的方法及所使用的主要仪器设备如下。

1. 原材料检测

水泥、块石、砂子等在现场抽取样品后带回室内进行检测。

主要仪器包括：砂料标准筛、标准养护箱、水泥抗折试验机、WES-300 万能试验机、锯石机等。

2. 中间产品质量检测

在现场制作砂浆抗压试块后带回室内进行标准养护，待龄期达到 28 天后进行抗压强度检测。

主要仪器包括：标准养护箱、WES-300 万能试验机等。

3. 沙砾料填筑质量检测

通过灌水法测定湿密度、烘干法测定含水率，再根据室内标准试验成果计算回填料的相对密度。

主要仪器包括：电子天平、烘干箱等。

4. 浆砌石护岸工程及沙砾料填筑工程外观质量检测

抽选一定数量的横断面，采用观察、量测及敲击等方法，按照规范规程及设计要求对其几何尺寸、砌缝宽度、平整度等进行评价。

主要仪器设备有全站仪、水准仪、50m 钢尺、2m 靠尺等。

5. 投入到该工程的仪器设备清单见表 1

五、检测完成主要工作量

本次检测完成的主要工作量见表 2。

六、检测结果及质量评价

1. 原材料质量检验与评价

(1) 水泥检验。

本工程均使用复合硅酸盐水泥，强度等级 32.5R，检测成果统计见表 3。

表 1　　投入到本工程的检测仪器清单

序号	设施或设备名称	主要规格型号	数量	检定有效期至	检/校单位
1	300kN 数显万能试验机	WES-300	1	2017年4月8日	陕西力源仪器设备检测中心
2	电动抗折试验机	KZJ-500	1	2017年4月8日	
3	水泥胶砂振实台	ZS-15	1	2017年4月8日	
4	水泥净浆搅拌机	NJ-160A	1	2017年4月8日	
5	水泥胶砂搅拌机	JJ-5	1	2017年4月8日	
6	钢卷尺	50m	1	2017年4月8日	
7	新标准法维卡仪		1	2017年4月8日	
8	沸煮箱	FZ-31	1	2017年4月8日	
9	雷氏膨胀值测定仪		2	2017年4月8日	
10	跳桌及附件（水泥胶砂流动度测定仪）	NLD-3	1	2017年4月8日	
11	水泥标准养护箱	SHBY-40B	1	2017年4月8日	
12	电子天平		2	2017年4月8日	
13	水准仪	DSA320	1	2017年4月24日	陕西省计量科学研究院
14	标准砂石筛		1套	2017年4月8日	陕西力源仪器设备检测中心
15	震击式两用振摆筛选机	ZBSX-92A	1	2017年4月8日	
16	混凝土标准恒温恒湿养护箱	SHBY-40B	1	2017年4月8日	
17	工程质量检测尺	2m	1	2017年4月8日	
18	全站型电子速测仪	DTM-622R	1	2017年4月26日	陕西省计量科学研究院

表 2　　主要检测工作量一览表

序号	检测项目	检测内容	抽检数量	单位	检测方法
（一）	原材料				
1	水泥	标准稠度、凝结时间、胶砂强度、安定性	6	组	现场取样、室内检测
2	砂子	细度、含泥量、泥块含量、表观密度	6	组	现场取样、室内检测
3	块石	饱和单轴抗压强度	6	组	现场取样、室内检测
（二）	中间产品				
1	砂浆试块	抗压强度	18	组	现场取样、室内检测
（三）	沙砾料填筑工程				
1	填筑质量	相对密度及含水率	38	组	现场取样、室内检测
2	外观尺寸	外观尺寸及高程	10	断面	现场检测
（四）	浆砌石护岸工程				
1	基础	外观尺寸	10	断面	现场检测
2	墙身	外观尺寸、平整度	10	断面	现场检测

表 3 **水泥物理力学指标检测成果统计表**

水泥品种			复合硅酸盐水泥（P·C）			
强度等级			32.5R			
生产厂家			宁夏青铜峡			
报告编号				2016（50）-SN-0003	2016（50）-SN-0004	结果评定
检测项目			标准值	实测值		
物理性能	标准稠度用水量		—	26.8	27.0	—
	安定性（雷氏夹法）		≤5.0（mm）	2.2	1.8	合格
	凝结时间	初凝/min	≥45	167	186	合格
		终凝/min	≤600	244	271	合格
力学性能	抗折强度	3d/MPa	≥3.5	5.2	5.0	合格
		28d/MPa	≥5.5	6.5	6.7	合格
	抗压强度	3d/MPa	≥15.0	20.2	20.6	合格
		28d/MPa	≥32.5	37.0	36.8	合格

（2）砂子检验。

本工程所使用砂料检测成果统计见表 4。

表 4 **砂料检测成果统计表**

产地		延川	规格	天然砂
报告编号		2016（50）-SX-0005	2016（50）-SX-0006	检测结论
检测项目	标准值	实测值		
含泥量/%	≤5	1.6	1.6	合格
泥块含量/%	不允许	0	0	合格
云母含量/%	≤2	0.4	0.6	合格
表观密度/(kg/m^3)	≥2500	2640	2650	合格
含水率/%	—	—	—	—
细度模数	—	2.15	2.01	—

（3）块石检验。

工程使用块石检测成果统计见表 5。

表 5 **块石检测成果统计表**

检测项目		标准规定	实测值			评定
			报告编号			
			2016（50）-YS-0001	2016（50）-YS-0002	2016（50）-YS-0003	
干密度	P_d/（g/cm^3）	—	—	—	—	—
软化系数	K_r	—	—	—	—	—
干燥单轴抗压强度	R_d/MPa	—	—	—	—	—
饱和单轴抗压强度	R_b/MPa	≥30	32.4	32.0	33.1	合格

2. 试块抗压强度评价

砂浆试块抗压强度室内试验资料分析如下：

浆砌石护岸工程设计采用 M7.5 砂浆砌筑。砂浆强度检测采用现场随机抽样试验的方法进行。本次抗压强度检测抽检 M7.5 砌筑砂浆试件 18 组进行抗压强度检测，M7.5 砂浆试块抗压强度抽检结果评价见表 6。由表可知抽查抗压强度试验结果均符合设计要求。

表 6　　M7.5 砂浆试块抗压强度抽检结果评价表

试块标号	使用部位	报告编号	试验值/MPa	设计值/MPa	龄期/d	评价
M7.5	浆砌石挡墙基础 L0+040－L0+080	2016（50）－SJ－0001	9.4	7.5	28	合格
	浆砌石挡墙基础 L0+540－L0+590	2016（50）－SJ－0002	8.3	7.5	28	合格
	浆砌石挡墙墙身 L1+100－L1+160	2016（50）－SJ－0003	9.0	7.5	28	合格
	浆砌石挡墙基础 R0+540－R0+670	2016（50）－SJ－0004	8.9	7.5	28	合格
	浆砌石挡墙墙身 R1+170－R1+110	2016（50）－SJ－0005	8.8	7.5	28	合格
	浆砌石挡墙基础 R1+820－R1+880	2016（50）－SJ－0006	8.3	7.5	28	合格
	浆砌石挡墙墙身 L0+790－L0+840	2016（50）－SJ－0007	9.1	7.5	28	合格
	浆砌石挡墙墙身 L1+190－L1+270	2016（50）－SJ－0008	8.1	7.5	28	合格
	浆砌石挡墙墙身 R0+500－R0+560	2016（50）－SJ－0009	9.2	7.5	28	合格
	浆砌石挡墙基础 R0+940－R1+070	2016（50）－SJ－0010	8.9	7.5	28	合格
	浆砌石挡墙墙身 L0+380－L0+430	2016（50）－SJ－0011	9.3	7.5	28	合格
	浆砌石挡墙墙身 L1+380－L1+450	2016（50）－SJ－0012	8.9	7.5	28	合格
	浆砌石挡墙墙身 R0+080－R0+130	2016（50）－SJ－0013	8.3	7.5	28	合格
	浆砌石挡墙墙身 R0+790－R0+820	2016（50）－SJ－0014	8.6	7.5	28	合格
	浆砌石挡墙墙身 R1+250－R1+310	2016（50）－SJ－0015	9.1	7.5	28	合格
	浆砌石挡墙墙身 L1+490－L1+550	2016（50）－SJ－0016	8.5	7.5	28	合格
	浆砌石挡墙墙身 R0+040－R0+070	2016（50）－SJ－0018	9.1	7.5	28	合格
	浆砌石挡墙墙身 R0+670－R0+690	2016（50）－SJ－0019	8.3	7.5	28	合格

3. 沙砾料填筑质量检测评价

沙砾料填筑质量检测成果统计见表 7，设计相对密度≥0.60。实测相对密度 D_r=0.59～0.74，总计测点 38 个，合格测点 36 个，合格率 95%。

由检测结果可以看出，沙砾料填筑质量符合规范及设计要求。

4. 外观质量检测评价

本工程外观质量检测共抽检了 10 个断面，工程各个检测剖面上的检测结果见表 8。由表可知该工程沙砾料填筑外观尺寸合格率达到 97.5%，符合规范要求，堤顶高程、护岸顶宽、坡比等外观尺寸合格率达到 91.1%，符合规范要求。浆砌石护岸表面平整度合格率达到 95%，符合规范要求。

表 7　　**沙砾料填筑质量检测成果统计表**

检测位置			检测数据		控制标准		实测相对密度	质量评定
标段	桩号	层数	干密度/(g/cm³)	含水率/%	最大干密度/(g/cm³)	最小干密度/(g/cm³)		
Ⅰ标段	L0+253 左 0.5m	第十二层	1.54	7.2	1.60	1.43	0.67	合格
	L0+254 左 0.7m	第十二层	1.78	6.0	1.83	1.70	0.63	合格
	L0+254 左 1.4m	第十二层	1.87	5.3	1.91	1.80	0.65	合格
	L0+254 左 0.6m	第十八层	1.69	7.2	1.73	1.60	0.71	合格
	L0+254 左 1.3m	第十八层	1.53	6.2	1.60	1.43	0.62	合格
	L0+254 左 2.0m	第十八层	1.68	4.5	1.73	1.60	0.63	合格
Ⅱ标段	L0+757 左 0.5m	第十一层	1.56	4.9	1.63	1.45	0.64	合格
	L0+758 左 0.7m	第十一层	1.80	6.6	1.85	1.73	0.68	合格
	L0+758 左 1.3m	第十一层	1.57	4.6	1.63	1.45	0.69	合格
	L0+758 左 0.6m	第十五层	1.87	4.2	1.92	1.80	0.60	合格
	L0+758 左 1.3m	第十五层	1.68	4.4	1.74	1.60	0.59	不合格
	L0+758 左 2.2m	第十五层	1.69	4.3	1.74	1.60	0.66	合格
Ⅲ标段	L1+342 左 0.4m	第十一层	1.85	3.4	1.89	1.78	0.65	合格
	L1+342 左 1.0m	第十一层	1.57	4.2	1.60	1.49	0.74	合格
	L1+342 左 1.5m	第十一层	1.79	3.6	1.73	1.72	0.65	合格
	L1+342 左 0.7m	第二十层	1.68	5.3	1.73	1.61	0.60	合格
	L1+342 左 1.5m	第二十层	1.56	5.9	1.60	1.49	0.65	合格
	L1+342 左 2.3m	第二十层	1.69	6.9	1.73	1.61	0.68	合格
Ⅳ标段	R0+288 右 0.7m	第十层	1.64	5.6	1.69	1.55	0.66	合格
	R0+288 右 1.3m	第十层	1.54	6.4	1.63	1.42	0.60	合格
	R0+289 右 0.4m	第十层	1.65	6.6	1.69	1.55	0.73	合格
	R0+289 右 1.2m	第十层	1.74	6.8	1.77	1.69	0.64	合格
	R0+289 右 0.4m	第十五层	1.63	5.1	1.69	1.55	0.59	不合格
	R0+289 右 1.1m	第十五层	1.63	4.6	1.63	1.42	0.70	合格
	R0+289 右 1.8m	第十五层	1.74	3.5	1.77	1.69	0.64	合格
	R0+289 右 2.4m	第十五层	1.64	4.2	1.69	1.55	0.66	合格
Ⅴ标段	R0+916 右 0.4m	第十二层	1.55	5.0	1.67	1.39	0.62	合格
	R0+916 右 1.0m	第十二层	1.80	6.2	1.84	1.73	0.65	合格
	R0+916 右 1.5m	第十二层	1.58	3.3	1.67	1.39	0.72	合格
	R0+916 右 0.8m	第二十层	1.92	4.8	1.96	1.86	0.61	合格
	R0+916 右 1.7m	第二十层	1.80	4.4	1.84	1.73	0.65	合格
	R0+916 右 2.7m	第二十层	1.56	4.6	1.67	1.39	0.65	合格
Ⅵ标段	R1+906 右 0.5m	第五层	1.71	6.2	1.77	1.62	0.62	合格
	R1+907 右 0.4m	第五层	1.58	5.1	1.67	1.45	0.62	合格
	R1+908 右 0.5m	第五层	1.82	3.7	1.85	1.76	0.68	合格
	R1+907 右 0.3m	第八层	1.90	4.2	1.93	1.85	0.63	合格
	R1+907 右 1.0m	第八层	1.59	3.4	1.67	1.45	0.67	合格
	R1+906 右 0.9m	第八层	1.72	6.0	1.77	1.62	0.69	合格

表 8　　Ⅰ-1剖面质量检测结果评定表（L0+155）

检 测 项 目		设计要求	允许偏差/cm	检测结果	备注
浆砌石挡墙	坡比	1∶0.45	不陡于设计值	1∶0.45	
	高度/mm	6720	0～+4	6727、6714、6736	
	护岸顶宽/mm	1000	-1～+2	989、1007、1012	
	护岸顶高程/m	1258.460	0～+4	1258.480	
	基础宽/mm	3810	-1～+2	3815、3813、3816	
	基础高/mm	1000	0～+4	1004、1016、1009	
沙砾料填筑	宽度/mm	3000	-5～+15	3046、3012、2974	
	高程/m	1258.460	0～+15	1258.472	
砌石用料		岩质新鲜、坚硬		所用砌石质地新鲜、坚硬	
坡面平整度		不大于2.5cm/2m		1.4、1.7、0.6、1.5、1.6、0.6、0.8、1.2、2.6、1.9	
浆砌质量		砌体排列整齐，上下层砌石应错缝砌筑；砌缝饱满，无空隙；不得无浆靠贴		砌体排列整齐，上下层砌石错缝砌筑；砌缝饱满	

七、检测结论

1. 本工程第三方检测所抽检的数量和频率满足规范要求（表9）

表 9　　检 测 数 量 对 照 表

序号	检测项目	应检测数量（SL 223—2008附录P）	实际检测数量	备注
1	基础断面复核	不少于6点	10点	满足要求
2	水泥	4组	6组	满足要求
3	砂子	4组	6组	满足要求
4	块石	3组	6组	满足要求
5	M7.5砂浆试块	6组	18组	满足要求
6	砌体厚度、密实度、平整度、几何尺寸	不少于6点	10点	满足要求
7	沙砾料填筑相对密度	每2000m不少于一个断面；每断面不少于2层，每层不少于3点；每单位工程总体不少于20点	10个断面；每断面2层且不少于3个点；共计38点	满足要求
8	沙砾料填筑外观尺寸	不少于2个断面	10个	满足要求

2. 本工程第三方质量检测抽检结果

（1）原材料抽检试验各项指标均满足相应的规范标准。

（2）M7.5砂浆试块室内抗压强度试验检测结果均符合设计和规范要求。

（3）沙砾料填筑质量（检测点38个，合格率95%）和沙砾料填筑外观尺寸（合格率97.5%）符合设计和规范要求。

（4）浆砌石护岸堤顶高程、护岸顶宽、坡比等外观质量合格率达到91.1%，符合设计和规范要求；浆砌石护岸表面平整度（合格率95%）和砌体砌筑质量符合规范及设计要求。

综上所述可知，志丹县洛河防洪工程所选主要原材料及中间产品质量符合相关规范规程要求；浆砌石基础及护岸砌筑质量、沙砾料填筑质量符合设计及规范要求；沙砾料填筑工程外观尺寸及浆砌石护岸外观质量符合设计及规范要求。

第七章　工程质量监督检查

工程建设过程中的监督检查是水利工程质量监督工作的主要内容和重要方式，主要是对责任主体质量行为和工程实体质量的监督检查。同时，它也是质量监督机构获取工程施工质量信息的重要渠道。因此，工程质量监督检查的深度和广度很大程度上决定了质量监督工作的水平。

一、一般规定

质量监督机构在开展监督检查时，可根据工作需要，聘请专家及专业人员参加检查活动。碰到比较复杂的质量问题，质量监督机构可委托有相应资质的质量检测单位对工程进行质量监督检测，委托与工程质量责任主体无利害关系的咨询单位等专业技术机构对工程质量责任主体的质量行为开展质量评估。

质量监督机构在监督检查时，要做好水利工程质量现场监督检查表所要求内容的记录，明确参建各方的责任，以便早做准备，尽快开展整改工作。水利工程质量现场监督检查表样式参见本章【示例 1】。

质量监督机构在监督检查工作中发现有违反建设工程质量管理规定的行为和影响工程质量的问题时，有权采取责令改正、暂停施工等强制性措施，直至问题得到改正。

质量监督机构应及时向项目法人发送质量监督检查结果通知书（参见本章【示例 2】），要求项目法人及参建单位尽快进行整改并将整改落实核查情况报质量监督机构备案。必要时，质量监督机构可对整改情况进行现场复核，也可委托检测机构进行必要的检测。质量监督机构对不按要求进行整改或整改不到位的单位可进行通报或向主管部门报告，直至达到整改要求。

二、工程质量责任主体行为监督检查

质量监督机构对工程质量责任主体质量行为的监督分为对质量体系建立情况的抽查和对质量体系运行情况的抽查。

对质量体系的建立情况抽查一般在责任主体和有关机构参与工程建设的初期进行，对质量管理体系的运行情况抽查应随工程建设进度同步进行。

对质量行为的监督检查重点是对参建单位人员到岗情况、质量管理制度建立情况、主要工序质量控制情况和质量检测情况进行检查。

（一）项目法人单位监督检查

（1）对项目法人质量管理体系建立情况的监督检查，其主要内容包括：

1）有专职抓工程质量的技术负责人，有明确的质量管理责任人。

2）建立了工程质量管理的各项规章制度，主要是工程质量岗位责任制度、质量评定、工程验收、设计变更审批等方面的内部管理制度和对参建单位质量管理体系、质量行为和实体质量的检查和奖惩等约束制度。

3）参建单位和质量责任人要在显要位置进行公示，接受社会监督。

（2）项目法人质量管理体系运行情况的监督检查，其主要内容包括：

1）工程质量项目法人负总责的执行情况，质量管理工作是否及时有效，是否对施工、监理、质量检测等单位的质量体系建立及运行情况进行了检查，是否对施工自检和监理平行检测合同进行了备案。

2）是否及时办理质量监督备案手续、项目划分确认、报批外观质量评定项目、制定全过程质量检测方案并报备、新增单元工程质量评定表报批等有关工作。

3）重要隐蔽单元工程和关键部位单元工程质量经参建单位联合小组核定质量等级后报质量监督机构备案情况。分部工程验收、单位工程验收等法人验收工作是否及时，法人验收质量结论报质量监督机构核备是否及时。

4）是否对参建单位的质量行为和工程实体质量进行了检查。工程质量事故、缺陷是否按规定进行报告、调查、分析，处理是否符合有关规定。

（二）勘察设计单位监督检查

（1）对勘察设计单位现场服务体系建立情况的监督检查，其主要内容包括：

1）勘察设计单位是否成立了项目组或明确了主要设计人员，现场设计代表人员的资格和专业配备是否满足施工需要。

2）是否建立了设计技术交底制度，现场设计通知、设计变更的审核、签发制度是否完善。

（2）对勘察设计单位现场服务体系运行情况的监督检查，其主要内容包括：

1）设计现场服务体系是否落实，设计变更是否符合有关变更的程序，图纸供应和设代现场服务是否及时。

2）重要隐蔽单元工程联合验收是否有地质编录，是否及时参加质量评定和验收工作，并对工程是否满足设计要求提出明确结论。

3）是否按规定参与了质量缺陷及质量事故的调查与分析。

（三）施工单位监督检查

（1）对施工单位质量保证体系建立情况的监督检查，其主要内容包括：

1）项目部是否按投标书中的承诺组建组织机构，人员变更是否履行变更手续，变更后的人员资格是否满足工程需要，项目建造师、技术负责人、质量负责人是否真正到位、是否持证上岗；项目部是否设立了专职质检机构，质检员的专业、数量配备能否满足施工质量检查的要求。

2）规章制度是否建立健全，侧重检查工程质量岗位责任制度，工程质量管理制度，“三检制”的落实制度，工程原材料和中间产品检测制度，工程质量自检制度，质量事故责任追究制度等制度的建立情况。

3）施工单位是否按照合同约定配备了足够的施工设备及特种操作人员。

4）施工自检是否签订书面委托合同，合同是否明确主要原材料和中间产品的检测频次、指标、取样方式。

（2）对施工单位质量保证体系运行情况的监督检查，其主要内容包括：

1）合同规定的项目建造师、技术负责人、质量负责人是否常驻工地，质检人员是否熟悉各项质量标准，质量检验是否及时有效；“三检制”是否做到了班组自检、施工队复检、施工单位专职质检员终检；质量评定是否及时、准确，评定资料是否齐全，施工日志对质量有关记录是否详细。

2）原材料和金属结构、启闭机、机电设备等工程设备出厂合格证是否齐全，材料进场台账是否建立，金属结构、启闭机和机电设备是否进行交货检查、验收和记录；原材料、中间产品的质量检测项目、数量是否满足规范和设计要求，检测结果是否进行统计分析；工程实体质量检测项目、点数是否满足规范和设计要求，各项检测记录是否及时并齐全，签字手续是否完备。

3）原材料、中间产品及单元（工序）工程质量检验结果是否及时送监理单位复核；施工质量缺陷有无私自掩盖行为，是否及时进行了描述、备案，是否按规定进行了处理；检查施工单位的施工组织设计、施工方法、质量保证措施、施工试验方案等开工前的技术准备文件是否得到批准。

（四）监理单位监督检查

（1）对监理单位质量控制体系建立情况的监督检查，其主要内容包括：

1）现场监理人员是否与投标文件一致，人员变更是否按要求履行了手续，变更后的人员资格是否满足工程需要；现场监理工程师、监理员等人员是否持证上岗。

2）各种岗位责任制度、质量控制制度、监理例会制度、施工图交底制度、工程质量抽检制度、质量缺陷备案及检查处理制度、工程验收工作等制度的制定及落实情况。

3）监理机构是否结合工程特点编制监理规划，然后按照监理规划的要求分专业编制工程建设监理细则。在监理细则中，是否对巡视检查要点，旁站监理的范围（包括部位和工序）、内容、控制要点和记录，检测项目、标准和检测要求，跟踪检测和平行检测的数量和要求、质量评定等与质量有关的事宜进行了明确描述。

4）监理平行检测是否签订书面委托合同（由项目法人委托或认可），合同是否明确主要原材料和中间产品的检测频次、指标、取样方式。

（2）对监理机构质量体系运行情况的监督检查，其主要内容包括：

1）总监理工程师是否常驻工地，现场监理人员是否满足工程各专业质量控制的要求；是否坚持工程例会制度，提出的质量问题是否能够及时解决；是否及时填写监理日志和旁站记录，对存在质量问题是否有详细的记录。

2）是否对进场的原材料、中间产品和工程设备进行了核验或验收，是否及时对施工单位的原材料和中间产品质量检验结果进行了复核，是否及时对单元（工序）工程质量等级进行了评定，签字手续是否完备。

3）监理工程师是否熟悉每道工序的质量控制标准，是否按合同规定常驻施工现场，《水利工程施工监理规范》（SL 288—2014）条文说明4.2.3中规定的关键工序和重要部位是否做到了旁站监理。

4）是否按合同规定进行了平行检测和跟踪检测，检测指标和频次是否满足规范要求；对施工质量缺陷是否进行了备案。

（五）质量检测单位监督检查

（1）对质量检测单位质量体系建立情况的监督检查，其主要内容包括：

1）参照水利部令第36号《工程质量检测管理规定》对检测单位的资质等级及业务范围进行复核，是否有水行政主管部门颁发的资质证书，并在其批准的类别、业务范围内承担检测任务。

2）国家规定需强制检定的计量器具是否经县级以上计量行政部门认定的计量检定机构或其授权设置的计量检定机构进行了检定。

3）试验室检测业务基本管理制度，包括档案管理制度、质量控制措施等是否完善。

（2）对质量检测单位质量保证体系运行情况的监督检查，其主要内容包括：

1）质量管理体系运行是否正常，质量管理工作是否有效。

2）检测人员是否在从业资格范围内从事检测工作，签字盖章是否规范；检验报告（单）证章使用和签名是否规范。

3）检测合同、委托单、原始记录和检测报告是否统一编号和归档管理，是否单独建立检测结果不合格项目台账，并及时将不合格情况反馈给项目法人单位和质量监督机构。

4）与工程质量检测有关的规程、规范、技术标准，特别是强制性条文的执行情况。

（六）其他单位的监督检查

对金属结构与设备制造等其他参建单位的监督检查，其主要内容包括：

（1）单位资质是否符合有关规定要求，是否有相关产品生产许可证。

（2）现场派驻人员是否持证上岗，现场派驻人员是否能满足设备安装等施工需要。

（3）产品主要指标是否有检测报告，包括钢闸门的制作焊缝检测、预制构件的强度等检测指标。

（4）金属结构、启闭机和机电设备制作是否有质量检查验收出厂合格证。

（5）在工地现场的施工协作单位的质量保证体系落实情况如何，质量检验与评定工作是否符合有关规定要求。

监督检查具体内容详见本章【示例3】工程质量责任主体行为监督检查样表。

三、工程实体质量监督检查

工程实体质量监督检查是质量监督机构对工程实体质量是否满足设计、相关规范、合同和工程建设强制性标准情况进行的核查，主要内容包括：原材料、中间产品、重要及关键部位、金属结构、机电设备等。

监督机构对工程实体质量的监督检查采取点面结合的方式，其中涉及主体安全的关键部位施工质量为抽查重点。主要方法为：现场检查施工作业面的施工质量，查阅质量评定资料，必要时由监督机构委托有资质的检测单位根据结构部位的重要程度及施工现场质量情况进行随机抽检。

质量监督机构对实体质量相关资料进行抽查核实，主要是检查原材料、中间产品、金属结构及机电设备安装等检测试验资料，重要隐蔽工程施工记录，单元（工序）工程、分部工程及单位工程质量验收评定表、质量问题处理记录、施工期及工程试运行期观测资料等，重点检查资料记录与填写是否符合规程规范要求、材料是否完整。（有关内容详见

“第八章　工程质量检验与评定资料核查”。）

常见工程实体质量现场检查的主要内容和检查重点如下。

1. 土石方工程

土石方工程主要包括：明挖工程、洞室开挖工程、土石方填筑工程、砌石工程。质量控制按照《水利水电工程单元工程施工质量验收评定标准　土石方工程》（SL 631—2012）、《土工试验规程》（SL 237—1999）、《水利水电工程土工合成材料应用技术规范》（SL/T 225—1998）、《砌体结构工程施工质量验收规范》（GB 50203—2011）等技术规范和设计要求进行。

常见工程现场检查重点包括：

（1）开挖工程。开挖断面尺寸，底部高程，边坡坡度，局部超挖、欠挖及平整度。

（2）土石方填筑工程。结合料场土质检测结果，现场检查土料质量、碾压参数、填筑和碾压质量、铺土（石）料厚度、碾压搭接带宽度，尤其是填土与坝肩、建筑物结合部的填筑质量。

（3）砌石工程。石料表观质量，砌筑质量，砌石体断面尺寸、垂直度、平整度等，水泥砂浆强度，砂浆密实程度。

2. 混凝土工程

混凝土工程主要包括：普通混凝土工程、碾压混凝土工程、混凝土面板工程、沥青混凝土工程、预应力混凝土工程、混凝土预制构件安装工程、混凝土坝体接缝灌浆工程、安全监测设施安装工程。质量控制按照《水利水电工程单元工程施工质量验收评定标准　混凝土工程》（SL 632—2012）、《水工沥青混凝土施工规范》（SL 514—2013）、《水工建筑物滑动模板施工技术规范》（SL 32—2014）、《水工混凝土施工规范》（SL 677—2014）等技术规范和设计要求进行。

常见工程现场检查重点包括：

（1）检查进场的砂、石、水泥、钢筋等原材料和混凝土拌和物质量。

（2）模板的制作和安装；钢筋的数量、规格、尺寸及安装位置，钢筋接头的力学性能，钢筋间距和保护层厚度；预埋件的质量、位置、深度和外观。

（3）检查混凝土拌和物的质量，混凝土振捣，浇筑温度，养护条件；表面平整度，外观尺寸，蜂窝麻面，错台跑模，表面裂缝。

（4）新老混凝土接合面、基础面（施工缝）的清理、凿毛；锚喷工程检查试喷情况，检查锚孔深度和锚孔清理情况；钢筋混凝土防腐处理，检查涂料前混凝土表面清洁处理情况等。

（5）混凝土预制构件模具的外观尺寸、刚度，入模的振捣密实情况，浇好后的养护情况，拆模后的尺寸复核。

（6）预应力孔道位置、孔径，预应力筋的制作和安装，预应力张拉设备及程序，灌浆质量。

3. 地基处理与基础工程

地基处理与基础工程包括：灌浆工程、防渗墙工程、地基排水工程、锚喷支护和预应力锚索加固工程、钻孔灌注桩工程、其他地基加固工程。质量控制按照《水利水电工程单元工程施工质量验收评定标准　地基处理与基础工程》（SL 633—2012）、《建筑地基处理技术规范》（JGJ 79—2012）、《水利水电工程混凝土防渗墙施工技术规范》（SL 174—2014）、《水利水电工程注水试验规程》（SL 345—2007）、《建筑桩基技术规范》（JGJ 94—2008）、《建筑基桩检测技术规范》（JGJ 106—2003）等技术规范和设计要求进行。

常见工程现场检查重点包括：

（1）灌浆工程。帷幕灌浆孔孔位偏差，浆液的质量，水泥结石的充填密实度，水泥结石与岩石胶结质量，压水试验透水率，帷幕深度，封孔水泥结石的密实度及芯样获得率。

（2）防渗墙。墙体厚度，渗透系数，混凝土防渗墙抗压强度，防渗墙深度，墙体完整性（连续性）。

（3）桩基工程。桩身完整性，单桩承载力，桩身缺陷。

（4）沉井。尺寸，封底，井内回填情况。

（5）土工防渗膜铺设。铺设、拼接及开槽深度，回填情况检查记录，防渗效果检验记录。

4. 堤防工程

堤防工程包括：地基清理、土料碾压筑堤、土料吹填筑堤、堤身与建筑物结合部填筑、防冲体护脚、沉排护脚、护坡工程、河道疏浚。质量控制按照《水利水电工程单元工程施工质量验收评定标准　堤防工程》（SL 634—2012）、《疏浚与吹填工程施工规范》（JTS 207—2012）、《堤防工程设计规范》（GB 50286—2012）、《堤防工程施工规范》（SL 260—2014）等技术规范和设计要求进行。

常见工程现场检查重点包括：

（1）地基清理。地基内坑、槽、沟等处理情况，地基表面平整、压实。

（2）堤身填筑。参照土石方工程进行检查，特别是新老堤结合面的清理刨毛、搭接坡度、击实及碾压试验情况；堤身建筑物结合部位还应检查表面涂浆施工的制浆土料、涂层泥浆浓度、涂浆操作方法和涂浆厚度。

（3）护脚工程。抛石的块径和重量，防冲体的制作质量，防冲体重量、体积，沉排锚固，沉排搭接宽度，水下测量护脚断面；砌体或防护体施工工艺，施工用柴枕、石笼、软体沉排等物料的尺寸、重量、结构等是否符合设计要求。

（4）护坡工程。草皮护坡或防浪林的草、树品种和铺种的面积、数量、成活率等质量；施工参照混凝土、砌石控制要点进行检查。

（5）河道疏浚。河道开挖的河道中心线，河底高程和宽度，边坡坡度，河道过水断面面积，宽阔水域平均底高程。

5. 金属结构安装工程

金属结构安装工程包括：压力钢管、闸门、拦污栅、启闭机等安装工程。质量控制按照《水利水电工程单元工程施工质量验收评定标准　水工金属结构安装工程》（SL 635—2012）、《水利水电工程启闭机安装及验收规范》（SL 381—2007）、《水工金属结构防腐蚀规范》（SL 105—2007）、《水利工程压力钢管制造安装及验收规范》（SL 432—2008）、《水利水电工程钢闸门制造、安装及验收规范》（GB/T 14173—2008）等技术规范和设计要求

进行。

常见工程现场检查重点包括：

（1）钢管（钢制管道）。尺寸偏差与安装质量，钢管壁厚，焊缝外观质量，焊缝内部质量，防腐层厚度，涂层附着力，水压试验。

（2）闸门。橡胶水封厚度和硬度，焊缝外观质量，焊缝内部质量探伤，防腐层厚度，涂层附着力，闸门轨道安装直线度，底槛工作表面平面度，支铰铰轴（孔）同轴度，渗漏试验，全行程启闭运行试验。

（3）启闭机。钢丝绳外观质量，卷筒壁厚，卷筒铸造缺陷，制动轮与制动带接触面积，制动轮与制动带间隙，电动机三相电流不平度，电动机绝缘电阻及吸收比，机架安装质量。

6. 机械设备安装工程

机械设备安装工程包括水轮发电机组安装工程和水力机械辅助设备系统安装工程。质量控制按照《水利水电工程单元工程施工质量验收评定标准　水轮发电机组安装工程》（SL 636—2012）和《水利水电工程单元工程施工质量验收评定标准　水利机械辅助设备系统安装工程》（SL 637—2012）及其他技术规范和设计要求进行。

常见工程现场检查重点包括：

（1）水轮机：振动，主轴摆度，水压力脉动，转速，漏水量，噪声，焊缝质量，安装质量。

（2）发电机：发电机振动，主轴摆度，轴承温度，安装质量。

7. 电气设备

电气设备安装工程包括发电电气设备安装工程和升压变电电气设备安装工程。质量控制按照《水利水电工程单元工程施工质量验收评定标准　发电电气设备安装工程》（SL 638—2013）和《水利水电工程单元工程施工质量验收评定标准　升压变电电气设备安装工程》（SL 639—2013）及其他技术规范和设计要求进行。

常见工程现场检查重点包括：

（1）安装基础槽钢的水平度和不直度，底座与基础钢焊接；电气接地和避雷接地；变压器、高低压开关柜、配电箱（盘）、控制柜（屏、台）、动力、电缆等安装。

（2）芯线整理和接线位置绑扎，芯线扎带绑扎间距，芯线两端编号一致，线管号规格和芯线规格一致，二次回路绝缘电阻检查，接线图对照检查。

8. 房屋建筑工程

房屋建筑工程质量控制按照《建筑工程施工质量验收统一标准》（GB 50300—2013）及其他住建行业技术规范和设计要求进行。

常见工程现场检查重点包括：

（1）抽查设备、原材料及构配件合格证、进场验收记录、复试报告。

（2）地基与基础工程质量验收情况；砌体、混凝土钢结构、木结构等主体结构质量验收情况；装饰装修工程质量验收情况、建筑屋面情况。

（3）给排水及采暖工程质量验收情况；建筑电气工程质量验收情况；电梯、通风与空调工程安装质量和验收记录等。

9. 交通道路与桥梁工程

交通道路与桥梁工程质量控制按照按《公路工程质量检验评定标准》(JTG F80/2—2004、JTG F80/1—2017) 规定及其他交通行业技术规范和设计要求进行。

常见工程现场检查重点包括:

(1) 抽查原材料(含外加剂)出场合格证、检验报告、进场验收及抽检记录。

(2) 道路地基及基础处理情况;路基基层及面压实度、强度、平整度;路基、路面弯沉值测定情况记录;道路工程质量检验评定资料。

(3) 桥梁基础工程处理情况;预应力施工和张拉情况;墩、台及梁、板等混凝土预制件等安装质量;支座、拱的安装及轴线放样、标高等检查记录;桥面铺装质量检查记录等。

10. 信息与自动化工程

信息与自动化工程质量控制按照工业与信息化产业有关技术规范和设计要求进行。

常见工程现场检查重点包括:

(1) 监督抽查设备出厂合格证、进场检验记录;线缆敷设及防护等措施;各种设备安装的安全性、美观性。

(2) 试运行检验情况记录及测试报告;工程质量验收记录等。

11. 其他

(1) 商品混凝土。在很多小型水利工程建设过程中,施工单位从经济角度考虑,一般都不自建混凝土搅拌站,而是从附近的商品混凝土站采购。由于商品混凝土按照住建行业的质量标准控制原材料质量,进行混凝土配合比设计、生产和检验,直接用于水利工程后经常引起比较严重的质量缺陷,因此要给予特别的关注,提出针对性的控制措施。

工程实践中可以按照以下方法进行质量控制:

1) 施工单位应编制商品混凝土施工专项技术方案,报监理单位审查。明确商品混凝土的设计强度等级、抗渗、抗冻、坍落度、初终凝时间以及满足浇筑强度要求的现场施工人员和施工设备配备。

2) 施工单位与商品混凝土供货单位签订书面供货合同,并报监理单位和项目法人备案。供货合同应明确混凝土使用部位、级配、强度等级、抗渗、抗冻、坍落度、初终凝时间、供应数量、运输距离、运送时间、输送方式、交货地点、质量检验和评定方法等内容。

3) 供货单位应按水利行业标准控制原材料质量,进行混凝土配合比设计、生产和检验,进场前提供满足合同要求的商品混凝土出厂合格证,并附原材料检测报告、原材料产品合格证。如果供货单位不能提供原材料检测结果,施工单位应按照水利行业规定的检测频次和指标进入商品混凝土拌和现场取样对原材料进行检测。

4) 施工单位应对商品混凝土供货合同执行情况进行检查,关键环节派员驻场检查。按不低于供货单位自检频次的 30%对原材料进行抽检,并在浇筑前从运送到工地的混凝土中取样,按照水工混凝土要求对混凝土拌和物质量进行检测和控制。

5) 监理单位应按照《水利工程施工监理规范》(SL 288—2014) 中第 6.2 条要求对商品混凝土的原材料和混凝土拌和物质量进行跟踪检测和平行检测,对供货单位和施工单位

的产品合格证、检测结果进行复核。

（2）灌溉与排水工程。质量控制按照《灌溉与排水工程施工质量评定规程》（SL 703—2015）及其他技术规范和设计要求进行。

（3）农村饮水安全供水管道安装工程。质量控制按照《给水排水管道工程施工质量及验收规范》（GB 50268—2008）、《村镇供水工程施工质量验收规范》（SL 688—2013）及其他技术规范和设计要求进行。

四、常见工程质量通病

（一）土石方填筑

1. 基础面清理与基础处理

（1）基础渗透或渗透破坏。背水的堤脚或坝脚以外地面发生散浸、渗水、沼泽化；堤、坝下游因基础渗透发生管涌或流土。

（2）填筑过程中或填筑完成以后，填筑体发生超过允许沉降幅度的不均匀沉降或发生滑动位移。

2. 填筑施工工艺试验

（1）防渗土料碾压试验成果达不到设计质量要求。

（2）堆石料填筑施工工艺试验所用的石料与施工用料不一致，其试验成果不能用于施工质量控制。

3. 土料填筑

（1）土料压实指标不符合规范要求。黏性土填筑压实指标未采用压实度，无黏性土填筑压实指标未采用相对密度；单元工程压实指标合格率未达到规范要求；填筑体竣工后相对沉降率大，产生裂缝、位移等现象。

（2）施工不规范土质防渗体出现剪切破坏，形成弹簧土；防渗体层间结合不良；防渗体防渗效果未达到设计要求。

4. 堆石料填筑

（1）堆石料压实质量不满足要求，存在架空现象；分层压实干密度的合格率低。

（2）坝体实测浸润线偏高，验算结果表明坝体的稳定性较差。

5. 反滤料填筑

（1）一种级配的反滤料中存在可以进入另一种级配反滤料中的颗粒；同级配的反滤料级配不均匀，不均匀系数大于 8%；反滤料中含片状、针状颗粒；反滤料中小于 0.1mm 粒径的颗粒超过 5%；结构层数、结构层铺筑位置和厚度不符合设计要求。

（2）反滤料填筑大粒径颗粒集中，排渗减压工程完成后，仍有浑水流出；排水体上游填筑体有沉陷、裂缝或变形。

6. 结合部填筑

（1）填筑体内纵横向结合部位发生裂缝；不同料区结合部裂缝；由于裂缝导致滑坡或渗流破坏。

（2）土质防渗体与岸坡结合部有渗透水流或渗透变形破坏；与刚性建筑物结合部发生接触渗透破坏。

（二）砌体及防护工程

1. *浆砌石*

（1）石料质量不合格，存在锈石、风化石或易风化石；石料物理力学指标不满足设计要求；石料规格偏小或偏大，不符合规范和设计要求。

（2）砂浆拌和不均匀，有砂团、灰团等，和易性差，砂浆强度不符合设计要求。

（3）砌石砂浆不饱满、有空洞，存在通缝。

（4）砌体面层石料平整度差，墙面整体凹凸不平，上下层有错缝。

（5）砌体分缝内有空洞，勾缝灰浆与砌石体黏结不牢，甚至脱落。

（6）基础不均匀沉陷，砌体滑移及倾斜、砌体断裂或坍塌。

2. *干砌石*

（1）石料质量不合格，存在锈石、风化石或易风化石；石料物理力学指标不满足设计要求；石料规格偏小或偏大，不符合规范和设计要求。

（2）砌体叠砌、浮石较多，小石过于集中，空洞较大，表面有通缝、对缝，部分砌石厚度过小。

3. *混凝土预制块*

（1）混凝土预制块砌筑出现不均匀沉陷。

（2）混凝土预制块砌筑表面平整度不满足规范和设计要求。

4. *防冲体护脚*

（1）石料风化、块径小；石笼、抛枕绑扎不牢；石笼材质、网孔尺寸不符设计要求。

（2）抛石、抛枕的抛投数量不足，位置不对。

5. *河道软体排*

（1）受洪水、潮水作用，排体一角或全部掀起。

（2）固定排体的桩基或固定排体的框梁位移，致使排体整体下滑。

（3）局部绑扎的丙纶绳断绳、绑扎结头脱落或漏绑，致使混凝土连锁块和基布与固定排体的桩基或框梁分离。

（4）基布、绑扎的丙纶绳质量不合格或基布、绑扎的丙纶绳因防护不好出现老化，排体铺设时出现断裂。

（5）相邻排体间搭接长度小或期间出现空排。

（三）岩土明挖

1. *岩石边坡开挖*

（1）爆破后，石料块径大，影响装载设备生产效率；爆破石料作为利用料使用，级配不良。

（2）开挖后有超挖、欠挖、倒坡情况。

2. *基岩开挖*

（1）开挖后岩体表面有明显裂缝，致使基岩承载能力降低。

（2）预留保护层厚度不足；岩石建基面存在爆破缝隙，基础面起伏差过大。

（3）坑槽开挖断面不规整，几何尺寸误差较大。

3. 土基明挖

(1) 土基开挖时伴随开挖高程的下降，基坑作业面严重积水。

(2) 土方基坑开挖时或开挖完成后，边坡的局部或整体发生失稳，产生塌方或滑动。

(四) 地下洞室开挖

1. 钻爆法开挖

(1) 洞周岩面不平整度超标，某些断面实测平均超挖值大于200mm；同一断面内，存在欠挖，影响混凝土衬砌结构钢筋的布置。

(2) 洞周岩面残留孔率远低于规范要求，甚至看不到残留孔痕迹，岩面起伏差较大。

(3) 爆破残留孔壁存在明显裂缝。

2. 破碎围岩及土洞开挖

(1) 破碎围岩洞段施工中出现掉块、塌方，严重时出现大塌方和有规律的连续塌方。

(2) 土洞施工中出现塌方、冒顶。

(五) 锚喷支护

1. 锚杆支护

(1) 锚杆外露长度大于设计值，进入岩体长度小于设计值。

(2) 系统锚杆未按设计孔位布置，孔向不垂直开挖面；随机锚杆孔向不垂直主要结构面。

(3) 实测锚杆间排距误差超过±100mm。

(4) 未进行锚杆注浆密实度检测或检测密实度低于70%。

(5) 锚杆拉拔力检测数量不足300根检测一组，或实测拉拔力小于设计值。

2. 喷射混凝土

(1) 开挖后未及时进行喷射混凝土支护，或喷射混凝土滞后开挖面若干个开挖循环。

(2) 喷射混凝土厚度仅覆盖岩石表面，开挖面岩石棱角清晰可见，钢筋网裸露。

(3) 喷射混凝土强度检测频次不足或未进行检测；未按规范规定的方法进行抗压、抗拉等混凝土强度的检测。

(4) 喷射混凝土强度不稳定，波动性很大，标准差超过规范规定。

3. 格栅与钢拱架

(1) 格栅或钢拱架刚度不满足设计要求结构尺寸与刚度不足；拱架安装后承受围岩压力大，实测收敛变形超过允许值。

(2) 格栅或钢拱架不沿实际开挖面铺设，绝大部分部位不与围岩接触，与围岩的空隙填塞石块、方木。

(3) 格栅或钢拱架未与系统锚杆焊接，拱架未与锚杆、围岩形成整体。

(4) 格栅或钢拱架底座未置于坚硬岩体处，软岩部位拱架底部垫墩尺寸不满足设计要求。

(5) 拱架垂直度不满足规范要求，横向连系钢筋（型钢）未与格栅或钢拱架焊接或焊接不牢。

4. 预应力锚索

(1) 锚索制作不符合规范要求，钢绞线下料长度误差偏大，隔离架位置不正确，压力分散性锚索承载体安装间距误差大于±50mm。

(2) 锚索孔孔深、孔位、孔斜偏差超标：孔深偏差大于200mm，孔位偏差超过±100mm，孔斜偏差大于2%孔深，方位角偏差大于±3°，成孔不顺直，孔壁有错台。

(3) 锚固段注浆不饱满，锚索抗拔力不满足设计要求。

(4) 在规定时间内预应力损失超标。

(5) 锚索锁定后锚索回缩量超标，锚索回缩量大于5mm。

(六) 混凝土

1. 模板

(1) 模板不严整、不光洁、变形，浇筑的混凝土表面平整度超标、相邻块或二次浇筑错台超过规范要求。

(2) 模板刚度不足，混凝土浇筑过程中模板变形。

(3) 连接不牢、支撑力不足，混凝土浇筑过程中跑模。

(4) 接缝不严密，混凝土浇筑时，沿接缝漏水泥浆，模板接缝处骨料裸露。

(5) 拆除方法不当，混凝土表面及棱角受到破坏，受拉区产生裂缝，拆模时模板发生不可逆转的扭曲或突变变形；不保养或修复质量差，模板变形、表面损伤、污染，木模板开裂、表面爆皮，钢模板锈蚀。

(6) 滑动模板安装质量差，提升过早、过快或过晚，混凝土产生水平裂缝、局部坍塌、缺棱、掉角，表面存在鱼鳞状外凸或模板整体外凸。

(7) 与现浇混凝土结合的预制混凝土板面凿毛程度不满足要求，预制混凝土模板与现浇混凝土结合处渗水；预制混凝土模板作为结构的一部分，与已浇混凝土结构尺寸、埋件等有偏差，超过规范要求。

2. 钢筋

(1) 钢筋表面不洁净，有泥浆、污物、油渍、浮锈皮等。

(2) 钢筋焊接质量差。电弧焊焊缝长度不足，焊缝表面宽窄不一、凸凹不平，焊缝有夹渣、焊瘤、咬边现象。闪光对接焊接头未焊透，结合面有明显的纵缝、接头弯折或偏心；气压焊焊接镦粗头尺寸不满足要求，镦粗头偏凸或与钢筋不同轴；电渣压力焊接头有气孔，夹渣，接头没有熔合。

(3) 钢筋绑扎接头长度不足，绑扎接头松脱，接头偏心或弯折。

(4) 钢筋机械连接不符合规定。挤压套筒连接：压痕不均匀，连接偏心、两纵肋不在同一直线上；锥螺纹连接：套丝加工时受污染、丝扣有损伤，接头露丝、拧紧力不足；直接螺纹连接：待加工的钢筋端面出现马蹄形或翘曲、端面与钢筋轴线不垂直；已加工安装的钢筋，外露丝扣超出2丝。

(5) 钢筋保护层厚度不均匀，大于或小于设计要求。

(6) 钢筋接头在同一截面接头数量超过规范规定。

(7) 钢筋间距不符合设计要求，间距误差超标。钢筋、箍筋绑扎间距超标，箍筋与主筋不垂直、箍筋接头位置同向；钢筋网架安装不稳定、变形。

(8) 浇筑过程中钢筋保护层变小，甚至露筋；钢筋网整体或局部错位变形；个别钢筋错位变形。

3. 止水及埋件

（1）止水材料进入施工现场后，未按规范要求进行质量抽检。

（2）止水材料表面不光洁、不平整，有水泥砂浆浮皮、浮锈、油漆、油渍等污物；金属止水材料有砂眼、钉孔。

（3）止水带沿搭接处渗水，环向结构缝和纵向施工缝止水相交部位叠放。

（4）止水带安装位置不正确，“牛鼻子”不居中，偏离施工缝或结构缝。

（5）预埋件安装不规范。埋设的供排水管、测压管等堵塞；安装好的埋件受到污染、碰撞；埋件埋设的高程、方位、深度及外露的长度等精度低，固定不牢；埋件固定装置影响了混凝土浇筑。

4. 混凝土制备、运输、浇筑及养护

（1）未按规定的要求在施工前对设计要求的各种强度等级的混凝土进行施工配合比试验，或虽做了试验，但其结果未经监理审核批准。

（2）未按照规范要求对进场水泥、粗细骨料、粉煤灰、外加剂、减水剂、掺合料、钢筋、止水带等材料进行检测，或检测频次不足。

（3）拌和站现场无称重器具，砂石骨料用手推车采用体积法上料；拌和站的称量设备，未经计量单位校验；水泥称重误差超过 1%；骨料称重误差超过±2%；加水误差超过±1%。

（4）骨料含水量变化时未调整用水量，混凝土和易性、坍落度等指标不满足规范要求。

（5）混凝土拌和物坍落度达不到要求；外观粗糙可抹平性差，保水性差、易泌水，黏聚性差、易离析、不易插捣；过于黏稠，流动性很小，卸料、摊铺、振捣困难，黏罐严重。

（6）水泥浆或砂浆少，砂石多，不能充分包裹砂石料，空隙填充不足，振捣不出浆；拌合物干涩，振捣器拔出后孔洞不能闭合；混凝土强度低；拌和机出“生料”，拌和物不均匀。

（7）未及时检测原材料、拌和物温度、出机口温度；未按时检测拌和时间、坍落度和含气量；未做记录或记录不完整、不准确。

（8）混凝土入仓后，实测温度高于设计值；拆模后，混凝土表面温度相对气温较高，出现早期裂缝；混凝土中埋设的温度计显示值超出规定；混凝土产生温度裂缝。

（9）入仓的混凝土铺料厚度超过规定值；入仓混凝土堆积，无平仓设备，以振捣代替平仓。

（10）振捣器插入深度不足，布点不合理，混凝土粗骨料窝集，架空形成蜂窝、孔洞，混凝土不密实。

（11）建基面起伏差较大，超过规范要求；再次浇筑混凝土前未对已浇筑混凝土表面进行处理，混凝土层间结合薄弱，造成施工缝漏水；混凝土表面冲毛达不到要求；基础面排水差，基础凹处积水，影响混凝土浇筑质量；待浇筑的建基面、混凝土浮渣、污物未处理干净。

（12）混凝土浇筑间歇时间过长，拌和物已初凝，先后浇筑的混凝土存在层面并形成冷缝。

（13）未根据混凝土结构、体型、施工资源配置等要求制定具体养护与保护措施；高温、寒冬等极端天气下，混凝土的强弱暴露区的具体养护与保护措施；未按要求连续养护混凝土；混凝土结构缺棱少角，产生塑性裂缝，混凝土强度降低。

（14）挡水建筑物的结构缝及施工缝处渗漏水，或建筑物运行一段时间有白色晶体析出；在同一混凝土浇筑块中出现明显的非设计要求的分层现象，层间形成混凝土冷缝。

（15）混凝土拆模后或经过一段时间后，出现浅层裂缝。

（16）混凝土结构中存在超过设计允许宽度的、可见的贯穿性裂缝。

5. 预制混凝土构件

（1）构件外观不平整、不光滑，有蜂窝麻面，甚至露筋。

（2）构件棱角损坏，扭曲变形，甚至开裂。

（3）铺装质量差，表面平整度超过规范允许偏差，外观质量差。

6. 预应力混凝土构件

（1）预应力筋在平面上和立面上的位置、尺寸偏差超过允许值。

（2）张拉端面承压钢板平面与钢绞线不垂直，偏斜度超标。

（3）后张法预应力筋（束）孔道注浆不密实。

（4）锚具与垫板，千斤顶与锚具结合不紧密，且对中误差偏大；张拉过程中，未复核预应力筋实测伸长值与理论伸长值是否在允许偏差范围内。

（5）张拉设备和压力表超过有效期，仍在使用。

（6）钢绞线张拉锁定后，预应力损失超过10%。

7. 碾压混凝土

（1）V_c 值超标，混凝土拌和物干硬或稀软。

（2）各级骨料超逊径指标不符合《水工碾压混凝土施工规范》（SL 53—1994）的规定，未进行二次筛分。

（3）人工砂石粉含量小于10%或大于22%，未采取调整措施，碾压混凝土和易性差。

（4）未进行仓面设计或仓面设计未经批准，仓面布置混乱，施工无序，资源配备不足。

（5）采用自卸汽车运输碾压混凝土时，将泥土、水、杂物带入仓内，采用皮带输送机运输碾压混凝土时，拌和物中水分变化、灰浆损失；输送灰浆浆液沉淀和泌水。

（6）拌和物在运输、卸料过程中，卸料堆边缘、局部等部位只有骨料，缺少胶凝材料。

（7）变态混凝土灰浆沉淀，加浆不均匀。

（8）坝内孔洞、溢流面、闸墩等常态混凝土与主体碾压混凝土，碾压混凝土与基础垫层混凝土，坝身迎水面变态混凝土等部位，存在异种混凝土结合部位质量问题。

（9）压实容重检测结果不合格。

（七）地基加固

1. 强夯

夯实过程中未达到试夯时确定的最少夯击遍数和总下沉量，沙砾体不密实。

2. 置换加固

(1) 换土后的地基，经夯击、碾压后，仍未达到设计要求的压实度。

(2) 置换料差异较大，不均匀。

3. 岩基处理

(1) 岩溶处理不彻底，回填后与岩壁仍有缝隙。

(2) 断层破碎带处理不彻底，回填的混凝土与地层结合不紧密。

4. 灌注桩

(1) 成孔过程中或成孔后，孔壁坍塌。

(2) 成孔过程中或成孔后，泥浆向孔外泄失。

(3) 桩孔倾斜超过设计标准。

(4) 孔径小于设计孔径。

(5) 成孔后，桩身底部沉渣厚度超过规范要求。

(6) 钢筋笼变形，保护层及安放位置不符合要求。

(7) 成桩后，桩身中部夹有泥土，桩身不连续。

5. 振冲碎石桩

(1) 桩径未达到设计要求。

(2) 桩体密实度达不到设计桩要求。

6. 沉井

(1) 沉井筒体偏斜超过设计值。

(2) 沉井不均匀下沉、上浮，接缝渗水。

(3) 混凝土封底不密实。混凝土与导管下口凝结在一起，不能提动；混凝土在导管内堵塞；导管漏水严重或断裂；球塞卡堵。

7. 高压旋喷桩

(1) 成桩直径不一致，桩身强度不均匀，局部结合不密实。

(2) 未根据地质条件选择旋喷参数，局部漏喷。

(八) 防渗与排水

1. 防渗土工膜铺设

(1) 土工膜中存在顶破、穿刺、擦伤、撕破、撕裂等损坏。

(2) 土工膜拼接存在漏接、烫损；土工膜拼接和修补时，发生过紧、褶皱、扭曲和重叠等问题；土工膜修补存在脱胶部位。

(3) 土工膜纵向、横向接缝出现移动、脱开或下陷；斜坡地段，土工膜产生滑动、下落或褶皱破坏。

2. 排水管(孔)

(1) 排水管(孔)被水泥或其他杂物堵塞。

(2) 钻孔实际方向与设计方向偏差超标。

(3) 孔口装置在孔口处与孔内部分脱离。

3. 软基反滤材料及敷设(含天然合成材料)

(1) 反滤材料中各级反滤材料配比不当，排水效果差。

（2）反滤料铺填厚度不均，其厚度偏差大于规范要求。

（3）减压井施工不规范，排水不畅，排水浑浊，含沙量大，减压效果不明显。

4. 混凝土防渗墙

（1）导墙出现不均匀下沉、裂缝、倾斜、断裂等情况。

（2）造孔、清孔、下设钢筋笼或浇筑混凝土时，槽段内局部孔壁坍塌，孔口冒水泡、槽孔深度变浅、出土量增加、钢筋笼下设受阻。

（3）槽孔或局部槽段的垂直度超过要求。

（4）钢筋笼尺寸偏差过大或扭曲变形；下设钢筋笼时，笼体被卡，难以全部放入孔内；浇筑混凝土时，钢筋笼上浮。

（5）槽段（或孔）接头处出现渗水、漏水或涌水等现象。

（6）接头管在浇筑过程中部分或全部拔不出。

（7）防渗墙体混凝土存在蜂窝、狗洞或断墙。

（8）预埋灌浆管定位不满足要求：预埋管间距偏差超过 10cm；预埋管管底偏差超过规定。

5. 高喷防渗墙

（1）高喷时风管、浆管或水管、喷嘴堵塞。

（2）高喷灌浆时，孔口不见水泥浆冒出或冒出的浆液量过大。

（3）墙体搭接存在缺陷，高喷后基坑抽水时，从高喷墙内有渗漏水流出。

6. 振动板墙

（1）振动板墙处理深度未达到设计要求的高程。

（2）现浇板桩不连续，相邻两幅板桩间未形成连接或底部形成天窗。

（3）桩体混凝土内混进泥土、泥浆，截面积缩小，强度降低。

7. 深层搅拌防渗墙

（1）搅拌桩体内水泥分布不均匀，甚至出现无水泥浆搅拌情况。

（2）相邻桩体间未形成咬合或桩体的上、下部未形成有效搭接。

（3）处理深度未达标，搅拌头未达到设计深度即注浆提升。

（九）灌浆

1. 浆液与造孔

（1）实测的浆液密度与设计要求不一致。

（2）实际测定钻孔空斜率不符合规范或设计要求。

（3）实际测定钻孔深度未达到设计孔深。

（4）洗孔不净，洗孔回水中有大量岩粉；实测孔底沉淀物厚度超过 20cm。

（5）裂隙冲洗压力不符合要求；裂隙冲洗的回水浑浊。

2. 固结灌浆

（1）地面出现凸起或混凝土盖板出现裂缝。

（2）灌浆过程中发生特殊情况或故障，处理不当造成暂时停灌。

（3）封孔料与钻孔孔壁胶结不紧密，有水渗出；钻孔内留有孔穴。

3. 帷幕灌浆

（1）孔口段经压水试验检查不合格。

（2）灌浆过程中活动射浆管或灌浆管时，射浆管或灌浆管不能上、下移动。

（3）灌浆过程中发生特殊情况或故障，处理不当造成暂时停灌。

（4）钻孔深度与射浆管底口的深度之差大于50cm，不满足要求。

（5）未按照要求的额浆液变换原则进行水灰比变换。

4. 隧洞回填灌浆

（1）灌浆前进行通水试验时，从一根预埋管中通水，而另一根预埋管不排水、不排气。

（2）单孔注浆或双孔连通试验检查未满足设计要求，检查孔岩芯结石不密实，混凝土衬砌与围岩间空隙未充填密实。

（3）浆液与孔壁胶结不紧密，孔位处出现渗漏或析出物；灌浆孔内留有大的孔穴，封孔不密实。

5. 岸坡接触灌浆

（1）岸坡接触灌浆未进行分区，部分地段接触面不进浆。

（2）岸坡坝块混凝土未达到设计要求温度，就进行岸坡接触灌浆。

6. 混凝土坝接触灌浆

（1）灌浆管路系统不畅通，浆液不能均匀灌注到灌区缝面。

（2）接缝张开度不足0.5cm。

（3）串浆、外漏。灌浆过程中，压力突降，吸浆率升高，浆液跑漏。

（4）灌浆过程中发生堵管。灌浆中压力突然升高，且吸浆率降低或不吸浆。

（5）灌浆工作不能连续进行。

（6）当接缝灌浆在规定压力下，达到或接近最浓比级并持续一定时间，注入率仍大于0.4L/min，排气管不出浆。

7. 钢衬接触灌浆

（1）钢衬接触灌浆孔布置缺乏依据。

（2）灌浆不饱满，灌后检查钢衬与混凝土之间仍有空隙。

8. 压水试验及灌浆质量检查

（1）固结灌浆及回填灌浆压水试验检查孔少于总孔数的5%；帷幕灌浆压水检查孔少于总孔数的10%；压水试验孔布置不符合《水工建筑物水泥灌浆施工技术规范》（SL 62—2014）中第3.9.2条的规定，布孔位置无代表性。

（2）压水试验前未测量地下水位，压水试验地点地下水位高且不稳定。

（3）压水试验段大于5m，栓塞与孔壁黏结效果不好，沿孔壁漏水。

（4）测量透水量次数偏少、测量时间短，透水率测量不规范。

（5）试验仪器设备不满足要求，不能进行试验。

（6）试验数据有误，获得的试验数据和实际情况不符。

（十）金属结构制作及安装

1. 制作

（1）制作闸门的材料（包括板材、型钢、铸钢、铸铁或特种材料）及外购件质量不符合设计要求。板材表面有裂纹、凹坑等缺陷；铸件表面出现砂孔、蜂窝、裂纹等缺陷；板材有夹层。

（2）闸门焊接变形误差超标，焊接出现裂纹等。

（3）闸门、启闭机的防腐质量不符合设计要求。表面预处理不合格，防腐厚度不足；表面出现气泡、回黏、流挂、局部脱落、黏结力不足；现场焊接部位防腐不符合设计要求。

（4）电机、减速器、制动器等外购件质量不符合设计要求，整机空转时噪声大。

（5）压力钢管制作中纵缝、环缝焊接返工率高，焊缝出现咬边、裂纹、夹渣、气孔等缺陷。

（6）闸门、压力钢管运输中变形导致分段的闸门外观变形，压力钢管圆度不符合要求。

2. 安装

（1）闸门止水平面度及支承平面度不满足要求。入槽无水检查时透光，有水检查时漏水量超标。

（2）闸门自由状态垂直度超标，在自由状态下倾斜下门。

（3）闸门开度显示器与荷载显示器不准确，显示器的指示与实际情况不符。

（4）门槽埋件接头焊接时变形，水平度、垂直度达不到要求；门槽二期混凝土回填后门槽产生变形、位移或回填不密实。

（十一）机电设备安装

1. 水轮机、水泵安装

（1）接力器动作不灵活。活塞和推拉杆动作不灵活，工作中有异常声音，活塞杆拉毛损伤。

（2）剪断销剪断信号动作，机组停止运行。

（3）轴流转桨水轮机桨叶失控，造成密封破坏、漏水严重；水轮机转动部分上抬量过大，有异常声响。

（4）轴流转桨水轮机桨叶密封处漏油严重。

（5）轴流泵运行时，随着桨叶开度增大，转轮与泵壳有摩擦声或撞击声。

（6）轴流泵或轴流转桨水轮机机组运行时，由于受油器串油，油压装置油泵频繁启动。

2. 辅助设备安装

（1）空压机、泵体、容器等辅助设备和管道内存在杂物，辅助设备系统故障。

（2）油、气、水等辅助设备系统故障。

3. 发电机安装

（1）定子铁芯叠片压紧度不够：发电机振动和噪音超标；定子绕组绝缘磨损；运行时铁芯切向受力失稳，产生瓢曲；铁芯受热后压紧度降低导致松弛；运行中叠片向中心方向

移动或定子铁芯高度超标。

(2) 定子绕组整体耐压达不到规定值，放电或产生电晕。

(3) 定子机座内部清理不干净，引起定子烧毁事故。

(4) 定子铁芯、定子机座及机架低频振动超标。

(5) 转子磁极极靴与线圈间清理不干净，引起匝间短路和接地。

(6) 轴承瓦温瓦温超过允许值。

(7) 螺栓预紧力不符合要求，机组运行中螺栓断裂、螺纹变形，检修时螺栓拆卸困难。

4. 主变压器安装

(1) 变压器受潮，绝缘电阻值下降，绝缘吸收比小于1.3，借损值不合格。

(2) 主变压套管与油箱连接处渗、漏油，油箱钟罩连接螺栓处渗油。

5. 其他电器设备安装

(1) 电气设备充油（气）部件渗漏。

(2) 户外电气设备安装不符合要求。隔离开关垂直及水平拉杆连接不规范，其他安装局部存在缺陷。

(3) GIS整体未通过工频耐压试验。

(4) GIS室通风不畅，进出风口不符合有关规范要求，底部六氟化硫（SF_6）气体排出不畅。

(5) 高低压屏、柜安装不用螺栓固定，端子箱里面不平整，接地安装不符合要求。

(6) 主接地网安装不符合设计要求。接地极打入深度不够；接地极之间距离不满足设计、规范要求；接地极间连接（用扁钢等作为接地连接线）时，接地扁钢与接地极的连接面不足；焊缝长度、高度不满足规范要求。

(7) 接地系统接地电阻值大于规范要求。

(十二) 安全监测

1. 仪器设备检验及率定

(1) 未提交仪器设备埋设前检验、率定记录和报告。

(2) 未提交专用电缆耐酸、耐碱、绝缘电阻和耐压等性能和参数检验报告。

(3) 未提交安装检测用的二次仪表现行有效的检验报告。

(4) 未提交数据采集仪器装置质量评定认证记录；记录中，无数据采集仪器装置的出厂合格证和埋设或安装调试过程中的检验记录等。

2. 仪器设备安装埋设

(1) 未按规程规范要求进行安装埋设，已安装的仪器设备失灵或观测数据不合理。

(2) 读数仪显示或记录数据不能如实反映检测对象的实际信息。

(3) 读数仪显示的数值跳动，有零漂，不能显示稳定测值。

(4) 读数仪显示或记录的数据不能正确反映监测信息。

(5) 仪器设备漏装、漏埋，且施工面貌已不具备安装埋设或补设条件。

(6) 施工安装记录不完整、内容不规范；未提交完整的仪器设备安装记录；未按规定的项目及格式填写安装记录，或其内容叙述不完整。

(7) 未提交完整的竣工文件或文件中描述的项目不全，内容与实际不符。

3. 电缆连接或敷设

（1）电缆接头未采用硫化或热塑材料进行密封；电缆芯线接头未错开连接，或芯线搭接处存在虚焊或假焊等；不能提交全部电缆接头处理施工原始记录和质量评定记录。

（2）设备运行后期测值不稳定或信号中断。

（3）未能及时提交电缆及线路实际敷设的走向图。

4. 施工期监测

（1）未能按规范要求提交监测仪器的基准观测成果，或成果不完整、不真实。

（2）未提交施工期高水位、水位骤降、特大暴雨、强地震和工程出现不安全征兆等特殊工况下的监测成果资料；施工期安全监测方法、监测项目或监测频次不满足现行规范要求。

5. 监测资料整编和分析

（1）施工期监测资料管理混乱，未及时监测资料进行整编和归档。

（2）微机室未及时向建设单位反馈异常监测成果。

（3）未按要求及时提交施工期安全监测情况简报、周报和月报文件；未按要求及时提交特殊工况下的监测报告。

（4）提交的分析报告深度不够，其结论与工程实际不符。

（5）监测记录项目不全，内容不完整；记录手续不完备，且未按要求整编和归档。

【示例 1】 水利工程质量现场监督检查表

水利工程质量现场监督检查表

检查时间：　　年　　月　　日

项目名称	
项目法人	
工程形象进度	
主要检查内容	
主要存在问题及监督要求	
有关参建单位负责人签名	项目法人单位： 监理单位： 设计单位： 施工单位： 第三方检测单位： 其他单位： 年　　月　　日
质量监督检查人员签名	年　　月　　日

【示例2】　水利工程质量监督检查结果通知书

水利工程质量监督检查结果通知书

（项目法人单位）：

　　　年　　月　　日，我单位质量监督人员对____________________工程进行了监督检查，发现存在以下问题：

一、参建单位质量行为

（一）____。

（二）____。

……

二、工程实体质量

（一）____。

（二）____。

……

三、工程资料

（一）____。

（二）____。

……

四、监督意见要求

（一）____。

（二）____。

……

针对以上问题，项目法人应

　　　　　　进行整改，并于　　年　　月　　日前整改情况（整改方案）和相关资料报我站备查。

质量监督机构（章）

年　　月　　日

抄送：×××××

【示例3】 工程质量责任主体行为监督检查样表

表1 **项目法人单位监督检查表**

<table>
<tr><td>工程名称</td><td></td><td>项目法人单位</td><td></td></tr>
<tr><td colspan="4">质量管理体系建立情况</td></tr>
<tr><td>检查项目</td><td>检 查 内 容</td><td colspan="2">检 查 情 况</td></tr>
<tr><td>质量管理部门</td><td>质量管理部门设置情况</td><td colspan="2">□按要求设置　□基本按要求设置　□未设置</td></tr>
<tr><td>质量管理人员</td><td>质量管理人员数量、专业、职称</td><td colspan="2">□满足要求　□基本满足要求　□不满足要求</td></tr>
<tr><td rowspan="3">质量管理制度</td><td>内部质量管理制度（工程质量岗位责任制度、质量评定、工程验收、设计变更等方面的管理制度）</td><td colspan="2">□完善　□基本完善　□不完善　□未建立</td></tr>
<tr><td>对参建单位的质量管理制度（对参建单位质量管理体系、质量行为和实体质量的检查、奖惩、责任追究等制度）</td><td colspan="2">□完善　□基本完善　□不完善　□未建立</td></tr>
<tr><td>对参建单位执行强制性标准的检查制度与要求</td><td colspan="2">□有　□无</td></tr>
</table>

<table>
<tr><td colspan="5">质量管理体系运行情况</td></tr>
<tr><td>序号</td><td>检 查 项 目</td><td>检查方法</td><td>检 查 依 据</td><td>检查情况</td></tr>
<tr><td>1</td><td>项目划分有关资料报送及质量监督机构核备情况</td><td>查阅有关资料</td><td>《水利水电工程施工质量检验与评定规程》第3.3条</td><td></td></tr>
<tr><td>2</td><td>组织设计、施工、监理等单位进行设计交底情况</td><td>查验设计交底记录</td><td>《水利工程质量管理规定》第二十条</td><td></td></tr>
<tr><td>3</td><td>对设计、监理、施工单位质量体系建立和运行实施检查情况，对监理和施工单位主要人员出勤管理情况</td><td>查验质量管理机构设置、质量检查制度、检查记录、评定资料、往来文件等</td><td>《水利工程质量管理规定》第十八条，《水利水电工程施工质量检验与评定规程》第5.3.3、5.3.4、5.3.5条</td><td></td></tr>
<tr><td>4</td><td>工程质量检测方案是否报质量监督机构审核工程，质量检测实施情况</td><td>查验检测委托合同和询问</td><td>《水利水电建设工程验收规程》第8.3条</td><td></td></tr>
<tr><td>5</td><td>组织联合检查验收和法人验收情况，验收质量结论和工程质量等级评定是否规范</td><td>查阅法人有关验收资料</td><td>《水利水电建设工程验收规程》第3.0.7、4.0.11条</td><td></td></tr>
<tr><td>6</td><td>重要隐蔽（关键部位）单元工程、分部工程、单位工程及外观质量评定等验收结论和质量等级认定是否真实，报质量监督机构备案与核备情况</td><td>查备案与核备资料</td><td>《水利水电工程施工质量检验与评定规程》第5.3.2、5.3.3、5.3.4、4.3.7条</td><td></td></tr>
<tr><td>7</td><td>强制性标准贯彻执行情况</td><td>查阅质量管理制度等有关文件</td><td>《水利工程建设标准强制性条文管理办法（试行）》</td><td></td></tr>
<tr><td>8</td><td>设计变更程序履行情况</td><td>查设计变更批复</td><td>《水利工程设计变更管理暂行办法》</td><td></td></tr>
</table>

续表

序号	检查项目	检查方法	检查依据	检查情况
9	有无明示或暗示设计、施工单位违反强制性标准，降低工程质量行为	查阅有关资料和检查工程实体	《建设工程质量管理条例》第十条	
10	有无明示或暗示施工单位使用不合格的建筑材料、构配件、设备	查验材料、构配件、设备质量合格证明和检验报告单	《建设工程质量管理条例》第十四条	
11	检查中发现的其他情况			

检查意见：

质量监督人员（签名）：

质量监督机构（盖章）：

年 月 日

注 1. 检查时可结合工程实际情况和质量监督工作需要，对本表进行适当增加或调减。
2. 质量监督机构可根据有关制度办法、技术标准修订及发布情况，适时对本表进行调整。

表 2 **勘察设计单位监督检查表**

工程名称		勘察设计单位	

现场服务体系建立情况

检查项目	检查内容	检查情况
组织机构	勘察设计资质	□符合要求 □不符合要求
	现场设代机构（设代）	□已设置 □未设置
设代人员	项目负责人	□明确 □未明确
	人员数量及专业	□满足需要 □基本满足需要 □不满足需要
服务制度	设计文件、图纸签发制度	□完善 □基本不完善 □不完善
	设计技术交底制度	□已建立 □未建立
	现场设计通知、设计变更的审核及签发制度	□完善 □基本不完善 □不完善
	强制性标准执行情况	□有 □无

现场服务体系运行情况

序号	检查项目	检查方法	检查依据	检查情况
1	设计文件深度	查看有关资料、询问	《水利工程质量管理规定》第二十七条	
2	设计技术交底情况	查看有关资料、询问	合同、《水利工程质量管理规定》第二十六条	
3	提供设计图纸及服务情况	查看有关资料、询问	《水利工程质量管理规定》第二十八条	
4	强制性标准贯彻执行情况	查阅设计文件	《水利工程建设标准强制性条文管理办法（试行）》	
5	设计变更、现场设计问题处理是否及时	查看有关资料、询问	《水利工程质量管理规定》第二十八条	

续表

序号	检查项目	检查方法	检查依据	检查情况
6	参与工程质量事故分析、提出质量事故处理技术方案情况	查阅事故分析资料和事故处理技术方案	《建设工程质量管理条例》第二十四条	
7	参加重要隐蔽（关键部位）单元工程联合检查验收、分部工程及单位工程验收等情况	查阅重要隐蔽（关键部位）单元工程质量等级签证表、分部工程及单位工程验收鉴定书等	《水利水电工程施工质量检验与评定规程》第5.3.2条、《水利工程质量管理规定》第二十九条	
8	检查中发现的其他情况			

检查意见：

质量监督人员（签名）：　　　　　　　　　　　　质量监督机构（盖章）：

年　　月　　日

注 1. 检查时可结合工程实际情况和质量监督工作需要，对本表进行适当增加或调减。
2. 质量监督机构可根据有关制度办法、技术标准修订及发布情况，适时对本表进行调整。

表3　　监理单位监督检查表

工程名称		监理单位	

质量控制体系建立情况		
检查项目	检查内容	检查情况
组织机构	监理资质	□符合要求 □不符合要求
	现场监理机构设置情况	□按投标文件承诺组建 □未按投标文件承诺组建
监理人员	监理机构人员到岗情况	□符合合同要求 □不符合合同要求
	总监理工程师	□未变更 □变更，符合规定 □变更，不符合规定
	监理工程师	□未变更 □变更，符合规定 □变更，不符合规定
监理检测措施	检测设备进场情况	□满足 □基本满足 □不满足
	检测人员持证上岗情况	□满足 □基本满足 □不满足
	平行、跟踪检测或委托检测实施计划	□符合规定 □不符合规定
质量控制制度	监理规划	□满足要求 □基本满足要求 □不满足要求 □未编制
	监理实施细则	□满足要求 □基本满足要求 □不满足要求 □未编制
	岗位责任制建立情况	□完善 □基本完善 □不完善
	质量控制制度	□完善 □基本完善 □不完善
	规范表格使用情况	□符合要求 □基本符合要求 □不符合要求
	对施工单位质量保证体系检查要求	□有具体检查要求 □无具体检查要求
	对设备制造单位质量保证体系检查要求	□有具体检查要求 □无具体检查要求
	对强制性标准执行的检查要求	□有 □无

续表

质量控制体系运行情况				
序号	检查项目	检查方法	检查依据	检查情况
1	总监理工程师和监理人员出勤情况，监理工程师旁站情况	对照合同文件、考勤表、会议记录、旁站记录等，检查人员到岗情况和旁站情况	合同	
2	监理规划和监理实施细则落实情况	查阅有关资料和询问	《水利工程施工监理规范》第5.1.5条	
3	按规范和合同要求对质量实施有效控制情况	查验质量管理制度制定及执行情况，单元（工序）、分部、单位工程质量评定资料及验收签证等	《水利工程质量管理规定》第二十四条	
4	主要原材料、中间产品见证取样、平行检验和验收情况，进、退场设备验收情况，工序检验制度执行情况	查验有关计划和落实情况	《建设工程质量管理条例》第三十八条，《水利工程建设项目施工监理规范》第6.2.11条	
5	监理抽检工作开展情况	查阅监理检验、检测记录和原始资料及询问	《监理投标文件》	
6	强制性标准贯彻执行情况	查阅监理大纲、检查记录等有关文件	《水利工程建设标准强制性条文管理办法（试行）》	
7	监理日志、月报、有关文件编制情况，能否全面、真实反映工程质量状况	查验有关资料	《水利工程施工监理规范》6.7.5条	
8	施工质量缺陷是否备案	查验有关资料	《水利水电工程施工质量检验与评定规程》第4.4条	
9	对工序、单元、分部工程质量复核情况	查验有关评定资料	《水利水电工程施工质量检验与评定规程》第5.3.3、5.3.4、5.3.5条	
10	对施工单位主要人员出勤管理情况	查验有关资料	合同	
11	检查中发现的其他情况			

检查意见：

质量监督人员（签名）：

质量监督机构（盖章）：

年　　月　　日

注　1. 检查时可结合工程实际情况和质量监督工作需要，对本表进行适当增加或调减。
2. 质量监督机构可根据有关制度办法、技术标准修订及发布情况，适时对本表进行调整。

表 4　　**施工单位监督检查表**

工程名称		施工单位	

质量保证体系建立情况		
检查项目	检 查 内 容	检 查 情 况
组织机构	资质	□符合要求　□不符合要求
	项目部组建	□按投标文件承诺组建　□未按投标文件承诺组建
质量管理人员	项目建造师	□未变更　□变更，符合规定　□变更，不符合规定
	技术负责人	□未变更　□变更，符合规定　□变更，不符合规定
	质检机构负责人	□未变更　□变更，符合规定　□变更，不符合规定
	质检人员	□全部持证　□部分持证　□无持证人员
质量保证制度措施	质量管理岗位责任制建立情况	□完善　□基本完善　□不完善
	工程质量保证制度建立情况（工程质量检验评定制度、工程原材料和中间产品检测制度、质量事故责任追究制度等）	□完善　□基本完善　□不完善
	采用的规程、规范、质量标准情况	□有效　□大部分有效
	对强制性标准执行的要求	□有　□无
	“三检制”制定情况	□按规定制定　□未按规定制定　□未制定
	施工技术方案	□已申报　□未申报　□未编制
	危险性较大的施工技术方案	□已组织专家论证　□已组织，不规范　□未组织专家论证
	技术工人技术交底情况	□按要求进行　□未按要求进行
	单位实验室检测资质、工地实验室检测设备进场情况、试验人员资格	□满足　□基本满足　□不满足
	施工单位自检方案制定及落实情况	□已委托并制订　□未委托或制订

质量保证体系运行情况				
序号	检 查 项 目	检查方法	检 查 依 据	检查情况
1	主要管理人员出勤情况	对照合同文件、考勤表、会议记录等，检查工程项目主要管理人员到位情况，持证上岗情况	《建设工程质量管理条例》第二十六条	
2	质量管理制度落实情况	检查施工质量检验、质量事故报告、技术交底、施工组织方案审批等制度落实情况	《建设工程质量管理条例》第二十六条，《水利工程质量管理规定》第三十三条	

续表

序号	检查项目	检查方法	检查依据	检查情况
3	质量岗位责任制的落实情况	检查质量管理岗位人员履职情况	合同、《水利工程质量管理规定》第三十三条	
4	关键施工参数由实验室或工艺试验确定情况	主要抽查混凝土配合比、土方碾压试验、灌浆试验等关键部位施工工艺参数等	相关技术标准	
5	强制性标准贯彻执行情况	查阅施工组织设计等有关文件、培训及技术交底记录	《水利工程建设标准强制性条文管理办法（试行）》	
6	对涉及结构安全的试块、试件及材料的取样送检情况	检查检测制度执行情况，检查检测单位是否具备有效资质	《建设工程质量管理条例》第三十一条	
		抽查涉及结构安全的试块、试件、材料取样数量及检测结论	《建设工程质量管理条例》第三十一条	
7	原材料、半成品、构配件、设备的进场检验及报验情况	抽查质保资料中有关原材料的合格证和进场检验记录资料	《建设工程质量管理条例》第二十九条	
8	工序、单元工程检验、自评和报验情况	检查质检员持证情况、查验工程质量评定资料	《水利水电工程施工质量检验与评定规程》第4.3.5条，《水利工程质量管理规定》第三十三条	
9	重要隐蔽（关键部位）单元工程联合检查验收情况	查验验收资料和影像资料	《水利水电工程施工质量检验与评定规程》第5.3.2条	
10	按设计图纸施工情况	对照施工图及工程隐蔽验收资料检查工程实体	《建设工程质量管理条例》第二十八条	
11	施工期观测资料的收集、整理和分析情况	查阅有关资料	《水利水电工程施工质量检验与评定规程》第5.1.4条	
12	检查中发现的其他情况			

检查意见：

质量监督人员（签名）：

质量监督机构（盖章）：

年　　月　　日

注　1. 检查时可结合工程实际情况和质量监督工作需要，对本表进行适当增加或调减。
2. 质量监督机构可根据有关制度办法、技术标准修订及发布情况，适时对本表进行调整。

表 5　　**质量检测机构监督检查表**

工程名称		检测单位	

质量保证体系建立情况

检查项目	检 查 内 容	检 查 情 况
组织机构	检测资质	□满足要求　□不满足要求
	工地实验室	□设立　□未设立
工地实验室人员	人员情况	□满足要求　□基本满足要求 □不满足要求
	实验室负责人	□符合规定　□不符合规定
	技术负责人	□符合规定　□不符合规定
	质量负责人	□符合规定　□不符合规定
现场设备仪器	设备仪器	□满足　□基本满足　□不满足
	设备仪器检定情况	□符合规定　□不符合规定
	检测参数	□满足　□基本满足　□不满足
试验室设施和环境	设施场地	□满足　□基本满足　□不满足
	环境条件	□符合规定　□不符合规定
质量保证制度	检测工作制度	□制定　□未制定
	仪器设备状态标识	□规范　□不规范
	档案管理制度	□建立　□不规范　□未建立
	仪器设备检定校验计划	□制定　□未制定
	质量内控制度建立（质量手册、程序文件、作业指导书等制定情况）	□完善　□基本完善　□不完善
	操作方法	□制定　□部分制定　□未制定

质量保证体系运行情况

序号	检 查 项 目	检查方法	检 查 依 据	检查情况
1	在资质等级许可的范围内承担检测业务	核查资质证书	《水利工程质量质量检测管理规定》第三条	
2	转包、违规分包检测业务	查验从业人员与委托单位劳动人事关系	《水利工程质量质量检测管理规定》第十四条	
3	工地实验室设立情况，施工计量器具检定或率定情况，试验员持证上岗情况	检查试验室设备检定和试验员岗位证书	《水利水电工程施工质量检验与评定规程》第 4.1.2、4.1.3 条	
4	有关检测标准和规定执行情况	查验执行相关标准情况	《水利工程质量质量检测管理规定》第十五条	
5	提交检测报告及时性	核查报告与施工进度的时效性	《水利工程质量质量检测管理规定》第十七条	

续表

序号	检查项目	检查方法	检查依据	检查情况
6	及时报告影响工程安全及正常运行的检测结果	检查台账	《水利工程质量质量检测管理规定》第十八条	
7	建立检测结果不合格项目台账	核对检测报告和台账	《水利工程质量质量检测管理规定》第十九条	
8	检测单位和相关检测人员在检测报告上签字印章	检查检测报告	《水利工程质量质量检测管理规定》第二十条	
9	检查中发现的其他情况			

质量监督机构检查意见：

质量监督人员（签名）：　　　　质量监督机构（盖章）：

年　月　日

注 1. 检查时可结合工程实际情况和质量监督工作需要，对本表进行适当增加或调减。
2. 质量监督机构可根据有关制度办法、技术标准修订及发布情况，适时对本表进行调整。

【示例4】 工程质量检查情况通报文件

×××水利工程质量监督站关于××引水工程质量监督检查情况的通报

××××引水工程有限责任公司：

2016年12月12日，我站联合××水利工程质量安全监督站派出监督检查组，对××引水工程开展了为期4天的质量监督检查。检查组听取了参建各单位的汇报，抽查了部分施工现场，查阅了相关文件资料，并就检查监督情况同相关单位交换了意见。现将检查监督结果通报如下：

一、总体情况

××××引水工程建设管理处作为××××引水工程的项目法人单位，切实全面负责工程质量责任，领导高度重视质量管理工作，健全质量管理组织机构，明确各工区质量责任人及质量责任，坚持每月一次的质量安全大检查，明确质量责任到参建单位，采取有力的质量奖罚措施，抓住问题整改落实，确保消除质量隐患，整个质量管理工作过程图文佐证清楚，处理问题程序闭合，整个工程质量处于受控状态，质量管理保持在良好水平。

二、主要问题

检查组发现的主要问题有：

（一）建设单位

（1）未委托第三方质量检测单位，委托的金属结构第三方检测单位主体地位不清（营业执照与计量认证单位名称不一致），提供的检验报告无CMA计量认证印章，为无效检测报告。

（2）专职质量管理部门人员偏少，技术力量薄弱。

（3）三级站蓄水池覆盖前未组织重要隐蔽工程联合验收，核备手续需要规范。

（二）监理单位

1.××××监理公司

（1）总监长期病休离岗。

（2）对监理员的行为规范履职尽责情况无记载，对监理员工作要求不严格。

（3）旁站记录表格不一致。

（4）大部分监理人员证件有效期失效。

2.××××工程建设监理有限责任公司

（1）监理日志与旁站记录不相符。

（2）从9月至今旁站监理记录无编号、施工技术人员无签字。

（3）六工区自12月开始无监理日志记载。

（4）部分监理人员证件过期。

（三）施工单位：××××

多个工区未提供引水管道自检报告；个别重要隐蔽单元工程验收无联合验收签证、无地质资料；人员变动未及时上报法人单位，技术工种岗位证件缺失；安全生产三类人员证件过期，工地现场安全防护措施不完善。

(1) 一工区排架结构与基础结合部存在缺陷，普遍存在脱模、蜂窝麻面情况。

(2) 二工区三级泵站及部分工区主体结构未进行完工验收已覆盖；该工区工程技术人员未购买人身意外保险。

(3) 三工区工程质量隐患比较多。多处建筑物不同部位出现模板位移，造成建筑物几何尺寸达不到设计要求，多处出现蜂窝麻面、漏浆、跑浆现象，外观质量不符合规范要求。

(4) 六工区管道安装中关节打压试验未提供原始记录资料，各类资料未盖章。

（四）试验检测单位

(1) 业主未委托第三方质量检测单位，截至检查日无第三方质量检测资料。

(2) 施工单位建立的现场试验室主要检测设备未提供设备打印结果，只提供人工采集数据，数据检查的真实性受限。

(3) 监理单位委托的检测单位（××××工程质量检测公司）试验室试验场地及环境条件达不到规范要求，主要检测设备布置不符合规范要求，检测原始记录数据随意改动，现场检测人员只持有省级证件，经验不足、业务不熟练；××××监理公司委托的抽检项目无检测计划，检测项目及频次达不到规范要求，未提供土方密实度检测资料。

三、意见建议

(1) 尽快确定该工程的第三方检测单位，明确质量检测责任，为处理工程质量问题提供检测技术咨询，为工程质量评定与验收提供可靠的依据。

(2) 由建设单位牵头，对本次检查中发现的类似问题再次进行排查，消除质量隐患。

(3) 对一工区加药间进行排查，由检测单位提供检测结果，针对检测结果进行整改。

(4) 对发现的三工区模板位移造成的结构几何尺寸达不到设计要求的部位进行处理，并将处理结果报××质监站备案。

(5) 对已建成的主体结构尽快进行完工验收，未进行主体结构联合验收的工程不得掩盖。

对于以上问题，请你单位尽快组织有关单位进行整改，并将整改报告提交××质监站，届时将根据整改情况进行复查。

×××水利工程质量质量监督站

2016年12月18日

抄送：×××水利工程质量安全监督站

第八章　工程质量检验与评定资料核查

工程质量检验与评定资料是工程质量实体监督检查中不可缺少的一项内容，它与工程现场检查互为补充，从而全面地反映出工程实体质量水平。工程质量检验与评定资料的核心是各种合格证、试验报告、试验记录等原始资料、检测数据、质量结论。水利工程质量监督机构对工程质量检验与评定资料的核查就是检查资料的完整性和真实性，使这些资料真正成为反映工程质量的客观见证，成为评价工程质量的主要依据，成为工程的“合格证”和技术说明书。

一、工程质量检验与评定资料核查的基本要求

1. 基本概念

水利工程施工质量检验与评定资料是反映水利工程建设过程中，各个环节工程质量状况的基本数据和原始记录，是反映已完工工程项目的测试结果和记录。凡直接关系到工程质量的措施、记录、见证等文字材料，能证明、说明质量情况的，都是施工质量检验与评定资料。

同时，工程施工质量检验与评定资料是工程技术资料的核心，是建设管理和企业经营的重要组成部分，更是质量管理的重要方面，是反映建设管理水平高低的重要见证，因此从广义质量来说，工程施工质量检验与评定资料就是工程质量的一部分。工程施工质量检验与评定资料，是从众多的工程技术资料中，筛选出有直接关系和说明工程质量状况的技术资料，多数是提供实施结果的记录、报告等文件见证材料。由于水利水电工程的安全性能要求特别高，工程质量不能整体测试，只能在建设过程中分别测试、检验或间接的检测，所以工程施工质量检验与评定资料比产品的合格证更重要。

2. 主要作用

工程施工质量检验与评定资料的作用主要包括：

(1) 可以证明工程质量的优劣和结构安全可靠的程度，为确定工程质量等级和处理质量事故提供依据。

(2) 可以为工程建设过程中的结算提供证据，减少参建各方之间的经济纠纷或为经济纠纷的解决提供支持。

(3) 可以促进施工人员按法规、规范、规程组织工程施工，考核工程施工、技术管理的好坏程度。

(4) 可以为工程建设的管理者、技术负责人在生产、技术上的决策、指挥和组织工作起到参谋和助手的作用。

(5) 可以为本工程日后的使用、维护、检修、改建、扩建提供文字资料和技术依据。

(6) 可以为参建单位及工程监管部门以后的工程建设与管理积累经验、提供参考，为

工程技术人员了解、熟悉与掌握本行业施工技术提供服务。

3. 核查要求

为了能突出主要内容，水利部水利工程质量与安全监督总站专门列出了“水利水电工程施工质量检验与评定资料核查表”，明确了施工质量检验与评定资料一般应包括的内容。由于水利水电工程种类繁多、结构复杂，中小型水利工程建设中可能会遇到其他情况，可以根据工程建设具体内容收集有关的施工质量检验与评定资料。

施工质量检验与评定资料是系统反映工程项目技术性能、使用功能和工程安全的，因此，其合格证、试验报告单、检测记录等单据的情况、数据的记录，必须真实、可靠、系统和齐全，其数据都必须满足有关规范、标准和设计图纸的要求。检查时，应逐项加以评价，对各种合格证、试验报告、试验记录等原始资料、检测数据、结论等，都要严格检查。

检查后，对达到合格要求的要给出“符合要求”的结论；对达不到合格要求的，要进行改正处理，经过鉴定合格的，能保证工程安全和使用要求的，可定为“经鉴定达到合格”。

二、工程质量检验资料的核查

（一）原材料

1. 水泥

（1）出厂合格证。工程上使用的水泥均应按厂家、品种、批号、标号提供水泥出厂合格证。水泥出厂合格证必须由水泥厂质量检验部门提供给用户单位或由物资供应部门转抄、复印给用户单位。

合格证内容包括：水泥牌号、厂标、水泥品种、标号、出厂日期、批号、合格证编号、抗压强度、抗折强度、安定性、细度、初终凝结时间等检验数据及鉴定结论，并加盖厂质检部门印章。

转抄件应说明原件存放处、原件编号、转抄人及加盖转抄单位印章和抄件日期。备注栏内填明工程名称及使用部位。

（2）厂家试验报告。用户需要时，水泥厂应在水泥发出之日起 7 天内，寄发除 28 天强度以外的各项试验结果。28 天强度值应在水泥发出之日起 32 天内补报。

试验报告的主要内容应包括：不溶物含量、氧化镁含量、三氧化硫含量、烧失量、细度、凝结时间、安定性、强度和碱含量等指标。水泥试验报告必须在配合比设计之前提供，试验结论要明确，并有主管、审核、试验人员签字，加盖试验室印章。

当水泥质量合格证及试验报告单数据有重大变异时，应立即查明原因，做出正确鉴定和处理，不得盲目使用。水泥出厂合格证及试验报告单均应符合有关规范和标准的要求。

（3）复验报告。水泥除有出厂合格证和生产厂家的试验报告外，对用于承重结构的水泥，或无出厂质量证明的水泥或其中指标数据不全、印件不明的水泥，或对其质量有怀疑的水泥，或发现有受潮、结硬块的水泥，或出厂超过 3 个月（快硬硅酸盐水泥为 1 个月）的水泥等，在使用前都应按规定进行复试。

水泥复试应由有资质的检测单位承担，报告应有试验编号（以便与试验室的有关资料查证核实），复试项目一般应有3天或28天的抗压强度、抗折强度、凝结时间及安定性、细度等指标，复试结果应有明确结论，复试报告应签章齐全。

（4）核查内容。

1）根据设计图纸、施工组织设计查工程所有水泥的品种、型号、用量，列出表格（由施工单位协同），核查水泥出厂合格证或试验报告单的项目、子目是否齐全，编号是否填写，各项试验项目和数据指标是否符合要求。

2）核对水泥出厂合格证或试验报告单和配合比试配单、试块强度试验报告单上的水泥品种、标号、厂牌、编号是否一致。

3）根据水泥进场记录、使用记录和施工记录等查需要复试水泥的数量、批次；各复试项目的数据指标是否符合要求。

4）核对出厂日期和实际使用日期是否超期而未做抽样检验；核查各批水泥批量之和，是否和该工程水泥的需要量基本一致；核查试验数据是否异常或填写有误，是否审核或审核有误，签章是否齐全。

（5）核查结论。经核查整个工程无水泥出厂合格证或试验报告单，或需要进行复试的水泥，在使用前未按规定进行复试；复试的水泥与实际使用的水泥品种、标号、牌号、编号、批次不相一致，或复试报告中的主要试验项目不完整等情况时，该项目核定为“不符合要求”。

2. 钢材

（1）出厂合格证。凡施工图所配各种受力钢筋及型钢均应有钢材出厂合格证。钢筋出厂合格证由钢筋生产厂质量检验部门提供给用户单位或由物资供应部门转抄、复印给用户单位。

钢筋合格证内容包括：钢种、牌号、规格、强度等级及其代号、数量、机械性能（屈服点、抗拉强度、冷弯、伸延率）、化学成分（碳、磷、硅、锰、硫、钒等）的数据及结论、出厂日期、检验部门印章、合格证的编号。

型钢合格证内容有钢材的钢种、型号、规格、脱氧方法、机械性能、化学成分等技术指标，如为高碳合金钢或锰铁、锰铁钒等钢种，还应有耐低温（－40℃）冲击韧性数据，并有钢材生产厂厂名和厂址以及检验单位、检验人员的印章。

合格证要求填写齐全，不得漏填或错填，同时须填明批量。转抄件应说明原件存放处、原件编号、转抄人及加盖转抄单位印章和抄件日期。备注栏内施工单位填明工程名称及使用部位。如钢筋在工厂集中加工，其出厂证及试验单应转抄给使用单位。

（2）复验报告。凡结构设计施工图所配各种受力钢筋除有出厂合格证外，还要有机械性能检验报告单，冷拉钢筋尚应有冷拉后钢筋的机械性能检验报告单；使用进口钢筋除有出厂合格证、商检证外，其化学成分还应符合国产相应级别的技术标准，进口钢筋进场后，在焊接前，须先经化学成分检验和焊接试验，符合有关规定后方可用于工程。当进口钢筋的国别及强度级别不明时，可根据试验结果确定钢筋级别，但不宜用在主要承重结构的重要部位上。

钢材在加工过程中如发现脆断，焊接性能不良或机械性能明显不正常等现象时，应进行化学成分检验及其他专项检查，并做出明确结论，不合格品应有去向处理情况说明；预应力钢筋混凝土工程除有钢筋合格证外，还应有检验单，锚具的出厂证明书及检验单，焊接检验单、冷拉参数及冷拉钢筋检验单，张拉控制应力等均应符合设计要求和有关规范的规定。

用于重要结构、重要部位的型钢，除有出厂合格证外，还应对其进行抽样试验，以确保其力学性能和化学成分符合材质标准的有关规定。另外，如对进场钢材材质有异议或出厂合格证中技术数据不全、外观质量不符合要求等情况，均应及时抽样进行复查试验核对，将其成果留档存查。

钢材试验报告内容一般包括：委托单位、工程名称、使用部位、钢材级别、钢种、钢号、外形标志、出厂合格证编号、代表数量、送样日期、原始记录编号、报告编号、试验数据及结论（伸长率指标应注明标距、冷弯指标应注明弯心半径、弯曲角度及弯曲结果）。钢材进场时，应按炉罐（批）号抽取试样试验，试验报告单的各项技术性能应符合有关技术标准的规定。

（3）核查内容。

1）根据设计施工图纸和钢材配料单查工程所有钢材的品种、规格、用量并列出表（由施工单位协同）；根据钢材的品种、规格、用量，查钢材出厂合格证和试验报告单中的钢材品种、规格、批量、取样检验组数是否充足、齐全。

2）查各份合格证和试验报告单中各项技术数据是否完善、试验方法及计算结论是否正确，试验项目是否齐全，是否符合先试验、后使用、先鉴定、后隐蔽的原则；查合格证和试验报告单抄件（复印件）的各项手续是否完备。

3）代换钢筋、降级使用钢筋及降规格使用钢筋是否有计算书及鉴定签证，计算、鉴定结果是否符合设计及现行规范标准要求。

（4）核查结论。核查时，如发现主要受力钢筋或重要部位的型钢无试验报告，或机械性能检验项目不齐全，或某一机械性能指标不合格又未经鉴定处理，或使用进口钢材和改制钢材时，焊接前未做化学成分检验和焊接试验，或发现主要受力钢筋有“先隐蔽，后检验”等情况，则该项目核定为“不符合要求”。

3. *石灰*

水利工程建设中常常将消石灰粉与黏土拌和后称为灰土，再加砂或石屑、炉渣等即成三合土。灰土和三合土广泛用于建筑物的基础和道路的垫层。

（1）质量证明书。每批产品出厂时，生产厂家的质检部门按批量进行出厂检验并向用户提供质量证明书。证明书上应注明厂名、产品名称，等级、试验结果、批量编号、出厂日期、标准编号和使用说明。当购货单位对产品质量提出异议时，由双方协商后，共同取样复检或委托双方同意的有关单位复检，以作最后判断。

（2）核查内容。

1）根据设计图纸、施工组织设计查石灰用量，检查质量证明书的符合性。

2）检查石灰使用前是否按规定的批次进行试验，试验报告是否完整规范。

3）检查是否有不合格情况，在石灰试验不合格单后是否附双倍试件复试报告单或处理报告，不合格单不允许抽撤。

4）检查施工记录、施工日志、施工组织设计、技术交底和洽商记录等是否与石灰的用量对应一致。

（3）核查结论。如发现没有质量证明书、或未经有资质的质量检测机构抽检就使用等情况时，应核定该项目为“不符合要求”。

4. 外加剂

混凝土外加剂是在拌制混凝土过程中掺入，用以改善混凝土各种性能的化学物质。工程建设中按照工程本身不同部位的功能和作用以及施工环境的要求，需要使用外加剂来改善混凝土的性能以满足工程建设的需要。工程建设中常用的外加剂有普通减水剂及高效减水剂、引气剂及引气减水剂、缓凝剂及缓凝减水剂、早强剂及早强减水剂、防冻剂、膨胀剂等。

（1）质量证明书。凡工程上使用的外加剂都必须有出厂合格证和生产厂家的质量证明书。质量证明书的内容包括：厂名、产品名称及型号、包装（质量）重量、出厂日期、主要特性及成分、适用范围及适宜掺量、性能检验合格证（匀质性指标及掺外加剂混凝土性能指标），贮藏条件及有效期、使用方法及注意事项等。内容要清楚、准确、完整，有的还要求附上地方政府有关部门颁发的“建筑材料使用认证证书”复印件，并要求摘取一份防伪认证标志，贴附于产品出厂合格证上，归档保存。

外加剂在使用前，应委托有资格的质量检测机构进行性能试验并有试验报告和掺外加剂普通混凝土（砂浆）的配合比通知单（掺量）。

（2）核查内容。

1）根据设计图纸、施工组织设计查工程所有外加剂的品种、型号、用量并列出表（由施工单位协同），根据外加剂的品种、型号、用量，查外加剂出厂合格证和质量证明书的符合性；查对产品出厂合格证和混凝土、砂浆施工试验资料及施工日志，检查外加剂是否在有效期内使用。

2）检查外加剂使用前是否按规定进行试验，试验单位资质如何，试验报告是否完整规范；外加剂试验不合格单后是否附双倍试件复试报告单或处理报告，不合格单不允许抽撤。

3）检查混凝土、砌筑砂浆的配合比申请单、通知单和试件试压报告单，施工记录、施工日志、预检记录、隐检记录、质量评定、施工组织设计、技术交底和洽商记录等是否与外加剂的资料对应一致。

（3）核查结论。如发现有外加剂没有出厂合格证或质量证明书，或未经有资质的质量检测机构检验就使用，或检验项目不齐全或未做配合比试验等情况时，应核定该项目为“不符合要求”。

5. 粉煤灰

（1）出厂合格证及技术性能指标。凡用于工程的粉煤灰必须有生产厂家质量检验部门提供的粉煤灰出厂质量合格证和试验报告单。质量合格证和试验报告单应有厂名、批号、合格证编号、出厂日期、粉煤灰级别及数量、质量检验结果，并有生产厂家质量检验部门盖章。

使用前质量检验的主要检验项目为细度、烧失量、需水量比、三氧化硫和含水量等指标。日常施工中主要检验粉煤灰的含水量，以便于搅拌时调整水和粉煤灰的用量。

粉煤灰质量必须合格，应先试验后使用，需采取技术处理措施的，应满足技术要求并经有关技术负责人批准后，方可使用。对于合格证、试验单或记录单的抄件（复印件）应注明原件存放单位，并有抄件人、抄件（复印件）单位的签字和盖章。

（2）核查内容。

1）根据设计图纸和施工组织设计的内容，核查需要粉煤灰的品种、级别和用量，查出厂合格证或试验报告单的项目、子目是否齐全，编号是否填写，各项试验项目和数据指标是否符合要求。

2）核对粉煤灰出厂合格证或试验报告单和配合比试配单、试块强度试验报告单上的粉煤灰品种、标号、厂牌、编号是否一致。

3）核查各批粉煤灰批量之和，是否和该工程粉煤灰的需要量基本一致；核查试验数据是否异常或填写有误，是否审核或审核有误，签章是否齐全。

（3）核查结论。经核查整个工程使用了粉煤灰而又无粉煤灰出厂合格证或试验报告单，或实际使用的粉煤灰和出厂合格证或试验报告单上提供的粉煤灰品种、标号、牌号、编号不一致等情况时，该项目核定为“不符合要求”。

6. 塑料管材

塑料管材在中小型灌溉与给排水工程中的使用日益广泛，特别是硬聚氯乙烯给水管（PVC－U）和聚乙烯（PE）的制造、安装技术日益成熟，基本取代了铸铁和混凝土管道。常见的塑料管材主要有硬聚氯乙烯（PVC－U）、聚乙烯（PE）、改性聚氯乙烯（PVC－M）和聚丙乙烯（PP）管材、管件。

（1）质量合格证书、性能检验报告。工程所用的管材进场验收时应检查每批产品的订购合同、质量合格证书、性能检验报告、使用说明书、进口产品的商检报告及证件等。塑料管材必须有产品出厂质量合格证和生产厂家质量检验部门提供的产品技术性能检验报告，两者缺一不可。产品质量合格证和技术性能检验报告一般应包括：厂名、产品名称、品种、规格、型号、各项技术性能指标、生产厂家质量检验部门签证并盖章。

（2）抽样复检。塑料管材进场后，按国家有关标准规定的批量及频率进行见证抽样、送检，在未获得检验合格的证明文件之前，不准启用，验收合格后方可使用。

硬聚氯乙烯（PVC－U）管材、管件应分别符合《给水用硬聚氯乙烯（PVC－U）管材》（GB/T 10002.1—2006）和《给水用硬聚氯乙烯（PVC－U）管件》（GB/T 10002.2—2003）的规定；低压输水灌溉用硬聚氯乙烯（PVC－U）管材应符合《低压输水灌溉用硬聚氯乙烯（PVC－U）管材》（GB/T 13664—2006）的规定；聚乙烯（PE）管材应符合《给水用聚乙烯（PE）管道系统》（GB/T 13663—2018）的规定；改性聚氯乙烯（PVC－M）管材、管件应分别符合《给水用抗冲改性聚氯乙烯（PVC－M）管材及管件》（CJ/T 272—2008）的规定；聚丙乙烯（PP）管材、管件应分别符合《冷热水用聚丙烯管道系统　第2部分：管材》（GB/T 18742.2—2017）和《冷热水用聚丙烯管道系统　第3部分：管件》（GB/T 18742.3—2017）的规定。

无论批量购置的何种塑料管材，每种规格管道的抽样数最少都不应少于3根。

（3）核查内容。

1）根据设计图纸、施工组织设计查工程所有塑料管材的品种、规格、型号、用量。

2）根据塑料管材的品种、规格、型号、用量，查每张出厂合格证和试验报告单的试验项目、子目是否齐全，试验结果及结论是否完整、明确。

3）检查出厂合格证、试验报告单中的各项技术性能指标是否和检验标准的规定吻合，如单项试验项目不符合，核查是否复试或采取相应的技术措施和处理办法。

4）核查试验报告单的取样方法是否正确，是否按批进行试验，批量总和所代表的数量是否符合实际情况。

5）检查施工记录、施工日志、质量评定、施工组织设计、技术交底、设计变更洽商和竣工图等技术资料是否与塑料管材资料对应一致。

（4）核查结论。如发现塑料管材没有出厂合格证或质量证明书或试验报告单；试验缺项、漏项或品种标号、技术性能不符合设计要求及规范、标准的规定；使用新型塑料管材，而又无可靠的鉴定数据等情况时，应核定该项目为“不符合要求”。

7. 止水材料

止水材料用于水工建筑物的永久接缝（温度缝）及水工闸门的周边。常见的止水材料有橡皮止水、塑料止水、紫铜片止水、铝片止水和白铁皮止水等。

（1）出厂合格证及技术性能试验报告。凡工程上使用的止水材料，既要有各验收批的止水材料出厂质量合格证，又要有生产厂家的试验报告单，两者缺一不可。止水材料出厂质量合格证应有品种、规格、型号、产地及各项试验指标、合格证编号、出厂日期、生产厂家质量检验部门的盖章及防伪认证标志等。有的还要求有地方政府主管部门颁发的建筑止水材料使用标志。止水材料出厂质量合格证和试验报告单应及时整理，试验单填写要字迹清楚，项目齐全、准确、真实，不得涂改、伪造、随意抽撤或损毁。

对重要部位或对其材质有疑虑的止水材料，必须委托有资质的检测单位进行试验，试验合格才能使用。需采取技术处理措施的，应满足技术要求并经有关技术负责人批准后，方可使用。对于合格证、试验单或记录单的抄件（复印件）应注明原件存放单位，并有抄件人、抄件（复印件）单位的签字和盖章。

（2）核查内容。

1）根据设计图纸、施工组织设计查工程所有止水材料的品种、规格、型号、用量并列出表（由施工单位协同），根据止水材料的品种、规格、型号、用量，查每张止水材料出厂合格证和试验报告单的试验项目、子目是否齐全，试验结果及结论是否完整、明确。

2）检查出厂合格证、试验报告单中的各项防水技术性能指标是否和检验标准的规定吻合，如单项试验项目不符合，核查是否复试或采取相应的技术措施和处理办法；核查试验报告单的取样方法是否正确，是否按批进行试验，批量总和所代表的数量是否符合实际情况。

3）止水材料材质证明是否有试验编号，便于与试验室的有关资料查证核实，材质证明是否有明确结论并盖章齐全；止水材料材质证明不合格单后是否附双倍试件复试报告单或处理报告，不合格单不允许抽撤。

4）检查施工记录、施工日志、隐检记录、质量评定、施工组织设计、技术交底、设计变更洽商和竣工图等技术资料是否与止水材料材质证明资料对应一致。

(3) 核查结论。如发现止水材料没有出厂合格证或质量证明书或试验报告单，试验缺项、漏项或品种标号、技术性能不符合设计要求及规范、标准的规定，使用新型止水材料而又无可靠的鉴定数据等情况时，应核定该项目为“不符合要求”。

8. 土工合成材料

土工合成材料产品的原材料主要有聚丙烯（PP）、聚乙烯（PE），聚酯（PER）、聚酰胺（PA）、高密度聚乙烯（HDPE）和聚氯乙烯（PVC）等。土工合成材料种类很多，通常按其构造形式分为土工织物、土工膜、土工特种材料和土工复合材料四大类。

(1) 出厂合格证及技术性能试验报告。凡工程上使用的土工合成材料必须有产品出厂质量合格证和生产厂家质量检验部门提供的产品技术性能检验报告，两者缺一不可。产品质量合格证和技术性能检验报告一般应包括：厂名、产品名称、品种、规格、型号、各项技术性能指标、生产厂家质量检验部门签证并盖章。技术性能指标主要是物理性指标（包括单位面积质量、厚度、等效孔径等）、力学性指标（包括拉伸强度、撕裂强度、握持强度、顶破强度、胀破强度、材料与土相互作用的摩擦强度等）、水力学指标（垂直渗透系数、平面渗透系数等）和耐久性（抗老化性、抗化学腐蚀性）。

进货时，要检查产品质量合格证和厂家的质量检验报告，同时对于重要的工程或设计有要求时，还应对运至施工现场的土工合成材料进行抽样检验，检测内容一般为物理性能（单位面积重量、厚度）、力学性能（纵横向抗拉强度及伸长率）、水力学性能（抗渗、水力鼓破试验，用于反滤的土工织物，还应进行保砂性和透水性试验）和摩擦性能（在干湿两种情况下进行摩擦性能试验）。如合同有约定，还可能进行耐热性、低温性试验和耐久性试验。另外，还要根据施工现场不同温度条件进行室内外的黏结试验，要分别对不同黏剂的土工隔膜与土工隔膜、土工织物与土工隔膜、土工织物与土工织物的黏结进行测试。通常只进行抗拉试验，如有必要还应增加抗渗性能测试。

(2) 核查内容。

1）根据设计图纸、施工组织设计查工程所有土工合成材料的品种、规格、型号、用量。

2）根据土工合成材料的品种、规格、型号、用量，查每张土工合成材料出厂合格证和试验报告单的试验项目、子目是否齐全，试验结果及结论是否完整、明确。

3）检查出厂合格证、试验报告单中的各项技术性能指标是否和检验标准的规定吻合，如单项试验项目不符合，核查是否复试或采取相应的技术措施和处理办法。

4）核查试验报告单的取样方法是否正确，是否按批进行试验，批量总和所代表的数量是否符合实际情况。

5）检查施工记录、施工日志、隐检记录、质量评定、施工组织设计、技术交底、设计变更洽商和竣工图等技术资料是否与土工合成材料材质证明资料对应一致。

(3) 核查结论。如发现土工合成材料没有出厂合格证或质量证明书或试验报告单；试验缺项、漏项或品种标号、技术性能不符合设计要求及规范、标准的规定；使用新型土工合成材料，而又无可靠的鉴定数据等情况时，应核定该项目为“不符合要求”。

9. 防水材料

工程建设中使用的防水材料种类很多，主要有沥青、各类防水卷材、防水涂料、防水填料，并且其他各种防水材料随着社会的进步和科学的发展不断出现，这里就常用的防水材料提出要求。

(1) 出厂合格证和厂家试验报告。凡工程上使用的防水材料，既要有各验收批的防水材料出厂质量合格证，又要有生产厂家的试验报告单，两者缺一不可，特别是沥青材料必须具有出厂合格证和试验报告。防水材料出厂质量合格证应有品种、型号、产地及各项试验指标、合格证编号、出厂日期、生产厂家质量检验部门的盖章及防伪认证标志等。有的还要求有地方政府主管部门颁发的建筑防水材料使用标志。

防水材料出厂质量合格证和试验报告单应及时整理，试验单填写要字迹清楚，项目齐全、准确、真实，不得涂改、伪造、随意抽撤或损毁。核查出厂合格证时，若设计有要求或外观检查有疑义者，尚应有取样试验报告，内容包括：外观质量检验及不透水性、吸水性、耐热度、拉力、柔度等物理性能检验。

1) 建筑防水沥青嵌缝油膏厂合格证和抽样试验报告，主要包括：耐热度、黏结性、保油性、挥发率、施工度、低温柔性、浸水后黏结性等。

2) 聚氯乙烯胶泥有聚氯乙烯出厂合格证及其胶泥的配合比试配报告以及使用过程中的抽样试验报告单，内容包括：抗拉强度、黏结强度、耐热性、延伸率等。

3) 玛蹄脂有试验室提供的配合比试验报告，内容包括：耐热度、柔韧性、黏结力等项，每项至少3个试件。

4) 屋面防水涂料有出厂合格证和抽样试验报告，内容包括：耐久性、延伸性、黏结性、不透水性、耐热性等。

对于新型防水材料，应有可靠的、科学的鉴定资料，特别要注意对老化性能的鉴定，并按设计要求进行试验。使用过程中，应有专门的施工工艺操作规程和有代表性的抽样试验记录。

(2) 核查内容。

1) 根据设计图纸、施工组织设计查工程所有防水材料的品种、型号、用量，列出表(由施工单位协同)；根据防水材料的品种、型号、用量，查每张防水材料由厂合格证和试验报告单的试验项目、子目是否齐全，试验结果及结论是否完整、明确。

2) 检查出厂合格证、试验报告单中的各项防水技术性能指标是否和检验标准的规定吻合，如单项试验项目不符合，核查是否复试或采取相应的技术措施和处理办法；

3) 核查试验报告单的取样方法是否正确，是否按批进行试验，批量总和所代表的数量是否符合实际情况。

4) 防水材料材质证明是否有试验编号，便于与试验室的有关资料查证核实，材质证明是否有明确结论并盖章齐全；材质证明不合格单后是否附双倍试件复试报告单或处理报告，不合格单不允许抽撤。

5) 检查施工记录、施工日志、隐检记录、质量评定、施工组织设计、技术交底、设计变更洽商和竣工图等技术资料是否与防水材料材质证明资料对应一致。

(3) 核查结论。如发现防水材料没有出厂合格证、质量证明书或试验报告单，主要的防水材料试验缺项、漏项或品种标号、技术性能不符合设计要求及规范、标准的规定，各种拌和物（如玛蹄脂、聚氯乙烯胶泥、细石混凝土防水层）不经试验室试配、在配制前和使用过程中无现场取样试验，使用新型防水材料而又无可靠的鉴定数据等情况时，应核定该项目为“不符合要求”。

10. 其他原材料

水利工程施工中在遇到有使用其他原材料时，可参考本章类似材料的质量检验与评定资料核查办法进行。

（二）中间产品

1. 砂、石骨料

（1）质量检验报告。工程上使用的砂、石骨料必须先试验合格才能使用。

砂骨料的质量检验报告内容包括：委托单位、工程名称、试样编号、试验日期、主要试验项目（含泥量、泥团含量、云母含量、有机质含量）、其他试验项目（石粉含量、坚固性、密度、轻物质含量、硫化物含量）、级配和细度模数等指标，试验结论，以及试验人员签名及试验单位盖章。

石骨料的质量检验报告的内容包括：委托单位、工程名称、试样编号、试验日期、主要试验项目（泥团含量、软弱颗粒含量、有机质含量、针片状颗粒含量、超径量）、其他试验项目（含泥量、吸水率、密度、逊径、硫化物含量）、级配等指标，试验结论，以及试验人员签名及试验单位盖章。

（2）核查内容。

1）检查工程使用的所有砂、石骨料在使用前是否都按批进行了检测试验；试验是否及时，批次、数量是否满足要求。

2）检查每张试验单，查阅主要试验项目是否齐全，检查工程量结算单和进料记录，检查检验的数量是否与进料数量相吻合。

（3）核查结论。核查时，如发现整个单位工程所使用的砂、石骨料未进行试验，或试验报告中主要项目缺漏严重等情况，核定该项为“不符合要求”。

2. 石料

（1）抽样试验。石料使用前必须按要求进行有关的物理力学指标的检测，选择符合设计要求的石料。在料场进行取样和施工现场抽样试验的项目主要有：天然密度、极限强度（干抗压、湿抗压、抗拉、抗弯）、最大吸水率、软化系数、弹性模量等指标。

在砌筑前，对石料的质地和外形尺寸要进行检查，一般每10m左右检查一组（3块），并做检查记录。对石料质地的要求是坚硬、新鲜、完整，对石料外形尺寸的要求如下：

1）毛石无一定规则形状，块重应大于25kg，中部厚度不小于15cm。规格更小的也称片石，可用于塞缝，但其用量不得超过该砌体重量的10%。

2）块石上下两面大致平整，无尖角，块厚宜大于20cm。

3）粗料石包括条石及异形石，要求棱角分明，六面大致平整，同一面最大高差宜为石料长度的1%～3%。石料长度宜大于50cm，块高宜大于25cm，长厚比不宜大于3。

4）卵石要求外形以椭圆形为宜，其长轴不小于20cm。

（2）核查内容。核查工程上所用的石料是否按规定进行了检测试验，对石料外形尺寸检查是否有记录；对于主要质量指标达不到要求的石料，采取何种方式进行处置，处理是否有记录。

（3）核查结论。核查时，如发现工程上使用了大量的石料，又没有石料试验报告；或试验报告中的主要检验项目不合格或没有外形尺寸检查记录，可核定该项目为“不符合要求”。

3. 混凝土拌和物

（1）配合比试配和试块强度报告单。混凝土工程应按规范规定提供混凝土配合比试配报告单和混凝土试块试验报告单。混凝土试配报告单应由有资格的试验室提供。

混凝土配合比应根据混凝土强度等级要求及原材料、施工条件，使用用于工程施工的原材料进行试配、调整，并经理论计算来获得。混凝土所用的水泥、水、骨料、外加剂等必须符合施工规范和有关标准的规定，不同品种的水泥不得混合使用。

混凝土试块强度报告单是反映与鉴定混凝土工程质量的主要依据，各项数据应真实、可靠、齐全。报告单内容应包括：委托单位，报告编号，工程名称，结构部位，养护方法，试块编号，制作日朝，试压日期，养护龄期，设计强度等级，设计坍落度，试块尺寸，设计配合比及原材料品种、规格、性能，试块试压数据及强度评定结论等。

混凝土试块取样应具有代表性和随机性，取样频率及取样方式等应符合有关规范和标准的规定。混凝土试块的标准成型方法、标准养护方法、试压龄期及强度试验方法等均应符合有关规范和标准的规定。

对于地下结构的防水混凝土，应按设计要求提供混凝土抗渗试验记录单，其内容应包括：委托单位，工程名称，施工部位，水泥品种，配合比，外加剂，养护方法，龄期，抗渗标号，试验日期，起讫时间，压力，延续时间，试件抗渗能力，试验结论等。抗渗混凝土所用的原材料质量、配合比、试块留置、试块制作、养护及抗渗检验标号均须符合设计要求及有关技术标准的规定。

（2）核查内容。

1）按照设计施工图要求，核查混凝土配合比及试块强度报告单中混凝土强度等级、试压龄期、养护方法、试块的留置部位及组数、试块抗压强度是否符合设计要求及有关规范、标准的规定。

2）核查混凝土试块试验报告单中的水泥是否和水泥厂合格证或水泥试验报告单中的水泥品种、标号、厂牌相一致。对超龄的水泥或质量有疑义的水泥是否经检验重新鉴定其标号，并按实际强度设计和试配混凝土配合比。

3）核验每张混凝土试块试验报告单中的试验子目是否齐全，试验编号是否填写，计算是否正确，检验结果是否明确。

4）有抗渗设计要求的混凝土，还应核查混凝土抗渗试验报告单中的部位抗渗标号是否符合要求，是否有缺漏部位或组数不全以及抗渗标号达不到设计要求等情况。

（3）核查结论。核查时，发现无试验室确定的混凝土配合比试配报告单和混凝土试块试验报告单；混凝土留置的试块不足，试压龄期普遍超龄，原材料状况与配合比要求有明显差异；有抗渗设计要求的混凝土，未提供混凝土抗渗试验报告单或抗渗报告单中的部位、组数、抗渗标号等达不到设计要求及有关规定；混凝土试块取样、制作、养护、试压等方法普遍不符合规范要求，以致试块强度不能真正反映和代表结构或构件混凝土的真实强度等情况，核定该项为“不符合要求”。

4. 混凝土试块

（1）试块抗压强度。混凝土强度应按批进行检验评定，一个验收批应有强度等级相同、龄期相同以及生产工艺条件和配合比基本相同的混凝土组成。对于施工现场的现浇混凝土，应按单位工程的验收项目划分验收批。

混凝土试块抗压强度的检验评定应按《水利水电工程施工质量检验与评定规程》（SL 176—2007）规定的原则进行。混凝土试块试验结果不合格所代表的结构或构件，应进行鉴定，并有处理措施、结论的记录与凭证。

混凝土试块处理措施包括：留置的后备试块达到要求并经监理单位认可，经设计单位重新验算与签证，认为结构或构件有较充裕的安全储备，不须进行处理；经法定检测单位进行检测鉴定，混凝土强度达到设计强度等级，出具鉴定报告，并经设计单位同意；按设计要求进行加固补强及返工重做等。

当对混凝土试块强度的代表性有怀疑时，应委托法定的检测部门采用从结构或构件中钻取试件的方法或采用非破损检验方法，按有关标准的规定对结构或构件中的混凝土强度进行推定。

（2）核查内容。

1）核查混凝土试块报告单中，是否以混凝土强度等级取代混凝土标号；是否按照《水利水电工程施工质量检验与评定规程》（SL 176—2007）的有关规定，检验评定混凝土的强度质量。

2）核查所套用的标准是否得当，计算是否有错误，计算方法是否正确。

3）当混凝土检验批抗压强度不合格时，是否及时进行鉴定，并采用相应的技术措施和处理办法，处理记录是否齐全，监理单位是否认可。

（3）核查结论。核查时，如发现混凝土强度评定套用的标准不当，或计算错误导致误判，或出现不合格批的混凝土试块，又无科学鉴定和采取相应的技术措施进行处理等情况，核定该项为“不符合要求”。

5. 砂浆拌和物及试件

（1）配合比和试块试验报告单。砌筑砂浆应按单位工程提供砂浆配合比报告单和砂浆试块试验报告单。

砌筑砂浆应采用经试验室确定的重量配合比，如砂浆组成材料有变更，应重新选定砂浆配合比。制配砂浆的所有材料需符合质量检验标准，不同品种的水泥不得混合使用；砂浆的种类、标号、稠度、分层度均应符合设计要求和有关规范的规定；混凝土砂浆所用生石灰、黏土及电石渣均应化膏使用，其使用稠度应符合有关规定；水泥砂浆和水泥石灰砂浆中掺用微末剂，其掺量应事先通过试验确定；水泥黏土砂浆，不得掺入有机塑化剂。

砂浆试块留置应符合规定的要求。试验报告应以标准养护龄期 28 天的试块试压结果为准，在一般情况下，应创造标准养护的条件。如确无标准养护条件，而在自然条件下进

行养护，其养护条件、制度均应满足施工规范规定，试块试压强度应按规定换算为标准养护强度，并应附有养护地点的温度测温记录以及养护相对湿度情况。砂浆强度按单位工程同品种、同强度等级砂浆为同一验收批，其试块抗压强度必须满足有关标准和规范的规定。

试验报告单所列子目应填写齐全，试验数据记录与计算应准确，表列人员应签字齐全，并加盖试验专用章；试验报告单应有试验室编号，便于整理和对照检查。

（2）核查内容。

1）按照设计施工图要求，核查砂浆配合比及试块强度报告单中砂浆品种、标号、试块制作日期、试压龄期、养护方法、试块组数、试块强度是否符合设计要求及施工规范的规定。

2）核验每张砂浆试块抗压强度试验报告中的试验子目是否齐全，试验编号是否填写，试验数据计算是否正确。

3）核查砂浆试块抗压强度试验报告单是否和水泥出厂质量合格证或水泥试验报告单的水泥品种、标号、厂牌相一致。

（3）核查结论。核查时，如发现无试验室确定的重量配合比单和砂浆试块试验报告，或砂浆留置的试块组数不足，试压龄期普遍超龄，原材料状况与配合比要求有明显差异；或混合砂浆中掺和的石灰或黏土不化膏；或砂浆试块抗压强度不符合质量检验评定标准的规定，又未提供鉴定和处理结论等情况，核定该项“不符合要求”。

6．混凝土预制件（块）

混凝土预制件在建筑工程上按其使用功能、构造特点及生产工艺划分为四类。

1）板类。包括各种空心楼板、大楼板、槽形板、T形板等。

2）墙板类。包括外墙板、挂壁板、内隔墙板等。

3）大型梁、柱类。包括各种预应力或非预应力大梁、吊车梁、基础梁、框架梁、屋架、桁架等。

4）小型板、梁、柱类。包括挑檐板、栏板、拱板、方砖等。

对于水利工程来说除上述类别外，还有钢筋混凝土预应力或非预应力管，混凝土预制块等。

（1）质量合格证和质量评审记录。混凝土预制构件有在工厂生产的，也有在工程施工现场制作的。

对于工厂生产的预制构件，应有质量合格证或质量检验报告。预制混凝土构件出厂合格证内容包括：委托单位、工程名称、合格证编号、合同编号、构件名称、型号、数量和生产日期、混凝土的设计强度等级、配合比编号、出厂强度、主筋的种类及规格、机械性能、结构性能、生产许可证等。

对于施工现场制作的混凝土预制构件，对于像预应力混凝土管等比较重要的构件，应在工程施工现场进行试制，试件经有资质的专业质量检测部门检验，并出具质量检验合格报告后，才能正式进行批量生产。

对于混凝土预制块等一些相对比较次要的混凝土构件，也应该先进行小批量生产，在经过有关部门对混凝土预制构件的强度、规格尺寸和外观等质量指标进行质量评审，其质量达到设计要求和规范规定时，方可进行批量生产。

质量评审要有记录，记录应按合格证和质量检测报告的要求进行收集整理。另外，施工现场生产的混凝土预制构件还应按规定留置混凝土试块，试块的试验资料也应按有关规定进行整理归档。

（2）核查内容。

1）根据设计图纸、施工组织设计核查工程所有混凝土预制构件的品种、规格、型号、批次、用量并列出表（由施工单位协同），根据混凝土预制构件的品种、型号、用量，查混凝土预制构件出厂合格证或检验报告或质量评审记录的符合性。

2）检查现场生产的混凝土预制构件批量生产前是否按规定进行试验，试验单位资质如何，试验报告是否完整规范；混凝土预制构件出厂合格证或质量检测报告是否有试验编号，便于与试验室的有关资料查证核实，出厂合格证或质量检测报告是否有明确结论并盖章齐全。

3）混凝土预制构件合格证或质量检测报告是否与所用混凝土预制构件物证吻合、批次对应；检查施工记录、施工日志、隐检记录、预检记录、质量评定、施工组织设计、技术交底、设计变更洽商和竣工图等技术资料是否与混凝土预制件（块）检验资料对应一致。

（3）核查结论。如发现混凝土预制构件没有出厂合格证或质量检测报告，或未经有资质的质量检测机构检验就投入使用或批量生产，或检验项目不齐全，或没有质量评审记录等情况时，应核定该项目为“不符合要求”。

（三）重要隐蔽工程施工记录

1. 主要建筑物地基开挖处理

（1）基本要求。不论是岩石基础、土石软弱基础开挖，都必须严格按规范和设计要求进行。为了确保建基面的完整，防止因开挖造成的扰动和破坏，影响建筑物的安全和稳定，建筑物开挖都要按规定和要求留足保护层。

保护层的开挖应严格按规定和设计要求采用保护性开挖的方式进行，尽量采用人工铲除、撬挖或凿除的方式开挖。对于需要钻孔爆破的岩石基础保护层的开挖，尽量采用预裂、光面爆破、毫秒分段起爆等方式进行，并严格控制钻孔深度和装药量。保护层开挖完成后，要对建基面的地质情况进行描述、拍照或摄像，进行必要的检测或取样试验，并做好记录。

（2）核查内容。

1）检查基础开挖特别是保护层的开挖是否按规范规定和设计要求进行，是否进行了地质描述和记录。

2）基础处理是否按有关规定或要求进行，是否按规定进行了检验和复验，处理工程的质量和效果如何。

3）处理工程是否履行了验收程序或进行了重要隐蔽单元工程签证，各种签证记录是否齐全、规范、完整。

（3）核查结论。核查时，如发现主要建筑物基础开挖地质描述、必要的检验和试验、基础处理记录或重要隐蔽单元工程验收签证等记录，有一项未进行，可核定该项为“不符

合要求”。

2. 基础排水

（1）基本要求。基础排水系统应根据基础区地形、气象、水文、地质条件、排水量大小进行施工规划布置，并与场外排水系统相适应。基坑外围应设置截水沟。基坑排（降）水，应根据工程地质与水文地质情况，分别选定集水坑或井点等方法。用于排水的材料和设备的质量、规格、型号、数量应满足要求，并按规范和设计要求进行施工安装，必要时应进行现场抽水试验，对集坑或井点的位置、数量、深度或高程、尺寸或规格型号以及抽水设备的规格型号进行记录。

抽水期间应按时观测水位、流量，随时监视出水情况，如发现水质浑浊，应分析原因及时处理，必要时，可增设观测井，对轻型井点还应观测真空度。同时还应注意地下水降低后对邻近建筑物或基坑边坡可能产生的不利影响，必要时应设立沉降观测点进行观测。

基础排水的施工记录的内容主要包括：选择排水的方法（集水坑还是井点，是何种类型的井点），集水坑或井点的位置、数量、深度、尺寸或规格，抽水设备的规格、型号、数量、完好率；排水期间的观测资料，如水位、流量，水流浑浊程度，真空度，地基沉降情况，建筑物或边坡稳定情况，封井（坑）记录；发生的问题，处理的方法及其结论等。

基础排水按井点型式的不同，又有不同的施工记录，如井点施工记录、轻型井点降水记录、喷射井点降水记录、电渗井点降水记录、管井井点降水记录、深井井点降水记录等。

（2）核查内容。检查是否按施工图和施工组织设计的要求进行现场抽水试验，抽水期间对水位、流量及沉降等观测是否连续、记录是否完整，对出现的问题是否如实反映。

（3）核查结论。核查时，如发现观测记录缺漏较多，对曾经发生的问题未如实反映等情况，核定该项为“不符合要求”。

3. 灌浆

（1）基本要求。灌浆用的砂、水泥、黏土和其他胶结材料应有试验报告或产品合格证，有配合比试验报告；必要时应进行造孔和灌浆试验，以获取可靠的灌浆技术参数，造孔、终孔、清孔和清孔验收都应有记录；灌浆时，对浆液浓度和比重、灌浆压力、灌浆量、灌浆工序、灌注次数、封孔等也都应有记录。

其他的灌浆记录和图表包括：设计图纸、设计说明书、设计变更和有关的补充文件；竣工总平面图和剖面图，每个槽（桩）孔的竣工资料；施工原始记录（班组钻造孔记录，终孔验收记录，清孔验收记录，导管埋设情况记录等），质量检查资料，施工期地下水位观测资料，灌浆效果检查试验（如钻芯取样、压水试验等）成果资料。

（2）核查内容。

1）检查施工图或施工组织设计，工程上使用的原材料是否都有合格证或试验报告；是否进行了配合比试验，查试验报告。

2）造孔和灌浆试验记录是否完整齐全，是否按试验取得的灌浆技术参数进行施工，查有关记录；造孔、终孔、清孔是否有测量和观测记录。

3）灌浆的浆液浓度、比重、灌浆压力等是否有详细记录；灌浆施工过程的其他各种检查验收记录以及灌浆效果检查试验等记录或试验报告是否齐全。

(3) 核查结论。核查时，如发现没有配合比试验报告，或未做造孔和灌浆试验，或施工过程记录严重残缺，或没有灌浆效果检查试验，则核定该项为“不符合要求”。

4. 造孔灌注桩

造孔灌注桩按照成孔工艺和施工方法的不同，分为泥浆护壁成孔灌注桩、干作业成孔灌注桩、套管护壁成孔灌注桩和爆扩成孔灌注桩。下面以泥浆护壁成孔灌注桩为例进行介绍。

(1) 基本要求。灌注桩施工前先应对用于灌注桩的混凝土原材料进行试验，原材料符合要求再进行混凝土配合比试验，并通过试桩确定技术参数；成孔过程中应对桩位、垂直度、护壁、孔变位、沉渣、清孔、护筒埋深与泥浆比重等进行观察、测量和记录；浇筑过程中应对钢筋笼质量、浇筑时间、浇筑速度、拔管速度、振捣情况等进行观察、测量和记录，并留置混凝土试件。

泥浆护壁成孔灌注桩的施工记录、图表一般包括：桩位测量放线平面图，水泥、外加剂及钢筋的出厂合格证，各种原材料检验报告，混凝土试块试压记录，钢筋笼施工质量检查记录，桩的工艺试验记录，护壁泥浆质量检查记录，成孔检查记录，施工过程记录，桩和承台的施工记录或施工记录汇总表，隐蔽工程验收记录，静动荷载试验记录，补强、补桩记录，设计变更通知书、事故处理记录及有关文件，桩基竣工平面图。

(2) 核查内容。

1) 检查用于灌注桩的砂、石、水泥、钢筋等原材料是否有合格证及试验报告；检查是否有混凝土配合比试验报告单，是否进行了桩的工艺试验，查有关试验报告。

2) 对于施工过程的造孔、清孔和浇灌的施工过程是否有详细记录，查有关测量和记录资料；是否按规定留足了混凝土试块，试压记录如何。

3) 是否按规定或设计要求进行了桩的静动荷载试验，试验数量是否满足要求，查试验报告和有关记录。

(3) 核查结论。核查时，如发现没有混凝土配合比试验报告和桩的工艺试验报告，或施工过程记录缺漏严重，或无混凝土试块试压记录，或未进行桩的荷载试验，则核定该项为“不符合要求”。

5. 振冲桩

(1) 基本要求。施工前，先应查阅地质资料，了解地基多层土的高度、厚度、土工参数及级配曲线确定加固部位；清除地下、地上障碍物，平整场地做好排水及水循环使用设施；按设计桩位编号，安排施工顺序；检查施工机具运转及水、电设施情况；对填料的质量进行试验；进行填料配方试验；通过现场试验取得成孔施工所需水压，成孔速度、填料方式以及达到土体密实度时，振冲器电机电流控制值、留振时间及填料量等施工参数。

在施工过程中，应对施工顺序、操作方法、技术参数等进行严格控制，对加密所达到的电流值、空振电流值以及深度、填料量、振冲时间和电流量等认真进行记录，对表层应按规定或设计要求进行处理。

振冲桩的振冲记录主要包括：桩位测量放线平面图，填料材质试验报告，填料配方试验报告，桩的工艺试验报告，成孔施工记录，填料施工记录，施工控制参数记录，隐蔽验收记录，制桩成果统计图，桩体施工电流图，土工试验报告，干密度试验报告，贯入度试

验报告或载荷试验报告等。

（2）核查内容。

1）检查是否对填料进行了级配及配方试验；是否进行了现场工艺桩试验，试验结果如何。

2）对振冲桩的成孔、填料施工的记录，内容是否齐全详尽；对表层处理是否有记录。

3）对地基的加固效果是否按规范和设计要求进行了必要的试验，试验报告是否齐全完整。

（3）核查结论。核查时，如发现没有桩的现场工艺试验记录，或施工过程记录缺漏严重，或没有桩的效果检查试验资料，则核定该项“不符合要求”。

6. 地下防渗墙

（1）基本要求。施工前，设计单位应向施工单位进行技术交底，详细说明有关技术要求。施工单位应选择符合设计和规范规定的合格材料，进行混凝土和泥浆的配合比试验，对于重要或有特殊要求的工程，施工前，应在地质条件类似的地点，也可在防渗墙中心线上进行施工试验，以取得有关造孔、泥浆固壁、混凝土浇筑等资料。

工程施工过程中，对造孔前的准备、造孔、终孔验收、清孔、清孔验收、灌注或填筑墙体材料（包括埋入基岩的灌浆管和各种观测仪器），全墙质量检查及验收等各个环节都要严格把关，认真记录。

防渗墙施工的技术资料主要包括：设计图纸、设计说明书、设计变更和有关的补充文件，竣工总平面图和剖面图，每个槽（桩）孔的竣工资料，施工原始记录（班组钻造孔记录，终孔验收记录，清孔验收记录，导管埋设情况记录，泥浆下混凝土浇筑记录等），质量检查资料，各种原材料质量合格证和有关材质试验资料，混凝土和泥浆配合比报告，混凝土、泥浆试验资料，施工期地下水位观测资料，墙身检查孔成果资料等。

（2）核查内容。

1）检查用于灌浆的各种原材料是否有合格证及材质试验报告，是否进行了混凝土或泥浆配合比试验。

2）是否按规定进行了造孔、灌浆试验，施工过程中对造孔、终孔和清孔。

3）是否进行了测量和详细记录，各种图纸、技术文件、试验报告及其他有关资料等是否完整齐全。

（3）核查结论。如发现原材料没有质量合格证或材质试验报告，未按要求做混凝土或泥浆配合比试验或造孔和灌浆试验，或施工记录缺省严重等，可核定该项为“不符合要求”。

7. 其他重要施工记录

其他重要记录内容，如重锤夯实、强夯地基施工记录，挤密、旋喷地基施工记录，打（压）桩施工记录，沉井施工记录等诸多内容，可参照上述介绍的有关内容，进行质量检验与评定资料核查。

（四）金属结构及启闭机

1. 焊工资格证明材料（复印件）

（1）考试合格证或资格等级证书。国家有关部门按其技术水平的高低，将焊工的资格分为Ⅰ级、Ⅱ级、Ⅲ级，级别越高，焊工的技术水平越好。一般要求高级别的焊工，焊接一类、二类焊缝。

焊工的考试是由有关主管部门认定的具有焊工培训和考试能力的焊工考试委员会负责，同时，有关部门对焊工考试合格证的失效或过期等有一套管理制度。

(2) 核查内容。核查时，主要查焊工资格证明材料，各类焊工焊接的焊缝印记记录是否与焊工的资格等级相吻合，焊工的资格证明与现场人员是否对应。

(3) 核查结论。如发现焊接一类、二类焊缝的焊工没有资格证明，则核定该项为“不符合要求”。

2. 焊接及探伤报告

(1) 基本要求。水工金属结构制作，不仅要求焊工有一定的资格，而且还要求焊接材料有合格证，使用前进行必要的检查、检验和处理。对于首次焊接的钢种或焊接材料改变、焊接方法改变、焊接坡口形式改变等情况，要进行焊接工艺评定。在焊接过程中，还要注意环境温度观测、焊缝印记记录。施焊结束，不仅要对焊缝外观进行检查，还对焊缝内部质量进行检测，对于不合格的焊缝应按规定做补充检查或返修处理。

(2) 核查内容。

1) 检查焊接材料的出厂合格证和检验记录。

2) 检查焊接工艺评定报告及其他焊接记录。

3) 焊缝外观质量和内部质量检查或检测记录。

4) 检查对不合格焊缝的补充检查和返修记录等资料是否齐全。

(3) 核查结论。如果主要焊接材料没有出厂合格证明，或探伤检查不符合要求，或对探伤不合格焊缝未进行补充检查和必要的返修处理，则核定该项为“不符合要求”。

3. 闸门

(1) 出厂合格证及有关技术文件。按照国家和水利部的有关规定，生产水工闸门的厂家必须具有水利部或国家质量技术监督部门颁发的水工闸门生产许可证。水工闸门生产许可证是根据生产厂家的生产能力，按品种（平面闸门、弧形闸门、人字门）和规格（大、中、小）划分。

生产厂家应向用户提供产品质量合格证，其内容通常包括：生产厂家、厂址、产品名称、型号、规格、生产许可证批号、生产日期、产品主要技术性能指标、保修期限等。如用户有要求，生产单位还应向用户提供具有法定资格质量检验单位提供的质量检验报告（复印件），水利部或国家质量技术监督部门颁发的生产许可证或有关文件的复印件，主要部位材料的品种、型号及材质证明，制造时最终的检查和检测试验记录，设计修改通知书，焊缝探伤报告，防腐检测结果等有关技术文件。

(2) 核查内容。

1) 检查水工闸门的品种、规格、型号是否与设计文件一致。

2) 生产厂家是否有生产许可证，许可证允许的生产能力是否与产品一致，是否有法定检测单位提供的与产品规格、型号相对应的质量检验报告，是否有产品合格证。

3) 合同要求提供的其他技术资料是否提供。

(3) 核查结论。核查时，如发现无生产许可证，产品型号、规格与设计要求不一致，

或产品无质量合格证，核定该项为“不符合要求”。

4. 拦污栅

（1）出厂合格证及有关技术文件。按照国家和水利部的有关规定，生产拦污栅的厂家必须具有水利部或国家质量技术监督部门颁发的拦污栅生产许可证。

生产厂家应向用户提供产品质量合格证，其内容通常包括：生产厂家、厂址、产品名称、型号、规格、生产许可证批号、生产日期、产品主要技术性能指标、保修期限等。

如用户有要求还应提供具有法定资格质量检验单位提供的质量检验报告（复印件），水利部或国家质量技术监督部门颁发的生产许可证（复印件），主要部位材料的出厂合格证，制造时最终的检查和试验检测记录，设计修改通知书，焊缝探伤报告，防腐检测结果等有关技术文件。另外，对产品使用或维修证明书等资料也应妥善保存。

（2）核查内容。

1）核查拦污栅的规格、型号、技术性能（包括各部位使用材料的品种等）是否与设计文件一致。

2）生产厂家是否有生产许可证，许可证允许的生产能力是否与产品一致，是否有试运行记录，是否有产品合格证。

（3）核查结论。核查时，如发现无生产许可证，产品型号与设计要求不一致，或产品无质量合格证等情况，核定该项为“不符合要求”。

5. 闸门、拦污栅安装测量记录

（1）基本要求。闸门、拦污栅安装先要进行埋件安装。在埋件安装前，应仔细检查一期、二期混凝土结合面的清理和凿毛情况，并做好记录。在二次混凝土浇筑前，应认真测量埋件安装的牢固程度和安装后的允许偏差是否在规定范围，并做好记录。二次混凝土浇筑后，应再次测量埋件的位置偏差是否在规定范围，如不合格应处理合格后，再进行闸门、拦污栅的安装。

在安装过程中，不仅要注意观察和测量主体结构的位置和偏差，还应注意观察和测量其附件的位置和偏差，及其就位后的变形情况，并认真做好记录。平面闸门安装时还要做静平衡试验，试验过程要仔细观察和测量，并做好记录。

此外，安装单位还应向用户提供安装时最终的检查和试验检测记录，重大缺陷处理记录和有关会议纪要，焊缝探伤报告，防腐检测结果和安装竣工图纸等有关技术文件。

（2）核查内容。

1）检查安装过程检查、测量和调试记录是否符合规定要求。

2）合同要求的其他技术文件是否具备。

（3）核查结论。如没有进行必要的测量和记录，或测量记录缺漏严重，或平面闸门未做静平衡试验等，则核定该项为“不符合要求”。

6. 启闭机

（1）出厂合格证及有关技术文件。水利工程中使用的启闭机有多种型号和种类，有卷扬式、螺杆式、单吊点、双吊点，启门力的大小又有各种不同的规格。根据国家有关规定，对不同品种和型号的启闭机，水利部或国家质量技术监督局对各生产厂家都颁发了生产许可证。

生产厂家应向用户提供产品质量合格证，其内容通常包括：生产厂家、厂址、产品名称、型号、规格、生产许可证批号、生产日期、产品主要技术性能指标、保修期限等。如用户有要求，生产厂家还应向用户提供具有法定资格质量检验单位提供的质量检验报告（复印件）及水利部或国家质量技术监督部门颁发的生产许可证或有关文件（复印件），主要部位材料的品种、型号和合格证，制造时最终的检查和试验检测记录，防腐检测结果等有关技术文件。

（2）核查内容。

1）检查启闭机的品种、规格、型号及其他有关技术参数是否与设计文件一致。

2）生产厂家是否有生产许可证，许可证允许的生产能力是否与产品一致，是否有法定检测单位提供的与产品规格、型号相对应的质量检验报告，是否有产品合格证。

3）合同要求提供的其他技术资料是否提供。

（3）核查结论。核查时，如发现无生产许可证，产品型号、规格或主要技术参数与设计要求不一致，或产品无质量合格证等情况，核定该项为“不符合要求”。

7. 启闭机安装测量记录

（1）基本要求。安装前应仔细检查启闭机的构造质量，如有必要还应进行现场组装，观察测量并做好记录。主体结构安装前应进行埋件和其他附件的安装，并仔细观察、认真测量其质量是否符合要求，并进行记录。经检查验收质量符合要求后，再进行主体结构的安装。安装应严格按设计要求、施工规范和产品安装说明书进行，认真观察、调试和测量，并做好记录。

此外，安装单位还应向用户提供安装时最终的检查和试验检测记录，重大缺陷处理记录和有关会议纪要，焊缝探伤报告，防腐检测结果和安装竣工图纸等有关技术文件。

（2）核查内容。

1）检查安装过程检查、测量和调试记录是否符合规定要求。

2）合同要求的其他技术文件是否具备。

（3）核查结论。如没有进行必要的测量和记录，或测量记录缺漏严重，则核定该项为“不符合要求”。

8. 压力钢管

（1）生产许可证及有关技术文件。水利工程建设中，压力钢管要有水利部或国家质量技术监督局颁发的压力钢管生产许可证，厂家应向用户提供产品出厂质量合格证和法定检测单位的质量检测报告，以及用户要求的原材料合格证及材料检验报告，下料尺寸偏差及制作成形后的外形尺寸偏差测量记录，焊接记录及焊接质量检测报告等技术资料。

此外，生产单位应向用户提供主要材料的出厂合格证，制造时最终的检查和试验检测记录，设计修改通知书，焊缝探伤报告，防腐检测结果等有关技术文件。

（2）核查内容。

1）检查压力钢管的尺寸、规格、型号及其他有关技术参数是否与设计文件一致。

2）生产厂家是否有生产许可证，许可证允许的生产能力是否与产品一致，是否有法定检测单位提供的与产品规格、型号相对应的质量检验报告，钢管及其主要材料是否有产品合格证。

3）合同要求提供的其他技术资料是否提供。

（3）核查结论。核查时，如发现无生产许可证，产品型号、规格或主要技术参数与设计要求不一致，或产品无质量合格证等情况，核定该项为“不符合要求”。

9. 压力钢管安装测量记录

（1）基本要求。安装前先测量支座或支墩垫板的高程和中心偏差是否在允许范围内，并做好记录。安装过程中以及安装后，要仔细测量钢管的管口中心、钢管轴线、管口椭圆度等偏差是否在允许范围内，并进行记录，同时对安装过程中发生的一些异常现象也应注意观察并做好记录。

安装过程中，应按规定对有关管件进行耐压或渗漏试验，并做好记录。此外，安装单位还应向用户提供安装时最终的检查和试验检测记录，重大缺陷处理记录和有关会议纪要，焊缝探伤报告，防腐检测结果和安装竣工图纸等有关技术文件。

（2）核查内容。

1）检查安装过程检查、测量和调试记录是否符合规定要求。

2）合同要求的其他技术文件是否具备。

（3）核查结论。如未进行必要的测量和记录，或测量记录严重不全，则核定该项为“不符合要求”。

10. 运行试验记录

（1）基本要求。

1）闸门。闸门安装完毕，应在无水情况下作全行程启闭试验。共用闸门应对每个门槽作启闭试验。闸门启闭过程中应检查滚轮转动情况，闸门升降有无卡阻，止水橡皮有无损伤等现象。闸门全部处于工作部位后，应用灯光或其他方法检查止水橡皮的压缩程度，不应有透亮或有间隙。对上游止水闸门，则应在支承装置和轨道接触后检查。如有条件，可检查闸门在承受设计水头的压力时，橡皮止水的漏水量是否在规定值范围。闸门试验要仔细观察，认真测量，并做好记录。

闸门试运行记录内容一般包括：工程名称，闸门品种、型号、规格尺寸，台数，孔位，上下游水位；闸门的渗漏水量、开启高度，止水设备与闸槽的摩擦情况，滑块或滑轮的滑动或转动情况，闸门的振动、摆动反噪声情况；出现问题，处理方法及调整后的结果等。

2）拦污栅。栅体吊入栅槽，安装调试结束后，应进行升降试验，并做好试验记录。拦污栅试验记录内容一般包括：拦污栅的品种、规格、型号、台数，上、下游水位，流量；试验的方式、方法，清污量，灵敏程度；出现的问题，处理方法及调整后的结论等。

3）启闭机。启闭机安装完毕后，应按规定做运行试验。试验前应对电气及机械部分进行仔细检查、调试和测量，并认真做好记录；如无异常，先进行无负荷试验，试验满足要求，做好试验记录；再按规定进行静负荷试验，试验次数、加载量等符合设计要求和有关规定，注意观察和测量，并做好记录；如无异常再按规定进行动负荷试验或其他试验，如快速启闭机应作快速关闭试验，有继电保护装置的要进行继电保护模拟试验，有自动、电动或手动装置的要进行自动、电动或手动试验等，但不论是何种试验，都应仔细观察、检查和测量，并认真进行记录。

启闭机试验运行记录一般包括：启闭机的型号、规格、品种、台数、位置、上下游水位；手动、电动或自动运行时的运转时间，声音、振动是否正常，转动方向是否正确，有无摩擦和卡阻现象；出现问题，处理方法及调整后的结论等。

4）钢管。钢管安装过程中或安装完毕后，应对新钢种或新型结构的岔管和明管按有关规定进行压水试验。

钢管压水试验记录一般包括：试压的部位、名称，管道设备号、规格和数量及试压管道长度；系统试压或埋地隐蔽试压；试压方式、方法，试压压强标准（工作台压力、试验压力、压力下降、稳压时间、气温）及其结果；出现的问题及处理方法、复试结果等。

（2）核查内容。

1）检查各种水工金属结构产品安装结束后，是否按规定进行了必要的调整、测试和运行试验。

2）运行试验结果如何，记录是否详细。

（3）核查结论。如未进行必要的运行试验，或主要试验项目不全，或未做试验记录，则核定该项为“不符合要求”。

（五）机电设备

1. 产品出厂合格证、厂家提交的安装说明书及有关资料

（1）基本要求。机电设备产品的主要设备（如水轮机、水泵等）、主要材料（包括硬母线、电线、电缆及大型灯具、各种管材、管件、型钢、衬垫以及焊接、防腐、黏结材料和阻燃型 PVC 塑料管、金属线槽、阻燃型 PVC 塑料线槽、水泥电杆、变压器油、蓄电池用硫酸、低压设备及附件等）应有出厂合格证，并按产品序号、名称、规格型号、生产厂家、使用数量等编制产品合格证目录。

对主要设备不仅要有合格证、必要的出厂试验报告，还要有厂家提供的安装说明书。安装说明书也要分类编成目录，便于使用和查阅，防止丢失。对于主要材料除有合格证外，在使用前还应进行必要的试验和检查，电气材料尤为如此。

产品和材料的生产单位还应向用户提供机电设备所使用主要材料的出厂合格证，制造时最终的检查和试验检测记录，焊缝探伤报告，防腐检测结果等有关技术文件。合格证、试验单或记录的抄件（复印件）应注明原件存放单位，并有抄件人、抄件（复印）单位的签字和盖章。

凡使用新材料、新产品、新工艺、新技术的，应有鉴定证明、产品质量标准、使用说明和工艺要求，使用前应按其质量标准进行检验。

产品进场后拆装前，应首先核对其机械设备型号、性能、规格和附带配件名称数量等是否符合订货和设计要求，认定无误后方可拆箱检验，点齐件数并进行必要的检查及试验。如各种仪表的检验，各种断路器的外观检验，调整及操作试验，各种避雷器、电容器、变压器及附件、互感器，各种电机、盘柜、高低压电器型号、规格和外观检验，主要检查设备的规格型号、质量和数量是否符合规范和设计要求，检验人员要做好检验记录签证及检验报告，对不合格产品不得安装使用。

(2) 核查内容。

1) 检查主要设备的产品合格证、安装说明书、产品质量检验报告，其他技术文件以及开箱检验和试验情况。

2) 检查主要材料的产品合格证、质量检验报告。

(3) 核查结论。如主要设备或主要材料没有出厂合格证或试验报告，或规定试验的主要试验项目严重不全，则核定该项为“不符合要求”。

2. 设备重大质量缺陷处理

(1) 基本要求。对于设备出现的重大质量缺陷，要慎重对待、仔细分析、深入研究、认真处理。对质量缺陷发生或发现的过程、发生的部位、严重程度等应认真进行记录和描述，对质量缺陷的危害程度要进行分析和研究，必要时可请有关方面进行技术咨询，处理的方案要稳妥、可靠、经济，决不能留有隐患；对分析和研究的成果，技术咨询报告，处理方案的文件和资料，缺陷处理过程记录，有关会议纪要，设计修改文件及其他相关资料都要认真收集和妥善保存。

(2) 核查内容。检查设备是否出现过重大质量缺陷，如发生过质量缺陷，分析处理是否慎重，分析处理的技术资料是否完整。

(3) 核查结论。如发现质量缺陷虽进行了处理，但有关资料没有进行收集和整理，或主要技术资料缺省较多，则核定该项为“不符合要求”。

3. Ⅰ类、Ⅱ类焊缝

(1) 焊工资格证明和探伤报告。焊接Ⅰ类、Ⅱ类焊缝的焊工应有相应级别的焊工资格证书。对于重要的Ⅰ类、Ⅱ类焊缝，为了确保其质量，有的用户要求机电设备生产厂家向用户提供焊缝探伤试验报告，或者是在产品生产过程中由监造工程师要求厂家对一些重要部位的焊缝提供焊工资格证书以及焊缝探伤报告，以便对产品的焊接质量进行有效控制。

(2) 核查内容。核查时，将焊工资格证书与焊接记录对照检查，将设计图纸中的Ⅰ类、Ⅱ类焊缝与焊缝探伤报告对照检查。

(3) 核查结论。如发现Ⅰ类、Ⅱ类焊缝未按规定进行探伤检测，或焊工资格证书与焊接记录严重不符，则核定该项为“不符合要求”。

4. 水轮发电机组安装

(1) 基本要求。水轮机安装前，先进行埋件或机壳安装。在埋件安装前，应仔细检查一期、二期混凝土结合面的清理和凿毛情况，并做好记录。在二次混凝土浇筑前，应认真测量埋件安装或机壳的牢固程度和安装后的实际偏差是否在规定范围，并做好记录。二次混凝土浇筑后，应再次测量埋件或机壳安装的位置偏差是否在规定范围，如不合格应处理合格后，再进行水轮机主体的安装。

在安装过程中，不仅要注意观察和测量主体结构的位置和偏差，还应注意观察和测量其附件的位置和偏差，及其就位后的变形情况，并认真做好记录；必要时要先进行预安装，预安装满足要求再正式进行安装。正式安装时，要认真观察并做好记录。

安装单位还应向用户提供安装时最终的检查和试验检测记录，重大缺陷处理记录和有关会议纪要，焊缝探伤报告，防腐检测结果和安装竣工图纸等有关技术文件。

(2) 核查内容。

1) 水轮机部分。检查的安装及试验记录包括：吸出管里衬安装记录；座环安装记录；蜗壳安装记录；蜗壳焊缝探伤检查记录；接力器安装记录；分半转轮焊接热处理和探伤记录；分半转轮组合记录（热处理后）；分半转轮静平衡试验记录；转轮上下止漏环圆度记录；固定止漏环安装圆度及中心记录；导叶上下端部及立面间隙记录；导叶边杆两轴孔的距离记录；水轮机各部止漏环间隙记录；水导轴承安装间隙记录；转叶式水轮机转轮室安装记录；转叶式水轮机转轮耐压及动作试验记录；转轮叶片转角与接力器行程关系曲线；转桨式水轮机转轮与转轮室间隙记录；受油器安装记录；冲击式水轮机机壳安装记录；冲击式水轮机喷嘴安装记录；斜流式水轮机转轮耐压及动作试验记录；斜流式水轮机转轮与转轮室间隙记录。

2) 调速器部分。检查的安装及试验记录包括：导叶及转叶接力器行程记录；导叶最大开度记录；导叶接力器耐压试验记录；导叶接力器压紧行程记录；压油罐耐压试验记录；缓冲器时间试验记录；导叶紧急关闭时间记录；转轮叶片开关时间记录；事故配压阀试验记录；转轮及导水机构最低动作油压记录；导叶开度与接力器行程关系曲线；压油装置试运转记录；导叶接力器与转轮接力器行程关系曲线；频率与输出电压、电流关系蓝线；电液转换器静特性；调速器静特性；调速器开度和喷针行程关系曲线；喷针行程与折向器开口关系记录；喷针、折向器全开全关时间记录。

3) 发电机部分。检查的安装及试验记录包括：机架安装记录；定子机座及铁芯合缝间隙记录；定子安装记录；定子工地迭片组装记录；转子轮磁轭组组装记录；制动力闸板安装记录；磁极安装记录；转子配重记录；推力轴瓦装配间隙记录；推力轴承受力调整记录；弹性推力轴承座与镜板的距离记录；机组轴线调整记录；各部空气间隙记录；导轴瓦间隙记录；制动器耐压试验记录；制动器安装高程记录；轴承绝缘电阻测量记录；冷却器耐压试验记录；高压油顶起装置耐压及试验记录；卧式机组轴承安装记录；励磁机和永磁机安装记录。

4) 蝴蝶阀及球阀部分。检查的安装及试验记录包括：阀体安装记录；橡胶水封耐压试验记录；水装置间隙记录；旁通阀水压试验记录；接力器行程记录；接力器安装记录；无水及静水下操作试验记录；伸缩节焊缝检查记录。

(3) 核查结论。如未进行必要的测量和试验记录，或测量、试验记录严重不全，则核定该项为“不符合要求”。

5. 机组调试及试验

(1) 基本要求。机组安装基本结束，具备试运行条件，应对机组各部位进行认真清理、检查和调试，并做好记录。在进行机组运行试验前，应根据有关技术文件和规范的规定，结合电站的具体情况，编制机组试运行程序、试验检查项目和安全措施。

机组试运行试验主要由机组充水试验、机组空载试运行和机组并列及负载下的试验三部分组成。

1) 机组充水试验。尾水管充水过程中，应对相关部位进行仔细检查，是否有异常，并做好记录；蜗壳充水过程中应对相关部位进行检查、观察，按设计要求进行进口工作闸门、蝴蝶阀、球阀在静水下的启闭试验，并做好记录。

2）机组空载试运行。机组首次手动启动，应观察、检查各部位的情况，测量水位、开度、温度、摆度、振动等数据和曲线；进行调速器的调整和试验；进行手动和自动切换试验；选择调速器不同的调节参数进行试验；停机观察和检查；进行过速试验；观察、检查机组自动情况；录制励磁机空载特性曲线，测定强励顶值电压；在发电机短路升流情况下，进行检查和试验。

对发电机进行干燥；机组自动停机观察和检查；发电机定子进行直流耐压试验；进行发电机升压试验；在额定转速下，录制励磁机负载及发电机空载特性曲线，当发电机的励磁电流升至额定值时，测量定子最高电压；发电机空载情况下进行励磁调节器的调整试验；进行发电机单相接地试验及消弧线圈的补偿试验。对所有检查、测量和试验，都应做好记录，必要时应出具试验报告。

3）机组并列及负载下的试验。机组并列试验必须在相关的试验已进行、结果正常、有关的检查也符合要求的情况下，才能进行；手动及自动准同期并列试验，检查超前时间、调速脉冲宽度及电压差闭锁的整定值；机组负载下进行励磁调节器试验；按额定负荷的25％、50％、75％和100％分别进行机组带负荷和甩负荷试验。所有的检查、测量和试验，都应有记录，必要时应出具试验报告，甩负荷试验还应有机组甩负荷试验记录。

（2）核查内容。检查是否按规定做了必要的试验，检查、测量和试验是否有记录和试验报告。

（3）核查结论。如大部分试验项目未做，或主要试验项目缺漏较多，或没有试验记录或试验报告，则核定该项为“不符合要求”。

6．水力机械辅助设备安装和试验

（1）基本要求。辅助设备安装主要指空气压缩机、水泵、油泵、水力量测仪表、通风机和箱、罐及其他容器的安装。

主体设备安装前，应控制埋件的安装质量，对其平面位置和高程要进行测量，并做好记录。所有设备不论是整体安装还是解体安装，安装前应检查其外观有无锈蚀、机械损伤，绝缘保护是否完好，线路和部件连接或安装是否正确、有无变形和移位，螺栓是否牢固，焊接连接质量如何，油路是否畅通，有无渗油、漏油等现象，并认真进行记录。

在安装过程中，应边安装、边检查、边测量、边记录，对需要调试和试验的项目，事前要做好准备，安装过程中逐项进行，并做好记录。

各种设备运行试验的各项指标都应符合规定要求，并都有试验报告和试验记录：各类空气压缩机在无负荷和带负荷下进行运转试验；各类水泵在额定负荷下试运转2小时；各类油泵无负荷下运行1小时，在额定负荷的25％、50％、75％和100％下各运行15分钟；各类通风机试运转不少于2小时。

（2）核查内容。

1）检查安装前的检查记录，安装过程中各项指标的检查、测量和试验记录是否齐全。

2）检查各类空气压缩机、水泵、油泵和通风机是否都做了运行试验，检查运行试验报告和试验记录。

（3）核查结论。如安装过程中无记录或主要测量记录缺项较多，或各类空气压缩机、水泵、油泵或通风机未做运行试验，或无运行试验报告和试验记录，则核定该项为“不符合要求”。

7. 电气设备安装测试

(1) 基本要求。电气设备安装可分为电气一次设备和电气二次设备安装。

1) 电气一次设备部分是指断路器、隔离开关、负荷开关及高压熔断器、互感器、干式电抗器、避雷器、高压开关柜、厂用变压器、低压配电盘及低压电器、电缆线路、硬母线装置、接地装置、保护网等。

2) 电气二次设备部分是指控制保护装置、蓄电池、起重机电气设备、电气照明装置等。所有设备和备品、备件安装前都应对其外观有无锈蚀、机械损伤，绝缘保护是否完好，线路和部件连接或安装是否正确、有无变形和移位，螺栓是否牢固，焊接连接质量如何，线圈排列是否整齐，有无渗油、漏油现象等内容进行认真检查，并做好记录。

主体设备安装前，应对其埋件、基础墩或架各部分的中心位置、高程等进行检查和测量并做好记录。对需要进行调试、测量和试验的设备、材料，在安装前应逐项予以落实，并认真做好记录。在安装过程中，应边安装、边检查、边测量、边记录，对需要调试和试验的项目，事前也要做好准备，安装过程中逐项调试和试验，并认真做好记录。

(2) 核查内容。检查安装前的检查记录，安装过程中各项指标的检查、测量和试验记录是否齐全。

(3) 核查结论。如发现试验单位资质不符合要求，安装过程中无记录或主要测量记录缺项较多，则核定该项为“不符合要求”。

8. 电气设备试验

(1) 基本要求。进行电气设备试验的检测单位应具有相应的资质。试验所用的仪器、仪表、电源和环境温度等都应符合规程要求。各项试验都必须按要求进行，并有试验记录和试验报告。

1) 定子的试验项目：测量定子绕组的绝缘电阻、直流电阻和吸收比，定子绕组的直流、交流耐压试验并测量泄漏电流，定子铁损试验。

2) 转子的试验项目：测量转子绕组的绝缘电阻和直流电阻，测量单个磁极的直流电阻和交流阻抗，进行转子绕组交流耐压试验。

3) 励磁机试验项目：测量各绕组及刷架的绝缘电阻，测量励磁绕组和电枢整流片间直流电阻，进行交流耐压试验。

4) 永磁发电机及调速器飞摆电动机试验项目：测量绕组的绝缘电阻和直流电阻，进行交流耐压试验。

(2) 核查内容。

1) 检查试验单位是否有资质能力，查计量认证证书。

2) 检查各项试验是否按规定要求进行，试验记录和试验报告是否齐全完整。

(3) 核查结论。如果试验单位没有资格，或没有按规定做必要的试验，或无试验记录或试验报告，或主要试验项目缺漏严重，则核定该项“不符合要求”。

9. 升压变电设备安装测试

(1) 基本要求。所有设备和备品、备件安装前都应对其外观有无锈蚀、机械损伤，绝

缘保护是否完好，线路和部件连接或安装是否正确、有无变形和移位，螺栓是否牢固，焊接连接质量如何，线圈排列是否整齐，油路是否畅通，有无渗油、漏油现象，油位指示是否正常等内容进行认真检查，并做好记录。

对需要进行调试、测量和试验的内容和项目，在安装前应逐项予以落实，并认真做好准备。在安装过程中，应边安装、边检查、边测量、边记录。

(2) 核查内容。检查安装前的检查记录，安装过程中各项指标的检查、测量和试验记录是否齐全。

(3) 核查结论。如发现试验单位资质不符合要求，安装过程中无记录或主要测量记录缺项较多，则核定该项为“不符合要求”。

10. 升压变电电气设备检测试验

(1) 基本要求。

1) 主变压器除安装过程中进行检查、测量和试验外，变压器还应进行运行试验。

2) 各种断路器应进行调整及操作试验，并有调整及操作试验记录或试验报告。

3) 组合电器要进行操作试验。

4) 开关除有交流耐压试验外，还要进行操作试验。

5) 互感器除线圈进行耐压试验外，互感器的绝缘油应进行试验，并有试验报告。

6) 避雷器应进行20℃时电导（泄漏）电流试验和其他性能试验。

7) 母线要进行交流耐压试验。

8) 电力电缆应进行绝缘试验，充油电缆线路应进行油样电气性能试验、外保护层试验和电缆导体直流电阻试验。

9) 厂区馈电线路架设应进行冲击合闸试验等，所有试验应有记录或试验报告。

(2) 核查内容。检查是否按规定进行了必要的试验，试验记录或试验报告是否齐全完整。

(3) 核查结论。如发现有部分主要试验项目未做，或试验记录缺省较多，或无试验报告，则核定该项为“不符合要求”。

11. 管道安装和试验

(1) 基本要求。对管路与管件的制作安装的有关质量指标应进行测量和记录。管路与管件的焊接，首先应检查焊缝的外观质量，对重要的焊缝应进行无损检验，各项指标都应做好记录。

对于1.0MPa以上阀门、自制有压容器和系统管道应做严密性试验，对于自制有压容器及管件与系统管道应做强度试验，对于无压容器应做渗漏试验，对于通风系统应做漏风率试验；对于大中型水轮发电机组管路，1.0MPa以上的管件及阀门不仅要做强度试验，还要做严密性试验。

(2) 核查内容。

1) 检查安装前的检查记录，安装过程中各项指标的检查、测试记录是否齐全。

2) 检查各类管件、阀门及管道系统是否按规定进行试验，查运行试验报告和试验记录。

(3) 核查结论。如安装过程中无记录或主要测量记录缺项较多，或各类管件、阀门及管道系统未做运行试验，或无试验报告和试验记录，则核定该项为“不符合要求”。

12. 水轮发电机组72小时试运行记录

(1) 基本内容。在水轮发电机组进行充水试验、机组空载试运行和机组并列及负载下的试验，紧接着进行在额定负荷下，机组进行72小时连续运行试验（但由于水库水源不足或其他原因没有条件带额定出力或连续运行72小时，应经验收委员会根据具体情况确定）。在额定负荷下一般应进行低压关闭导叶试验，事故配压阀关闭导叶试验和必要的动水关闭工作闸门或主阀试验。

另外，还要进行机组调相运行试验。在试验过程中，要注意检查、观察、测量和记录不同工况下机组的振动、噪声、摆度、温度及其有关仪器仪表参数的变化情况，并根据运行记录，提交运行试验报告。

(2) 核查内容。检查是否在额定负荷下进行了72小时运行试验，如达不到额定负荷或运行不到72小时，是否经有关方面认可，运行记录是否完整。

(3) 核查结论。如运行试验达不到额定负荷或运行72小时，或试验记录缺省较多，则核定该项为"不符合要求"。

13. 泵站机组安装

(1) 基本要求。泵站机组主要设备不仅要有合格证、必要的试验报告，还要有厂家提供的安装说明书。产品和材料的生产单位还应向用户提供机电设备所使用主要材料的出厂合格证，制造时最终的检查和试验检测记录，焊缝探伤报告，防腐检测结果等有关技术文件。

泵站机组安装前，应对外观质量进行仔细检查并做记录，检测设备组合缝是否符合要求；机组安装的装置性材料和设备用油应有出厂合格证或材质试验报告，承压设备及连接件应按标准进行耐压试验，开敞式容器应进行煤油渗漏试验。

主机基础的标高、中心位置偏差，地脚螺栓预留孔尺寸和位置都应符合设计要求；预埋件的材质、型号及安装位置都应符合设计要求；垫铁、基础垫板的材质、规格尺寸和安装位置应符合要求，基础板及基础螺栓应按照规定进行安装，基础二期混凝土的浇筑和养护应符合规范要求。

(2) 核查内容。

1) 检查安装前的检查记录，安装过程中各项指标的检查、测量和试验记录是否齐全。

2) 立式机组。检查各类轴瓦的外观质量是否符合要求，是否按规定对其进行研刮；液压全调节水泵是否做了叶轮耐压和动作试验；电机是否用盘车的方法按照规定的技术要求检查调整机组轴线并做了记录。

3) 卧式机组。检查各类轴瓦的外观质量是否符合要求，是否按规定对其进行研刮；水泵是否按照规定的技术要求进行组装；正式安装前是否进行了必要的解体检查或抽心检查并做了记录。

4) 辅机系统。检查回油箱和压力油罐是否按规定要求安装并进行了渗漏性或严密性试验，油泵电动机组是否按规定要求进行了运行试验并做了试验记录；检查空气压缩机安装有无完整的安装记录并按照规定进行了各种试验，储气罐等承压设备是否按规定要求进行强度和严密性试验。

5) 机组电气。检查是否按规定要求进行了单个定子线圈和定子绕组交流耐压试验，

测量定子绕组的绝缘电阻、吸收比和直流电流；是否按规定进行了转子绕组交流耐压试验，测量转子绕组的绝缘电阻和直流电流。

（3）核查结论。如安装过程中无记录或主要测量记录缺项较多，或未做机组有关试验，或无有关机组试验记录，则核定该项为“不符合要求”。

14. 泵站机组充水试验和空载试运行

（1）基本要求。泵站机组安装基本结束，进行机组启动试运行前，应根据泵站的具体情况，编制机组试运行程序、试验检查项目和安全措施。

1）机组充水试验。充水过程中，应对相关部位进行仔细检查、观察，是否有异常，并做好记录。

2）机组空载试运行。机组首次手动启动，应观察、检查设备各部位的情况；进行调速器的调整和试验；进行手动和自动切换试验；选择调速器不同的调节参数进行试验；停机观察和检查；进行过速试验；观察、检查机组自动情况。

（2）核查内容。检查是否按规定做了必要的试验，检查、测量和试验是否有记录和试验报告。

（3）核查结论。如大部分试验项目未做，或主要试验项目缺漏较多，或没有试验记录或试验报告，则核定该项为“不符合要求”。

15. 泵站机组带额定负荷连续运行试验

（1）基本要求。泵站机组带额定负荷连续运行时间为 24 小时或 7 天内累计运行时间为 48 小时，包括机组无故障停机次数不少于 3 次；受水位或水量限制无法满足上述要求的，经过项目法人组织论证并提出专门报告报竣工验收主持单位批准后，可适当降低机组启动运行负荷以及减少连续运行时间。

（2）核查内容。

1）检查是否在额定负荷下进行了运行试验，如达不到额定负荷或运行时间不足，是否经有关方面认可。

2）检查运行记录是否完整。

（3）核查结论。在未得到竣工验收主持单位批准情况下，运行试验达不到额定负荷或运行时间不足，或试验记录缺省较多，则核定该项“不符合要求”。

三、施工质量评定资料核查

1. 工序、单元工程施工质量评定表

（1）主控项目。每个分部工程中的每一个单元工程，都应有一张单元工程施工质量评定表，单元工程中有试验项目的应提供试验报告，例如土方填筑工程资料核查，应该检查土料（包括黏性土料和无黏性土料）的物理力学指标检测试验资料，击实试验、相对密度试验资料等，现场的取大样检测试验资料是检查核查的重点；管道压水试验，检查核查水压试验计划、试验参数确定、试验设备、人员配置、试验过程、试验结果等资料；有些评定项目还应提供检查记录，是重要隐蔽单元工程或关键部位的单元工程，还应提供重要隐蔽单元工程或关键部位单元工程签证记录。

查阅质量评定资料时，应重点对《水利水电工程单元工程施工质量验收评定标准》中的主控项目质量评定情况进行抽查。如果是由若干根桩（孔）或若干个工序组成的单元工程，还应有各桩（孔）或每一工序的质量评定表及相关记录。表中的数据应真实，填写规范，描写具体、准确、客观，用笔规范，没有漏项，评定准确，签证及时。

（2）核查内容。

1）将单元工程的数量，以及有工序单元工程中工序的数量与工序及单元工程施工质量评定表的数量进行对照检查，对于重要隐蔽单元工程或关键部位的单元工程还应查相关的验收签证记录。

2）如果工序或单元工程中有检查试验项目的应查检查记录或试验报告。

（3）核查结论。如果工序、单元表格缺漏较多，或数据严重不实，或没有及时身份证等情况，或无必要的检查记录或试验报告，则核定该项为“不符合要求。”

2. 分部工程、单位工程施工质量评定表

（1）基本要求。每一分部工程应有一张分部工程施工质量评定表和一份分部工程验收鉴定书。每一个单位工程除有一张单位工程施工质量评定表外，还应有外观质量评定表、单位工程施工质量检验与评定资料核查表等记录。

对于重要隐蔽单元工程、关键部位单元工程都应有签证记录，分部工程、单位工程施工质量评定过程记录等也应作为备查资料，不能缺少。

（2）核查内容。核查时，应将分部工程、单位工程的施工质量评定表与质量监督部门确认的项目划分方案中的分部工程和单位工程的数量进行对照，检查质量评定与质量标准的符合性、质评表填写的完整性，相关的验收鉴定书或签证记录及必要的检查记录也一并进行查对，确认是否符合验收规程的要求。

（3）核查结论。如发现分部工程、单位工程施工质量评定表缺漏，或缺少必要的验收签证记录，则核定该项为“不符合要求”。

四、工程综合资料的核查

1. 质量问题处理记录

（1）基本要求。按照质量问题造成的经济损失情况，界定问题的性质是属于质量事故、质量缺陷、质量不达标三种中的哪一种，按照规范规定的质量事故报告或质量缺陷备案表程序区别对待、及时整改，落实补救措施。

（2）核查内容。

1）如果发生了质量问题，有无处理记录。

2）质量问题的界定是否正确，问题原因是否确定，质量责任是否明确，处理方法是否按照有关规定的要求。

3）处理记录是否完整、真实。

（3）核查结论。如果工程建设中发生了质量事故或出现了质量缺陷，而又没有相应的事故调查分析报告或质量缺陷备案表，则核定该项为“不符合要求”。

2. 施工期及工程试运行期观测资料

（1）观测项目。水利水电工程在施工和试运行期间，应对影响建筑物安全和稳定的有关技术指标进行跟踪，以便为验证设计的数据、评价工程施工质量和运行管理提供必要的

资料。通常的观测项目包括：裂缝观测、温度观测、变形观测、变位观测、沉降观测、渗漏观测、渗流观测、水位观测、渗透压力观测、流态观测、噪声观测、振动观测、摆度观测等。

（2）核查内容。将设计文件或设计图纸中布设的观测仪器及其技术要求或相关规程规范中要求的观测项目与实际观测记录进行对照检查。

（3）核查结论。如果工程试运行期间，水工建筑物所埋设的观测仪器没有取得初始值，且主要观测指标资料严重不全，则核定该项为“不符合要求。

【示例 1】

×××水利枢纽工程

单位工程施工质量检验资料核查表

单位工程名称	发电厂房工程		施工单位	中国水利水电第×工程局
			核定日期	×年×月×日
项次	项　目		份数	
1	原材料	水泥出厂合格证、厂家试验报告	28	1. 主要原材料出厂合格证及厂家试验资料齐全，但有一批地面砖无出厂合格证； 2. 复验资料齐全，数量符合规范要求，复验统计资料完整
2		钢材出厂合格证、厂家试验报告	8	
3		外加剂出厂合格证及技术性能指标	2	
4		粉煤灰出厂合格证及技术性能指标		
5		防水材料出厂合格证、厂家试验报告	2	
6		止水带出厂合格证及技术性能试验报告	1	
7		土工布出厂合格证及技术性能试验报告		
8		装饰材料出厂合格证及有关技术性能资料	3	
9		水泥复验报告及统计资料	18	
10		钢材复验报告及统计资料	8	
11		其他原材料出厂合格证及技术性能资料	12	
12	中间产品	砂、石骨料试验资料	38	1. 中间产品取样数量符合《评定标准》规定，统计方法正确，资料齐全； 2. 有3组混凝土试件龄期超过28d（实际龄期为31d、38d、49d）
13		石料试验资料	3	
14		混凝土拌和物检查资料	87	
15		混凝土试件统计资料	8	
16		砂浆拌和物及试件统计资料	10	
17		混凝土预制件（块）检验资料	5	
18	金属结构及启闭机	拦污栅出厂合格证及有关技术文件	6	1. 出厂合格证及技术文件齐全； 2. 安装记录齐全、清晰； 3. 焊接记录清楚，探伤报告； 4. 焊工资质复印材料齐全； 5. 运行记录清晰、完整； 6. 缺门式启闭机1.25倍额定负荷试验资料
19		闸门出厂合格证及有关技术文件	8	
20		启闭机出厂合格证及有关技术文件	8	
21		压力钢管生产许可证及有关技术文件	5	
22		闸门、拦污栅安装测量记录	14	
23		压力钢管安装测量记录	3	
24		启闭机安装测量记录	8	
25		焊接记录及探伤报告	8	
26		焊工资质证明材料（复印件）	8	
27		运行试验记录	3	
28	机电设备	产品出厂合格证、厂家提交的安装说明书及有关文件	93	1. 产品出厂合格证及有关技术资料齐全，并已装订成册； 2. 机组及设备安装测试记录齐全，已装订成册； 3. 各项试验记录齐全
29		重大设备质量缺陷处理资料		
30		水轮发电机组安装测量记录	3	

续表

项次	项目		份数	
31	机电设备	升压变电设备安装测试记录	3	1. 产品出厂合格证及有关技术资料齐全，并已装订成册； 2. 机组及设备安装测试记录齐全，已装订成册； 3. 各项试验记录齐全
32		电气设备安装测试记录	3	
33		焊缝探伤报告及焊工资质证明	15	
34		机组调试及试验记录	3	
35		水力机械辅助设备试验记录	3	
36		发电电气设备试验记录	25	
37		升压变电电气设备检测试验报告	33	
38		管道试验记录	3	
39		72小时试运行记录	3	
40	重要隐蔽工程施工记录	灌浆记录、图表	12	1. 灌浆记录清晰、齐全、准确，图表完整； 2. 基础排水工程施工记录齐全、准确
41		造孔灌注桩施工记录、图表		
42		振冲桩振冲记录		
43		基础排水工程施工记录	3	
44		地下防渗墙施工记录		
45		其他重要施工记录	2	
46	综合资料	质量事故调查及处理报告、重大缺陷处理检查记录	1	1. 综合资料齐全； 2. 工序、单元工程资料均已按分部工程、单位工程装订成册
47		工程试运行期观测资料	2	
48		工序、单元工程质量评定表	635	
49		分部工程、单位工程质量评定	28	

施工单位自查意见	监理单位复查结论
自查：基本齐全 填表人：××× 质检部门负责人：×××　（公章） ×年×月×日	复查：基本齐全 监理工程师：××× 监理单位：（公章） ×年×月×日

第九章　工程质量问题处理

工程项目建设过程中发生工程质量问题是不可避免的，处理工程质量问题是工程质量监督工作必不可少的一项内容。即使是工程规模小、技术简单的中小型水利工程建设中，也不可能不出一点质量问题，重要的是“客观、冷静、及时、规范”地处理质量问题，不要把质量问题留在工程中。

发现工程质量问题，要冷静的分析，按照质量问题造成的经济损失情况，界定问题的性质是属于质量事故、质量缺陷、质量不达标等三种中的哪一种，按照规范规定的程序区别对待、及时整改，落实补救措施，尽可能降低对工程的负面影响、减少社会和经济损失。工程参建各方对发现的质量问题万万不可心存侥幸，隐瞒真相实情，意图蒙混过关，否则将贻误时机，酿成更大事故、造成更大的社会和经济损失。

工程质量监督机构对质量问题可以采取的处置措施包括：

(1) 工程质量整改。质量监督机构发现质量问题，以书面方式通知项目法人，由责任单位进行自检自查，找出原因，进行整改，整改结果由项目法人书面报质量监督机构备查。

(2) 停工整改。对工程施工中使用不合格的原材料、构配件、中间产品或严重违反施工程序或工程实体质量低劣，继续施工将留下质量隐患的或达不到质量标准的，质量监督机构可停止有质量问题部位工程的施工，直至质量问题处理完毕，才允许复工。

(3) 不良行为信息记录。监督工作中发现参建单位在参与工程建设活动中违反有关法律、法规和规章、水利行业现行规程、规范和技术标准造成不良影响或后果的行为等，结合水利建设市场主体信用信息建设，建议进行不良行为信息记录。

(4) 行政处罚的建议。对施工质量问题严重、质量问题不及时整改的、严重违规的单位或人员，建议相关行政主管部门给予相应的行政处罚，以及采取更换人员、取消单位资格等措施。

一、工程质量不达标处理

1. 原材料、中间产品、混凝土（砂浆）试件不达标

原材料、中间产品一次抽样检验不合格时，应及时对同一取样批次另取两倍数量进行检验；如仍不合格，则该批次原材料或中间产品不合格，不得使用。

混凝土（砂浆）试件抽样检验不合格时，应委托具有相应水利资质等级的工程质量检测机构对相应工程部位进行检验。如仍不合格，由项目法人组织有关单位进行研究，并提出处理意见。

2. 单元（工序）工程不达标

单元工程施工质量验收评定未达到合格标准时，应及时进行处理，处理后应按以下规

定进行验收评定：

（1）全部返工重做的，重新进行验收评定，根据实际情况评定为合格或优良等级。

（2）经加固补强并经设计和监理单位鉴定能达到设计要求时，其质量评定仅为合格。如果该单元工程是重要隐蔽单元或关键部位单元工程，其所在的分部工程质量等级也不能评为优良；一般单元工程则不影响所在分部工程质量等级评定为优良。

（3）处理后的工程部分质量指标仍未达到设计要求时，经原设计单位复核，项目法人单位及监理单位确认能满足安全和使用功能要求，可不再进行处理；或经加固补强后，改变了建筑物外形尺寸或造成工程永久缺陷的，经项目法人单位、设计单位及监理单位确认能基本满足设计要求，其质量仅能评定为合格，并按规定进行质量缺陷备案。如果该单元工程是重要隐蔽单元或关键部位单元工程，其所在的分部工程质量等级也不能评为优良；一般单元工程则不影响所在分部工程质量等级评定为优良。

3. 检测项目不达标

检测项目的测点实测值与设计值的误差在允许偏差范围内为合格点，合格点数除以总测点数为该项的合格率，合格率达到70%及其以上，且不合格点不能集中，检测资料齐全，则该检测项目为合格。

检测项目一次检测不合格，可按测点的2倍数量复测，合格率达到70%及其以上，且不合格点不能集中者，检测资料齐全，该检测项目可重新评价为合格。个别检测项目结果仍达不到合格要求，经原设计单位论证，尺寸偏差不影响设计的使用功能及结构的安全运行，并作了尺寸缺陷备案的，可视为合格。

二、工程质量缺陷处理

1. 界定

在施工过程中，因特殊原因使得工程个别部位或局部发生达不到技术标准和设计要求（但不影响使用），且未能及时进行处理的工程质量问题（质量评定仍定为合格）。

2. 处理方式

在水利工程建设过程中，经常会出现一些质量缺陷，其程度虽不构成质量事故，但对工程的外观和使用功能有不同程度的影响。质量缺陷发生后，不论其程度如何，除非不得已需采取临时性防护措施外，都不能随意处理。有的施工单位为了掩盖其工程蜂窝麻面等轻微质量缺陷的真相，经常偷偷处理，反而造成工程外观的“大花脸”，弄巧成拙。

水利工程施工过程中出现质量缺陷，首先要向项目法人、监理单位报告，由项目法人、监理单位根据质量缺陷的程度，研究处理方案。

水利工程建设中，质量缺陷的处理方式可分为以下4类：

（1）不处理。对于只影响结构外观，不影响工程的使用、安全和耐久性的质量缺陷，如有的建筑物在施工中发生错位事故，若要纠正，困难很大，或将要造成重大经济损失；对于可以通过后续工序弥补的质量缺陷，如混凝土墙板出现了轻微的蜂窝、麻面，而该缺陷可通过后续工序抹灰、喷涂等进行弥补；对于经复核验算，仍能满足设计要求的质量缺陷，如结构断面被削弱或结构的混凝土强度略低于设计标准，经复核验算仍能满足设计的承载能力之类的质量缺陷，经检验论证并经项目法人、监理单位同意可以不作处理。

(2) 表面修补。对于既影响结构外观又影响工程耐久性，但对工程安全影响不大的轻度质量缺陷，如混凝土工程表面的蜂窝、麻面、露筋等现象，经检验论证后，通常由施工单位提出技术处理方案，报项目法人、监理单位批准后实施。

(3) 加固补强。对于不加固处理，既影响工程外观和耐久性，又影响工程安全和使用功能的重度质量缺陷，经检验论证后，一般由原设计单位提出加固方案，经建设、监理单位认可后，由施工单位实施。对于牵涉设计变更的，设计单位应下发设计变更通知书。对于涉及重大设计变更的，还需报原设计文件审批单位批准后才能实施。

(4) 返工重做。对于未达到规范或标准要求，严重影响到工程使用和安全，且又无法通过加固补强等方式予以纠正的工程质量缺陷，必须采取返工的措施进行处理。返工处理，如按原样恢复，可经项目法人、监理单位同意，按原图纸进行施工。如要改变原设计方案，也要按照有关规定，报有关部门批准后实施。

3. 不同工程质量缺陷的处理方法

(1) 土石方工程。土石方工程出现的质量缺陷一般包括：裂缝、滑坡、塌陷、渗漏、土体不密实、砂浆不饱满、护坡质量不好等。

1) 裂缝的处理。土石方工程出现裂缝后，应认真进行观察、测量，及时采取临时防护措施，防止其进一步扩大。同时，要认真分析裂缝产生的原因，并根据裂缝的宽度、深度、裂缝所在部位及其分布，采取开挖回填、灌浆和开挖回填与灌浆相结合的处理方法。

2) 滑坡的处理。岸坡出现滑动后，要认真观测其发展变化趋势，分析其原因，待其基本稳定后，根据产生滑坡的原因、滑动体的大小、位置、形状，采取上部减载、下部压重的方法进行处理。

3) 塌陷的处理。堤坝出现塌陷后，要根据其在工程中的位置，陷坑的大小，采取必要的应急措施。如水位较高时，大坝出现严重塌陷，就要考虑是否腾空库容，再研究处理方案。堤坝塌陷一般采取开挖回填或结合灌浆等方法进行处理。

4) 渗漏的处理。土石方工程产生渗漏，通常采用上截下排的措施予以处理，即在迎水侧做黏土斜墙、黏土心墙、混凝土护坡、帷幕灌浆、混凝土截渗墙等措施进行处理；背水侧采用反滤导渗、排水沟、减压井等排水措施进行处理。

5) 土体不密实的处理。在工程施工过程中，经质量检测发现局部或全部填筑土料达不到设计要求，对于工程量少的，可以采取局部返工重做的措施予以处理，对于返工重做工程量太大，经济上又不合理的，经分析研究，可以采取灌浆或在迎水面做防渗体等措施予以处理。

6) 砂浆不饱满的处理。对于浆砌石砌体，如经钻孔压水试验，发现其渗漏量超过规定，就应采取压力灌浆等措施进行处理。

7) 护坡质量不好的处理。在监督检查中，如发现坡面不平、通缝严重、垫层不足、咬缝不紧等现象时，一般采用翻修、重砌等办法进行处理。

(2) 混凝土工程。混凝土工程出现的质量缺陷一般包括：外露钢筋头、管件头，错台、挂帘，蜂窝、麻面、气泡、裂缝，结构强度不足等。

1) 外露钢筋头、管件头的处理。

a. 高速水流作用、运行要求高、日后检修困难的部位。将外露钢筋头、管件头用砂轮机沿混凝土面切割掉，用砂轮切割成规则的周边，凿深25mm后割除漏出的头，将孔内的残碴清除并清洗干净，填预缩砂浆压实抹平。

b. 长期运行在水下、主要受低速流水作用的部位。将外露钢筋头、管件头用砂轮机沿混凝土面切割掉，磨至混凝土面1～2mm，清洗干净用风管吹干后，用环氧砂浆抹平。

c. 有外观要求的永久暴露部位。将外露钢筋头、管件头用砂轮机沿混凝土面切割掉，要与周边混凝土磨平，用防锈材料涂刷2～3遍。

2) 错台、挂帘的处理。

a. 高速水流作用、运行要求高、日后检修困难的部位。采用凿除及砂轮打磨，与周边混凝土保持平顺，顺水流方向坡度不大于1∶30，垂直水流方向不大于1∶10。

b. 长期运行在水下、主要受低速流水作用的部位。采用凿除及砂轮打磨，与周边混凝土保持平顺，顺接坡度不大于1∶10。

c. 有外观要求的永久暴露部位。采用凿除及砂轮打磨，与周边混凝土保持平顺，满足外观要求，坡度可放宽至1∶1。

d. 无外观要求的永久暴露面和隐蔽面中小于5mm的错台和预制廊道的错台可不作处理。

3) 蜂窝、麻面、气泡的处理。

a. 高速水流作用、运行要求高、日后检修困难的部位。缺陷深度小于5mm，只作为打磨处理，磨除厚度不小于5mm，磨平后表面涂一层环氧基液；缺陷深度大于5mm，凿成四边形或多边形平面形状，内角为72°～－250°，麻面混凝土凿除最深部位的凿除厚度不小于5mm，平面边缘成直角，顶角90°～100°，用环氧砂浆修补材料。

b. 长期运行在水下、主要受低速流水作用的部位。缺陷深度小于10mm的，打磨或凿除后用环氧砂浆修补；缺陷深度大于10mm的，打磨或凿除后用丙乳砂浆修补，凿除深度不小于25mm。

c. 有外观要求的永久暴露部位。缺陷深度小于10mm的，不作处理；缺陷深度大于或等于10mm且小于或等于25mm的，凿至密实混凝土面，用环氧砂浆或丙乳砂浆修补；缺陷深度大于25mm的，周边用砂轮机切割成规则形状，凿至密实混凝土面，用预缩砂浆修补。

4) 裂缝的处理。

a. 表面抹涂法是在裂缝部位的混凝土表面涂抹水泥浆、水泥砂浆、环氧基液或环氧砂浆，以恢复表面美观和提高结构的耐久性。

b. 表面贴补法是在混凝土表面沿裂缝铺设环氧类树脂或树脂浸渍玻璃布，也可以使用带有伸缩性的焦油环氧树脂等，以恢复结构表面美观，起到防渗漏和防止钢筋锈蚀的作用。

c. 凿槽嵌补法是在混凝土表面沿裂缝凿一条V形或U形深槽，槽内嵌填环氧树脂砂浆、水泥砂浆等材料，以提高结构的耐久性。

d. 压浆修补法是沿着需要修补的裂缝安设注入用管，裂缝的其他部位可用V形槽嵌补法，表面薄膜法或黏胶带法等封住，以防止注入材料漏掉，然后用电动泵、手动泵或脚踏泵注入水泥砂浆或低黏度环氧树脂等材料。

e. 喷浆修补法是在有裂缝的混凝土表面凿毛，喷射一层密实且强度高的水泥砂浆保护层，达到封闭裂缝、防止渗漏、提高结构耐久性的目的。

5）结构强度不足的处理。对于结构强度不足的混凝土，应根据结构的类型、受力情况和破坏的原因而定，通常可采取加大断面、加设拉筋和锚筋、另设支撑、增设挡墙、抒桩加固、减压排水等措施。

4. 记录备案

施工质量缺陷应以工程质量缺陷备案形式进行记录备案。质量缺陷备案表格式见【示例1】，由监理单位组织填写，内容应真实、准确、完整。各工程参建单位代表应在质量缺陷备案表上签字，若有不同意见应明确记载。质量缺陷备案表应及时报工程质量监督机构备案。

质量缺陷备案资料按竣工验收的标准制备，工程竣工验收时，项目法人应向竣工验收委员会汇报并提交历次质量缺陷备案资料。

三、工程质量事故处理

在水利工程建设程中，由于建设管理、勘察设计、咨询、监理、施工、材料、设备等原因造成工程质量不符合规程规范和合同规定的质量标准，影响工程使用寿命和对工程安全运行造成隐患和危害的事件都属于水利工程工程质量事故。水利工程质量事故可以造成经济损失，也可以同时造成人身伤亡。这里主要是指没有造成人身伤亡的质量事故。

1. 工程质量事故分类

根据《水利工程质量事故处理暂行规定》，工程质量事故可以根据造成经济损失的大小、检查及处理事故对工期的影响大小、对工程正常使用的影响大小等因素，分为一般质量事故、较大质量事故、重大质量事故和特大质量事故。

（1）一般质量事故指对工程造成一定经济损失，经处理后不影响正常使用并不影响使用寿命的事故。

（2）较大质量事故指对工程造成较大经济损失或延误较短工期，经处理后不影响正常使用但对工程使用寿命有一定影响的事故。

（3）重大质量事故指对工程造成重大经济损失或延误较长工期，不影响正常使用，但对工程寿命有较大影响的事故。

（4）特大质量事故指对工程造成特大经济损失或长时间延误工期，经处理仍对正常使用和工程使用寿命有较大影响的事故。

小于一般质量事故的质量问题为质量缺陷。水利工程质量事故分类标准见表9-1。

表 9－1　　　　　　　　水利工程质量事故分类标准

事故影响		特大质量事故	重大质量事故	较大质量事故	一般质量事故
事故处理所需的物质器材人工费等直接损失费用（人民币）/万元	大体积混凝土、金属结构制作和机电安装工程	＞3000	＞500 ≤3000	＞100 ≤500	＞20 ≤100
	土石方工程、混凝土薄壁工程	＞1000	＞100 ≤1000	＞30 ≤100	＞10 ≤30
事故处理所需工期/月		＞6	＜3 ＞6	＞1 ＜3	≤1
事故处理后对工程功能和寿命的影响		影响正常使用需限制条件使用	不影响正常使用对工程寿命有较大影响	不影响正常使用但对工程寿命有一定影响	不影响正常使用和工程寿命

2. 工程质量事故调查

根据《水利水电工程质量事故处理暂行规定》的要求，质量事故发生后工程质量监督机构的主要工作包括：及时了解相关情况，督促项目法人按照规定的时限、程序上报质量事故；应同级水行政主管部门的要求，参与较大及以上质量事故的调查工作；监督有关单位按照"三不放过"原则，研究落实补救处理措施，查明事故责任者，并做好事故处理工作。

（1）事故报告的内容。事故发生后，所有涉及单位要严格保护现场，采取有效措施抢救人员和财产，防止事故扩大。因抢救人员、疏导交通等原因需移动现场物件时，应做出标志、绘制现场简图并做出书面记录，妥善保管现场重要痕迹、物证，并进行拍照或录像。同时，项目法人必须将事故的简要情况向项目部门报告。

项目主管部门接事故报告后，按照管理权限向上级水行政主管部门报告。发生（发现）较大质量事故、重大质量事故或特大质量事故的，事故单位要在 24 小时内向有关单位提出书面报告。发生突发性事故的，事故单位要在 4 小时内电话向上述单位报告。

报告主要内容如下：

1）工程名称、建设地点、工期，项目法人、主管部门及负责人电话。

2）事故发生的时间、地点、工程部分以及相应的参建单位名称。

3）事故发生的简要经过、伤亡人数和直接经济损失的初步估计。

4）事故发生原因初步分析。

5）事故发生后采取的措施及事故控制情况。

6）事故报告单位、负责人以及联络方式。

（2）事故调查管理权限。有关单位接到事故报告后，必须采取的有效措施，防止事故扩大，并立即按照管理权限向上级部门报告或组织事故调查和处理。

1）一般事故由项目法人代表组织设计、施工、监理等单位进行调查，调查结果报项目主管部门核备。

2）较大质量事故由项目主管部门组织调查，调查结果报上级主管部门批准并报省级水行政主管部门核备。

3）重大质量事故由省级以上水行政主管部门组织调查组进行调查，调查结果报水利部核备。

4）特大质量事故由水利部组织调查。

（3）事故调查组的主要任务。有关部门按照规定的管理权限组织调查组进行调查，查明事故原因，提出处理意见，提交事故调查报告。

事故调查组成员一般由管理权限单位人员领导，项目主管部门、行业建设管理部门、质量监督机构和不同专业的数个专家组成。事故调查组有权向事故涉及的所有单位和个人了解事故的有关情况。有关单位和个人必须实事求是地提供有关文件或材料，不得以任何方式阻碍或干扰事故调查组正常工作。

事故调查组的主要任务如下：

1）查明事故发生的原因、过程、经济损失情况和对后续工程的影响。

2）组织专家进行技术鉴定。

3）查明事故的责任单位和主要责任人应负的责任。

4）提出工程处理和采取措施的建议。

5）提出对责任单位和责任人的处理建议。

（4）事故调查报告内容。根据工程质量事故的类别不同，事故调查报告的内容和技术深度也不尽相同，但其基本内容一般包括以下几个方面：

1）基本情况：工程概况，项目立项情况，相关参建单位和工程实施情况。

2）事故经过及应急处置情况：事故发生的过程，应急处置情况，经济损失情况和对后续工程的影响。

3）事故直接原因。

4）相关单位的质量管理情况：围绕事故直接原因参建单位所做的工作。

5）有关责任单位存在的主要问题：按照所负责任的大小次序分别陈述。

6）提出对有关责任人和单位的处理建议。

7）提出工程处理和采取措施的建议。

事故调查组提出的事故调查报告经主持单位同意后，调查工作即告结束。

（5）事故调查报告编写原则。工程质量事故调查报告是全面反映质量事故情况的重要文件资料，必须慎重对待，编写工程质量事故调查报告要注意坚持以下4点原则：

1）实事求是。报告内容是实际情况的真实反映，不能弄虚作假，不能带有个人倾向，不能掺杂人为因素；对没有搞清楚的问题和有争议的问题等，一定要实事求是地在报告中如实反映。

2）准确可靠。报告不仅仅决定事故的分析与处理，而且往往涉及人员的责任，因此，所有的陈述和引用都是建立在科学的基础上，有据可查，不能似是而非、模棱两可，更不能将道听途说和未经核实的内容写入报告中。

3）全面及时。要从工程建设的各个方面、不同角度反映和分析问题，尽快完成调查

报告；报告内容必须全面地反映各方面的情况，特别要注意反映事故的发现、发展和变化，以及随着调查逐步深入所做的各项检测试验、检查的数据和资料，提出工程处理的措施和建议，防止造成事故的恶化。

4）简明扼要。报告要内容紧凑、用词精炼，多用图表说明。应详尽介绍事故的有关内容，重点突出，不重复内容，不涉及无关内容。

3. 工程处理方案审定

质量事故处理的基本要求包括：坚持“三不放过”原则（事故原因不查清楚不放过、主要事故责任者和职工未受教育不放过、补救和防范措施不落实不放过），认真调查事故原因，研究处理措施，查明事故责任，做好事故处理工作。发生质量事故后，必须针对事故原因提出工程处理方案，经有关单位审定后实施。

一般事故由项目法人负责组织有关单位制定处理方案并实施，报上级主管部门备案。

较大质量事故由项目法人负责组织有关单位制定处理方案，经上级主管部门审定后实施，报省级水行政主管部门或流域备案。

重大质量事故由项目法人负责组织有关单位提出处理方案，征得事故调查组意见后，报省级水行政主管部门或流域机构审定后实施。

较大质量事故由项目法人负责组织有关单位提出处理方案，征得事故调查组意见后，报省级水行政主管部门或流域机构审定后实施，并报水利部备案。

事故处理需要进行设计变更的，需原设计单位或有资质的单位提出设计变更方案。需要进行重大设计变更的，必须经原设计审批部门审定后实施。

工程质量事故处理后，应由项目法人委托具有相应水利资质等级的工程质量检测单位检测后，根据处理方案确定的质量标准，按照管理权限重新进行工程质量评定和验收后，方可投入使用或进入下一阶段施工。

四、工程质量问题举报处理

任何单位和个人对水利工程的质量事故、质量缺陷都有权检举、控告、投诉。质量监督机构在收到举报质量问题的来信或电话时，应认真、慎重对待，向有关人员了解情况，填写质量举报受理书（见本章【示例 2】），根据实际情况妥善处理。

收到署名举报质量问题的来信或电话后，应及时安排有关人员到现场调查处理。必要时，请举报人到现场指认，但要加强保密工作，注意对举报人的保护。

质量监督机构应及时将举报及投诉内容和意见向主管部门报告，积极配合主管部门对质量举报及投诉进行调查处理，对署名质量举报及投诉调查处理结果应通过适当方式进行反馈。

【示例 1】 施工质量缺陷备案表

备案编号：

××工程

施工质量缺陷备案表

缺陷所在单位工程及分部工程：

缺陷类别：

备案日期：　　年　　月　　日

1. 质量缺陷产生的部位

2. 质量缺陷产生的主要原因

3. 对工程安全性、耐久性、使用功能和运用的影响

4. 处理方案或不处理的原因

5. 保留意见

保留意见人或保留意见单位责任人：

年　　月　　日

6. 参建单位和主要人员

（1）施工单位：

质检部门负责人：

年　　月　　日

技术负责人：

年　　月　　日

（2）设计单位：

设计代表：

年　　月　　日

技术负责人：

年　　月　　日

（3）监理单位：

监理工程师：

年　　月　　日

总监理工程师：

年　　月　　日

（4）项目法人：

现场代表：

年　　月　　日

技术负责人：

（5）其他单位：（检测单位）

现场代表：

年　　月　　日

技术负责人：

年　　月　　日

【示例 2】 水利工程质量举报受理书（样式）

水利工程质量举报受理书

编号：〔　　〕　号

举报人：　　　　联系号码：　　　　时间：　　　　记录人：

举报内容：

主要负责人意见：

年　　月　　日

分管领导意见：

年　　月　　日

承办结果：

经办人：

年　　月　　日

【示例3】 工程质量举报情况调查

××河综合整治工程质量问题调查报告

4月16日，新浪微博头条发不了《××河工程承包者自曝质量问题》一文，4月18日，□□□□□相关处室工作人员、邀请省级质量管理专家3人共同组织质量问题调查组，赶到工程现场核实情况。调查组向××水务局、××河综合整治工程项目法人单位、施工单位、监理单位的相关人员了解了实际情况，现场核查了工程施工质量，查阅了该工程的施工、监理及质量检测资料。同时，调查组根据所反映问题工程部位的隐蔽性特点，直接指定委托了甲级资质的水利工程质量检测单位立即进行破损检测，加班加点开展检测工作，为调查工作提供科学、准确的数据支撑。

从现场、资料核查情况和第三方检测单位的检测结论综合判断，调查组研究讨论认为：媒体反映的质量问题，有一半是确实存在的工程质量问题。按照《水利水电工程施工质量评定规程》（SL 176—2007）的规定，这些问题在工程局部发生、达不到质量技术标准和设计要求未能及时进行处理，但不影响工程的正常使用，都属于质量缺陷问题，而不是质量事故。项目法人单位要尽快督促参建单位全面自查自纠，责成相关责任单位对此类质量问题尽快进行整改，达到质量技术标准和设计要求后再进行质量评定，并以工程质量缺陷备案形式进行记录备案，确保××河综合整治工程正常运行，发挥社会和经济效益。

一、基本情况

（一）项目立项及批准情况

按照□□□□，2013年5月，《××河综合整治城区段可行性研究报告》以批复，同意立项。6月□□□□研究通过《××河综合整治城区段规划》，启动实施××河综合整治工程。

2014年7月，□□□□组织召开了《××河城区段综合整治工程初步设计》评审会，批复概算静态总投资41791.71万元。

2015年9月，□□□□〔2015〕540号文件对××河城区段综合整治工程给予批复。

（二）工程主要建设内容

（1）河道清障。现状河道两岸有大量建筑垃圾，夹杂少量生活垃圾。生活垃圾运到××区城东垃圾处理厂处理，运距8km，建筑垃圾运到河道两岸用于后期景观建设使用。

（2）堤防工程。新建堤防4.75km，防洪标准为50年一遇。其中，左岸堤顶宽度为7m，设置5m宽行车道，两边各1m宽绿化带，右岸堤顶宽度为20m，设置7m宽防汛抢险道路，5m宽电瓶车、自行车兼人行道。设计堤顶高程高于设计洪水位2m，砌护至设计洪水位以上0.5m。

(3) 橡胶坝工程。新建橡胶坝一座（即 1 号橡胶坝），橡胶坝坝底板高程为 380.0m，坝高 4m，坝长 141m，分为 2 跨，每跨长 70.0m，回水长度为 1330m，形成水面面积 29 万 m^2，湖区蓄水量 58 万 m^3。

(4) 湖区防渗工程。湖区防渗利用周边黏土，设置黏土防渗层，厚 1.0m。通过分层碾压，使其压实度不小于 0.94，形成柔性防渗体，防渗层渗透系数小于 10cm/s。黏土层上、下铺设 300g/m^2 的土工布，用宾格护垫铺设成 6m×8m 的网格，中间用干砌石填充，宾格护垫尺寸为 2m×1m×0.3m，砌护与上层土工布间铺设 10cm 粗砂垫层，下层土工布下设 10cm 粗砂垫层。

(5) 湿地景观工程。打造约 0.2km^2 湿地景观，主要以栽植水生植物为主，起到净化水质的作用，打造一定的景观效果。

（三）相关参建单位及工程组织实施情况

(1) 建设单位：××河综合整治工程建设管理处。

(2) 设计单位：××市水利规划勘测设计院。

(3) 施工单位：一标为××工程建设有限公司；二标为××市水利建设工程集团有限公司；三标为××建设工程有限公司；四标为××水利水电工程集团有限公司。

(4) 监理单位：一标为××建设监理咨询有限责任公司；二标为××工程技术发展有限公司。

(5) 第三方检测单位：××水利水电工程质量检测有限公司。

(6) 质量监督单位：××市水利工程质量监督站。

××河综合整治工程 2014 年 8 月开工，2015 年 6 月基本完工，2015 年 7 月进行试验性蓄水。

二、媒体所反应质量问题的核实情况

问题一：未按照《□□□□□条例》《水污染防治法》对现场进行除霾降污，对开挖到的地下水未进行保护，并使用垃圾土进行填埋，造成环境污染不可修复。

核查情况如下：此问题反映的是工程施工过程的情况，距今约 2～3 年的时间。从工程当前的工程资料看出，施工单位配备了洒水车洒水除尘，从规定的土料场取土，按照堤防工程施工规范施工，没有发现垃圾土的情况；施工过程中××市、××区水务局和项目法人单位也没有接到关于这方面的投诉和举报，无法确认问题存在。

问题二：在三标段与四标段交接地段，四标段有一道溢流坝，按照施工要求，应向下筑一道石笼，此石笼填埋时，地基应处理合格。但施工方为赶进度节约石料，对地基未进行处理，石笼规格更是不符合要求。

核查情况如下：

(1) 地基处理问题。设计文件要求石笼（1m×1m×2m）下方铺设 10cm 厚中粗砂垫层，中粗砂垫层下方铺设 300g/m^2 土工布。目前，工程施工完毕，湖中蓄水试运行，现场破损检测需要无水条件下机械操作，无法实现。调查组从现场目测观察，该处石笼网箱浸泡湖水中近 3 年时间，个别网箱上平面稍有下沉，但大部分平整度较好，从工程经验推

断：地基按规定进行了处理。

（2）石笼规格问题。现场核查和质量检测均发现2道网箱存在锈蚀现象，其中内侧石笼网箱累计有104m宽锈蚀，外侧石笼网箱累计有55m宽锈蚀。设计文件要求石笼规格均为网孔140mm×160mm，网线丝径2.6mm，现场核查发现另有网孔120mm×140mm、网线丝径2.4mm和网孔100mm×120mm、网线丝径2.5mm两种石笼网孔尺寸及网线丝径不符合设计要求。而且三种格宾网的抗锈蚀能力差异太大，其钢丝母材为不同批次或不同厂家产品，部分质量不合格。

问题三：北侧景观台自嵌式挡墙墙砖铺设不合格。挡墙修筑过程中，因施工方没有施工经验，挡墙屡屡垮塌变形，最后竣工时，挡墙深埋地下部分有部分是变形的。

核查情况如下：

（1）挡墙屡屡垮塌情况。施工单位承认：挡墙修筑过程中，因施工方没有施工经验，部分挡墙发生变形，监理单位2次对不同部位下发整改通知，施工单位对变形的挡墙全部拆除、全面返工并通过了监理现场验收。这属于工程施工过程中正常的质量问题处理工作，符合质量管理的要求。

（2）关于挡墙地下部分有部分变形的问题。由于自嵌式挡墙外侧人工湖已蓄水，内侧已铺设木质栈道，对于挡墙地下部分的核查目前不具备条件，现场未进行破检。调查组研究认为：在自嵌式挡墙建成后的近3年蓄水试运行时间内，未发现基础坍塌情况，反映出该挡墙的基础实体质量合格，即使局部变形仍然属于外观质量不高的质量缺陷范围。

（3）挡墙墙砖铺设及压顶质量缺陷。景观平台入湖栈道西侧自嵌式挡墙墙砖临水侧铺设平顺，但是该处挡墙砖上方的混凝土压顶从栈道位置至西侧末端每间隔6m左右就有一道贯通压顶的横向裂缝，压顶混凝土存在质量缺陷。景观平台入湖栈道东侧自嵌式挡墙有2段挡墙砖砌筑轮廓线不平顺，明显凸出且后续压顶施工未能完全覆盖该2处砌砖的顶部；该段压顶亦存在贯通压顶整体的横向裂缝，压顶混凝土存在质量缺陷。

问题四：北侧景观平台自嵌式挡墙砖块与土层间鹅卵石填充不合格，鹅卵石规格大小不合格，填充厚度不够。

核查情况如下：设计文件规定自嵌式挡墙内侧为50cm厚碎石反滤层，碎石反滤层与挡墙砖的底部、顶部均齐平，反滤层顶部覆盖压实厚度20cm的原土，压实后与压顶上表面齐平（即碎石反滤层位于压顶内侧50cm区域内，深度在20cm原土覆盖层以下）。第三方检测单位现场核查时，在自嵌式挡墙东侧末端选定2处位置人工开挖，均沿压顶内侧50cm宽度内开挖45cm深（从压顶表面计）未见碎石反滤层。

事实表明：施工单位未按照设计文件规定在自嵌式挡墙内侧填充50cm厚碎石反滤层，存在偷工减料的情况。

问题五：北侧河堤护坡砖铺设时底层土层厚度未达标。铺设护坡砖时，按照施工要求有一层土层，而且必须是干净土。工队直接将毛料面用机械碾压，在毛料面上铺设了很薄的一层土，坡面铺砖时未进行修复，导致坡面铺完砖后有凹凸感。

核查情况如下：

(1) 素土垫层厚度。第三方检测单位按照调查组现场核查时要求，在西侧广场入口两侧的护坡上各选取一点进行人工开挖，发现护坡砖下的素土垫层厚度分别为0.6cm、0.9cm，而设计变更后设计单位未提出明确的技术指标要求，无法判定垫层厚度是否合格。

(2) 护坡砖坡面平整度。按照调查组要求，第三方检测单位现场抽检护坡砖坡面平整度5组，平整度均在0.2～0.8cm之间，符合《水利水电工程单元工程施工质量验收评定标准 堤防工程》(SL 634—2012) 中对混凝土预制块护坡坡面平整度的质量要求(±1cm)。

问题六：湖区底层砌石厚度不合格。湖区后续砌石厚度未按照施工要求达到标准。

核查情况如下：从工程资料中没有发现湖区底层砌石厚度不合格的情况；湖区现已蓄水，现场条件暂时不能下水检测湖底砌石厚度。只有等到湖区排水后，才能进行大范围厚度抽查工作。

三、对有关责任单位的处理意见

根据质量问题原因调查和质量责任认定，依据有关法律法规和水利行业规章制度，对质量问题有关责任单位提出以下处理意见：

(1) ××建设工程有限公司中标后违法分包工程，在工程施工中未履行质量主体责任、偷工减料、以次充好，是造成这些质量缺陷的主要责任方，应承担此次质量缺陷问题调查所发生的全部费用；自查过程中该公司不如实反映工程施工情况，掩盖工程存在的质量缺陷问题，建议将其列入××水利建设市场主体诚信系统黑名单，取消其在××水利建设市场投标资格2年。

(2) ××工程技术发展有限公司在履行监理工作的工作中，存在旁站不到位、监理资料造假的行为，导致质量问题未能及时发现和处理，建议将其列入××市水利建设市场主体诚信系统黑名单，取消其在××水利建设市场投标资格1年。

(3) ××河综合整治工程建设管理处作为该工程的项目法人单位，仅配备1名技术干部，质量管理责任不落实、措施不到位，未能及时处理工程施工过程中的质量缺陷问题，建议对其主要负责人通报批评。

四、工程质量问题处理工作建议

(1) 此次举报质量问题的责任单位要尽快拿出全面检查整改的措施，尽快处理发现的质量缺陷问题，按照《水利水电工程施工质量评定规程》(SL 176—2007) 的要求，达到质量技术标准和设计要求后重新进行质量评定，并以工程质量缺陷备案形式进行记录备案。

(2) ××河综合整治工程的全体参建单位以此次质量缺陷为鉴，举一反三，全面自查排除工程实体质量问题和工程资料不规范问题，尽快整改达到水利工程质量技术标准方可申请验收。

(3) ××区水务局要加强领导，配强技术干部，落实工程管护责任，同时督促×××××河综合整治工程建设管理处加快工程验收准备工作，使工程尽早竣工验收移交运行管理

单位，投入正常运行，发挥正常的社会和经济效益。

××河综合整治工程质量问题调查组
2018年4月22日

附件：1. 调查组及质量管理专家名单

2. 第三方质量检测单位专项质量检测报告

3. 调查工作图片资料

【示例4】 媒体反映工程建设有关质量问题的核查

关于近期媒体反映×××防洪工程建设有关质量问题的报告

尊敬的××：

针对2013年10月17日晚××电视台《都市热线》栏目关于“□□□□□领导开公司赚钱、水利工程质量堪忧”和10月18日西部网关于“□□□□□领导开公司赚钱，3亿水利工程成豆腐渣”的报道，我们遵照您的批示，迅速组织展开核查。现将有关情况汇报如下：

10月17日晚，××电视台报道后，□□□□□□□□□□□□□□□□针对报道反映的问题查清真相、从严处理、全市整改。□□□□□连夜召开会议专题研究，并成立调查组开展调查，于18日另外委托检测单位对工程质量进行全面检测。经调查和检测，媒体报道有关问题的具体情况如下：

第一，关于□□□□□领导开公司赚钱问题。××水利局初步查明基本属实，为××家属私开检测站营利，但不是西部网报道的“××市水利局领导”。

第二，关于××电视台报道的水利工程质量问题。根据委托的检测单位的检测结论，××河和××河镇重点河段治理工程两个标段共计约250米的堤防工程存在一定的质量问题，主要为浆砌石砂浆饱满度、砌体表面平整度、体石块部分块重过大不满足规范要求、部分排水管未严格按设计要求施工，但并非西部网报道的“豆腐渣工程”。

第三，关于××网报道的“3亿元工程成豆腐渣”问题。2013年××计划实施20处中小河流项目，目前开工的17处批复投资38648.8万元，已下达22960万元，其中媒体报道的××河镇、××河镇重点段河道治理工程批复投资分别为2418.06万元、2269万元。西部网报道的3亿元“汉江支流两岸河堤”项目不存在，项目名称和投资额度均与事实不符。

目前，××市已采取积极处理措施并开展以下工作：一是于报道当日对涉事的××停职处理，后经调查核实后已作行政撤职处分，停止违规检测单位的营利性活动；二是要求根据重新委托的检测单位的检测结论，对存在质量问题的250米堤防工程进行返工整改；三是下发了□□□□□□□□□□□，在全市开展为期1个月的“严纪律、转作风、树形象”警示教育作风整顿活动；四是派出5个督查组全面开展水利工程质量问题大排查，并召开汇报会通报情况，跟踪落实整改；五是□□□□□召开水利工程质量管理工作会，下发加强质量管理工作的紧急通知，进一步明确质量管理规定和相关处罚措施。

为确保有关问题切实解决，省水利厅10月24日指派省水利工程质量监督中心站赴工程现场督促整改，要求市县严格按照标准返工处理，并在整改完工后组织水利工程质量检测机构再次检测，目前工程参建有关各方正进行认真返工整改。下一步，我们将对此次媒体报道所涉及的施工、监理和检测单位及有关责任人，按照水利工程建设

管理有关规定和水利建设市场诚信体系管理制度进行处罚。同时，认真总结，吸取教训，对全省水利工程建设进行全面检查和整顿，加大监督和建设管理力度，加强资金和质量安全监管，建成经得起检验、群众满意的放心工程，为“三个陕西”建设提供坚实保障。

×××

2013年11月3日

第十章　工程质量备案与核备

2017年12月22日水利部令第49号《水利部关于废止和修改部分规章的决定》，将《水利工程质量管理规定》（1997年12月21日水利部令第7号发布）第十四条改为第十三条，修改为："水利工程质量监督实施以抽查为主的监督方式，运用法律和行政手段，做好监督抽查后的处理工作。工程竣工验收前，质量监督机构应对工程质量结论进行核备。未经质量核备的工程，项目法人不得报验，工程主管部门不得验收。"按此精神，中小型水利工程的质量监督管理也相应的由"备案、核备、核定"变为"备案和核备"。

一、基本要求

1. 工程质量备案与核备程序

工程质量备案与核备材料由项目法人在规定时间内以书面形式报送质量监督机构，项目法人对质量等级结论和报送材料的真实性负责，质量监督机构对备案与核备项目质量评定工作的程序性、材料的完整性进行审核。

质量监督机构一般采取审查质量备案与核备表、抽查相关质量检验评定资料等方式，结合历次监督检查和问题整改落实情况开展备案与核备工作，必要时可赴工程现场核查。质量监督机构发现项目法人报送的质量备案与核备材料不齐全的，应通知项目法人补齐有关材料；发现存在问题较多或较大的，应签署明确意见，由项目法人整改处理后重新办理质量备案与核备手续。

2. 工程质量备案与核备材料要求

（1）重要隐蔽（关键部位）单元工程备案。材料包括：重要隐蔽（关键部位）单元工程质量等级签证表，工序、单元工程施工质量报验单，单元工程质量验收评定表及"三检"表或施工原始记录等备查资料，监理抽检资料，质量缺陷备案资料和其他相关资料。

（2）分部工程验收质量结论核备（备案）。材料包括：分部工程验收鉴定书，分部工程质量评定表，分部工程质量检测资料，单元工程施工质量验收评定汇总表，原材料、中间产品、混凝土（砂浆）试件等检验与评定资料，金属结构、启闭机、机电产品等检验及运行试验记录资料；监理抽查资料；设计变更资料，质量缺陷备案、质量事故处理和其他相关资料。

（3）单位工程验收质量结论核备。材料包括：单位工程验收鉴定书，单位工程施工质量评定表，单位工程施工质量检验与评定资料核查表，单位工程完工质量检测资料，单位工程外观质量评定表，工程施工期及试运行期观测资料及分析结果，分部工程遗留问题已处理情况及验收情况，未完工程清单、未完工程的建设安排，工程参建单位工作报告，竣

工图，质量缺陷备案、质量事故处理和其他相关资料。

二、质量备案

1. 项目法人报送质量监督机构备案的内容

（1）对主体工程质量与安全有重要影响的临时工程质量检验及评定标准。

（2）重要隐蔽（关键部位）单元工程质量等级。

（3）普通分部工程验收质量结论。

（4）质量缺陷。

（5）法人验收监督管理机关、质量监督机构要求报送备案的其他内容。

2. 对主体工程质量与安全有重要影响的临时工程质量检验及评定标准

（1）备案程序。项目法人组织监理、设计及施工等单位根据工程特点，参照《单元工程评定标准》和其他相关标准确定，并于工程开工初期、临时工程开工前，报质量监督机构进行核备。

质量监督机构在收到项目法人报送的材料后，应在 20 个工作日内完成。对于符合备案条件的临时工程质量检验及评定标准，质量监督机构将备案手续以书面形式发送项目法人。

（2）主要条件。质量检验及评定标准符合有关技术标准及设计要求，主控项目设置合理。

（3）送审资料。工程质量核备表、临时工程质量检验与评定标准。

（4）备案资料。临时工程质量检验与评定标准。

3. 重要隐蔽（关键部位）单元工程质量等级、普通分部工程验收质量结论

（1）备案程序。重要隐蔽单元工程及关键部位单元工程质量经施工单位自评合格、监理单位抽检后，由项目法人（或委托监理）、监理、设计、施工、工程运行管理单位（如果施工阶段已经确定）等单位组成联合小组，共同检查核定其质量等级并填写签证表后，报质量监督机构核备。

项目法人应在重要隐蔽（关键部位）单元工程、分部工程验收通过之日起 10 个工作日内，将验收质量结论和相关资料报质量监督机构备案。质量监督机构在收到材料后，应在 20 个工作日内完成备案。

（2）主要条件。质量验收及评定工作符合程序规范，材料齐全、完整，历次质量监督检查发现的质量问题已整改处理完成。对于符合备案条件的重要隐蔽（关键部位）单元工程质量等级、分部工程验收质量结论，质量监督机构在质量备案表备案意见栏签署同意备案意见，盖章后发送项目法人，并返还有关材料。

（3）送审资料。分部工程质量评定核查备案表、重要隐蔽（关键部位）单元工程质量等级签证表及备查资料、单元（工序）工程质量评定表及重要隐蔽（关键部位）单元工程质量专家评价意见等。

（4）备案资料。重要隐蔽（关键部位）单元工程质量等级签证表，分部工程质量评定核查备案表、分部工程验收鉴定书。

4. 质量缺陷

质量缺陷备案内容详见“第九章 工程质量问题处理”中“二、工程质量缺陷处理”。

三、质量核备

质量监督机构核备的内容包括：主要分部工程验收质量结论；单位工程外观质量标准及标准分；单位工程外观质量评定结论；单位工程验收质量结论；工程项目质量结论。

质量监督机构一般采取审查质量核备表、抽查相关质量检验评定资料等方式，结合历次监督检查和问题整改落实情况开展核备工作，必要时可赴工程现场核查。

1. 主要分部工程验收质量结论

（1）核备程序。主要分部工程质量，在施工单位自评合格，由监理单位复核，项目法人认定。项目法人应在分部工程完工后及时组织验收，并在分部工程验收通过之日后 10 个工作日内，将验收质量结论和相关资料报质量监督机构核备。质量监督机构应在收到验收质量结论之日后 20 个工作日内，将核备意见书面反馈项目法人。

（2）主要条件。质量验收及评定工作符合程序规范，材料齐全、完整，历次质量监督检查发现的质量问题已整改处理完成。对于符合核备条件的分部工程验收质量结论，质量监督机构在质量核备表核备意见栏签署同意核备意见，盖章后发送项目法人，并返还有关材料。

（3）送审资料。分部工程质量评定核查备案表，分部工程验收鉴定书，施工质量缺陷备案表（有质量缺陷时），原材料、中间产品检验备查表及混凝土（砂浆）试件质量统计分析表，金属结构及启闭机制造、机电产品质量统计情况汇总及运行试验记录资料，该分部工程涉及的《重要隐蔽（关键部位）单元工程质量等级签证表》核备结果统计表，该分部工程的普通单元工程质量评定资料。

（4）备案资料。分部工程质量评定核查备案表，分部工程验收鉴定书。

（5）核备结论。质量监督机构应在日常监督检查和列席分部工程验收时，核查涉及的原材料、中间产品、混凝土（砂浆）试件以及金属结构、启闭机、机电产品资料，并抽查单元工程资料，累计数量不少于该分部工程中单元工程数量的 10%（不含已核备的重要隐蔽、关键部位单元工程），且每种单元工程类型至少抽查 1 个。

1）当原材料、中间产品、混凝土（砂浆）试件以及金属结构、启闭机、机电产品等资料符合要求，抽查单元工程（含已核备的重要隐蔽、关键部位单元工程）中资料齐全比例达到 90%以上，且没有资料不齐全的单元工程时，该分部工程资料评价意见为“资料齐全”。

2）当原材料、中间产品、混凝土（砂浆）试件以及金属结构、启闭机、机电产品等资料符合要求，抽查单元工程（含已核备的重要隐蔽、关键部位单元工程）中资料齐全比例达到 90%以上，但存在资料不齐全的单元工程时，则该分部工程资料评价意见为“资料基本齐全”。

3）当原材料、中间产品、混凝土（砂浆）试件以及金属结构、启闭机、机电产品等资料符合要求或基本符合要求，抽查单元工程（含已核备的重要隐蔽、关键部位单元工程）中资料齐全比例小于 90%，而资料齐全和基本齐全比例达到 50%以上时，则该分部工程资料评价意见为“资料基本齐全”。

4）当抽查单元工程（含已核备的重要隐蔽、关键部位单元工程）中资料齐全和基本齐全比例小于 50%时，应增加对该分部工程的资料抽查数量，必要时可以全部检查。若增加抽查资料数量后被检查的资料中资料齐全和基本齐全比例达到 50%以上，则该分部

工程资料评价意见为“资料基本齐全”。若达不到50%以上，则该分部工程的资料评价意见为“资料不齐全”。

5）当原材料、中间产品、混凝土（砂浆）试件以及金属结构、启闭机、机电产品等资料不符合要求，或重要隐蔽、关键部位单元工程资料不齐全（不具备核备条件），则该分部工程资料评价意见为“资料不齐全”。

分部工程资料结论为基本齐全时，项目法人应委托相应资质的检测单位对该分部工程实体质量进行加密检测，检测方案报质量监督机构批准后实施。

分部工程资料结论为不齐全时，由质量监督机构指定具备相应资质的检测单位，对该分部工程实体质量进行全面检测。

上述检测费用均由项目法人列支，检测结果作为核备重要依据。

2. 单位工程外观质量标准及标准分

（1）核备程序。质量监督机构在收到项目法人报送的单位工程外观质量标准及标准分后，应在20个工作日内完成核备。

（2）主要条件。外观质量评定项齐全，外观质量标准满足有关技术标准及设计要求，标准分合理。对于符合核备条件的单位工程外观质量标准及标准分，质量监督机构予以核备，并将核备手续以书面形式发送项目法人。

（3）送审资料。单位工程质量评定核备表，《水利水电工程施工质量检验与评定规程》（SL 176—2007）附录A中未列出的工程外观质量标准及标准分。

（4）备案资料。报备的外观质量标准及标准分文件。

3. 单位工程外观质量评定结论

（1）核备程序。单位工程完工后，项目法人组织监理、设计、施工及工程运行管理等单位组成外观质量评定组，现场进行工程外观质量检验评定，并应在单位工程外观质量评定完成之日起10个工作日内，将外观质量评定结论和相关资料报质量监督机构核备。质量监督机构在收到项目法人报送的单位工程外观质量评定结论核备材料后，应在20个工作日内完成核备。

（2）主要条件。外观质量评定程序规范，材料齐全。对于符合核备条件的单位工程外观质量评定结论，质量监督机构在工程外观质量评定结论核备表核备意见栏签署同意核备意见，盖章后发送项目法人，并返还有关材料。

（3）送审资料。单位工程质量评定核备表、单位工程外观质量评定表。

（4）备案资料。单位工程外观质量评定结论核备表。

4. 单位工程验收质量结论

（1）核备程序。单位工程质量，在施工单位自评合格后，由监理单位复核，项目法人认定。项目法人应在单位工程完工后及时组织验收，并在单位工程验收通过之日起10个工作日内，将验收质量结论和相关资料报质量监督机构核备。

质量监督机构应在收到验收质量结论之日起20个工作日内，将核备意见反馈项目法人。对于符合核备条件的单位工程验收质量结论，质量监督机构在单位工程验收质量结论核备表核备意见栏签署同意核备意见，盖章后发送项目法人，并返还有关材料。

（2）主要条件。单位工程验收程序规范，单位工程施工质量检验与评定资料齐全完整，历次质量监督检查发现的质量问题已整改处理完成。

(3) 送审资料。单位工程质量评定核备表，单位工程外观质量评定表，单位工程验收鉴定书，单位工程施工质量评定表，单位工程施工质量检验与评定资料核查表，单位工程施工质量检验资料，质量事故处理结论（若有质量事故），该单位工程的所有普通分部工程质量验收质量结论汇总备案表和主要分部工程验收质量结论汇总核备表，该单位工程的施工质量缺陷备案汇总表，参建各方工作报告，工程施工期及试运行期观测资料分析结果，分部工程遗留问题处理情况，未完工程清单及建设安排。

(4) 备案资料。单位工程施工质量评定表，单位工程外观质量评定表，单位工程验收鉴定书。

5. 工程项目质量结论核备

(1) 核备程序。项目法人应在完成工程竣工验收自查工作之日起 10 个工作日内，将自查的项目质量结论和相关资料报质量监督机构核备。

质量监督机构应结合历次质量监督检查、第三方检测及监督抽检、初期运行（试运行）、工程竣工验收自查等情况审核工程项目质量等级结论及相关材料，并进行必要的现场检查。质量监督机构在收到项目法人报送的工程项目质量等级核备材料后，应在 30 个工作日内完成核备，并签署质量等级核备意见，盖章后发送项目法人，并返还有关材料。

(2) 主要条件。在单位工程质量评定合格后，由监理单位进行统计并评定工程项目质量等级，经项目法人认定后，报工程质量监督机构核备。

(3) 送审资料。工程项目质量结论核备表，工程项目施工质量评定表，工程项目施工质量检验评定核查备案表，该项目所有的单位工程质量验收结论汇总核备表和外观质量评定结论汇总核备表，所有单位工程的施工质量缺陷备案汇总表，项目划分确认文件，参建各方工作报告，历次验收及相关鉴定提出的主要问题的处理情况，工程质量检测报告。

(4) 备案资料。工程项目质量结论核备表，工程项目施工质量评定表，参建各方工作报告，竣工验收鉴定书（竣工验收后收存）。

质量监督单位应向竣工验收委员会提出工程项目质量等级的明确建议及存在的问题，包括对工程质量结论的不同意见。

四、技术支撑

1. 指定监督检测

质量监督机构可委托有相应资质的质量检测单位对工程原材料、中间产品、构配件、金属结构、机电设备及实体质量进行监督检测。质量监督检测不代替项目法人或其他参建单位的质量检测工作。

质量监督机构可根据工程质量情况，要求质量检测单位制订抽检方案，明确抽检部位、项目、参数频次及采用的质量标准等，抽检方案经质量监督机构审核后实施。

质量监督机构应及时将质量监督检测结果通知项目法人，必要时抄送相关水行政主管部门。对质量监督检测中发现质量问题，项目法人要及时组织整改处理。

2. 委托质量评估

质量监督机构对专业性强和技术复杂的项目，可委托技术力量满足要求的咨询等专业

技术单位（以下称质量评估单位）对工程参建单位质量行为（质量体系建立和运行）、实体质量和备案核备的质量检验评定相关资料是否满足规范及设计要求进行检查，对质量缺陷影响程度进行专项评价，根据检查情况对工程质量进行评价。

质量评估单位应根据与质量监督机构签订的委托协议编制质量评估工作大纲，明确评估工作内容、评估人员专业和资格、工作方法、工作计划、阶段成果和成果提交形式等，工作大纲经质量监督机构审核后实施。

质量评估单位在质量评估工作完成后，应及时向质量监督机构提交质量评估报告。质量监督机构收到评估报告后应及时审核并研判工程质量状况，并反馈项目法人。

3. 购买技术服务

根据《国务院办公厅关于促进建筑业持续健康发展的意见》（国办发〔2017〕19号）规定："政府可采取购买服务的方式，委托具备条件的社会力量进行工程质量监督检查。"质量监督机构可以以政府购买服务的方式将工程技术服务和辅助性事项委托给社会中介组织承担。西安市水利工程质量监督站和鄠邑区水利工程质量监督站根据《意见》的精神，在对渼陂湖项目实施质量监督时，购买陕西省水利工程建设监理公司的技术服务，质量监督工作的及时性和有效性都大大提高。

2015年1月1日生效的《政府购买服务管理办法（暂行）》，规定政府可以将部分由政府职能部门行使的服务功能外包。但职能部门的执法权则只能由有执法主体资格的政府职能部门工作人员来行使，而不能外包给不具备执法资格的社会团体、企业去行使，无国家职能部门执法主体的人和单位不能行使执法权。质量监督机构要注意把握好技术服务和执法的界限，只能将质量监督工作的一部分技术工作或某些环节的服务性工作委托，而不是把水行政主管部门委托的执法权再次委托，以免引起不必要的矛盾纠纷，从而损害政府的公信力。

≫**相关链接**

深圳、郑州曾推"城管外包"　因问题多被取消

据了解，城管协管员最早在深圳出现是2007年。当时为了解决人手不足的问题，培育民营企业当"城市保姆"，购买社会服务。然而，在实施过程中很快出现了问题。2012年8月，公开的媒体报道中称，由于部分协管员涉黑欺行霸市，深圳取消"城管外包"。

2009年10月，郑州市金水区花园路办事处推行"城管外包"新政，结果引发多起恶性冲突。"城管外包新政"也于2010年年底折戟。

2018年4月6日，西安市莲湖区桃园路街道办事处城管中队学习外地城市管理经验，试点聘用第三方保安公司协助开展城市管理工作，在丰登南路与万达四轮定位轮胎店店员发生冲突，多人受伤。城管"政府购买服务"引发社会争议！

五、质量监督意见与整改落实

（1）质量监督机构在工作中发现有违反建设工程质量管理规定的行为和影响工程质量的问题时，有权采取责令改正、暂停施工等强制性措施，直至问题得到改正。质量监督机构对法人验收质量结论有异议时，应及时通知项目法人组织进一步研究。当质量监督机

构、项目法人对质量结论仍然有分歧意见时，应报请法人验收监督管理机关协调解决。

（2）质量监督人员应做好质量监督检查的记录和取证工作。检查结束后，质量监督人员应及时将监督检查中发现的问题向参建单位反馈，并将质量监督检查结果通知书发送项目法人，对检查中发现的较大质量问题或未按要求整改的质量问题，应抄送有关主管部门。

（3）质量监督意见由项目法人组织整改落实，项目法人应及时将整改落实情况书面报送质量监督机构。质量监督机构应对质量监督意见的整改落实情况进行核查。对不按要求整改落实的责任单位及责任人，质量监督机构可进行通报，必要时提请有关主管部门按有关规定对责任单位及责任人进行处理。质量监督机构应在质量备案与核备、提交阶段验收质量评价意见或质量监督报告工作中对监督意见的整改落实情况进行检查。

【示例 1】

施工质量缺陷备案汇总表（样式）

编号：　　　　　　　　　　　　　　　　　　　　　　报送日期：　　年　　月　　日

工程名称		
质量缺陷所在单位工程名称		
序号	质量缺陷名称或类别	
1		
2		
3		
4		
5		
6		
…		
备查资料：施工质量缺陷备案表及有关材料		
项目法人认定意见	认定人： 负责人： 年　　月　　日（盖章）	
质量监督机构备案意见	备案人： 负责人： 年　　月　　日（盖章）	

注　本表一式 4 份，由项目法人填写并上报，表后附备案相应资料，备案后留存 1 份，其余返还项目法人，如发现问题，将通知项目法人重新组织研究处理并备案。

【示例 2】

重要隐蔽（关键部位）单元工程质量结论汇总备案表（样式）

报送日期：　　年　　月　　日

工程名称			
单位工程名称			
分部工程名称			
序号	单元工程名称（部位）	开工、完工时间	联合签证质量等级
1			
2			
3			
4			
5			
6			
…			
备查资料清单	（1）重要隐蔽（关键部位）单元工程质量等级签证表及备查资料。☐ （2）单元工程（工序）质量验收评定表及质量检验资料。☐		
项目法人认定意见	认定人：　　负责人： （盖公章） 年　月　日		
质量监督机构备案意见	备案人：　　负责人： （盖公章） 年　月　日		

注　本表一式 4 份，表后附单元工程质量备案相应资料，质量监督机构备案后留存 1 份，其余返还项目法人，如发现问题，将通知项目法人重新组织复核。

【示例 3】

分部工程质量评定核查备案表（样式）

报送日期：　　年　　月　　日

<table>
<tr><td colspan="2">工程名称</td><td colspan="2"></td></tr>
<tr><td colspan="2">施工单位</td><td colspan="2"></td></tr>
<tr><td colspan="2">监理单位</td><td colspan="2"></td></tr>
<tr><td>序号</td><td>核查项目名称</td><td>核 查 内 容</td><td>核查情况</td></tr>
<tr><td>1</td><td>单元工程质量
自检评定表</td><td>（1）是否按规定表式填写；核查数量共　张。
（2）监理是否签证（须加盖个人执业印章）。</td><td></td></tr>
<tr><td>2</td><td>重要隐蔽（关键部位）
单元工程质量
等级签证表</td><td>（1）表式是否按 SL 176 附录 F 填写；共　张。
（2）项目法人、设计、施工、监理是否联合验收签证。
（3）地质部门是否有鉴定结论。</td><td></td></tr>
<tr><td>3</td><td>原材料
检验资料</td><td>（1）水泥：施工量　t，应抽检　组，实际抽检　组。
（2）钢材：施工量　t，应抽检　组，实际抽检　组。
（3）砂石：施工量　m^3，应抽检　组，实际抽检　组。
（4）混凝土配合比：应做　组，实际做　组。
（5）砂浆配合比：应做　组，实际做　组。</td><td></td></tr>
<tr><td>4</td><td>中间产品
检验资料</td><td>（1）混凝土试块：工程量　m^3，应抽检　组，实际抽检　组。
（2）砂浆试块：工程量　m^3，应抽检　组，实际抽检　组。
（3）土方回填：工程量　m^3，应抽检　组，实际抽检　组。
（4）其他（金属结构、压力管道检验等）。</td><td></td></tr>
<tr><td>5</td><td>分部工程
验收鉴定书</td><td>（1）参加验收的设计、施工、监理、业主单位是否齐全，签证是否完备；共　张。
（2）鉴定书是否按 SL 223 附录 E 编制，内容是否齐全。</td><td></td></tr>
<tr><td colspan="2">项目法人
认定意见</td><td colspan="2">认定人：　　　　负责人：
（盖公章）
年　　月　　日</td></tr>
<tr><td colspan="2">质量监督机构意见</td><td colspan="2">备案人：　　　　负责人：
（盖公章）
年　　月　　日</td></tr>
</table>

注　本表一式 4 份，表后附分部工程质量备案相应资料，备案后留存 1 份，其余返还项目法人，如发现问题，将通知项目法人重新组织复核。

【示例4】

普通分部工程验收质量结论汇总备案表（样式）

报送日期：　　年　　月　　日

<table>
<tr><td>工程名称</td><td colspan="4"></td></tr>
<tr><td>单位工程名称</td><td colspan="4"></td></tr>
<tr><td>施工单位</td><td colspan="4"></td></tr>
<tr><td>监理单位</td><td colspan="4"></td></tr>
<tr><td>序号</td><td>分部工程名称</td><td>开工、完工时间</td><td>验收质量结论</td><td>备案意见</td></tr>
<tr><td>1</td><td></td><td></td><td></td><td></td></tr>
<tr><td>2</td><td></td><td></td><td></td><td></td></tr>
<tr><td>3</td><td></td><td></td><td></td><td></td></tr>
<tr><td>4</td><td></td><td></td><td></td><td></td></tr>
<tr><td>5</td><td></td><td></td><td></td><td></td></tr>
<tr><td>6</td><td></td><td></td><td></td><td></td></tr>
<tr><td>…</td><td></td><td></td><td></td><td></td></tr>
<tr><td>备查资料清单</td><td colspan="4">（1）分部工程验收鉴定书。☐
（2）分部工程质量评定表。☐
（3）有关质量检测成果。☐</td></tr>
<tr><td>项目法人认定意见</td><td colspan="4">认定人：　　　　负责人：

（盖公章）
年　　月　　日</td></tr>
<tr><td>质量监督机构意见</td><td colspan="4">备案人：　　　　负责人：

（盖公章）
年　　月　　日</td></tr>
</table>

注　本表一式4份，表后附分部工程质量备案相应资料，备案后留存1份，其余返还项目法人，如发现问题，将通知项目法人重新组织复核。

【示例 5】

主要分部工程验收质量结论汇总核备表（样式）

报送日期：　　年　　月　　日

工程名称				
单位工程名称				
施工单位				
监理单位				
序号	分部工程名称	开工、完工时间	验收质量结论	核备意见
1				
2				
3				
4				
5				
6				
…				
备查资料清单	（1）分部工程验收鉴定书。□ （2）分部工程质量评定表。□ （3）有关质量检测成果。□			
项目法人认定意见	认定人：　　负责人： （盖公章） 年　月　日			
质量监督机构意见	核备人：　　负责人： （盖公章） 年　月　日			

注 本表一式4份，表后附分部工程质量核备相应资料，核备后留存1份，其余返还项目法人，如发现问题，将通知项目法人重新组织复核。

【示例6】

单位工程质量评定核备表（样式）

<table>
<tr><td colspan="2">工程名称</td><td colspan="2"></td></tr>
<tr><td colspan="2">施工单位</td><td colspan="2"></td></tr>
<tr><td colspan="2">监理单位</td><td colspan="2"></td></tr>
<tr><td>序号</td><td>核查项目名称</td><td>核查内容</td><td>核查情况</td></tr>
<tr><td>1</td><td>分部工程质量评定表</td><td>（1）表式是否按SL 176附录表G-1评定；共　张。
（2）验收各方签证是否齐全（加盖个人执业印章）。</td><td></td></tr>
<tr><td>2</td><td>重要隐蔽（关键部位）工程联合验收签证表</td><td>（1）表式是否按SL 176附录F填写；共　张。
（2）项目法人、设计、施工、监理是否联合验收签证。
（3）地质部门是否有鉴定结论。</td><td></td></tr>
<tr><td>3</td><td>原材料检验资料</td><td>（1）水泥：施工量　t，应抽检　组，实际抽检　组。
（2）钢材：施工量　t，应抽检　组，实际抽检　组。
（3）砂石：施工量　m^3，应抽检　组，实际抽检　组。
（4）混凝土配合比：应做　组，实际做　组。
（5）砂浆配合比：应做　组，实际做　组。</td><td></td></tr>
<tr><td>4</td><td>中间产品检验资料</td><td>（1）混凝土试块：工程量　m^3，应抽检　组，实际抽检　组。
（2）砂浆试块：工程量　m^3，应抽检　组，实际抽检　组。
（3）土方回填：工程量　m^3，应抽检　组，实际抽检　组。
（4）其他（金属结构、压力管道检验等）。</td><td></td></tr>
<tr><td>5</td><td>第三方检测报告</td><td>是否委托第三方进行了关键部位检测</td><td></td></tr>
<tr><td>6</td><td>单位工程施工质量检验与评定资料核查表</td><td>是否按SL 176表G-3填写，各方签证是否齐全</td><td></td></tr>
<tr><td>7</td><td>单位工程外观质量评定</td><td>是否按SL 176表A2～表A5评定，签证是否齐备</td><td></td></tr>
<tr><td>8</td><td>单位工程验收鉴定书</td><td>（1）是否按SL 176附录E编制，内容是否完整。
（2）参建各方签字及签章是否齐全。</td><td></td></tr>
<tr><td colspan="2">项目法人认定意见</td><td colspan="2">认定人：　　　　负责人：
（盖公章）　　　　年　　月　　日</td></tr>
<tr><td colspan="2">质量监督机构意见</td><td colspan="2">核备人：　　　　负责人：
（盖公章）　　　　年　　月　　日</td></tr>
</table>

注　本表一式4份，表后附单位工程质量核备相应资料，核备后留存1份，其余返还项目法人。

【示例 7】

单位工程外观质量评定结论汇总核备表（样式）

报送日期：　　　年　　月　　日

<table>
<tr><td>工程名称</td><td colspan="4"></td></tr>
<tr><td>施工单位</td><td colspan="4"></td></tr>
<tr><td>监理单位</td><td colspan="4"></td></tr>
<tr><td>序号</td><td>单位工程名称</td><td>开工、完工时间</td><td>外观质量评定结论</td><td>核备意见</td></tr>
<tr><td>1</td><td></td><td></td><td></td><td></td></tr>
<tr><td>2</td><td></td><td></td><td></td><td></td></tr>
<tr><td>3</td><td></td><td></td><td></td><td></td></tr>
<tr><td>4</td><td></td><td></td><td></td><td></td></tr>
<tr><td>5</td><td></td><td></td><td></td><td></td></tr>
<tr><td>6</td><td></td><td></td><td></td><td></td></tr>
<tr><td>7</td><td></td><td></td><td></td><td></td></tr>
<tr><td>…</td><td></td><td></td><td></td><td></td></tr>
<tr><td>备查资料清单</td><td colspan="4">（1）工程外观质量评定表。□
（2）外观质量现场抽测记录表。□
（3）有关质量检测成果。□</td></tr>
<tr><td>项目法人
认定意见</td><td colspan="4">认定人：　　　　负责人：
（盖公章）
年　　月　　日</td></tr>
<tr><td>质量监督
机构意见</td><td colspan="4">核备人：　　　　负责人：
（盖公章）
年　　月　　日</td></tr>
</table>

注　本表一式 4 份，表后附单位工程外观质量评定核备相应资料，核备后留存 1 份，其余返还项目法人。

【示例 8】

单位工程验收质量结论汇总核备表（样式）

报送日期：　　年　　月　　日

<table>
<tr><td>工程名称</td><td colspan="4"></td></tr>
<tr><td>施工单位</td><td colspan="4"></td></tr>
<tr><td>监理单位</td><td colspan="4"></td></tr>
<tr><td>序号</td><td>单位工程名称</td><td>开工、完工时间</td><td>验收质量结论</td><td>核备意见</td></tr>
<tr><td>1</td><td></td><td></td><td></td><td></td></tr>
<tr><td>2</td><td></td><td></td><td></td><td></td></tr>
<tr><td>3</td><td></td><td></td><td></td><td></td></tr>
<tr><td>4</td><td></td><td></td><td></td><td></td></tr>
<tr><td>5</td><td></td><td></td><td></td><td></td></tr>
<tr><td>6</td><td></td><td></td><td></td><td></td></tr>
<tr><td>…</td><td></td><td></td><td></td><td></td></tr>
<tr><td>备查资料清单</td><td colspan="4">（1）单位工程验收鉴定书。□
（2）单位工程质量评定表。□
（3）单位工程施工资料检验与评定资料核查表。□
（4）单位工程外观质量评定表。□
（5）有关质量检测成果。□
（6）单位工程施工期及试运行期观测资料分析结果。□</td></tr>
<tr><td>项目法人
认定意见</td><td colspan="4">认定人：　　　　负责人：
（盖公章）
年　　月　　日</td></tr>
<tr><td>质量监督
机构意见</td><td colspan="4">核备人：　　　　负责人：
（盖公章）
年　　月　　日</td></tr>
</table>

注　本表一式 4 份，表后附单位工程质量核备相应资料，核备后留存 1 份，其余返还项目法人。

【示例 9】

工程项目施工质量检验评定核查备案表（样式）

工程项目：　　　　　　　　　　　　　　　　报送日期：　　年　　月　　日

序号	核查项目名称	数量	核查内容	核查情况
1	项目划分及报批文件		是否按程序报批	
2	单元工程质量评定表		是否按规定表式填写，签证是否齐全	
3	分部工程质量评定表		是否按规定表式填写，签证是否齐全	
4	分部工程验收鉴定书		参建各方是否签证，内容是否完整	
5	单位工程质量评定表		参建各方是否签证	
6	单位工程验收鉴定书		参建各方是否签证，内容是否完整	
7	重要隐蔽（关键部位）工程联合验收签证表		是否联合验收、签证，项目是否齐全	
8	单位工程施工质量检验与评定资料核查表		是否按规定表式填写，签证是否齐全	
9	单位工程外观质量评定表		是否按规定表式填写，签证是否齐全	
10	原材料检验资料		是否按规定数量抽检	
11	中间产品检验资料		是否按规定数量抽检	
12	工程实体第三方检测报告		是否委托第三方检测，检测内容是否齐全	
13	施工管理报告		应载明项目划分、质量评定统计、检验数据统计分析、完成工程规模和数量	
14	监理报告		对上述施工管理工作中的主要内容进行核定，结论是否明确	
15	设计工作报告		核查设计工作报告是否按规定内容编写，结论是否明确	
16	项目法人单位上报意见		法人代表： 年　月　日	
17	质量监督部门审核意见		核定人： 年　月　日	

注　本表一式 4 份，表后附工程项目质量核备相应资料，核备后留存 1 份，其余返还项目法人，如发现问题，将通知项目法人重新组织复核。

【示例 10】

工程项目质量等级结论核备表（样式）

报送日期：　　年　　月　　日

<table>
<tr><td>工程名称</td><td colspan="2"></td></tr>
<tr><td>主要施工单位</td><td colspan="2"></td></tr>
<tr><td>主要监理单位</td><td colspan="2"></td></tr>
<tr><td>主要工程内容
及主要工程量</td><td colspan="2"></td></tr>
<tr><td>施工日期</td><td colspan="2">年　　月　　日至　　年　　月　　日</td></tr>
<tr><td>序号</td><td>单位工程名称</td><td>验收质量结论</td></tr>
<tr><td>1</td><td></td><td></td></tr>
<tr><td>2</td><td></td><td></td></tr>
<tr><td>3</td><td></td><td></td></tr>
<tr><td>4</td><td></td><td></td></tr>
<tr><td>5</td><td></td><td></td></tr>
<tr><td>6</td><td></td><td></td></tr>
<tr><td>…</td><td></td><td></td></tr>
<tr><td>备查资料清单</td><td colspan="2">（1）有关质量检测成果。 □
（2）工程施工期及试运行期观测资料分析结果。 □</td></tr>
<tr><td colspan="3">单位工程共　　个，全部合格，其中优良工程　　个，优良率　　%，主要单位工程优良率　　%</td></tr>
<tr><td>项目法人
认定意见</td><td colspan="2">认定人：　　负责人：
（盖公章）
年　　月　　日</td></tr>
<tr><td>质量监督
机构核备意见</td><td colspan="2">核备人：　　负责人：
（盖公章）
年　　月　　日</td></tr>
</table>

注　本表一式 4 份，表后附工程项目质量核备相应资料，核备后留存 1 份，其余返还项目法人；若工程项目只划分为 1 个单位工程，则不需报送此表。

【延伸阅读】 西安市涝河渼陂湖水生态修复工程质量监督购买社会服务探索

浅析购买社会服务在政府质量监督中的应用

李晓旭

（西安市水利工程质量监督站，工程师，水利工程质量监督）

摘要： 涝河渼陂湖水生态修复工程施工任务点多、线长、面广，涉及专业门类多，工程政府质量监督工作任务重、难度大，为确保政府监督工作履职到位，采用了向社会购买服务开展监督工作的新型模式，收效良好。政府质量监督工作通过购买社会服务开展在全国水利建设中尚处于起步阶段，本文从项目初期质量监督工作面临的问题入手、分析解决问题的办法、阐述了新型监督模式在工程质量监督上如何应用的问题，给同类型项目提供了借鉴经验。

关键词： 购买服务；质量监督；新型模式；应用

0　引言

涝河渼陂湖水生态修复工程位于西安市鄠邑区境内，工程起点为涝河出山口，终点为涝河入渭口，全长33km，是一项综合性水生态治理工程。工程项目投资巨大、涉及专业门类多、建设周期长，给政府质量监督工作带来一定难度。为开展好质量监督工作，该项目引入社会服务机构，将该项目的制定质量监督计划、日常监督检查、下发检查结果通知等监督工作内容委托出去，确保了政府监督体系有效运行。

1　工程建设特点及质量监督工作面临的问题

1.1　项目投资额巨大

项目总投资超过百亿元，工程点多、线长、面广的特点使得质量监督工作任务繁重，监督工作需要人力资源较多，但政府监督机构质量监督员一般偏少，人力资源难以满足工作需要。

1.2　项目专业门类多

项目涉及枢纽工程、防洪工程、绿化工程、道路工程、桥梁工程、景区景点工程等专业类别，要求质量监督人员具备多行业专业知识，但项目质量监督工作由水利行业质量监督机构承担，缺乏跨行业监督人才，质量监督员专业知识结构难以同时满足多专业需要。

1.3　项目建设周期长

项目按照分期实施，水系工程按照“一轴五节点”实施，水利景区分五期实施，工程建设任务跨多年施工。为确保监督工作的连续性，需要派驻现场专职监督人员，而政府监督机构质量监督员往往承担辖区多个项目的监督工作，难以实现对某个项目的驻地监督。

1.4　项目社会关注度高

项目位于涝河水系，涝河水系项目建设对改善西安市鄠邑区水生态文明意义重大，受社会关注高。为确保工程建设过程中出现各类质量问题均能及时发现和及时处理，防止问题恶化，需要设立专职监督机构。

2　分析问题解决方案

如何更好解决质量监督工作中面临的各种问题，确保政府监督职能履职到位，经多方调研分析，一致认为需要设立专职机构、按行业配备专职监督人员，配备交通工具、配置常用检测设备，才能有效发挥政府监督在质量工作中的作用。

2.1　解决方案

专职机构的设立可参考大型水利工程质量监督项目站的方式，日常具体工作开展可借鉴《水利部水利工程质量监督总站直属项目站工作手册》部分规章制度执行；专职监督人员、交通工具、检测设备配备可通过政府购买社会服务机构的模式予以解决。

2.2　方案分析

如何实现通过政府购买社会服务机构形式开展质量监督工作。主要问题一是政府质量监督能否依靠社会机构来开展行政检查，有没有政策依据；二是政府在购买社会服务时选择什么样的企业；三是如何通过公开招标择优选择企业，目前招标文件编制、合同签订等工作尚无借鉴经验；四是如何做好对中标单位的管理，落实中标单位的责权利，确保质量监督管理体系有效运行。

2.3　方案实现依据

经过多方调研，翻阅资料，政府通过购买社会服务开展监督工作也是国家质量监督管理后期的工作方向。2017 年 2 月 21 日，国务院办公厅印发《关于促进建筑业持续健康发展的意见》（国办发〔2017〕19 号），该文件在“全面提高监管水平”中提到“政府可采用购买社会服务的方式，委托具备条件的社会力量进行工程质量监督检查”；2017 年 7 月 7 日，住房和城乡建设部印发《关于促进工程监理行业转型升级创新发展的意见》（建市〔2017〕145 号），该文件在“引导监理企业服务主体多元化”中提到“适应政府加强工程质量安全管理的工作要求，按照政府购买社会服务的方式，接受政府质量安全监督机构的委托，对工程项目关键环节、关键部位进行工程质量安全检查”。由此可见政府购买社会服务开展质量监督工作是可行的，可选择工程监理单位开展此项工作。

2.4　方案控制的主要环节

外聘服务机构的水平决定服务质量的好坏，择优选择服务机构是方案实现的第一个重要环节。通过和监理单位的招投标工作进行类比，突出对工程质量的监控工作，招标文件评分标准制定可参考表 1，实现择优选择服务机构。

外聘服务合同的责权利是重要约束条件，通过合同管理做好对中标单位的管理工作是方案实现的第二个重要环节。一是要求中标单位成立现场质量监督项目部，制定现场机构工作制度，建立质量监督管理体系；二是要求任命德才兼备的项目负责人和现场负责人；三是制定《外聘服务机构质量监督工作开展导则》，要求服务机构按照导则开展相应工作；

四是定期抽查现场外聘机构的监督工作开展情况；五是做好质量监督工作技术交底、廉政教育等工作。

表 1　　招标文件评分标准参考表

序号	评分因素	评分分值	评 分 标 准
1	报价	35 分	以本次满足投标文件要求的最低投标报价为评审基准价，其价格为满分。其他投标投标人的价格得分按下列公式计算： 投标报价得分=(基准价/投标报价)×35×100%
2	技术服务	33 分	(1) 技术服务工作目标及技术服务依据（0～5 分）。 (2) 技术服务控制措施（0～12 分）。 (3) 技术服务保障措施（0～3 分）。 (4) 技术服务承诺（0～3 分）。 (5) 技术服务工作流程（0～5 分）。 (6) 技术服务工作制度及岗位职责（0～5 分）
3	拟派本项目的技术服务人员	11 分	(1) 服务机构负责人：拟派本项目服务机构负责人具有水利工程高级工程师（0～2 分）；从事过两项及以上中大型水利工程监理、施工、技术咨询的（0～2 分）；教授级高级工程师（0～1 分）；从事过水利工程质量监督工作（0～1 分）。 (2) 拟派本项目专业人员配备齐全（0～5 分）
4	业绩	6 分	××年至今相关业绩（以合同形式为准），每份计 1 分，计满 6 分为止
5	财务状况	5 分	(1) 提供截至××年××月之前 6 个月的完税证明计 3 分，每一个月计 0.5，未提供的不计分。 (2) 提供金融机构出具的资信证明计 2 分，未提供的不计分
6	检测设备	5 分	现场投入经纬仪、水准仪、回弹仪、摄像照相等检测仪器
7	交通工具	5 分	车辆使用年限不大于两年，行使历程不超过 3 万 km，排放标准满足西安市使用要求

3　新型质量监督工作模式的运行体系

如何保证新型监督模式有序开展工作，确保政府监督工作履职到位，通过制定外聘服务机构质量监督管理体系文件得以实现，涉及工作职责、工作制度、岗位职责、会议制度等。

3.1　外聘服务机构工作职责

工作职责包括：①质量监督手续办理的受理及初步核查工作；②质量监督计划的下发工作；③项目划分的初审工作；④单位工程外观质量评定标准的确认工作；⑤工程建设期的过程监督工作；⑥建设期的检验监督工作；⑦法人验收的监督工作；⑧分部工程核备工作及单位工程核备的准备工作；⑨编制政府验收阶段相应的工作报告；⑩监督档案资料的整编工作和参加质量会议等。

3.2　外聘服务机构工作制度

工作制度包括：①认真履行市水利工程质量监督机构和区水行政主管部门赋予的政府质量监督职权，监督检查建设、监理、设计、施工等单位开展的与工程有关的质量活动；②以“监督、检查、帮助、促进”为原则，积极开展质量监督工作；③监督方式以抽查为主，定期和不定期对工程质量管理活动、质量行为及工程实物质量进行监督检查；④及时对参建单位的质量管理体系等实施情况监督检查，对不符合相关要求者，限期完善；⑤依据国家有关法规、质量标准及设计文件等，对施工过程中的工程质量进行监督检查，发现问题，及时通知建设及有关单位，限期整改；⑥按质量监督工作计划开展监督工作，掌握工程质量动态。

3.3　外聘服务机构人员岗位职责

人员岗位职责包括：①认真贯彻落实《建设工程质量管理条例》《水利工程质量管理规定》《水利工程质量监督管理规定》；②严格执行国家法律、法规、技术规程、质量标准和已批准的设计文件；③外聘质量监督服务机构派驻现场负责人负责日常监督业务的管理工作，并按照质量监督计划组织开展相关工作，派驻的质量监督员实行分工负责制，切实做好本职工作；④工作中要做到坚持原则，秉公办事，认真执法；⑤坚决杜绝滥用职权、玩忽职守、徇私舞弊行为，如有发现，视情节轻重给予相关处分或处罚。

3.4　外聘服务机构会议制度

会议制度包括：①内部会议，由站长（或者副站长）主持，全体工作人员参加，每月召开一次，学习有关文件和听取汇报，检查总结当月工作，布置下月工作；②质量监督管理例会，由站长主持，项目站全体人员并邀请参建单位技术负责人、质量管理负责人参加，每季度召开一次，检查总结前一阶段的工程质量工作，布置下一步的质量工作；③项目站年终工作总结会，由站长主持，全体工作人员参加，邀请市级质量监督机构和区级水行政主管部门参加，每年召开一次，总结检查本年的工作，对下年的工作进行安排。

3.5　质量监督管理体系有效运行的控制要点

外聘服务机构的质量监督体系有效运行，要做到以下几点：一是要按照制定的各项工作制度开展相应工作；二是要派驻满足工作需要的现场监督员，监督员必须具备相应的专业知识，监督人员要做到责任心强、秉公办事、认真执法，且不能随意变更，要确保工作连续性；三是要加大工程实体质量的监督抽查力度，确保工程质量问题发现在萌芽状态，及时制止，杜绝质量隐患；四是针对发现的质量问题做好跟踪检查，确保整改到位，发挥政府监督工作职能；五是按照季度形成质量监督工作成果文件《质量监督工作简报》，并上报市级质量监督机构和区级水行政主管部门。

4　结语

通过政府购买服务开展监督工作，有效弥补了政府监督机构人力资源匮乏的短板，弥补了监督员知识结构单一的短板，设立现场专职机构提高了监督工作的时效性。自涝河渼陂湖水生态修复工程外聘服务机构进驻以来，实现了“监督、检查、帮助、促进”相结合的质量管控体系，对工程质量管控起到了极大的积极作用，为其他重要水利工程购买社会服务开展监督工作提供了借鉴经验。

（选自《河南水利与南水北调》，2018年第7期，总第212期）

第十一章　工程质量监督报告编写

水利工程质量监督报告是工程质量监督人员依据国家、水利部及省市有关工程建设的法律法规、规章制度、工程勘察设计文件、工程建设强制性标准、工程建设合同等，对工程建设过程中实施监督所形成的各类质量监督管理活动记录、整改通知、检测或测试报告的监督审查等资料、工程交工资料、各方主体参与工程建设活动时所应具备的资格复核记录和所提供的质量体系文件等进行归纳和综合分析，根据其结果对所监督的工程质量状况予以客观描述的文件。

工程质量监督报告是工程政府验收资料的一个重要组成部分，不仅体现出质量监督部门对工程项目质量状况的基本态度和观点，也反映出质量监督工作的内容、作用和效果，充分显示出质量监督工作在质量管理工作中的权威性。编写工程质量监督报告是质量监督工作的一门必修课、一项重要内容，也是一件不简单的工作。质量监督机构应在项目法人提交各参建单位验收工作报告后的20个工作日内完成工程质量监督报告。

一、编写依据

质量监督报告的编写依据主要如下：

（1）工程参建单位质量行为和工程实体质量的历次监督检查及整改资料。

（2）施工自检、监理平行检测、第三方检测等检测资料。

（3）重要隐蔽（关键部位）单元工程、分部工程和单位工程质量备案及核备资料。

（4）参建各方验收工作报告。

编写报告之前，质量监督机构应到工程现场核查工程完成情况。

二、编写内容

工程质量监督报告应包括以下内容：

（1）工程概况。简述工程位置、工程布置、主要建设内容、设计变更、参建单位情况等。

（2）质量监督工作。简述质量监督工作分工和工作方式，工作方式包括：主要依据的文件和规范，办理质量监督备案手续、制定质量监督工作计划、确认项目划分和外观质量评定标准、审核第三方检测方案、批准新增单元（工序）工程质量评定标准、主要质量监督活动、参加有关验收及提交质量监督报告情况等。

（3）参建单位质量管理体系。主要包括项目法人、施工、监理、设计等工程参建单位质量管理体系建立和运行情况。

（4）工程项目划分。主要包括单位工程、分部工程和单元工程项目划分情况，重要隐蔽（关键部位）单元工程、主要分部工程和主要单位工程确认情况。

（5）工程质量检测。对施工单位自检和监理单位的跟踪检测和平行检测的检测指标和频次进行简要统计分析，对验收质量抽检情况进行统计和分析。

（6）质量核备情况。主要包括重要隐蔽（关键部位）单元工程、分部工程、工程外观质量、单位工程质量等级备案及核备情况。

（7）质量事故和缺陷处理。主要包括工程质量问题的整改和质量事故处理情况，工程建设过程中是否发生过质量事故，质量缺陷是如何处理的，存在的有关问题。

（8）工程质量意见。指对工程质量进行总体评定。

（9）附件。主要包括工程质量监督通知书，项目划分批复或调整文件，质量监督工作计划，质量监督检查意见或质量监督简报，工程质量抽检方案审核意见等下达的质量文件。

水利工程质量监督报告封面形式如本章【示例1】所示。

三、注意事项

（1）按照规定的格式和结构编写，不能颠倒次序，也不能漏项。没有发生的情况，在该部分写明“无”。

（2）根据不同的工程情况，突出特点，详略得当。对工程主要单位工程、重要隐蔽单元的监督情况要详细简述，对临时性工程和附属工程可适当简略论述。

（3）参建单位资料的引用要适度，不可全部照搬照抄。特别是施工自检、监理平行检测、第三方检测等检测资料，要从监督的角度有选择地引用关键性的结论。

（4）报告工程质量核备情况时，要先对施工单位自评情况、监理单位复核和项目法人认定情况做出评价，然后再提出质监机构的核备理由和核备结果。

（5）对工程建设过程中发生的质量问题评价要客观公正。报告中只对质量问题进行客观的描述，对处理后的工程质量情况进行公正评价，不说明其发生的原因和责任。

（6）对工程项目主体质量评价要建立在科学推断和精确数据资料的基础上，用词要慎重，表达要客观、准确，文字要精练，不用模糊和渲染的语言。

（7）工程质量监督报告是质量监督机构向验收委员会提交的重要验收资料之一，应由负责该项目的质量监督人员编写，监督机构负责人审查签字、加盖公章。

【示例 1】 水利工程质量监督报告封面

____________工程竣工验收

质量监督报告

工程质量监督机构名称

________年____月____日

__________工程竣工验收

质 量 监 督 报 告

编写：__________（签名）__________

审定：__________（签名）__________

批准：__________（签名）__________

工程质量监督机构名称（盖公章）

________年____月____日

【示例 2】 灌排泵站启动验收质量监督意见

×××灌区灌排泵站更新改造项目
兴王等八座泵站改造工程机组启动验收质量监督意见

工程名称	××××灌区大型灌排泵站更新改造项目兴王、官底、佐家、任排、小寨、王家、张桥、张排泵站改造工程	建设地点	西安市××区 渭南市××、××县
工程规模	中型	所在河流	渭河
开工日期	2012 年 9 月	完工日期	2014 年 9 月
项目法人	×××灌区改造项目办公室	监理单位	×××工程建设监理有限公司 ×××工程项目管理有限公司
设计单位	×××水利水电设计院	施工单位	陕西省×××工程局 甘肃省×××安装工程公司 榆林市×××水电工程公司

一、工程概况

×××灌区大型灌排泵站更新改造项目于 2009 年被水利部批准立项，规划更新改造泵站 15 座，其中改造泵站 11 座，拆除重建泵站 4 座，概算总投资 1.5138 亿元。主要改造内容包括：拆除重建厂房 2118m^2，更新改造水泵机组 52 台套，更新起重设备 8 台，更新变压器、高低压开关柜、励磁等配电设备，改造基础管理设施等，建设年限为 5 年，分年度实施。其中：2012—2013 年开工建设了兴王、北倪、官底、佐家、任排等 5 座泵站更新改造工程，2013—2014 年开工建设了小寨、王家、张桥、任家、胡家、筱家、张排 7 座泵站更新改造工程。以上 12 座泵站改造工程涉及机组启动验收的包括：兴王、官底、佐家、任排、小寨、王家、张桥、张排等 8 座泵站。共更新改造机组 33 台，其中，兴王站 5 台、官底站 1 台、佐家站 1 台、任排站 8 台、小寨站 4 台、王家站 5 台、张桥站 4 台、张排站 5 台。

兴王、北倪、官底、佐家、任排、小寨、王家、张桥及张排 8 泵站改造工程初步设计，分别经省水利厅以陕水规计发〔2011〕360 号文、〔2011〕361 号文、〔2011〕358 号文、〔2013〕20 号文、〔2013〕21 号文进行了批复。批复概算总投资 6738 万元，其中，兴王站 592 万元，北倪站、官底站、佐家站 919 万元，任排站 2868 万元，小寨站、王家站、张桥站 985 万元，张排站 1374 万元。建设资金全部到位。

项目法人为×××灌区改造项目办公室。设计单位为×××水利水电设计院。机组设备分别由×××泵业集团、×××电机有限公司中标制造；主要变电设备由×××变电设备有限公司中标制造；配电设备由×××电器集团有限公司承制。×××水电设备监理中心负责设备监造。甘肃省×××安装工程公司中标承建兴王、小寨、王家、张桥4座泵站土建及设备安装工程；陕西省×××工程局中标承建官底、佐家、任排3座泵站土建及设备安装工程；榆林市×××水电工程公司中标承建张排泵站土建及设备安装工程。×××工程项目管理有限公司承担了兴王、官底、佐家、张排4座泵站土建及设备安装工程的施工监理；×××工程建设有限公司中标承担小寨、王家、张桥、任排4座泵站土建及设备安装工程施工监理。

1. 兴王站改造

工程于2012年9月开工，2012年11月达到试运行条件，2013年5月全部完成计划批复建设任务。完成主要建设内容包括：改造加固出水池1座、更新改造厂房内出水侧以前进出水压力管道；更新改造水泵机组5台（套）；更新软启动柜5面；更新相桥变电站至北冯站输电线路12km；新建清水池1座。

主要完成工程量包括：土方开挖158.54m^3，土方回填60.43m^3，石方251.1m^3，混凝土9.27m^3，钢筋混凝土183.11m^3，金属结构制作安装29.13t。

2. 官底站、佐家站改造

工程于2012年9月开工，2012年11月达到试运行条件，2013年4月全部完成计划批复建设任务。主要完成建设内容包括：官底站更新改造1台900HLB-10A水泵机组、进出水管道及拍门，新增抓斗式捞柴机1台，新建清水池1座及泵站生产生活供水系统等；佐家站更新改造1台900HLB-10A水泵机组、进出水管道及拍门，更新改造1台YL4507-10电机，新增抓斗式捞柴机1台，新建清水池1座及泵站生产生活供水系统等。

主要完成工程量包括：土方开挖990.08m^3，土方回填653.2m^3，石方86m^3，混凝土12.99m^3；钢筋混凝土90.77m^3，金属结构制作安装27.9t。

3. 张排站改造

工程于2012年11月开工，于2013年6月达到试运行条件，2013年11月全部完成计划批复建设任务。主要完成建设内容包括：拆除重建进水池、405m^2主厂房、208.46m^2副厂房等水工建筑物，更新改造进出水压力管道；更新改造原9台水泵机组为5台1000ZLB-50G和3台700ZLB-50G水泵机组；更新高低压配电设备34面，其中高压开关柜20面、低压配电盘6面、直流屏3面、电容补偿柜3面、计量屏1面、进线保护屏1面；更新起重设备、进水闸门、启闭机，增设清污机；改建生产管护设施86.96m^2及室外工程；更新改造35kV输电线路5.7km；拆除重建35kV变电站1座。

完成主要工程量包括：土方开挖0.94万m^3，土方回填1.13万m^3，石方4856m^3，混凝土121m^3，钢筋混凝土1504m^3，金属结构制作安装343.5t。

4. 小寨站、王家站、张桥站改造

工程于2013年9月开工，2013年11月达到试运行条件，2014年5月基本完成计划批复建设任务。完成主要建设内容包括：小寨站更新改造水泵4台，技术改造电动机4台，改造压力出水管道等；王家站更新改造水泵5台，技术改造电动机5台，加固改造进水池、压力出水管道等；张桥站技术改造水泵4台，技术改造电动机4台，更新改造LGJ-50型10kV输电线路8km。

累计完成主要工程量包括：土方开挖2146.59m^3，土方回填2075.34m^3，石方

101.9m^3，混凝土 76.15m^3，钢筋混凝土 370.26m^3，金属结构制作安装 58t。

5. 任排站改造

工程于 2013 年 11 月开工，于 2014 年 6 月达到试运行条件，现已基本完成计划批复建设任务。主要完成建设内容包括：拆除重建进水池、194.66m^2 主厂房、90.4m^2 副厂房等水工建筑物；更新改造进出水压力管道；更新改造原 5 台水泵机组为 2 台 600HLB－11 和 3 台 700HLB－10 水泵机组；更新安装低压配电盘 5 面、软启动柜 5 面；更新安装电动桥式吊车 1 台、回转式清污机 1 台、铸铁闸门 2 套、螺杆式启闭机 2 台、拍门 5 台（套）；改建生产管护设施 346.4m^2，新建水塔及机井各 1 座，拆除重建围墙 409.6m；更新改造 10kV 变电站 1 座。

主要完成工程量包括：土方开挖 1.3 万 m^3，土方回填 0.97 万 m^3，石方 2358m^3，混凝土 579.15m^3，钢筋混凝土 1122.41m^3，金属结构制作安装 236.58t。

二、质量监督情况

根据国务院《建设工程质量管理条例》和部颁《水利工程质量监督管理规定》要求，×××水利工程质量监督中心站对×××灌区灌排泵站更新改造项目兴王、官底、佐家、任排、小寨、王家、张桥、张排等 8 座泵站改造工程实施监督。

开工前，项目法人向我站报送了监督申请书及工程初设批复文件、工程参建单位资质材料、质量体系情况、工程项目划分意见等相关资料。我站组织人员进行了审查，签订了《水利工程质量监督书》，制定了监督计划，明确了重要隐蔽工程、关键部位的单元工程、主要分部工程和其他质量监督到位点，以及对项目法人、监理、设计、施工单位的质量监督要求。

在监督过程中，我们采取对参建各方实施行为监督和实物监督并重的方法。在行为监督方面，跟踪检查落实项目法人、设计、施工、监理单位的质量检查、质量保证和质量控制体系，抽查原材料质量、施工技术工艺措施、质检人员到位、工地试检验等情况，发现问题，及时督促整改处理。在实物监督方面，对隐蔽工程、重要工程部位、关键工序等，由项目组派员参加、项目法人主持，召集设计、施工、监理等单位人员，进行联合质量检验签证，杜绝质量隐患，保证了工程质量。

同时，我站还对工程质量检测资料、施工记录及关键部位和主要单元工程质量、分部工程质量进行了核备，并列席了泵站水泵机组试运行工作。

三、参建单位质量管理体系

×××灌区兴王、官底、佐家、任排、小寨、王家、张桥、张排泵站改造工程按照《水利工程质量管理规定》的要求，建立健全了“项目法人负责、施工单位保证、监理单位控制、设计单位保障、政府监督”的质量管理体系。

工程实施过程中，参建各方执行部、省厅有关质量管理条例和规定，贯彻执行部颁工程建设标准。项目法人健全管理制度，明确管理责任，采取定期和随机方式检查工程质量，督促检查各参建单位质量体系执行情况；监理单位按照合同文件、技术规范和设计要点，搞好“三控制、两管理、一协调”工作；施工单位建立完善了以项目经理为组长、项目总工和专职质检员为副组长的质量领导小组，落实质量责任，把好原材料进场关，坚持“三检制”“三不放过”原则，加强和规范施工过程质量检查与管理，保证工程建设质量。施工过程中未发生质量事故。

四、工程项目划分

根据《水利水电工程施工质量评定规程》及《水利水电基本建设工程单元工程质量评定标准》的要求，核定×××灌区大型灌排泵站更新改造项目兴王、官底、佐家、任排、小寨、王家、张桥、张排等8项泵站改造工程，共划分为8个单位工程、61个分部工程、577个单元工程。

其中，兴王泵站改造工程划分为1个单位工程、8个分部工程、69个单元工程；官底、佐家泵站改造工程划分为2个单位工程、10个分部工程、52个单元工程；任排泵站改造工程划分为1个单位工程、13个分部工程、169个单元工程；小寨、王家、张桥泵站改造工程划分为3个单位工程、16个分部工程、116个单元工程；张排泵站改造工程划分为1个单位工程、14个分部工程、171个单元工程。

五、工程质量检测

施工过程中，施工单位的自检委托×××水利水电工程集团公司检测试验中心、×××建设工程质量与安全监督有限公司等单位，对工程原材料、中间产品等进行了检测；项目法人及监理单位对工程部分主要原材料、混凝土强度等进行了抽检。

兴王泵站改造工程共检测原材料17组（批）、中间产品11组（含混凝土试件强度检测8组），官底、佐家泵站改造工程共检测原材料10组（批）、中间产品10组（含混凝土试件强度检测4组），任排泵站改造工程共检测原材料75组（批）、中间产品29组（含混凝土试件强度检测21组），小寨、王家、张桥泵站改造工程共检测原材料16组（批）、中间产品16组（含混凝土试件强度检测11组），张排泵站改造工程共检测原材料22组（批）、中间产品31组（含混凝土试件强度检测29组）。检验结果均符合设计及有关规范、标准要求。

工程完工后，项目法人委托×××水利水电工程质量检测有限公司、×××泵（电）站检测调试中心，分别对兴王、官底、佐家、任排、小寨、王家、张桥、张排泵站土建工程、机械电气与金属结构安装施工质量情况进行了第三方抽检。共抽检原材料45组，抽检混凝土抗压强度29组，静力回弹检测228个测区、7392个测点，超声波检测74组、966个测点；共抽检水泵、电机安装质量各17台（套），变压器6台（套），出水压力管道17条，闸门、启闭机各4台（套），拍门7台（套），清污机4台（套），并对相应的高（低）压配电装置、电力电缆、控制保护装置、接地装置、高压输电线路、清水系统等的安装质量进行了抽样检测。经检测评价，施工质量均符合设计和规程规范要求。

六、工程质量核备

分部工程由项目法人组织设计、施工、监理、管理运行等单位进行了验收。分部工程

质量等级由施工单位自评、监理单位复核、项目法人认定。分部工程验收资料已报送我站核备。

工程施工质量检验与评定资料基本齐全。

七、机组试运行

×××灌区兴王、官底、佐家、任排、小寨、王家、张桥、张排泵站改造工程分别于2012年11月、2013年6月和11月、2014年6月达到机组试运行条件。按照《水利水电建设工程验收规程》（SL 223—2008）、《泵站安装及验收规范》（SL 317—2004）的规定，项目法人编制了机组启动试运行工作计划，成立了机组试运行工作组，工程设计、施工、监理、管理运行、主要设备制造等单位共同参与了试运行。机组试运行现场测试工作由项目法人委托×××泵（电）站检测调试中心进行。我站派人列席了泵站机组试运行工作。

兴王、官底、佐家站7台水泵机组试运行工作于2012年11月15日开始，11月25日结束；任排站8台水泵机组试运行工作于2013年6月25日开始，7月4日结束；小寨、王家、张桥站13台水泵机组试运行工作于2013年11月15日开始，11月23日结束。

张排站上游排水沟道因淤积堵塞、人为填筑或耕种等原因导致断流，前池无水，无法满足机组试运行对水源的要求。为此，项目法人安排施工单位利用站内机井及渭河水，向泵站进水流道内抽注蓄水，从2014年9月11—16日，对5台机组逐台进行了短时抽水试机（每台机组运行时间约2分钟）。

在试运行期间，泵站各机组启动操作可靠，电气设备运行正常，各部位仪表显示准确，机组运行平稳，机组振动、运行噪声、转速符合规范要求，电机温升及机组各转动部位温升均在规范规定以内。各辅助设施、设备和附属系统操作灵活可靠，运转正常。

经×××泵（电）站检测调试中心现场测试分析，各泵站机组设备安装质量均符合设计和规范要求，兴王、官底、佐家、任排、小寨、王家、张桥等7座泵站28台水泵机组试运行各项技术参数均达到了设计及行业规范要求，具备了启动验收和投运条件。

张排泵站因上游排水沟道断流暂未投运，虽项目法人采取人工措施利用临时水源，对5台水泵机组进行试机抽水成功，但因受水源条件、运行时间短等因素限制，暂未对机组流量、装置效率等部分技术参数进行测试。根据《水利水电建设工程验收规程》（SL 223—2008）的规定，“试运行阶段，受水位或水量限制无法满足试运行时间要求时，可适当降低机组启动运行负荷以及减少连续运行的时间”，同时根据《泵站安装及验收规范》（SL 317—2004）的规定，“如果泵站不具备预试运行（对应SL 223—2008中的启动试运行阶段）条件，经主管部门同意后也可不经过预试运行，直接进行试运行验收（对应SL 223—2008中的机组启动验收阶段）”。鉴于张排泵站水源问题短期内无法有效解决，建议可对张排泵站直接进行机组启动验收。

八、质量事故及处理情况

本工程施工中未发生质量事故。

九、存在问题及意见

无

十、工程质量意见

按照《水利水电工程施工质量检验与评定规程》(SL 176—2007)，经核备，×××灌区大型灌排泵站更新改造项目兴王、官底、佐家、任排、小寨、王家、张桥、张排泵站改造工程共有8个单位工程中使用的原材料、半成品、混凝土质量合格，机电产品质量合格。61个分部工程，已评定54个分部工程，质量全部合格，其中26个优良，优良率48.1%。

(1) 兴王泵站改造工程共有8个分部工程，质量全部合格，其中5个优良，优良率62.5%。

(2) 官底泵站改造工程共有5个分部工程，质量全部合格，其中3个优良，优良率60.0%。

(3) 佐家泵站改造工程共有5个分部工程，质量全部合格，其中3个优良，优良率60.0%。

(4) 任排泵站改造工程共有13个分部工程，质量全部合格，其中7个优良，优良率54%。

(5) 小寨泵站更新改造工程共有6个分部工程，质量全部合格，其中1个优良，优良率16.7%。

(6) 王家泵站更新改造工程共有6个分部工程，质量全部合格，其中优良2个，优良率33.3%。

(7) 张桥泵站更新改造工程共有4个分部工程，质量全部合格，其中2个优良，优良率50%。

(8) 张排泵站更新改造工程共有14个分部工程，已核备7个分部工程，其中3个优良，优良率42.9%。

工程施工质量检验与评定资料基本齐全，泵站水泵机组初期试运行基本正常，启动验收有关分部工程质量全部合格，可以进行机组启动验收。

十一、报告附件目录

(1) 工程质量评定与核备情况表(略)。

(2) 单位工程混凝土试块强度统计分析表(略)。

(3) 工程质量检测报告(见另册)。

监督单位：××水利工程质量监督站(公章)

2014年9月29日

【示例3】 中小河流治理工程竣工验收质量监督报告

（ZJBG2016－7）

××县银花河两岭双坪镇段防洪工程
竣工验收质量监督报告

一、工程概况

1. 工程位置

××县银花河两岭镇双坪镇段防洪工程位于银花河干流高坝店镇金山段和中村镇洛峪街、孤山村、黄家村段，以及支流洛峪河两岭镇刘家庄村段，综合治理河长7km。

2. 工程设计批复

2014年5月5日，陕西省水利厅以陕水规计发〔2014〕94号文对××县银花河两岭镇双坪镇段防洪工程初步设计进行了批复。核定概算总投资2152.30万元。

3. 工程建设任务及内容

工程建设主要任务是对银花河中上游河段的高坝店镇金山村，中村镇的洛峪街村、孤山村、黄家村和银花河支流洛峪河下游河段的两岭镇刘家庄村河段进行治理，新建堤防3457.34m，护岸3166.84m，支堤护岸447.59m，排水涵管4处，下河踏步30处。

4. 工程参建单位

建设单位：××县中小河流治理工程项目建设管理处

监理单位：××工程建设监理有限公司

设计单位：××水利水电勘测设计研究院

　　　　　商洛市××水电勘测设计院

施工Ⅰ标段：陕西××水利水电工程有限公司

施工Ⅱ标段：陕西××建设实业有限公司

施工Ⅲ标段：陕西××工程局

施工Ⅳ标段：陕西××建设工程有限公司

施工Ⅴ标段：陕西××水利工程有限公司

5. 主要工程开工完工日期

××县银花河两岭镇双坪镇段防洪治理工程于2014年11月21日开工，各标段于2015年7月13日前完成了合同内建设内容。Ⅳ标段金山村右岸堤防工程补充段于2015年9月30日开工，2015年11月25日完工。

二、质量监督工作

××县银花河两岭镇双坪镇段防洪工程质量监督工作由××市水利工程质量监督站进

行监督。质量监督机构查阅了该工程初步设计批复文件、施工合同、5个标段施工单位资质等资料，办理了工程质量监督书，并确定了2名质量监督人员开展监督工作。对项目法人报送的工程项目划分进行了审查确认，并以《关于××县银花河两岭镇双坪镇段防洪工程项目划分的批复》（××质监〔2014〕20号）对工程项目划分进行了确认，以××质监〔2014〕19号下达了该项目质量监督计划。

在工程实施过程中，质监人员采取巡查抽查的方式深入工程施工现场，对工程施工现场和实体质量进行了监督检查。一是对业主单位的质量检查体系、施工单位的质量保证体系和监理单位的质量控制体系的建立和运行情况进行了监督检查，检查了各标段施工单位项目经理。二是对工程实体质量进行了现场监督检查，抽查了原材料及中间产品检测情况，抽查了砌石施工质量，对发现的问题，现场提出了整改意见。三是市水利工程质量监督站列席了部分隐蔽单元工程联合验收会议，列席了单位工程验收会议。四是市水利工程质量监督站核备了隐蔽单元工程、20个分部工程质量等级。五是核定了5个单位工程外观质量评定结果及单位工程质量等级。六是核定了项目施工质量等级。

三、参建单位质量管理体系

1. 项目法人单位质量管理体系

该工程落实了项目法人负责，施工单位保证，监理单位控制，政府质量监督的质量管理体系。

××县人民政府成立了××县中小河流治理工程项目建设管理处，管理处作为业主单位负责项目建设管理工作，明确了法定代表人和技术负责人。建设管理处明确了分工和责任，制定了质量管理制度，能够经常性组织工程质量检查，针对存在的问题能够认真落实质量管理措施，质量管理能力较强，较好地履行了项目法人职责。

2. 监理单位质量控制体系

陕西××工程建设监理有限公司成立了项目监理部，总监为工程项目质量控制的第一责任人，各标段监理工程师对本标段的工程质量进行全面控制。在质量控制中，能够落实原材料及中间产品质量抽样检验制度，开工申报制度，工序、单元工程质量检验评定与验收制度，隐蔽单元工程验收签证制度等。能够按照质量检验与评定规程等有关规程规定的程序进行质量管理与评定。

3. 施工单位质量保证体系

该工程5个标段施工单位实行项目经理负责制，明确项目经理为工程质量第一责任人。项目部按照工程质量要求，由项目部负全责，各队、班组共同参与、各负其责，全面落实质量管理目标。施工前做好施工组织设计、技术方案的制定、技术交底等工作；在施工中，严格按设计图纸施工，严格执行施工工序、单元工程验收与评定标准等规范，做好隐蔽单元工程和一般单元、分部、单位工程质量的自检自评；对原材料、中间产品等进行了一定数量自检，把好原材料和中间产品的质量，把质量保障措施落实到每一个环节和工序，一定程度上保证了施工质量。

4. 政府质量监督体系

2014年12月18日，××县中小河流治理工程项目建设管理处办理了工程质量监督

书，明确该工程质量监督工作由市水利工程质量监督部门负责。质量监督站落实了2名质量监督员定期和不定期对工程质量进行监督检查，并列席了隐蔽单元工程、单位工程验收会议，核备了隐蔽单元工程、分部工程质量，核定了单位工程质量和项目质量等级。

四、工程项目划分

依据《水利水电工程施工质量检验与评定规程》（SL 176—2007）、《水利水电工程单元工程施工质量验收评定标准　堤防工程》（SL 634—2012）确定的项目划分原则，建设单位组织监理单位、施工、设计单位对工程进行了项目划分，××市水利工程质量监督站审查并以××质监〔2014〕20号文件进行了确认。该工程划分为5个单位工程，20个分部工程，236个单元工程。实际完成5个单位工程，20个分部工程，236个单元工程。

五、工程质量检测

1. 施工单位自检情况

该工程各施工单位对原材料及中间产品进行了检验。统计结果如下：

（1）施工Ⅰ标段：水泥复检7组，砂子12组，块石3组，M7.5砂浆试块强度74组，M10砂浆试块强度17组；堤基相对密度27组，砂砾石堤身填筑相对密度159组。

（2）施工Ⅱ标段：水泥复检10组，砂子18组，块石3组，M7.5砂浆试块强度93组，M10砂浆试块强度24组；堤基相对密度36组，砂砾石堤身填筑相对密度253组。

（3）施工Ⅲ标段：水泥复检6组，砂子10组，块石3组，M7.5砂浆试块强度52组，M10砂浆试块强度12组；堤基相对密度16组，砂砾石堤身填筑相对密度137组。

（4）施工Ⅳ标段：水泥复检8组，砂子12组，块石4组，M7.5砂浆试块强度66组，M10砂浆试块强度16组；堤基相对密度24组，砂砾石堤身填筑相对密度205组。

（5）施工Ⅴ标段：水泥复检4组，砂子7组，块石3组，M7.5砂浆试块强度34组，M10砂浆试块强度10组；堤基相对密度12组，砂砾石堤身填筑相对密度84组。

2. 监理单位平行检测情况

监理单位对5个单位工程抽检情况：水泥抽检5组，抽检结果均为合格；M7.5砂浆试块25组，检验结果为合格；填筑相对密度检验46组，堤基相对密度检测37组。

3. 第三方检测情况

项目法人委托陕西众成源工程技术有限公司对工程质量进行了第三方检测，检测主要结论如下：

（1）工程原材料：水泥、砂料、块石等原材料进行了检测，各项指标满足相应的规范标准。

（2）浆砌石M7.5砂浆和M10勾缝砂浆强度满足设计要求。

（3）堤身相对密度检测合格率：Ⅰ标段为91.7%，Ⅱ标段为87.5%，Ⅲ标段为91.7%，Ⅳ标段为87.5%，Ⅴ标段为87.5%。

（4）各单位工程外观尺寸符合设计要求。

总体评价：5个单位工程原材料质量符合规范要求，砂浆强度、浆砌石堤身、堤身回填、外观尺寸等指标均符合设计要求。

六、工程质量核备与核定

核备了 108 个重要隐蔽单元工程，20 个分部工程，5 个单位工程的外观质量。

2015 年 9 月 18 日，项目法人组织参建单位，进行了 5 个单位工程验收，市质监站列席了会议。

2015 年 12 月 29 日，核定 5 个单位工程质量等级为合格。

2016 年 2 月 20 日，项目法人组织参建单位进行了竣工验收自查，市质监站列席了会议。

2016 年 3 月 3 日，核定项目施工质量等级为合格。

七、质量事故和缺陷处理

本工程实施过程中未发生质量事故，无质量缺陷。

八、工程质量结论意见

××县银花河两岭镇双坪镇段防洪工程在建设中，能按照相关规范、设计要求施工，实行了以项目法人全面负责，监理单位质量控制、施工单位质量保证，质量监督机构监督的质量管理体系，组织机构、各项制度较为健全，质量管理比较规范。施工质量检验与评定资料基本齐全。5 个单位工程质量全部合格，合格率 100%。

依据《水利水电工程施工质量检验与评定规程》(SL 176—2007)，质量监督机构核定××县银花河两岭镇双坪镇段防洪工程项目施工质量等级为合格。

商洛市水利工程质量监督站

2016 年 3 月 6 日

【示例4】 枢纽工程下闸蓄水验收质量监督报告

×××水库工程下闸蓄水验收质量监督报告

一、工程概况

1. 工程位置及主要建设内容

×××水库工程地处陕西省××县境内，水库枢纽位于××河一级支流的××河中游的××县××镇×××村，距××市68km，距××县城23km。2012年9月，省发展改革委以陕发改农经〔2012〕××号文批复了《×××水库工程初步设计报告》，建设98.5m拦河大坝、泄流表孔、泄流底孔，946.4m引水洞，左右岸上坝路，大坝监测系统，管理设施等。

本工程属中型工程，拦河大坝、泄水建筑物、引水建筑物按3级设计，次要建筑物按4级设计，电站厂房及临建设施按5级设计。工程防洪标准按50年一遇洪水设计，500年一遇洪水校核。

拦河大坝为碾压混凝土双曲拱坝，坝顶高程为884.00m，最大坝高98.5m。坝顶弧长351.71m，坝顶宽8m，坝底宽31m。校核洪水位881.29m，设计洪水位880.00m，正常蓄水位880.00m，死水位839.00m。总库容5260万m^3，调节库容4400万m^3。工程建成后与已成××水库联合调节，多年平均向城镇供水7230万m^3，供水保证率90%。

大坝坝体中部设有泄洪底孔和泄洪表孔。泄洪表孔布设在拦河坝坝顶中部的河床段，表孔采用单孔，孔宽12m，溢流面采用WES实用堰，堰顶高程为872.00m。溢洪表孔堰顶前端设叠梁检修门，之后设工作门。设计泄洪流量482m^3/s，校核泄洪流量637m^3/s。泄洪底孔紧邻泄洪表孔左侧布置，进口底高程为828.00m，断面为矩形。进口设事故检修门，出口设弧形门，设计泄洪流量508m^3/s。校核泄洪流量515m^3/s。

引水洞布置于大坝左岸，进口位于坝址上游约0.5km处，出口位于坝址下游约1km的××村，洞线在平面上为三折线，平面投影长946.35m。由进口段、压力洞身段、压力管道段、出口闸房、连接暗涵等组成。引水洞进口设55m高的放水塔，进口底板高程832.00m，断面为圆形，最大引水流量7.5m^3/s。

电站厂房、管理设施位于大坝下游左侧约1km处。

左右岸均设上坝道路，左上坝路1.8km，右岸上坝路1.54km。设计标准按双车道四级公路。东改线路长1.54km已全部完工，西改线路1.8km，1～3标段已全部完工，按照《公路工程竣（交）工验收办法与实施细则》，验收合格，已交付使用。西改线路4～7标段，达到通行条件。

2. 工程参建单位

项目法人单位：×××水库工程建设管理处

设计单位：×××水利电力勘测设计研究院

施工单位：×××股份有限任公司、×××工程局等

监理单位：×××工程建设监理有限责任公司

第三方检测单位：×××工程检测试验中心

金属结构和机电安装检测单位：×××检测调试中心

二、质量监督工作

1. 组织机构及人员配备

2010年5月28日项目法人单位向××水利工程质量监督站申请项目的质量监督工作，2010年5月31日监督单位与项目法人单位签订了该项目的质量监督书，同时成立了项目质量监督组。监督组及时下发了质量监督计划，进行了项目划分确认，对参建单位的质量管理体系进行了核查。

2. 施工准备阶段质量监督

工程开工前监督组根据本工程的特点，确定监督方式以巡查和抽查为主，确认了重要隐蔽单元工程和关键部位单元工程的监督到位点，明确了开展监督工作的具体要求，同时对各参建单位的质量管理体系和质量行为进行了具体要求。通过对施工单位自检试验室试验仪器设备检测人员和技术负责人等实际情况的现场核查，以××质字〔2011〕××号文件对其工地试验室的检测工作进行了确认。

3. 施工过程中质量监督

开工初期，监督组检查了项目法人及监理单位、施工单位的质量管理体系的建立和运行情况，主要检查内容有：是否建立了质量管理机构并配备了专职质量管理人员，主要管理人员（施工单位项目经理、技术负责人、质量管理员）是否持证上岗等。通过检查，参建方的质量管理体系健全，人员配备到位且持证上岗。

工程建设过程中，监督组根据工程进度开展日常监督工作，多次对工程建设质量进行抽查，单独委托检测机构对部分原材料和和中间产品进行了政府飞检。通过检查，认为工程使用的原材料及中间产品质量符合规范要求，施工单位自检及监理平行检测符合规范要求，工程实体质量符合设计要求。

按照监督计划，监督组列席了重要隐蔽单元及关键部位单元的联合验收，列席了分部工程、单位工程外观质量验收评定工作，对分部工程质量评定结果进行了核定或核备，对单位工程进行了核定。

三、参建单位质量管理体系检查

项目法人单位设立了安全质量部、配备了质量管理人员、制定了规章制度和岗位责任制、建立了质量检查体系。质量管理人员在工程建设过程中认真履行了质量检查职责，并能够督促责任单位整改落实监督机构提出的检查意见。

设计单位能按合同规定及时提交设计文件，做好技术交底工作，施工期能派驻现场设计代表，随时掌握施工质量情况，基本能够及时解决有关设计问题。

施工单位按照合同约定，成立了现场项目部，配备了质量负责人、专职质检员和现场试验室，从项目经理到总工、各部门、作业队、协作队都签订质量责任书，落实了各自的质量责任；工地试验室按照水利工程质量检测的有关要求，对原材料、中间产品进行了自检，施工单位质量保证体系运行正常。

监理单位能按要求派驻监理项目部，监理人员均持证上岗，编制了监理规划、监理细则和监理月报，履行报验手续，落实旁站、巡视等检查手段，对部分原材料及中间产品进行了抽检，质量控制体系运行正常。

第三方检测单位按照要求组建了现场试验室，人员持证上岗，仪器设备定期进行了检定标定，检测工作有效开展，质量检测体系运行正常。

四、工程项目划分确认

经质监站确认，碾压混凝土拱坝单位工程划分为：大坝基础开挖与处理、灌浆平洞开挖、大坝碾压混凝土（高程 817.00m 以下混凝土）、左岸非溢流坝段分部、右岸非溢流坝段等 16 个分部；引水洞单位工程划分为：进水塔段、工作桥、洞身段、压力钢管段、出口段等 9 个分部。

五、工程质量检测

1. 施工单位自检

水泥：P. O. 42.5 累计检测 758 组，安定性合格，细度大于 300m^2/kg、初凝时间≥45min、终凝时间≤600min，所检指标符合规范要求。

粉煤灰：检测 466 组，细度≤25%、烧失量<25%，所检指标符合规范要求。

外加剂：检测 54 次，所检指标符合规范要求。

钢筋：检测 314 组，抗拉、弯曲、延伸合格率 100%，所检指标符合规范要求。

焊接接头：检测 25 组，抗拉强度符合规范要求。

粗骨料：检测 380 组，超径、逊径、压碎值符合规范要求。

细骨料：检测 198 组，表观密度、细度模数、含泥量符合规范要求。

碾压混凝土：V_c 值检测 1940 次，检测值符合试验指标 1～3s；含气量值检测 1940 次，检测值符合试验指标 3%～4%；现场压实度检测 3026 次，最大值 99%，最小值 96.8%，经过补压均大于设计 98%，满足设计要求。

2. 监理单位平行检测

水泥：P. O. 42.5 检测 73 组，安定性合格，细度 336～470m^2/kg，大于标准 300m^2/kg，初凝时间 120～275min≥45min、终凝时间 191～360min≤600min，所检指标符合规范要求。

粉煤灰：检测 57 组，细度 9.2%～23.8%≤25%、烧失量 1.21%～7.9%<25%，所检指标符合规范要求。

外加剂：检测 360 次，浓度 24.7%～26.8%，所检指标符合规范要求。

钢筋：检测 61 组，抗拉、弯曲、延伸合格率符合规范要求。

粗骨料：检测 63 组，超径≤5%、逊径≤10%、压碎值 3.3%～19%，所检指标符合规范要求。

细骨料：检测 31 组，表观密度 2590～2680kg/m^3，大于标准 2500kg/m^3，细度模数 2.58～3.08，含泥量 1.1%，所检指标符合规范要求。

碾压混凝土：V_c 值检测 583 次，检测值 0.5～4.2s，符合试验指标 1～3s；含气量值检测 583 次，检测值 3%～4.4%，符合试验指标 3%～4%；现场压实度检测 753 次，最大值99.9%，最小值98%，平均值98.9%，均大于设计98%，满足设计要求。

3. 第三方检测试验结果

第三方检测单位通过对各种原材料及混凝土的质量抽检以及现场质量巡视，根据对检测结果进行分析得出如下结论：

（1）大坝工程。

1）大坝工程混凝土所使用的各种原材料经施工单位自检，质检中心抽检，质量较为稳定，表明工程使用的原材料质量总体处于受控状态。

2）工程混凝土使用的水泥质量满足规范要求，质量较为稳定。

3）工程使用的Ⅱ级粉煤灰各项检测指标均符合国家标准要求，质量合格。

4）工程使用细骨料为人工砂，其细度模数检测平均值为2.79，符合规范要求的"宜为2.2～2.9"技术要求，属Ⅱ区中砂，级配良好。石粉含量平均值为13.0%，符合规范"宜12%～22%"技术要求。其余指标未见异常。细骨料质量满足规范要求。

5）工程使用的粗骨料为人工骨料，经检测，虽超、逊径含量有波动，但合格率均较高。超径含量最大值为16%，合格率为94.7%～98.2%；逊径含量最大值为15%，合格率为94.6%～99.1%。针对存在问题，拌和楼质量控制部门根据其即时检测结果，及时调整混凝土配合比中各级骨料用量，保证了混凝土生产质量。混凝土粗骨料质量基本满足规范要求。

6）进场钢筋及钢筋接头质量检测结果均满足规范要求。

7）工程所选用的混凝土外加剂质量较为稳定，检测的各项指标满足规范要求。

8）大坝工程混凝土配合比由拌和楼运行单位进行配合比试验、优化、调整，经监理工程师批准后应用于工程。混凝土掺加了粉煤灰、引气剂以及缓凝高效减水剂，减小了水泥和水的用量，提高了混凝土的抗裂性能，混凝土配合比经工程应用实践证明，性能良好，施工单位在工程进行中能注意对混凝土进行保温及养护工作，混凝土质量满足设计各项性能指标和施工要求。

9）项目部对大坝785～835m高程的碾压混凝土进行了钻孔取芯及压水试验。芯样的力学性能检测结果符合设计要求；测定的二级配碾压混凝土透水率不大于0.5Lu，三级配碾压混凝土透水率不大于1Lu，结果均符合设计要求。

10）工程混凝土设计龄期抗压强度均符合设计要求，强度保证率最小值为89.7%，标准差均小于3.5MPa，抗冻等级和抗渗等级各次检测结果合格，表明工程混凝土生产质量受控。

（2）引水洞工程。

1）引水洞工程混凝土所使用的各种原材料经施工单位自检，同时质检中心抽检，质量合格，表明工程使用的原材料质量受控。

2）工程混凝土使用的水泥质量满足规范要求。

3）工程使用的Ⅱ级粉煤灰质量合格，满足规范要求。

4）工程使用细骨料和粗骨料各项指标均正常，骨料质量符合规范要求。

5）进场钢筋及钢筋接头质量检测结果均满足规范要求。

6）工程所使用的混凝土配合比由施工单位外委有资质的单位进行了试验，经监理工

程师批准后应用于工程。经实践证明，混凝土性能良好，在施工中注意对混凝土的养护工作，保证了工程质量满足设计和施工要求。

7）混凝土各次抽检，其拌和物性能指标正常，抗压强度、抗渗等级和抗冻等级符合设计要求，表明工程质量受控。

4. 金属结构和机电安装专项检测

×××检测调试中心检测结论认为：溢流底孔金属结构制作及安装质量符合设计和规范要求；水轮发电机组及调速器安装质量符合规范要求；电器设备、辅机设备及金属结构安装质量符合规范要求。

六、工程质量核备与核定

大坝工程的16个分部工程，自2013年1月15日至2014年11月18日项目法人单位组织对已完的14个分部工程进行了验收。××质监站分别于2013年1月15日、2014年7月24日、8月12日、8月15日、9月15日、10月28日、11月10日列席参加验收会议，核备重要隐蔽单元工程及关键部位单元工程质量等级为优良，核定14个分部工程质量等级全部合格，其中优良11个，优良率84.6%。

引水洞单位工程划分为9个分部工程，项目法人单位组织参建单位于2014年8月12日进行了验收。××质监站列席会议，核备9个分部全部合格，其中7个优良，优良率77.7%。引水洞单位工程于2015年3月17日进行了验收，单位工程外观质量得分率达88.4%，单位工程检验与评定资料齐全，单位工程核定为优良。

七、工程质量事故和缺陷处理

无

八、工程质量监督结论意见

经施工单位自评，监理单位复核，项目法人单位认定，监督单位综合评定，本阶段工程验收所涉及的各参建单位质量管理体系健全，管理规范，工程资料齐全。

大坝单位工程的16个分部工程，已验收14个分部工程，全部合格，其中11个分部工程优良，优良率为84.6%。

引水洞单位工程划分为9个分部工程，全部合格，7个分部工程优良，优良率为77.8%；外观质量得分率88.4%；单位工程质量等级为优良。

按照大坝蓄水阶段验收的要求，监督单位认为：本工程阶段验收涉及的工程施工质量合格，东西改线路已达通行条件，具备下闸蓄水条件。

×××水利工程质量监督站

2015年4月22日

附件1. 质量监督组人员名单

组　长：×××（×××水利工程质量监督站站长）

副组长：×××（×××水利工程质量监督站高工）

组　员：×××（×××水利工程质量监督站高工）

×××（×××水利工程质量监督站高工）

×××（×××水利工程质量监督站工程师）

2. 大坝和引水洞单位工程质量评定情况统计表

表 1　　大坝分部工程质量评定情况统计

序号	单位工程名称	分部工程名称	单元个数	合格个数	优良个数	优良率/%	分部工程质量评定	备注
1	碾压混凝土拱坝	大坝基础开挖与处理	56	56	50	89.3	优良	
2		灌浆平洞开挖、支护及混凝土衬砌	77	77	64	83.1	优良	
3		固结灌浆	59	59	52	88.1	优良	
4		△坝基、坝肩防渗分部	78	78	66	84.6	优良	
5		坝体接缝灌浆	44	44	41	93.2	优良	
6		下部坝体（817.00m高程以下混凝土）	27	27	20	74.1	优良	
7		左岸非溢流坝段	38	38	29	76.3	优良	
8		右岸非溢流坝段	38	38	31	81.6	优良	
9		△溢流坝段	62	62	44	71	优良	
10		消能防冲	71	71	48	67.6	合格	
11		坝体廊道	44	44	43	97.7	优良	
12		地质平洞、钻孔回填	15	15	9	60.0	合格	
13		坝顶结构	24	24	13	54.2		未完
14		金属结构及启闭机安装	8	8	6	75.0	优良	
15		观测设施	62	62	—	—	合格	
合计		15个	703	703	516	73.4	84.6	优良

注　加“△”为主要分部工程。

表 2　　引水洞分部工程质量评定情况统计

序号	单位工程名称	分部工程名称	单元个数	合格个数	优良个数	优良率/%	分部工程质量评定	备注
1	引水洞工程	进水塔	30	30	24	80.0	优良	
2		工作桥	13	13	13	100.0	优良	
3		洞身段第一分部	51	51	27	52.9	合格	
4		洞身段第二分部	45	45	42	93.3	优良	
5		洞身段第三分部	35	35	19	54.3	合格	
6		压力钢管段	18	18	15	83.3	优良	
7		出口段	14	14	11	78.6	优良	
8		隧洞灌浆	55	55	51	92.7	优良	
9		金属结构安装	8	8	7	87.5	优良	
合计		9个	269	269	209	77.7	77.7	优良

【示例 5】 水利枢纽工程截流阶段验收质量监督报告

×××水利枢纽工程
截流阶段验收质量监督报告

一、工程概况

1. 枢纽工程概况

×××水利枢纽工程位于陕西省×××境内的葫芦河下游，工程坝址位于葫芦河与洛河交汇口以上 3km 处的寨头河村×××附近。整个工程由×××水库枢纽和引洛入葫工程两部分组成。

水库总库容 2.006 亿 m^3，为Ⅱ等、大（2）型工程。枢纽主要建筑物由拦河坝、导流泄洪洞、溢洪道、引水发电洞及坝后电站五部分组成。其中大坝、导流洞、溢洪道为 2 级建筑物；引水发电洞因供水对象的重要性也定为 2 级建筑物，坝后电站为 5 级建筑物。

大坝为均质土坝，坝顶高程 852.00m，坝顶宽度 10m，坝顶上游侧设 1.2m 高的混凝土防浪墙；大坝最低点开挖高程 789.00m，最大坝高 63.0m，坝顶总长 504.43m；坝体上游边坡为 1∶2.75 和 1∶3，在高程 830.00m 处设 3.0m 马道；下游坝体边坡坡比均为 1∶2.5，在高程 835.00m 和 818.00m 处设宽 2.0m 的马道，在 800.50m 处设棱体排水平台，最大坝底宽度 351m。坝体上游坝坡在高程 812.50m 以上采用 0.4m 厚的干砌石护坡，下游坝坡采用浆砌石网格内种植草皮护坡。

导流泄洪洞为无压洞，在施工期兼作导流隧洞。由进口段、洞身段和出口消能段组成，全长 875.3m，最大下泄流量 468.4m^3/s。放水塔底板高程 803.00m，塔体高 49m，为矩形塔筒结构，长 20.3m，宽 11.6m，塔内布设事故检修平板钢闸门和弧形工作钢闸门各一扇；放水塔工作桥长 36m，桥面宽 3m。洞身段长 795m，比降 1%，为 6m×8m 圆拱直墙形断面；出口采用挑流消能。

溢洪道由进口引水明渠、溢流堰、泄水陡槽、挑流鼻坎、护坦五部分组成，全长 472.0m，最大泄量 301m^3/s。引水明渠为弯道梯形渠，底板高程 840.00m；溢流堰为 C20 混凝土 WES 实用堰，堰顶高程 843.00m，宽 7m，堰顶布设 7m×8m 平面检修闸门和 7m×5.5m 平面工作闸门各一扇；泄水陡槽底坡 1∶100、1∶2.5，断面为矩形；挑流鼻坎为 C40 钢筋混凝土结构，鼻坎顶高程 812.66m；鼻坎后设 C25 钢筋混凝土护坦，长 20m。

引水发电洞由放水塔、洞身段、出口闸室段、消力池、汇流池、退水渠以及发电洞等部分组成。放水塔底板高程 818.00m，塔体高 34m，塔内设拦污栅一道、平板事故闸门一扇，放水塔工作桥长 36m；洞身段长 1317m，为圆形压力洞，直径 2.2m，设计引水流量 9.0m^3/s；出口设工作闸室，内设 2.2m×1.8m 工作弧门一扇。

坝后电站主要由压力管道、主副厂房、尾水池等组成。压力主管道长 21.02m，管径 1.8m，支管采用“卜”形布置，管径 1.2m。主厂房内布置发电机组 2 台，一列式布置，单机设计流量 4.5m^3/s，总装机总容量 2500kW。

2. 截流工程概况

枢纽导流分为两个阶段：

第一阶段：河道截流后，导流泄洪洞过流，围堰挡水，坝体填筑，围堰拦挡20年一遇（$P=5\%$）全年洪水，相应洪峰流量为$520m^3/s$。

第二阶段：坝体拦洪，导流泄洪洞，拦挡50年一遇（$P=2\%$）全年洪水，相应洪峰流量为$860m^3/s$。

围堰工程由上游围堰与下流围堰组成，上游围堰采用土石结构形式，围堰顶宽9m。顶长236m，最大堰底宽102.7m，最大堰高21.5m。迎水面坡比为1∶3，背水面坡比为1∶1.8，堰顶宽9m（含顶宽为2m的石渣护岸），围堰采用高压旋喷桩防渗，高压旋喷桩沿围堰轴线进行布设，桩径100cm，间距80cm，深入基岩0.5m。同时考虑到为防止左坝肩绕渗破坏，高压旋喷桩沿左岸岸坡延长70m。围堰上游坡角采用抛块石防护，上游坡面采用顶宽2m、坡比为1∶3的石渣防护，下游坡脚采用高3m、宽2m石渣护脚。

下游围堰采用黏土结构形式，围堰顶宽6m，围堰顶长63m，最大堰底宽度为26.9m，最大堰高5.5m。围堰基础防渗采用黏土心墙截渗，心墙宽度为2m，墙深3m。迎水面边坡坡比为1∶3，背水面边坡坡比为1∶1.8。

3. 截流相关工程完成情况

截流相关工程为导流泄洪洞工程及围堰工程，目前导流泄洪洞工程已全部完工，具备过流条件。上游围堰堰体前护坡已填筑至808.00m高程，戗堤的填筑至805.00m高程，下游围堰工程待截流后进行。

二、质量监督工作

枢纽工程由×××水利工程质量安全监督站监督。导流洞工程开工前，项目法人申请办理质量监督手续，质量监督机构在审查了批复文件、施工合同、参建单位资质等资料后与项目法人签订了工程质量监督书，并对项目法人报送的工程项目划分方案进行了批复。

在工程实施过程中，质监站人员采取定期与不定期相结合的方式深入工程施工现场进行监督检查。一是检查建设单位的质量检查体系、施工单位的质量保证体系和监理单位的质量控制体系的建立和运行情况。二是对工程实体质量进行了现场检查。主要检查了钢材、水泥、砂子等原材料的质量，检查了水泥砂浆拌和质量，抽查了导流洞开挖断面尺寸、中线、洞底高程、平整度及混凝土衬砌质量。三是依据有关规范要求参与重要隐蔽工程的联合验收，核备了重要隐蔽工程、分部工程质量评定结果，列席了分部工程验收、单位工程外观质量评定、单位工程验收，核定了单位工程质量。

三、参建单位质量管理体系

监督过程中，对各参建单位的质量管理体系进行了监督检查，具体情况如下：

1. 项目法人单位：×××水利枢纽有限公司

单位法定代表人：×××；技术负责人：×××；质量负责人：×××。单位设立了安全质量部、配备了质量管理人员、制定了规章制度和岗位责任制、建立了质量检查体系。质量管理人员在工程建设过程中认真履行了质量检查职责，并能够督促责任单位整改

落实监督机构提出的检查意见。

2. 勘察设计单位：×××水利水电勘察设计研究院

单位法定代表人：×××；技术负责人：×××；质量负责人：×××。单位能按合同规定及时提交设计文件，做好技术交底工作，施工期能派驻现场设计代表，随时掌握施工质量情况，基本能够及时解决有关设计问题。

3. 施工单位：中水×××集团公司

单位法定代表人：×××；技术负责人：×××；质量负责人：×××。单位按照合同约定，成立了现场项目部，配备了质量负责人、专职质检员和现场试验室，从项目经理到总工、各部门、作业队、协作队都签订质量责任书，落实了各自的质量责任；工地试验室按照水利工程质量检测的有关要求，对原材料、中间产品进行了自检，施工单位质量保证体系运行正常。

4. 监理单位：×××工程建设监理公司

单位法定代表人：×××；技术负责人：×××；质量负责人：×××。单位能按要求派驻监理项目部，监理人员均持证上岗，编制了监理规划、监理细则和监理月报，履行报验手续，落实旁站、巡视等检查手段，对部分原材料及中间产品进行了抽检，质量控制体系运行正常。

5. 第三方检测单位：×××水利工程质量检测有限公司

单位法定代表人：×××；技术负责人：×××；质量负责人：×××。检测单位按照要求组建了现场试验室，人员持证上岗，仪器设备定期进行了检定标定，检测工作有效开展，质量检测体系运行正常。

四、工程项目划分确认

本次截流相关工程的导流泄洪洞工程及围堰工程由项目法人组织监理、施工单位进行了项目划分，并上报质量监督机构审查确认，导游洞划分为1个单位工程、10个分部工程、557个单元工程，围堰工程为1个分部工程、72个单元工程。

五、工程质量检测

施工过程中，施工单位对工程使用的各类原材料按规范要求的批量进行了自检，监理单位按要求进行了复查，质量全部合格，具体情况如下：

（一）施工单位自检统计表（表1、表2）

表1　　混凝土、砂浆试块检测评定结果统计

［检测评定依据：《水利水电工程施工质量检验与评定规程》（SL 176—2007）］

混凝土标号	检测组数	平均抗压强度/MPa	检测分析
C15	6	18.2	S_n=0.32MPa 取 1.5MPa； $R_n-0.7S_n$=17.2MPa>$R_{标}$=15MPa； $R_n-1.6S_n$=17.2MPa>0.83$R_{标}$=12.45MPa
C25	143	28.7	S_n=2.04MPa；P=97.7%； C_v=0.071

续表

混凝土标号	检测组数	平均抗压强度/MPa	检　测　分　析
C20	36	22.7	S_n=1.56MPa；P=96.4%； C_v=0.069
C30	11	32.5	S_n=1.02MPa 取 2MPa； $R_n-0.7S_n$=31.1MPa>$R_{标}$=30MPa； $R_n-1.6S_n$=29.8MPa>0.83$R_{标}$=24.9MPa
C40	112	45.3	S_n=3.0MPa； P=96%；C_v=0.066
M7.5	5	8.9	S_n=0.44MPa 取 1.5MPa； $R_n-0.7S_n$=7.85MPa>$R_{标}$=7.5MPa； $R_n-1.60S_n$=6.5MPa>0.8$R_{标}$=6MPa
M10	1	12.4	R=12.4MPa>1.15$R_{标}$=11.5MPa

表 2　　主要原材料质量检验结果统计

材料名称	产地	型号	检测次数	检测结果	备注
砂子	西安	中粗砂	28	合格	送委托单位试验室检测
石子（48）	铜川	5～10mm	8	合格	
	铜川	10～20mm	20	合格	
	铜川	20～40mm	20	合格	
水泥（43）	铜川	袋装 P.O.32.5	18	合格	
	铜川	散装 P.O.42.5	25	合格	
粉煤灰	铜川	二级	6	合格	
钢筋（48）	龙钢	ϕ6.5	3	合格	
	龙钢	ϕ8	2	合格	
	龙钢	ϕ12	2	合格	
	龙钢	ϕ18	6	合格	
	龙钢	ϕ22	4	合格	
	龙钢	ϕ25	19	合格	
	龙钢	ϕ28	12	合格	
高效减水剂	山西	VNF-2A	1	合格	
抗冲耐磨剂	山西	HF	1	合格	
泵送剂	山西	VNF-3A	1	合格	
钢筋焊接（12）	龙钢	ϕ25	6	合格	
		ϕ28	6	合格	

（二）监理单位复查统计表（表3）

表3　　监理单位复查统计

检测部位	水泥	钢筋	石子	砂子	混凝土
放水塔	—	—	—	—	6
回填灌浆	8	—	—	—	—
固结灌浆	13	—	—	—	—
进口段0～0+400	2	2	1	1	5
进口	2	2	1	1	4
出口	1	2	1	1	3
喷锚	2	2	1	1	3
出口段0+40～0+795	1	2	1	1	4

（三）第三方检测单位检测资料

（1）混凝土试块抗压强度试验资料61组（其中C20混凝土7组，C25混凝土28组，C40混凝土26组）。根据室内试验资料统计成果（表6-1～表6-3）分析可知：

1）C20混凝土抗压强度$R_C=20.6\sim25.6$MPa，平均抗压强度$\overline{R_n}=22.6$MPa，$\overline{R_n}-0.7S_n=21.2\text{MPa}\geqslant R_b=20.0$MPa，$\overline{R_n}-1.6S_n=19.4\text{MPa}\geqslant0.83R_b=16.6$MPa。

2）C25混凝土抗压强度$R_C=26.2\sim33.7$MPa，平均抗压强度$\overline{R_n}=29.4$MPa，$\overline{R_n}-0.7S_n=28.0\text{MPa}\geqslant R_b=25.0$MPa，$\overline{R_n}-1.6S_n=26.2\text{MPa}\geqslant0.83R_b=20.7$MPa。

3）C40混凝土抗压强度$R_C=40.0\sim50.4$MPa，平均抗压强度$\overline{R_n}=44.5$MPa，$\overline{R_n}-0.7S_n=42.4\text{MPa}\geqslant R_b=40.0$MPa，$\overline{R_n}-1.6S_n=39.7\text{MPa}\geqslant0.83R_b=33.2$MPa。

（2）静力回弹测区275个（其中C25混凝土141个，C40混凝土134个），测点4400个。

1）放水塔工程采用的C25混凝土强度$R_C=29.6\sim44.4$MPa，平均强度$\overline{R}_n=37.9$MPa，$\overline{R}_n-0.7S_n=35.3\text{MPa}\geqslant R_b=25.0$MPa，$\overline{R}_n-1.6S_n=31.9\text{MPa}\geqslant0.83R_b=20.8$MPa。

2）隧洞衬砌C25混凝土强度$R_C=25.3\sim39.6$MPa，平均强度$\overline{R}_n=28.8$MPa，$\overline{R}_n-0.7S_n=26.7\text{MPa}\geqslant R_b=25.0$MPa，$\overline{R}_n-1.6S_n=23.9\text{MPa}\geqslant0.83R_b=20.8$MPa。

3）隧洞衬砌C40混凝土强度$R_C=40.3\sim55.7$MPa，平均强度$\overline{R}_n=43.8$MPa，$\overline{R}_n-0.7S_n=41.4\text{MPa}\geqslant R_b=40.0$MPa，$\overline{R}_n-1.6S_n=38.4\text{MPa}\geqslant0.83R_b=33.2$MPa。

（3）砂石料检测试验共3组，其中抽检砂料1组，石料2组。各项技术质量指标均达到了设计要求，符合规范标准。钢材试样检测原材试验5组，钢筋焊接试验3组，均符合规范标准。

（4）布设超声波检测断面41条，检测长度1723.5m，测点1925个。检测断面量测精度1/200。根据超声波检测资料的解释分析，导流泄洪洞混凝土工程体内部没有发现明显的孔洞、裂缝、裂隙等不良现象，结构均匀、密实，质量稳定。

（5）现场锚杆拉拔力检测抽检锚杆 7 组，平均拉拔力 59.8kN，大于设计要求（50.0kN），符合标准规范。

（6）喷护层厚度质量检验，随机布设检测点 27 个，喷层表面无裂缝，喷层均匀，无夹层、包砂，喷护混凝土内部结构比较均匀、密实，没有空洞，符合规范标准。

（7）围堰采用素土填筑，干密度 $\rho_d=1.59\sim1.97g/cm^3$，平均干密度$=1.75g/cm^3$，压实度 $P=91\%\sim113\%$，抽检 18 组，检测样品合格率为 94.1%；不合格样品不集中，不合格样品的最小干密度 $1.59g/cm^3$ 大于设计干密度（$1.60g/cm^3$）的 96%（$1.54g/cm^3$）；符合设计要求和规范标准。

六、工程质量核备核定

2011 年 1 月 8 日，项目法人单位组织，对已完成的导流洞开挖等 2 个分部工程进行了验收。×××质监站对分部工程评定结果进行了核备。

2011 年 8 月 1 日，项目法人单位组织，对已完成的 7 个分部工程进行了验收，省、市质监站列席了验收会议。×××质监站对分部工程评定结果进行了核备。

2011 年 9 月 15 日，项目法人单位组织，对已完成的金属结构安装分部工程进行了验收，市质监站列席了验收会议。×××质监站对分部工程评定结果进行了核备。

2011 年 9 月 19 日，项目法人单位组织进行了导流泄洪洞单位工程验收，×××质监站列席了验收会议。根据日常监督情况，结合验收结论，×××质监站核定导流泄洪洞单位工程质量等级为优良。

2011 年 10 月 13 日，项目法人单位组织进行了对上游围堰已成部分的进行验收，×××质监站列席了验收会议，并对质量等级进行了核备。

七、工程质量事故和缺陷处理

本工程实施过程中未发生过质量事故。

导流洞混凝土表面存在局部蜂窝麻面以及局部平整度未达到规范要求等情况。对此，项目法人单位责成施工单位上报处理方案，由监理单位审批后实施，并按规定进行了质量缺陷备案。

（1）导流洞 0＋485.05～0＋486.5 处左墙壁约 $1m^2$ 的蜂窝麻面。处理措施是先凿去薄弱松散的混凝土，凿深 3～5cm，采用高压清水冲洗干净，用比原混凝土强度等级高一级的干硬性砂浆填补，表面用角磨机打磨整平。

（2）弧门高程 802.00～806.00m 处二期混凝土错台。处理措施是用角磨机打磨高出的部分。

（3）导流洞钢模台车进料口混凝土错台。处理措施是采用凿子人工凿掉高出部分，再用打磨机整平。

八、工程质量结论意见

本工程各参建单位质量安全体系健全，管理规范。工程建设中使用的主要原材料出厂证明和检验资料齐全。

导流泄洪洞工程完成单元工程557个，全部合格，其中优良455个，优良率81.7%，完成分部工程10个，全部合格，优良8个，优良率80%。外观质量得分91.8%，原材料、金属结构、启闭设备、机电设备和中间产品检测符合水利水电工程质量标准，混凝土和砂浆拌和物质量达到评定标准要求；施工质量评定资料齐全；施工中未发生质量事故；根据《水利水电工程施工质量检验与评定规程》（SL 176—2007）的有关规定，核定导流泄洪洞工程为优良。

围堰工程完成58个单元工程，全部合格，其中优良27个，优良率44%。已完工程部分质量为合格。

本次截流工程涉及的导流泄洪洞单位工程为优良，围堰工程已完成部分为合格，建议通过截流验收。

××水利工程质量监督站

2011年10月

第十二章　工程验收监督管理

工程验收是水利工程建设管理的重要环节，是水利工程质量管理的重要措施。工程验收的目的是检查工程进度和质量，协调解决建设中存在的问题，以确保工程安全度汛和正常安全运行，发挥投资效益。

水利工程建设项目验收按照主持单位性质不同分为法人验收和政府验收两类。

法人验收是在项目建设过程中由项目法人组织进行的工程验收，它是政府验收的基础，中小型水利工程一般包括重要隐蔽和关键部位单元工程、分部工程、单位工程、合同工程完工等法人验收，质量监督机构一般要列席法人验收会议，尽职履责，根据平时掌握的工程实际情况，把好质量评价关口。

政府验收是指由有关人民政府、水行政主管部门或者发展改革、财政等其他有关综合管理部门组织进行的验收，中小型水利工程一般包括阶段验收和竣工验收，质量监督机构一般要参加政府验收会议，提交工程质量评价意见或质量监督报告，客观公正地评价工程质量水平。

一、工程验收的概念

1. 工程验收分类

水利水电建设工程验收按验收主持单位可分为法人验收和政府验收。

法人验收包括重要隐蔽和关键部位单元工程验收、分部工程验收、单位工程验收、合同工程完工验收等。

政府验收包括阶段验收、专项验收、竣工验收等。

验收主持单位可根据工程建设需要增设验收的类别和具体要求。

2. 工程验收主要依据

（1）国家现行有关法律、法规、规章和技术标准。

（2）有关主管部门的规定。

（3）经批准的工程立项文件、初步设计文件、调整概算文件。

（4）经批准的设计文件及相应的工程变更文件。

（5）施工图纸及主要设备技术说明书等。

（6）法人验收还应以施工合同为依据。

3. 工程验收主要内容

（1）检查工程是否按照批准的设计进行建设。

（2）检查已完工程在设计、施工、设备制造安装等方面的质量及相关资料的收集、整理和归档情况。

（3）检查工程是否具备运行或进行下一阶段建设的条件。

（4）检查工程投资控制和资金使用情况。

（5）对验收遗留问题提出处理意见。

（6）对工程建设做出评价和结论。

4. 工程验收的负责机构

政府验收应由验收主持单位组织成立的验收委员会负责；法人验收应由项目法人组织成立的验收工作组负责。验收委员会（工作组）由有关单位代表和有关专家组成。

5. 工程验收的成果

验收的成果性文件是验收鉴定书，验收委员会（工作组）成员应在验收鉴定书上签字。对验收结论持有异议的，应将保留意见在验收鉴定书上明确记载并签字。各种水利工程验收鉴定书都要按照《水利水电建设工程验收规程》（SL 223—2008）附录中所要求的格式编写，正本数量按参加验收单位各 1 份以及归档所需要的份数确定。自验收鉴定书通过之日起 30 个工作日内，由项目法人发送有关单位，并报送法人验收监督管理机关备案。

6. 分歧裁决

工程验收结论应经 2/3 以上验收委员会（工作组）成员同意。验收过程中发现的问题，其处理原则应由验收委员会（工作组）协商确定。主任委员（组长）对争议问题有裁决权。若 1/2 以上的委员（组员）不同意裁决意见时，法人验收应报请验收监督管理机关决定；政府验收应报请竣工验收主持单位决定。

二、工程验收的基本要求

1. 验收资料要求

（1）验收资料制备由项目法人统一组织，有关单位应按要求及时完成并提交。项目法人应对提交的验收资料的完整性和规范性进行检查。

（2）验收资料分为应提供的资料和需备查的资料。有关单位应保证其提交资料的真实性并承担相应责任。验收资料目录分别见《水利水电建设工程验收规程》（SL 223—2008）附录 A（表 12－1）和附录 B（表 12－2）。

表 12－1　　验收应提供的资料目录

序号	资料名称	分部工程验收	单位工程验收	合同工程完工验收	机组启动验收	阶段验收	技术预验收	竣工验收	提供单位
1	工程建设管理工作报告		√	√	√	√	√	√	项目法人
2	工程建设大事						√	√	项目法人
3	拟验工程清单、未完工程清单、未完工程的建设安排及完成时间		√	√	√	√	√	√	项目法人
4	技术预验收工作报告				*	*	√	√	专家组
5	验收鉴定书（初稿）				√	√	√	√	项目法人
6	度汛方案				*	√	√	√	项目法人
7	工程调度运用方案					√	√	√	项目法人
8	工程建设监理工作报告		√	√	√	√	√	√	监理机构

续表

序号	资料名称	分部工程验收	单位工程验收	合同工程完工验收	机组启动验收	阶段验收	技术预验收	竣工验收	提供单位
9	工程设计工作报告		√	√	√	√	√	√	设计单位
10	工程施工管理工作报告		√	√	√	√	√	√	施工单位
11	运行管理工作报告						√	√	运行管理单位
12	工程质量和安全监督报告				√	√	√	√	质安监督机构
13	竣工验收技术鉴定报告						*	*	技术鉴定单位
14	机组启动试运行计划文件				√				施工单位
15	机组试运行工作报告				√				施工单位
16	重大技术问题专题报告					*	*	*	项目法人

注　符号“√”表示“应提供”，符号“*”表示“宜提供”或“根据需要提供”。

表 12-2　　验收应准备的备查档案资料目录

序号	资料名称	分部工程验收	单位工程验收	合同工程完工验收	机组启动验收	阶段验收	技术预验收	竣工验收	提供单位
1	前期工作文件及批复文件		√	√	√	√	√	√	项目法人
2	主管部门批文		√	√	√	√	√	√	项目法人
3	招标投标文件		√	√	√	√	√	√	项目法人
4	合同文件		√	√	√	√	√	√	项目法人
5	工程项目划分资料	√	√	√	√	√	√	√	项目法人
6	单元工程质量评定资料	√	√	√	√	√	√	√	施工单位
7	分部工程质量评定资料		√	*	√	√	√	√	项目法人
8	单位工程质量评定资料		√	*			√	√	项目法人
9	工程外观质量评定资料		√				√	√	项目法人
10	工程质量管理有关文件	√	√	√	√	√	√	√	参建单位
11	工程安全管理有关文件	√	√	√	√	√	√	√	参建单位
12	工程施工质量检验文件	√	√	√	√	√	√	√	施工单位
13	工程监理资料	√	√	√	√	√	√	√	监理单位
14	施工图设计文件		√	√	√	√	√	√	设计单位
15	工程设计变更资料	√	√	√	√	√	√	√	设计单位
16	竣工图纸		√	√		√	√	√	施工单位
17	征地移民有关文件		√			√	√	√	承担单位
18	重要会议记录	√	√	√	√	√	√	√	项目法人
19	质量缺陷备案表	√	√	√	√	√	√	√	监理机构
20	安全、质量事故资料	√	√	√	√	√	√	√	项目法人
21	阶段验收鉴定书						√	√	项目法人

续表

序号	资料名称	分部工程验收	单位工程验收	合同工程完工验收	机组启动验收	阶段验收	技术预验收	竣工验收	提供单位
22	竣工决算及审计资料						√	√	项目法人
23	工程建设中使用的技术标准	√	√	√	√	√	√	√	参建单位
24	工程建设标准强制性条文	√	√	√	√	√	√	√	参建单位
25	专项验收有关文件						√	√	项目法人
26	安全、技术鉴定报告					√	√	√	项目法人
27	其他档案资料	根据需要由有关单位提供							

注 符号“√”表示“应提供”，符号“*”表示“宜提供”或“根据需要提供”。

（3）工程验收的图纸、资料和成果性文件应按竣工验收资料要求制备。除图纸外，验收资料的规格宜为国际标准A4（210mm×297mm）。文件正本应加盖单位印章且不得采用复印件。

2. 工程验收费用

工程验收所需费用应进入工程造价，由项目法人列支或按合同约定列支。

3. 其他要求

（1）工程验收应在施工质量检验与评定的基础上，对工程质量提出明确结论意见。

（2）当工程具备验收条件时，应及时组织验收。未经验收或验收不合格的工程不得交付使用或进行后续工程施工。验收工作应相互衔接，不应重复进行。

（3）水利水电建设工程的验收除应遵守《水利水电建设工程验收规程》（SL 223—2008）外，还应符合国家现行有关标准的规定。

（4）工程项目中需要移交非水利行业管理的工程，验收工作宜同时参照相关行业主管部门的有关规定。

三、工程验收监督

1. 法人验收工作计划

项目法人应在开工报告批准后60个工作日内，制定法人验收工作计划，报法人验收监督管理机关备案。当工程建设计划进行调整时，法人验收工作计划也应相应地进行调整并重新备案。

法人验收工作计划内容要求包括如下几个方面：

（1）工程概况（工程位置、工程主要建设内容、工程建设有关单位、合同签订情况等）。

（2）工程项目划分。

（3）工程建设总进度计划。

（4）验收工作计划。

2. 分级负责，谁组建谁监管

水利部负责全国水利工程建设项目验收的监督管理工作。水利部所属流域管理机构按照水利部授权，负责流域内水利工程建设项目验收的监督管理工作。

县级以上地方人民政府水行政主管部门按照规定权限负责本行政区域内水利工程建设项目验收的监督管理工作。法人验收监督管理机关应对工程的法人验收工作实施监督管理。

由水行政主管部门或者流域管理机构组建项目法人的，该水行政主管部门或者流域管理机构是本工程的法人验收监督管理机关；由地方人民政府组建项目法人的，该地方人民政府水行政主管部门是本工程的法人验收监督管理机关。

3. 监督管理方式

工程验收监督管理的方式应包括现场检查、参加验收活动、对验收工作计划与验收成果性文件进行备案等。水行政主管部门、流域管理机构以及法人验收监督管理机关可根据工作需要到工程现场检查工程建设情况、验收工作开展情况以及对接到的举报进行调查处理等。

4. 监督管理主要内容

（1）验收工作是否及时。

（2）验收条件是否具备。

（3）验收人员组成是否符合规定。

（4）验收程序是否规范。

（5）验收资料是否齐全。

（6）验收结论是否明确。

5. 问题处置

（1）法人验收监督管理机关应对收到的验收备案文件进行检查，不符合有关规定的备案文件应要求有关单位进行修改、补充和完善。法人验收过程中发现的技术性问题原则上应按合同约定进行处理。合同约定不明确的，按国家或行业技术标准规定处理。当国家或行业技术标准暂无规定时，由法人验收监督管理机关负责协调解决。

（2）当发现工程验收不符合有关规定时，验收监督管理机关应及时要求验收主持单位予以纠正，必要时可要求暂停验收或重新验收并同时报告竣工验收主持单位。

四、工程验收监督管理的原则

中小型水利工程特别是小型水利工程，其本身的技术不复杂，质量监督的工作难度不大，但其验收经常受到当地政府、水行政主管部门，水利建筑市场主体以及周边群众等外在因素的影响，质量验收工作往往会受到工程质量本身之外因素的牵制甚至是裹挟，极易发生一些违规问题。因此，质量监督工作要注意坚持以下原则：

1. 水到渠成原则

《水利水电建设工程验收规程》（SL 223—2008）中对各种验收应具备的条件都有明确的规定，不具备条件不得验收。有的地方或为争取后续项目纳入计划盘子，或基于完成上级部门所确定目标任务的考虑，不具备条件的工程也要验收，要求质量监督机构核备或者做质量评价意见。质量监督机构必须坚持水到渠成的原则，具备条件再验收，否则，将为自身工作带来极大的麻烦。

2. 开诚布公原则

工程验收时，参与工程建设的各方责任主体都要有代表到场，发表意见，表明态度。在工程建设实际中，参建单位之间往往由于在工程的实体质量评定、价款结算等方面发生纠纷，一方或多方缺席验收会议，变相抵制工程验收评定。质量监督机构列席验收会议，必须确保工程建设各方质量责任主体到场，对有关工程质量自主发表意见，保留意见要留有书面材料。

3. 实事求是原则

验收监督工作以工程备案、核备的资料和平时的检查、抽查情况为基础，严格按照有关法规、质量标准、设计文件以及施工合同等，实事求是地评价工程质量，切忌先入为主、主观臆测，或者有目的性地过滤质量检验与评定资料，报喜不报忧。当质量监督机构对验收质量结论有异议时，项目法人要组织参加验收单位进一步研究，并将研究意见报质量监督机构。当双方对质量结论仍然有分歧意见时，应报上一级质量监督机构协调解决。

4. 客观公正原则

工程建设过程中发生的质量问题评价要客观公正，对处理后的工程质量情况进行公正评定；不因为工程发生过质量举报事件而影响正常的工程质量验收评定，或者人为降低工程质量等次；尤其在工程项目竣工验收时，要不带主观意愿地评价工程质量，绝对不能为评优而评优，否则容易将质量监督机构置于极其尴尬的境地。

5. 细致规范原则

由于工程施工过程中，影响工程质量的因素是多方面的，有暴露的，有隐藏的，有潜在的。质量监督现场检查、验收工作一定要认真仔细，把资料收集齐全，该建未建、应完未完的工程都要按照规范的要求叙述清楚，切忌马虎草率，轻易下结论、轻率出文件。如果工程有问题，但在质量监督检查时没有发现，或是发现了没有及时指出，容易给人造成“质量不错”的假象，严重的可能给工程留下隐患，甚至酿成质量事故。

五、列席法人验收的监督

法人验收是在项目建设过程中由项目法人组织进行的工程验收，它是政府验收的基础。法人验收有以下主要特点：

（1）基础性。法人验收的内容是水利工程项目管理，特别是政府验收的基础性工作；不进行法人验收，后续工程的建设、费用支付、质量控制以及政府验收都无法进行。

（2）专业性。法人验收中涉及大量的水利行业规程、规范和技术标准，带有明显的行业特点；各个法人验收对参加验收人员也有专业和职称级别的要求，以保证验收工作中涉及的技术问题能够及时得到解决。

（3）逻辑性。各个层次的法人验收之间存在非常严密的逻辑联系，必须从最小的重要隐蔽或关键部位单元工程验收起，依次验收分部工程、单位工程及合同工程，不能打乱或颠倒验收次序，也不能脱离法人验收的整体工作内容去单独完成某个层次的验收。

（4）规范性。从法人验收的条件、验收的资料准备、验收的组织、验收的程序、验收的内容、分歧的裁决到验收的成果、文件格式及归档都要严格按照规范的条文执行，项目法人不能有选择地执行或者自行其是。

项目法人组织重要隐蔽和关键部位单元工程、分部工程、单位工程、合同工程完工等法人验收活动前，应按照规范和要求对资料进行全面自查，资料齐全后方可组织验收，并提前3～5个工作日通知质量监督机构，质量监督机构视情况派员列席并监督法人验收。验收时如发现问题，应及时下发监督检查结果通知书。

1. 重要隐蔽和关键部位单元工程联合验收

按照《水利水电工程施工质量检验与评定规程》（SL 176—2007）中5.3.2的规定，重要隐蔽和关键部位单元工程联合验收监督的重点内容如下：

（1）联合验收小组组成是否符合规范要求。联合验收小组须由项目法人、监理、设计、施工、工程运行管理单位中级及以上技术职称人员组成，基础处理、金属结构、机电设备和电气设备等重要隐蔽或关键部位单元工程设计单位应派相应专业工程师参加。

（2）单元（工序）工程质量评定结论是否准确，该单元工程质量检测结果和频次是否满足规范要求，施工"三检制"资料及监理独立抽检资料是否完备。

（3）附件资料是否齐全，包括测量成果、影像资料是否准确、完善；重要隐蔽单元工程地质编录应有明确结论是否满足设计要求，并经勘察、设计单位的地质和水工主要人员签字认可。

2. 分部工程验收

分部工程验收按照《水利水电建设工程验收规程》（SL 223—2008）中的第3部分进行，质量等级评定依据为《水利水电工程施工质量检验与评定规程》（SL 176—2007）中的第5部分规定，监督的重点内容如下：

（1）分部工程验收由项目法人或委托监理单位主持，验收小组成员必须包含项目法人代表或技术负责人、施工单位项目建造师或技术负责人、监理单位总监理工程师；涉及重要基础处理、金属结构、机电设备和电气设备等相关专业的分部工程验收，设计单位应派相应专业工程师参加。各成员必须认真查阅工程质量评定、质量检测等相关资料，并查看工程现场后提出明确结论。

（2）设计变更是否履行手续，重大设计变更是否经原审批单位批准，一般设计变更是否有变更文件及相关批准文件。

（3）历次监督检查发现的质量问题是否整改落实，有关质量事故是否处理，质量缺陷是否进行备案。

（4）验收工作流程是否符合规范要求，分部工程质量等级结论是否准确、依据是否充分。

3. 外观质量评定

单位工程完工后，项目法人应及时对外观质量进行评定。质量监督机构应派员列席工程外观质量评定会议，并对工程外观质量评定结果进行核备。外观质量评定按照《水利水电工程施工质量检验与评定规程》（SL 176—2007）附录A和条文说明4.3.7规定，监督的重点内容如下：

（1）外观检验与评定工作由项目法人主持，外观质量评定组由项目法人、设计、施工、监理单位各派1～2人组成，运行管理单位已经确定的也要派1人参加。

（2）项目法人应组织外观质量检验所需的仪器、工具和测量人员对外观质量进行检

测，为外观质量评定提供数据支撑。

（3）外观质量评定得分结论要符合工程建设实际情况。

4. 单位工程验收

单位工程验收按照《水利水电建设工程验收规程》（SL 223—2008）中的第4部分进行，质量等级评定依据为《水利水电工程施工质量检验与评定规程》（SL 176—2007）中的第5部分规定，监督的重点内容如下：

（1）单位工程验收由项目法人主持，验收小组成员必须包含项目法人代表、施工单位项目建造师、监理单位总监理工程师、质量检测单位项目负责人，涉及重要基础处理、金属结构、机电设备和电气设备等相关专业的单位工程验收，设计单位应派相应专业工程师参加并签字。各成员必须认真查阅工程质量评定、质量检测等相关资料，并在查看工程现场后提出明确结论。

（2）分部工程验收遗留问题是否处理完毕。

（3）监督验收工作流程是否符合规范要求，外观打分是否符合规范要求，外观质量结论是否准确，单位工程质量等级结论是否准确、依据是否充分。

5. 合同完工验收

合同工程完成后，按照《水利水电建设工程验收规程》（SL 223—2008）中的第5部分进行合同工程完工验收。当合同中仅包含一个单位工程时，如果同时满足单位工程验收与合同工程完工验收条件，那么可以将两个验收合并进行，监督的重点内容参照单位工程验收。

当合同中包含一个以上单位工程时，监督的重点内容如下：

（1）合同工程完工验收应由项目法人主持。验收工作组由项目法人以及与合同工程有关的勘察设计、监理、施工、质量检测、主要设备制造（供应）商等单位的代表组成。

（2）各单位工程的质量缺陷是否已按要求处理完毕，历次验收遗留问题是否处理完毕。

（3）各个单位工程施工现场是否已经清理完毕，需移交项目法人的档案资料是否已按要求整理移交完毕。

（4）各个单位工程验收工作是否符合规范要求，质量等级是否达到了合同约定的要求。

六、参加政府验收的监督

政府验收包括阶段验收、专项验收、竣工验收等。竣工验收主持单位还可根据工程建设需要增设验收的类别并提出具体要求。

1. 参加阶段验收

阶段验收一般包括：枢纽工程导（截）流验收、枢纽工程下闸蓄水验收、引（调）排水工程通水验收、水电站（泵站）首（末）台机组启动验收、部分工程投入使用验收以及竣工验收主持单位根据工程建设需要增加的其他验收。阶段验收的工作程序按照《水利水电建设工程验收规程》（SL 223—2008）中的第6部分规定进行。

阶段验收应由竣工验收主持单位或其委托的单位主持。阶段验收委员会应由验收主持单位、质量和安全监督机构、运行管理单位的代表以及有关专家组成；必要时，可邀请地方人民政府以及有关部门参加。工程参建单位应派代表参加阶段验收，并作为被验收单位在验收鉴定书上签字。

由于阶段验收时，验收范围只是一部分工程，质量监督机构参加阶段验收，不适合对阶段验收做出合格或优良的结论，只是如实将分部工程和单位工程的质量评定结论反映在鉴定书中。

（1）阶段验收主要工作。

1）检查已完工程的形象面貌和工程质量。

2）检查在建工程的建设情况。

3）检查未完工程的计划安排和主要技术措施落实情况，以及是否具备施工条件。

4）检查拟投入使用工程是否具备运行条件。

5）检查历次验收遗留问题的处理情况。

6）鉴定已完工程施工质量。

7）对验收中发现的问题提出处理意见。

8）讨论并通过阶段验收鉴定书。

（2）质量监督机构主要工作。

1）项目法人提前10个工作日通知质量监督机构，质量监督机构应派代表参加验收委员会。

2）质量监督机构依据质量检测报告和涉及的已完分部工程、单位工程验收质量结论的核备意见，提交工程质量评价意见。

3）作为验收委员会成员参加工程阶段验收会议，在会上宣读工程质量评价意见。

2. 参加专项验收

专项验收一般是对有特殊要求的工程的特殊功能专门设置的验收。专项验收应具备的条件、验收主要内容、验收程序以及验收成果性文件的具体要求等应执行国家及相关行业主管部门有关规定。

水利枢纽工程导（截）流、水库下闸蓄水等阶段验收前，涉及移民安置的，应当完成相应的移民安置专项验收。工程竣工验收前，应当按照国家有关规定，进行环境保护、水土保持、移民安置以及工程档案等专项验收。经商有关部门同意，专项验收可以与竣工验收一并进行。

项目法人应当自收到专项验收成果之日起10个工作日之内，将专项验收成果报竣工验收主持单位备案。专项验收成果性文件应是工程竣工验收成果性文件的组成部分，项目法人提交竣工验收申请报告时，也应附相关专项验收成果性文件复印件。

3. 参加竣工验收

竣工验收按照《水利水电建设工程验收规程》（SL 223—2008）中第8部分的规定进行。小型水利枢纽工程一般按照规程进行竣工技术预验收。除了竣工验收主持单位有特别要求之外，其他小微型水利工程一般不进行竣工技术预验收。有的项目只是由项目法人组织有关单位和专家，在申请竣工验收之前，对工程存在的个别技术问题进行研究解决，提交专题技术报告即可。

竣工验收应在工程建设项目全部完成并满足一定运行条件后1年内进行。不能按期进行竣工验收的，经竣工验收主持单位同意，可适当延长期限，但最长不应超过6个月。

一定运行条件是指：泵站工程经过一个排水或抽水期；河道疏浚工程完成后；其他工程经过6个月（经过一个汛期）至12个月。

（1）竣工验收条件。

1）工程已按批准设计全部完成。

2）工程重大设计变更已经原审批单位批准。

3）各单位工程能正常运行。

4）历次验收所发现的问题已基本处理完毕。

5）各专项验收已通过。

6）工程投资已全部到位。

7）竣工财务决算已通过竣工审计，审计意见中提出的问题已整改并提交了整改报告。

8）运行管理单位已明确，管理养护经费已基本落实。

9）工程项目第三方质量检测报告已提交。

10）工程质量监督报告已提交，工程质量达到合格标准。

11）竣工验收资料已准备就绪。

（2）竣工验收程序。

1）项目法人组织进行竣工验收自查。

2）项目法人提交竣工验收申请报告。

3）竣工验收主持单位批复竣工验收申请报告。

4）召开竣工验收会议。

5）印发竣工验收鉴定书。

（3）质量监督机构的主要工作。

1）申请竣工验收前，项目法人应先组织竣工验收自查，并在自查前10个工作日通知质量监督机构列席竣工验收自查会议。

竣工验收自查会议应包括以下主要内容：检查有关单位的工作报告；检查工程建设情况，评定工程项目施工质量等级；检查历次验收、专项验收的遗留问题和工程初期运行所发现问题的处理情况；确定工程尾工内容及其完成期限和责任单位；对竣工验收前应完成的工作做出安排；讨论并通过竣工验收自查工作报告。

2）在完成竣工验收自查工作之日起10个工作日内，项目法人将自查的工程项目质量结论和相关材料报质量监督机构；质量监督机构在收到项目法人报送的自查结论、工程质量检测报告、参建各方建设管理报告和其他工程质量相关材料后，提交工程质量监督报告，对工程质量是否合格提出明确结论。

3）质量监督机构作为验收委员会成员参加工程竣工验收，在会上宣读工程质量监督报告。

【示例1】 枢纽坝基、坝肩防渗分部工程验收鉴定书

编号：LJHSN－DB－004

×××水库大坝工程

坝基、坝肩防渗分部工程验收

鉴　定　书

单位工程名称：碾压混凝土拱坝

坝基、坝肩防渗分部工程验收工作组

2014年11月10日

前 言

2014年11月10日，受项目法人委托，由××××工程建设监理有限责任公司×××水库枢纽工程监理部主持，召开了坝基、坝肩防渗分部工程验收会议。×××水库工程建设管理处、×××水利电力勘测设计研究院、×××工程建设监理有限责任公司、×××集团股份有限公司、中国水电顾问集团×××勘测设计研究院×××工程质量检测中心等单位组成分部工程验收工作组，×××水利工程质量监督站列席会议。坝基、坝肩防渗分部工程验收依据《水利水电建设工程验收规程》（SL 223—2008）、《水利水电工程施工质量检验与评定规程》（SL 176—2007）、《水工混凝土钢筋施工规范》（DL/T 5169—2002）、《水工混凝土施工规范》（DL/T 5144—2001）、《水工建筑物水泥灌浆施工技术规范》（DL/T 5148—2012）、《固结及帷幕灌浆施工技术要求》（设计2011年9月发）、施工设计图及施工合同等，通过听取施工单位工程施工和单元工程质量评定情况汇报，查看工程现场，查阅工程资料，并经过讨论，对该分部工程形成如下验收鉴定意见：

一、分部工程开工完工日期

坝基、坝肩防渗分部工程开工日期为2011年8月15日，完工日期为2014年10月31日。

二、分部工程建设内容

坝基、坝肩防渗分部工程建设内容包括：坝基止水坑，上、下游坝肩止水槽，拱肩槽止浆体，左右岸帷幕灌浆，搭接灌浆，斜孔帷幕灌浆，坝基排水孔等。

三、施工过程及完成的主要工程量

（一）施工过程

分部工程开工前，施工单位编报施工方案，经监理单位审批后，由施工单位申报分部工程开工申请，监理单位下发分部工程开工通知后组织施工。

（1）坝基止水坑，坝肩上、下游坝肩止水槽的工艺流程如下：

测量放样→止水坑（槽）开挖→埋设锚筋→固定止水片、止水带→模板安装→仓位验收→混凝土浇筑→拆模及养护和涂刷隔离剂。

拱肩槽止浆体的施工不需要进行槽体开挖，其他工艺同止水坑（槽）。

1）测量放样。施工前根据施工图纸采用全站仪进行测量放样，测出止水坑（槽）的结构边线，并用红油漆准确明显的标示。

2）止水坑（槽）开挖。坑（槽）开挖在拱肩槽开挖完成后进行，采用手风钻造孔，浅孔小炮开挖，对松动的岩块辅以人工撬挖，止水坑（槽）开挖完成后经四方联合验收，验收合格后方可进行下一道工序。

3）埋设锚筋。锚筋孔采用手风钻造孔，造孔完成后经监理工程师对孔深、孔斜验收合格，进行孔内冲洗，并采用 M25 砂浆回填。

4）固定止水片、止水带。按设计图纸固定好铜止水片、橡胶止水带。

5）模板安装。坝基止水坑直接用混凝土回填不需要安装模板，坝肩采用上、下游坝肩止水槽和止浆体采用 3015 组合钢模板拼装，形状不规则辅以木模板。

6）仓位验收。经施工单位“三检”，经现场监理工程师验收合格后进行综合验收签证，方准开仓。

7）混凝土浇筑。止水坑（槽）选用低坍落度 C25 细石微膨胀混凝土回填，低处人工配合反铲、高处采用吊灌浇筑，混凝土入仓前，基岩面上先铺一层 2～3cm 厚砂浆，然后再铺筑混凝土，混凝土采用 $\phi100$ 插入式振捣器进行人工平仓、振捣。

8）拆模及养护和涂刷隔离剂。混凝土拆模后按要求涂刷沥青隔离剂，同时派专人覆盖、洒水养护，养护时间位养护至下一仓碾压混凝土开仓为止。

（2）根据设计要求同一地段的基岩灌浆必须按先固结灌浆、后帷幕灌浆的顺序进行，本工程的帷幕灌浆（灌浆平洞段）按先回填、固结，再帷幕的施工顺序进行。

其中洞身固结灌浆施工质量已在固结灌浆分部工程中验收，回填灌浆施工质量在灌浆平洞开挖、支护及衬砌分部工程中验收，帷幕灌浆施工工艺流程如下：

先导孔施工→钻孔及钻孔冲洗→压水试验→浆液制备→灌浆→检查孔施工（压水试验）→封孔。

1）先导孔施工。先导孔按每一单元布置一个的原则进行，先导孔与帷幕灌浆孔重合，选取本单元地质条件具有代表性的Ⅰ序孔的位置，采用地质钻机钻孔，进行全孔深取芯，并编录、照相保存。

2）钻孔及钻孔冲洗。帷幕灌浆孔钻孔采用地质钻机和冲击回转钻机钻进，钻进结束后，首先进行钻孔裂隙冲洗，冲洗采用压力水方式，冲洗压力为灌浆压力的 80%并不大于 1MPa，方式采用通入大流量水的方法，洗孔至回水清净为止。

3）压水试验。冲洗结束后进行简易压水试验，简易压水试验与钻孔冲洗结合进行，按五点法进行，压力为该灌段灌浆最大压力的 80%，且不大于 1MPa。

4）浆液制备。帷幕灌浆使用浆液为水泥净浆，水泥为秦岭水泥厂生产的秦岭牌 P. O. 42.5 普通硅酸盐水泥，水灰比为 5：1、3：1、2：1、1：1 和 0.5：1 五个比级，开灌比为 5：1。

5）灌浆。灌浆方式采用孔口封闭、自上而下分段灌浆法。

6）检查孔施工和压水试验。帷幕灌浆检查孔每一单元布置一个，选取在本单元地质条件复杂、吃浆量较大的部位。

7）封孔。帷幕孔封孔采用全孔一次灌浆封孔法。

（二）完成的主要工程量

坝基、坝肩防渗工程完成主要工程量见表 1。

表 1　　坝基、坝肩防渗工程完成主要工程量

序号	工程项目名称	单位	数量	备　注
1	石方槽挖	m^3	118	
2	C25 微膨胀混凝土	m^3	159	
3	铜止水片	m^3	301	
4	锚筋	根	1314	
5	橡胶止水带	m	262	
6	C20 混凝土止浆体	m^3	45	
7	钻孔	m	16715	
8	水泥灌浆	t	1946	其中帷幕灌浆 1794.6t，回填灌浆 151.5t
9	F1 断层混凝土回填	m^3	105	
10	排水孔钻孔	m	3008	

四、质量事故及缺陷处理

（1）本分部工程未发生任何质量事故。

（2）无质量缺陷。

五、拟验工程质量评定情况

（一）主要设计指标

（1）坝基和左右岸基岩均按要求进行基岩帷幕灌浆，通过在 884.00m 高程灌浆平洞、坝顶、843.00m 高程灌浆平洞及 802.50m 高程灌浆平洞进行单排钻孔灌浆，灌浆孔距 2m。在 843.00m 和 802.50m 高程灌浆平洞内通过搭接灌浆实现上下帷幕的衔接，搭接孔采用三孔搭接灌浆，孔距为 0.7m，排距 2m。

（2）同一地段的基岩灌浆必须按先固结灌浆、后帷幕灌浆的顺序进行，帷幕灌浆的质量评定应以检查孔压水试验成果为主，检查孔的数量应为灌浆孔总数的 10%，一个单元工程内至少布置一个检查孔，基岩灌浆后应满足透水率不大于 3Lu。

（3）混凝土设计标号等级：止浆体为 C20，止水坑（槽）为 C25W8F200（细石微膨胀混凝土），F1 断层回填为 C25W6F200。

（二）施工单位自检情况

（1）该分部工程所用原材料全部进行了进场检验，共检验水泥 58 个批次（其中袋装 45 个批次，散装 13 个批次），粉煤灰 8 个批次，引气剂 5 个批次，减水剂 8 个批次，人工砂 9 个批次，碎石 16 个批次，铜止水 1 个批次，橡胶止水带 2 个批次，膨胀剂 3 个批次，钢筋 3 个批次，检验结果全部合格。

（2）经检查平洞帷幕灌浆孔347个，斜孔、帷幕孔10个，搭接灌浆孔152个，共计509个孔，孔位、孔序、孔深均符合设计要求。

（3）帷幕灌浆完成后，已布置45个检查孔（其中平洞帷幕、斜孔灌浆检查孔39个，超过了平洞帷幕、斜孔灌浆孔总数的10%；搭接灌浆检查孔6个，按每一单元布置一个检查孔的原则布置了6个检查孔），共进行压水试验277段，透水率均小于3Lu，检查孔压水试验合格率为100%。

（4）混凝土施工过程中严格按照设计和规范要求，进行混凝土抗压强度的检测（取样以机口取样为主），止浆体、止水槽混凝土的试块抗压强度检测统计成果见表2。

表2　止浆体、止水槽混凝土的试块抗压强度检测统计成果

检测种类	混凝土强度等级	级配	龄期/d	检测次数/次	最大值	最小值	平均值	质量等级
抗压强度	C25W8F200（细石微膨胀）	二	28	16	30.8	25.4	27.9	合格
	C25W6F200	二	28	3	28.1	25.6	26.9	合格
	C20	二	28	7	26.6	22.8	24.6	合格

（三）监理单位抽检情况

1. 跟踪检测

（1）水泥4组，粉煤灰1组，外加剂2组，砂1组，石1组，橡胶止水1组，全部合格。

（2）C25W8F200混凝土28d抗压强度试验3组，最大值30.8MPa，最小值27.7MPa，平均值29.0MPa，合格率100%；C20混凝土28d抗压试验2组，最大值24.8MPa，最小值23MPa，平均值23.9MPa，合格率100%。

（3）现场对压水试验进行跟踪检查，数据同施工单位。

2. 平行检测

（1）水泥2组，粉煤灰1组，外加剂1组，砂1组，石1组，全部合格。

（2）C25W8F200混凝土28d抗压强度试验1组，28.5MPa，合格。

（四）第三方检测机构抽检情况

（1）钢筋原材2组，结果符合国家标准要求。

（2）C25W8F20混凝土抗压强度抽检1组，结果为28.3MPa；劈拉强度抽检1组，结果为2.23MPa。

（五）分部工程质量评定

本分部工程验收单元工程80个，其中坝基止水坑单元2个，坝肩止水槽14个单元，坝肩止浆体10个单元，F1混凝土断层回填2个单元，灌浆平洞帷幕灌浆38个单元，帷幕搭接灌浆6个单元，帷幕斜孔灌浆3个单元，坝基排水孔5个单元，评定全部合格，优良68个，优良率85.0%，单元工程质量评定汇总见表3。

表 3　　单元工程质量评定汇总

序号	单元工程名称	单元个数	优良个数	合格率/%	优良率/%
1	坝基止水坑	2	2	100	100
2	坝肩止水槽	14	11	100	78.6
3	坝肩止浆体	10	3	100	30.0
4	F1 混凝土断层回填	2	2	100	100
5	灌浆平洞帷幕灌浆	38	37	100	97.4
6	帷幕搭接灌浆	6	5	100	83.3
7	帷幕斜孔灌浆	3	3	100	100
8	坝基排水孔	5	5	100	100
合计		80	68	100	85.0

六、验收遗留问题及处理意见

843.00m 灌浆廊道的搭接帷幕（6 个单元）已完成但因压水龄期未到尚未评定；843.00m、884.00m 高程坝基排水孔（9 个单元）尚在施工中，计划 11 月底完成，待这两部位完成后进行单元工程评定，并在单位工程验收中关闭此遗留问题。

七、验收结论

坝基、坝肩防渗分部工程已按合同和设计要求基本完建，已完成的 80 个单元工程全部合格，优良率 85.0%，原材料、中间产品质量合格，质量检验与评定资料完整，该分部工程质量等级暂评为优良，同意该分部工程通过验收。

八、保留意见（保留意见人签字）

无

九、分部工程验收工作组成员签字表

详见后附表。

十、附件

1. 单元工程质量评定表
2. 原材料质量检测报告
3. 混凝土强度检测报告
4. 检查孔压水试验记录

【示例 2】 枢纽溢流坝段分部工程验收鉴定书

编号：LJHSN－DB－009

×××水库大坝工程

溢流坝段分部工程验收

鉴 定 书

单位工程名称：碾压混凝土拱坝

溢流坝段分部工程验收工作组

2014 年 11 月 10 日

前　　言

2014年11月10日，受项目法人委托，由×××工程建设监理有限责任公司×××水库枢纽工程监理部主持，召开了溢流坝段分部工程验收会议。×××水库工程建设管理处、×××水利电力勘测设计研究院、×××工程建设监理有限责任公司、×××集团股份有限公司、中国水电顾问集团×××勘测设计研究院×××工程质量检测中心等单位组成分部工程验收工作组，×××水利工程质量监督站列席会议。溢流坝段分部工程验收依据《水利水电建设工程验收规程》（SL 223—2008）、《水利水电工程施工质量检验与评定规程》（SL 176—2007）《水工混凝土钢筋施工规范》（DL/T 5169—2002）、《水工混凝土施工规范》（DL/T·5144—2001）、施工设计图及施工合同等，通过听取施工单位工程施工和单元工程质量评定情况汇报，查看工程现场，查阅工程资料，并经过讨论，对该分部工程形成如下验收鉴定意见：

一、分部工程开工完工日期

溢流坝段分部工程开工日期为2012年7月3日，完工日期为2014年11月4日。

二、分部工程建设内容

溢流坝段分部工程建设内容包括大坝泄流底孔和溢流表孔混凝土浇筑。

三、施工过程及完成的主要工程量

1. 施工过程

分部工程开工前，施工单位编报施工方案，经监理单位审批后，由施工单位申报分部工程开工申请，监理单位下发分部工程开工通知后组织施工。

泄流底、表孔主要由上游进口流道、中间通道（溢流面）、下游出口流道组成，其施工工艺流程如下：施工缝面处理→钢筋安装→止水和预埋件、灌浆管路安装、插筋和通气孔钢管安装→模板及支撑施工→混凝土浇筑→抹面收仓、养护→金结埋件二期混凝土浇筑。

（1）施工缝面处理。混凝土面高压水冲毛，冲洗干净并保持湿润。

（2）钢筋安装。钢筋在钢筋加工厂内加工成型，10t平板车运输至施工现场，进行架立、绑扎、焊接。

（3）止水和预埋件、灌浆管路安装、插筋和通气孔钢管安装。

1）根据设计修改通知2012年第03号、2012年010号及相关会议纪要（陕大枢监发〔2012〕006号），底、表孔常态混凝土与碾压混凝土同步上升改为分开浇筑，为保证结合良好，在施工缝间设置键槽和过缝钢筋，缝面上游距混凝面0.3m各设2道平板止水带，上、下游1m处设置镀锌铁皮止浆片，接缝灌浆采用预埋ϕ25灌浆管，出浆盒3m×3m布置。

2）键槽和插筋提前在三厂加工好，在碾压混凝土上升过程中同步预埋，橡胶止水带采用架立筋固定，混凝土浇筑前将止水带、止浆片上所有的油迹、灰浆和其他影响混凝土黏结的有害物质清除干净，止水周围的混凝土加强振捣，使混凝土和埋入的止水结合完好。

3）底孔上游通气管采用 $\phi760\times6$ 钢管，左右各 1 个，安装高程 833.00～882.50m，下游掺气孔采用 $\phi508\times6$ 钢管，亦左右各 1 个，安装高程 827.00～835.50m，安装采用吊车起吊，节间焊接，随每仓混凝土分层上升，安装完成后对焊接质量、安装偏差进行检查，检查合格后方允许覆盖。

4）金结埋件由金结安装公司在后方进行埋件加工，进场并进行报验合格后方能使用，并按设计图纸进行埋件埋设。

（4）模板安装。泄流底孔模板由木模与钢模拼装构成，闸门采用分块木模进行拼装，进口弧面采用整体木模；出口异形段采用木模现场拼装施工；侧面外部采用分块木模（键槽模板）拼装，过流面内部采用大型多卡钢模拼装。

（5）混凝土浇筑。按设计要求，为保证 C25 和 C50 的结合，采用 C25 和 C50 的同步浇筑，浇筑过程中采用钢网片分隔模板分隔常态混凝土与过流面 C50 防冲耐磨混凝土，此方法在实际施工过程中效果并不理想，后期采用先浇筑 C50 低坍落度混凝土，后浇 C25 常态混凝土，交替升层的方法浇筑。

（6）抹面收仓、养护。抹面时间在面层混凝土初凝后终凝前进行，采用保湿方法养护，使表面始终保持湿润，养护时间不小于 28d。

（7）金结埋件二期混凝土浇筑。金结埋件二期混凝土浇筑主要包括底、表孔弧形工作闸门底槛、门槽、钢梁、液压悬挂点、门楣、交通桥二期混凝土浇筑，底、表孔检修闸门底槛、门槽二期混凝土浇筑等。金属结构埋件安装完成并经监理工程师验收合格后方可浇筑混凝土，施工工艺为普通常态混凝土施工工艺。

2. 完成的主要工程量

溢流坝段分部工程完成的主要工程量见表 1。

表 1　　溢流坝段分部工程完成的主要工程量

序号	工程项目名称	单位	数量	备　注
1	混凝土浇筑（C25W6F200）	m^3	14028	
2	混凝土浇筑（C50W6F200）	m^3	1125	
3	钢筋制安	t	1138	
4	橡胶止水带（平板型）安装	m^3	221	
5	钢管安装	m	116	其中 $\phi760\times6$ 长 99m，$\phi508\times6$ 长 17m

四、质量事故及缺陷处理

（1）本分部工程未发生任何质量事故。

（2）无质量缺陷。

五、拟验工程质量评定情况

（一）设计主要指标

溢流坝段混凝土设计标号等级：过流面、二期混凝土为C50W6F200，侧墙、顶板、牛腿、坝后桥混凝土为C25W6F200。

（二）施工单位自检情况

（1）该分部工程所用原材料全部进行了进场检验，共检验水泥29个批次，粉煤灰29个批次，引气剂6个批次，减水剂16个批次，钢筋177个批次，人工砂17个批次，碎石33个批次，橡胶止水带1个批次，检验结果全部合格。

（2）混凝土施工过程中严格按照设计要求，进行混凝土抗压强度的检测（取样以机口取样为主），混凝土的试块抗压强度、抗冻强度、抗渗强度和抗冲耐磨检测统计成果见表2～表4。

表2　　混凝土试块抗压强度检测统计成果

检测种类	混凝土强度等级	级配	龄期/d	检测次数/次	最大值	最小值	平均值	标准差	离差系数	保证率/%	质量等级
抗压强度	C25W6F200	二	28	104	34	25.2	27.6	1.48	0.054	96.1	优良
	C50W6F200	二	28	32	63	51.4	54.2	3.37	0.062	89.6	合格

表3　　混凝土抗冻、抗渗强度检测统计成果

检测种类	强度等级	级配	抗冻、抗渗等级	龄期/d	检测次数	检测结果
抗冻	C25W6F200	二	＞W6	115，136	2	合格
抗渗	C50W6F200	二	＞F200	28	1	合格

表4　　混凝土抗冲耐磨检测统计成果

检测种类	强度等级	级配	检测结果/[h/(kg/m²)]	龄期/d	检测次数/次	检测结果
抗冲耐磨	C50W6F200	二	14.6	55	1	合格

（3）钢筋焊接接头力学性能检测23组，全部合格。

（三）监理单位抽检情况

1. 跟踪检测

（1）水泥5组，粉煤灰6组，外加剂4组，砂7组，石11组，钢筋46组，钢筋焊接2组，全部合格。

（2）C25W6F200混凝土28d抗压强度试验15组，最大值33.3MPa，最小值25.1MPa，平均值27.85MPa，合格率100%；C25混凝土28d抗压试验1组，26.2MPa，合格；C50W6F200混凝土28d抗压试验1组，54.6MPa，合格。

2. 平行检测

（1）水泥1组，粉煤灰1组，外加剂1组，砂1组，石1组，钢筋11组，钢筋焊接4

组，全部合格。

（2）C25W6F200 混凝土 28d 抗压强度试验 9 组，最大值 36.1MPa，最小值 26.2MPa，平均值 29.57MPa，合格率 100%。C50W6F200 混凝土 28d 抗压强度试验 2 组，分别为 54.1MPa、41.4MPa，其中 41.1MPa 不合格。

（3）针对监理单位平行取样存在 1 组不合格，施工单位委托其工地实验室分别于 2013 年 11 月 12 日和 2014 年 11 月 5 日，在监理、第三方检测的见证下，对泄流底孔 C50W6F200 混凝土进行了回弹法无损检测。指定 14 个测区，检测强度最大值 52.9MPa，最小值 50.1MPa，平均值 50.9MPa（相应混凝土龄期为 331～704d），该部分混凝土强度推定值满足设计强度。

（四）第三方检测机构抽检情况

（1）钢筋原材检测 9 组，结果均符合国家标准要求。

（2）C25 混凝土，抽检抗压强度 21 组，平均值 29.3MPa，最大值 34.5MPa，最小值 25.7MPa；劈拉强度抽检 12 组，平均值 2.40MPa，最大值 2.93MPa，最小值 2.01MPa。

（3）C50W6F200 混凝土，抽检抗压强度 9 组，平均值 52.7MPa，最大值 54.4MPa，最小值 50.9MPa。劈拉强度抽检 7 组，平均值 4.37MPa，最大值 4.75MPa，最小值 4.11MPa。抽检抗冻抗渗等级抽检各 2 组，结果均符合设计要求。

（4）抽检抗冲磨强度 3 组，结果分别为 14.5h/(kg/m^2)、12.8h/(kg/m^2)、13.0h/(kg/m^2)。

（五）分部工程质量评定

本分部工程验收单元工程 62 个，其中底孔、表孔混凝土单元 38 个，843m 交通桥单元 1 个，底孔、表孔二期混凝土 9 个，评定全部合格，优良 44 个，优良率 71.0%，单元工程质量评定汇总见表 5。

表 5　　单元工程质量评定汇总

序号	单元工程名称	单元个数	优良个数	合格率/%	优良率/%
1	底孔、表孔混凝土	52	38	100	73.1
2	843m 交通桥	1	0	100	0
3	底孔、表孔二期混凝土	9	6	100	66.7
合计		62	44	100	71.0

六、验收遗留问题及处理意见

无

七、验收结论

溢流坝段分部工程已按合同和设计要求完建，已完成的 62 个单元工程全部合格，

优良率71.0%。原材料、中间产品质量合格，质量检验与评定资料完整，该分部工程质量等级评定为优良，同意该分部工程通过验收。

八、保留意见（保留意见人签字）

无

九、分部工程验收工作组成员签字表

详见后附表。

十、附件

1. 单元工程质量评定表
2. 原材料质量检测报告
3. 混凝土强度检测报告

【示例3】 枢组非溢流坝段分部工程验收鉴定书

编号：LJHSN-DB-007

×××水库大坝工程

左岸非溢流坝段分部工程验收

鉴 定 书

单位工程名称：碾压混凝土拱坝

左岸非溢流坝段分部工程验收工作组

2014年8月15日

前 言

2014年8月15日，受项目法人委托，由×××工程建设监理有限责任公司×××水库枢纽工程监理部主持，召开了左岸非溢流坝段分部工程验收会议。×××水库工程建设管理处、×××水利电力勘测设计研究院、×××工程建设监理有限责任公司、×××集团股份有限公司、中国水电顾问集团×××勘测设计研究院×××工程质量检测中心等单位组成分部工程验收工作组，×××水利工程质量监督站列席会议。左岸非溢流坝段分部工程验收依据《水利水电建设工程验收规程》（SL 223—2008）、《水利水电工程施工质量检验与评定规程》（SL 176—2007）、《水工混凝土钢筋施工规范》（DL/T 5169—2002）、《水工混凝土施工规范》（DL/T 5144—2001）、《水工碾压混凝土施工规范》（DL/T 5112—2009）、施工设计图及施工合同等，通过听取施工单位工程施工和单元工程质量评定情况汇报，查看工程现场，查阅工程资料，并经过讨论，对该分部工程形成如下验收鉴定意见：

一、分部工程开工完工日期

左岸非溢流坝段分部工程开工日期为2012年8月15日，完工日期为2014年4月26日。

二、分部工程建设内容

左岸非溢流坝段分部工程建设内容包括：821.47～883.00m碾压混凝土，821.47～883.00m大坝基础贴脚混凝土，843.50m和863.50m坝后桥混凝土及坝后钢梯平台。

三、施工过程及完成的主要工程量

1. 施工过程

分部工程开工前，施工单位编报施工方案，经监理单位审批后，由施工单位申报分部工程开工申请，监理单位下发分部工程开工通知后组织施工。

（1）821.47～883.00m碾压混凝土的施工工艺流程如图1所示。

1）混凝土拌制。碾压混凝土及水泥砂浆由孙家坪拌和系统拌制，投料顺序、拌和时间按拌和试验确定的顺序和时间进行，并对出料的温度、V_c值进行测量记录。

2）混凝土运输。碾压混凝土主要采用自卸汽车进行水平运输，其中821.47～846.70m高程坝体碾压混凝土自原蓝葛公路进入坝后施工道路入仓，846.70～883.00m高程坝体碾压混凝土自左岸上坝公路进入坝前施工道路入仓。

3）铺料与平仓。碾压混凝土采用平层通仓法进行施工，混凝土在仓内卸料按设置的条带从一端（右）向另一端（左）进行，边卸料边平仓，平仓采用平履带板推土机，

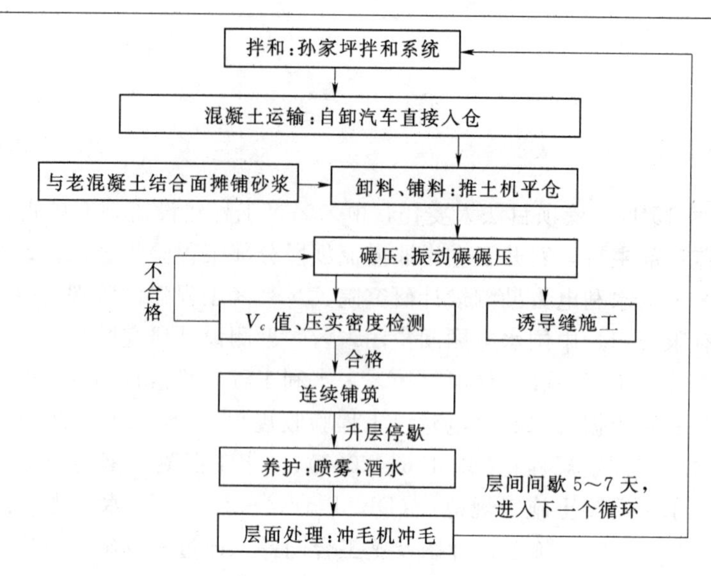

图1　碾压混凝土施工工艺流程图

局部集中的骨料、摊铺时滚落到料堆边沿的骨料采用人工予以散开至未碾压的混凝土上，混凝土铺料时厚度为34cm。

4）碾压。采用BW202AD型振动碾进行碾压，碾压参数依现场试验成果，按“2＋6＋2”（2遍静碾，6遍振动，2遍静碾收光）的遍数实施，每一碾压层施工完成后及时对压实度进行检测，对不合格的部位安排复碾，确保压实度不小于98%。左岸非溢流坝段碾压混凝土共检测压实度1526个点，一碾合格1476个点，合格率96.7%，一碾不合格的点经复碾后全部合格。

5）层面处理。施工缝及冷缝的层面采用高压水冲毛的方法清除混凝土表面的浮浆及松动骨料，处理合格后，均匀铺1.5～2cm厚的$M_{90}25$砂浆层，碾压混凝土在砂浆初凝前铺筑完毕。

因降雨或其他原因造成施工中断时，及时对已摊铺的碾压混凝土进行碾压，停止铺筑处的混凝土面碾压成不陡于1∶4的斜坡面，并将坡角处厚度小于15cm的部分切除。

6）诱导缝施工。左岸非溢流坝段有两道诱导缝、一道横缝，诱导缝和横缝均采用预制混凝土成缝，在坝体内沿拱圈径向布置，上、下游布置铜止水片、橡胶止水带和止浆片，预制块每隔一浇筑层布置一层，诱导缝和横缝内预埋灌浆管、排气管，待对大坝进行二次冷却后灌浆，确保拱坝的整体性。

7）养护。每一仓位施工完成后，安排专人对仓面及上下游坝面进行洒水养护，保持混凝土始终保持湿润，养护至下一仓开仓止。

8）冷却通水。为保证大体积混凝土的温控要求，对浇筑的碾压混凝土进行通水冷却，边浇筑边通水，通水时间为15d，保证了混凝土温升满足设计要求。

（2）821.47～883.00m大坝基础贴脚混凝土及坝后桥混凝土与碾压混凝土同时施工，

施工工艺流程如图2所示。

首先由测量队放出立模线及高程点，并对基岩和施工缝面上的杂物、泥土及松动岩石、浮浆及松动骨料等按要求进行清理。然后立模板，模板采用组合钢模板，与基岩面接触的不规则部位采用组合钢模板为主、木模镶嵌为辅。最后进行仓面冲洗，验收签证后方准开仓。混凝土浇筑完成后6～18h内开始养护，养护28d，养护期间始终保持混凝土湿润。

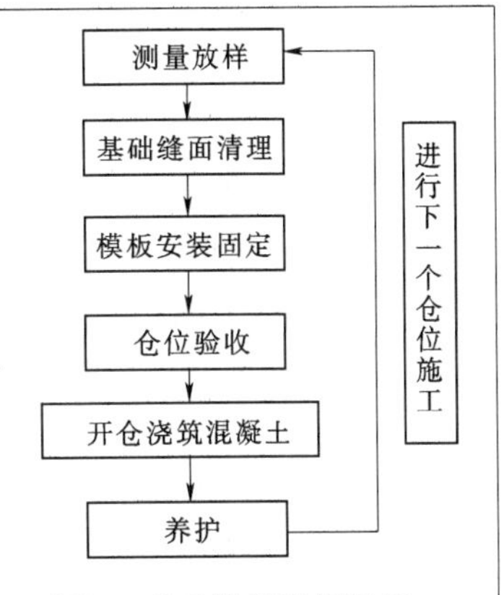

图2　基础贴脚及坝后桥混凝土施工工艺流程

2. 完成的主要工程量

左岸非溢流坝段分部工程主要完成工程量包括：碾压混凝土（C9020W6F150，三级配）约95620m³，碾压混凝土（C9020W8F200，二级配）约22890m³，基础贴脚混凝土（C25W4F200）约2100m³，坝后桥混凝土（C25W6F200）304.5m³，651型橡胶止水带176m，铜止水片（2mm）184m，止浆片700m，塑料坝体排水盲管1580m，钢筋46t。

四、质量事故及缺陷处理

（1）本分部工程未发生任何质量事故。

（2）无质量缺陷。

五、拟验工程质量评定情况

（一）设计主要指标

二级配区碾压混凝土为C_{90}20W8F200，三级配区碾压混凝土为C_{90}20W6F150，基础贴脚混凝土为C25W4F200，坝后桥混凝土为C25W6F200。

（二）施工单位自检情况

（1）该分部工程所用原材料全部进行了进场检验，共检验水泥264个批次，粉煤灰245个批次，引气剂5个批次，减水剂7个批次，钢筋12个批次，人工砂161个批次，碎石308个批次，塑料盲沟1个批次，铜止水1个批次，橡胶止水带1个批次，检验结果全部合格。

（2）M_{90}25砂浆抗压强度检测20组，最大值28.9MPa，最小值25.2MPa，平均值26.6MPa，合格率100%。

（3）C_{90}20W6F150三级配碾压混凝土28d抗压强度检测1组，结果为21.6MPa，合格；90d抗压强度检测127组，最大值31MPa，最小值20.5MPa，平均值24MPa，合格率100%；180d抗压强度检测15组，最大值38.2MPa，最小值25.7MPa，平均值31.1MPa，合格率100%。

（4）C_{90}20W8F200二级配碾压混凝土90d抗压强度检测113组，最大值28.6MPa，最小值20.4MPa，平均值24.1MPa，合格率100%；180d抗压强度检测16组，最大值

39.3MPa，最小值 29.4MPa，平均值 32.5MPa，合格率 100%。

（5）C_{90}20W6F150 三级配碾压混凝土 90d 劈裂抗拉强度检测 36 组，最大值 2.76MPa，最小值 2.22MPa，平均值 2.47MPa，合格率 100%。

（6）C_{90}20W8F200 二级配碾压混凝土 90d 劈裂抗拉强度检测 33 组，最大值 3.35MPa，最小值 2.22MPa，平均值 2.5MPa，合格率 100%；180d 劈裂抗拉强度检测 2 组，结果为 2.5MPa，3.35MPa，全部合格。

（7）C_{90}20W6F150 三级配碾压混凝土抗渗检测 7 组，全部合格，C_{90}20W8F200 二级配碾压混凝土抗渗检测 8 组，全部合格。

（8）C_{90}20W6F150 三级配碾压混凝土抗冻检测 3 组，全部合格，C_{90}20W8F200 二级配碾压混凝土抗冻检测 2 组，全部合格。

（9）C_{90}20W6F150 三级配碾压混凝土 90d 轴心抗压强度检测 8 组，最大值 30MPa，最小值 20.9MPa，平均值 24.2MPa，合格率 100%；静压力弹性模量检测 8 组，最大值 25200MPa，最小值 21200MPa，平均值 23255MPa，合格率 100%。

（10）C_{90}20W8F200 二级配碾压混凝土 90d 轴心抗压强度检测 6 组，最大值 24.2MPa，最小值 20.9MPa，平均值 21.9MPa，合格率 100%；静压力弹性模量检测 6 组，最大值 25300MPa，最小值 21500MPa，平均值 24150MPa，合格率 100%。

（11）C_{90}20W6F150 三级配碾压混凝土 90d 轴心抗拉强度检测 9 组，最大值 3.36MPa，最小值 2.89MPa，平均值 2.97MPa，合格率 100%；极限拉伸值检测 9 组，最大值 1.04×10^{-4}，最小值 0.85×10^{-4}，平均值 0.96×10^{-4}，合格率 100%。

（12）C_{90}20W8F200 二级配碾压混凝土 90d 轴心抗拉强度检测 6 组，最大值 3.6MPa，最小值 2.29MPa，平均值 3.04MPa，合格率 100%；极限拉伸值检测 6 组，最大值 1.09×10^{-4}，最小值 0.88×10^{-4}，平均值 0.98×10^{-4}，合格率 100%。

（13）C25W6F200 混凝土（坝后桥）28d 抗压强度检测 5 组，最大值 30.4MPa，最小值 25.8MPa，平均值 28.3MPa，合格率 100%。

（14）C25W4F200 基础贴脚混凝土 28d 抗压强度检测 16 组，最大值 31.4MPa，最小值 26.4MPa，平均值 29MPa，合格率 100%。

（三）监理单位抽检情况

1. 跟踪检测

（1）水泥 13 组（含 2 组袋装），粉煤灰 13 组，外加剂 5 组，砂 7 组，石 19 组，全部合格。

（2）C_{90}20W8F200 变态混凝土 90d 抗压强度试验 1 组，23.2MPa，合格；C_{90}20W8F200碾压混凝土 90d 抗压强度试验 6 组，最大值 28.3MPa，最小值 22.9MPa，平均值 25.65MPa，合格率 100%；90d 劈裂试验 2 组，分别为 2.64MPa、2.38MPa，合格。

（3）C_{90}20W6F150 碾压混凝土 90d 抗压强度试验 15 组，最大值 28.8MPa，最小值 21.1MPa，平均值 24.92MPa，合格率 100%；180d 抗压强度试验 1 组，34.9MPa，合

格；180d 劈裂试验 1 组，3.47MPa，合格；90d 劈裂试验 5 组，最大值 2.67MPa，最小值 2.34MPa，平均值 2.53MPa，合格率 100%；抗渗 1 组，合格；90d 极限拉伸试验 1 组，0.95×10^{-4}，合格；90d 静力抗压弹模 1 组，23400MPa，合格。

(4) $M_{90}25$ 砂浆 90d 抗压强度试验 2 组，分别为 28.6MPa、25.6MPa，合格。

2. 平行检测

(1) 水泥 6 组，粉煤灰 4 组，外加剂 1 组，砂 2 组，石 5 组，全部合格。

(2) $C_{90}20W8F200$ 碾压混凝土 28d 抗压强度试验 1 组，14.8MPa，合格；90d 抗压强度试验 5 组，最大值 27.6MPa，最小值 20.5MPa，平均值 23.83MPa，合格率 100%；90d 抗渗 1 组，合格。

(3) $C_{90}20W6F150$ 碾压混凝土 28d 抗压强度试验 1 组，14.5MPa，合格；90d 抗压强度试验 6 组，最大值 26.2MPa，最小值 21.1MPa，平均值 23.6MPa，合格率 100%。

(4) $M_{90}25$ 砂浆 90d 抗压强度试验 1 组，25.8MPa，合格。

(四) 第三方检测机构抽检情况

(1) $M_{90}25$ 砂浆抗压强度试验 4 组，最大值 28MPa，最小值 25.4MPa，平均值 26.7MPa。

(2) $C_{90}20W6F150$ 三级配碾压混凝土抗压强度试验 41 组，最大值 31MPa，最小值 20.4MPa，平均值 23.4MPa；劈拉强度试验 16 组，最大值 2.49MPa，最小值 2.25MPa，平均值 2.36MPa。

(3) $C_{90}20W8F200$ 二级配碾压混凝土抗压强度试验 31 组，最大值 29.7MPa，最小值 20.4MPa，平均值 23.2MPa；劈拉强度试验 12 组，最大值 2.52MPa，最小值 2.23MPa，平均值 2.4MPa。

(4) $C_{90}20W6F150$ 三级配碾压混凝土试验抗冻、抗渗等级各 1 组，结果符合要求。

(5) $C_{90}20W8F200$ 二级配碾压混凝土试验抗冻、抗渗等级各 2 组，结果符合要求；弹性模量 1 组，结果 19.6GPa，极限拉伸值 1 组，结果 0.89×10^{-4}。

(五) 钻孔取芯、压水试验

835.00～802.00m 高程碾压混凝土钻孔取芯和压水试验成果如下：

(1) 大坝碾压混凝土 835.30～802.00m 高程共钻孔 94.3m，取芯共计 83.65m，取芯率 88.71%。从芯样外观质量看，混凝土的表面光滑、致密、稍有气孔、骨料分布均匀，混凝土芯样在局部存在一些骨料集中、孔隙等缺陷，但整体性较好。

(2) 混凝土的压水检查情况，上游防渗区（二级配区）内压水透水率为 0.23～0.43Lu，均能满足设计要求的不大于 0.5Lu；下游非防渗区（三级配区）内压水透水率 0.44～0.92Lu，亦满足设计要求的不大于 1.0Lu。

(六) 分部工程质量评定

本分部工程验收碾压混凝土 22 个单元，基础贴脚混凝土 16 个单元，共计单元工程数 38 个，评定全部合格，合格率 100%。其中优良单元 29 个，优良率 76.3%。

单元工程质量评定汇总见表 1。

表 1 单元工程质量评定汇总

序号	单元工程名称	单元个数	优良个数	合格率/%	优良率/%
1	碾压混凝土	22	16	100	72.7
2	基础贴脚混凝土	16	13	100	81.2
合计		38	29	100	76.3

六、验收遗留问题及处理意见

（1）坝后钢梯混凝土平台 3 个单元工程还未施工完毕，待该部位施工完成后，进行单元验收，并在单位工程验收中关闭此遗留问题。

（2）左岸临时入仓路修补尚未完成，施工计划已安排，在单位工程验收中关闭此遗留问题。

（3）835.00～883.00m 高程钻芯取样暂不具备取芯条件，施工计划已安排，在单位工程验收中关闭此遗留问题。

七、验收结论

左岸非溢流坝段分部工程已按合同和设计要求基本完建，已完成的 38 个单元工程全部合格，优良率 76.3%。原材料、中间产品质量合格。质量检验与评定资料完整，该分部工程质量等级暂评为优良，同意该分部工程通过验收。

八、保留意见（保留意见人签字）

无

九、分部工程验收工作组成员签字表

详见后附表。

十、附件

1. 单元工程质量评定表
2. 原材料质量检测报告
3. 混凝土强度检测报告

【示例 4】 枢纽导流洞单位工程验收鉴定书

编号：SKHC201

陕西省×××工程

×××水利枢纽导流洞单位工程验收

鉴　定　书

×××水利枢纽导流洞单位工程验收工作组

2014 年 12 月 3 日

验收主持单位：陕西省×××工程建设有限公司

项目法人：陕西省×××工程建设有限公司

设计单位：×××水利电力勘测设计研究院

监理单位：×××国际工程咨询有限责任公司

施工单位：中国水电建设集团×××工程局有限公司

主要设备制造（供应）商单位：×××水工机械厂

质量监督机构：×××水利工程质量监督站

运行管理单位：陕西省×××工程建设有限公司

验收日期：2014年12月3日

验收地点：×××工程建设有限公司×××分公司

前　　言

1. 验收依据

(1)《水利水电建设工程验收规程》(SL 223—2008)。

(2)《水利水电工程施工质量检验与评定规程》(SL 176—2007)。

(3)《陕西省水利厅关于×××工程×××水利枢纽导流洞工程初步设计的批复》(陕水规计发〔2013〕×××号)。

(4) 导流洞工程设计图纸、设计变更通知及施工技术要求。

(5) ×××水利枢纽导流洞工程施工合同。

2. 组织机构

×××水利枢纽导流洞单位工程验收工作组由陕西省×××工程建设有限公司、×××水利电力勘测设计研究院、×××国际工程咨询有限责任公司和中国水电建设集团×××工程局有限公司等单位代表组成。×××水利工程质量监督站派代表列席会议。

3. 验收过程

2014年12月3日，在陕西省×××工程建设有限公司×××分公司二楼会议室，由陕西省×××工程建设有限公司主持对×××水利枢纽导流洞单位工程进行验收。验收工作组听取了各参建单位情况汇报、到现场查看工程完成情况和工程质量；检查分部、单元工程质量评定及相关档案资料；评定了单位工程质量等级，并讨论通过了《陕西省×××工程×××水利枢纽导流洞工程单位工程验收鉴定书》。

一、单位工程概况

(一) 单位工程名称及位置

(1) 单位工程名称：导流洞工程。

(2) 单位工程位置：××省××市××县×××镇上游约3.8km处的×××大坝右岸。

(二) 单位工程主要建设内容

1. 工程等级、标准、规模

×××工程等别为Ⅰ等工程，工程规模为大(2)型，导流洞进口段及洞身段工程为4级临时建筑物，出口尾水永临结合段为2级建筑物。×××水利枢纽导流洞总长733.076m，其中进口引渠段长41.439m，封堵塔长10m，洞身段长600.2m(新建274.227m+改建325.973m)，出口段长81.437m(涵洞段56m+扩散段25.437m)。其中洞身段桩号导0+274.227～导0+600.2m为已建成洞段改造，其余部分均为新建。

2. 设计工程量

导流洞工程设计工程量对比见表1。

表1　　导流洞工程设计工程量对比

编号	项目内容	单位	招标设计	施工详图设计	备注
1	土方开挖	m^3	14254	13853	
2	石方开挖	m^3	70277	61549	
3	锚杆	根	4571	3905	
4	喷混凝土	m^3	1832	2098	
5	钢筋制安	t	1525	1547	
6	混凝土	m^3	22748	21576	
7	排水孔	m	4241	4593	
8	固结灌浆	m	2814	4580	
9	回填灌浆	m^2	7257	6782	
10	帷幕灌浆	m	0	750	
11	接触灌浆	m^2	9209	2083	
12	接缝灌浆	m^2	515	69	
13	金属结构安装	t	194	136	

（三）单位工程建设过程

1. 合同开、完工时间

开工时间：2014年2月5日；完工时间：2014年10月15日。

2. 实际开、完工时间

开工时间：2014年2月21日；完工时间：2014年11月28日。

3. 施工中采取的主要措施

（1）土石方开挖。明挖采用自上而下分层梯段开挖的方法，坡面采用预裂爆破技术。石方洞挖采用上下分层开挖，采用手风钻水平造孔，掏槽方式选用双排楔形掏槽，起爆网络采用非电雷管延时起爆，周边光面爆破。

（2）支护。锚杆采用手风钻钻孔，人工注浆安装，喷混凝土由人工现场编制挂网、喷射，混合料在洞外集中拌制，洞内采用混凝土运输车运输。

（3）混凝土。导流洞混凝土由混凝土拌和站集中拌制，$9m^3$ 混凝土罐车沿老佛石公路水平运输，采用混凝土泵车输送入仓，人工平仓、振捣密实。

（4）灌浆。采用3台移动式灌浆台车配合进行钻孔机灌浆施工，浆液制备采用集中制浆，作业面配浆。帷幕灌浆先进行抬动观测钻孔、安装，然后进行帷幕灌浆先导孔施工，帷幕灌浆按照排间分序，排内加密的原则，分序钻灌施工。

（5）金属结构及启闭机安装。在进口封堵塔左侧536.77m高程布置1台100t吊车进行吊装，右侧551.52m高程布置1台25t吊车配合。较大构件采用25t拖车运至导流洞进口左侧535.00m高程处，50t吊车卸车。

施工过程中施工方严格落实“三检制”，按照规范取样抽检，均满足设计及规范要求。

4. 主要设计变更

导流洞纵坡调整的通知（导总字 05 号），导流洞纵坡坡比由原设计 0.99%更改为 0.983%，导流洞出口后所接涵洞段比降亦调整为 0.983%，涵洞出口后扩散段按调整后的底板高程整体下移，比降及体型维持原设计不变。调整后泄流流量增加 0.578%。

5. 重大质量问题处理情况

施工全过程未发生质量事故，无质量缺陷。

二、验收范围

本次单位工程的验收范围主要包括本单位工程所含的导流洞工程进口段、洞身段和出口段所有建设内容，共涉及导流洞工程进口段开挖、进口段支护等 17 个分部工程。

三、单位工程完成情况和完成的主要工程量

（一）工程完成形象面貌

进口段开挖支护全部完成；引渠段（导 0－010～导 0－56.77）底板和贴坡混凝土浇筑完成；封堵塔及启闭机排架混凝土浇筑完成，闸门及金结埋件安装完成；洞室段（导 0＋000～导 0＋600.2）开挖支护、混凝土衬砌和灌浆完成；出口明涵段和扩散段（导 0＋600.2～导 0＋681.637）导开挖支护及混凝土浇筑完成。

（二）实际完成工程量

实际完成工程量见表 2。

表 2　　实际完成工程量

序号	项目名称	单位	设计量	实际完成量	完成比例/%
1	土方开挖	m^3	13853	13853	100
2	石方开挖	m^3	61549	61549	100
3	锚杆	根	3905	3905	100
4	喷混凝土	m^3	2098	2098	100
5	钢筋制安	t	1547	1547	100
6	混凝土	m^3	21576	21576	100
7	排水孔	m	4593	4593	100
8	固结灌浆	m	4580	4580	100
9	回填灌浆	m^2	6782	6782	100
10	帷幕灌浆	m	750	750	100
11	接触灌浆	m^2	2083	2083	100
12	接缝灌浆	m^2	69	69	100
13	金属结构安装	t	136	136	100
14	灌注桩	根	14	14	100

四、单位工程质量评定

（一）分部工程质量评定

按照×××水利工程质量监督站批复的×××字〔2014〕27号文件《关于×××水利枢纽前期准备工程及导流洞工程项目划分的批复》，本单位工程原划分为16个分部，因设计变更增加安全监测工程，本单位工程增加为17个分部工程、378个单元工程。分部工程验收及质量等级评定情况统计见表3。

表3　导流洞工程分部工程验收及质量等级评定情况统计

序号	分部工程名称	合格单元个数	优良个数	优良率/%	质量等级评定
1	进口段开挖	8	7	87.5	优良
2	进口段支护	13	11	84.6	优良
3	引渠段混凝土	28	24	85.7	优良
4	封堵塔混凝土	22	21	95.5	优良
5	进口段钻孔与灌浆	5	4	80.0	优良
6	洞室段开挖	19	17	89.5	优良
7	洞室段支护	27	25	92.6	优良
8	洞室段衬砌混凝土	147	125	85.0	优良
9	洞室段回填灌浆	19	18	94.7	优良
10	洞室段固结灌浆	11	10	90.9	优良
11	洞室段接缝（触）灌浆	5	5	100	优良
12	洞室段排水孔	13	12	92.3	优良
13	出口段开挖支护	5	4	80.0	优良
14	出口段混凝土工程	21	18	85.7	优良
15	金属结构及启闭机安装	3	3	100	优良
16	出口段灌注桩	14	13	92.9	优良
17	安全监测	18	—	—	合格

注　按照《大坝安全监测系统验收规范》（GB/T 22385—2008），安全监测分部工程只能评为合格，故安全监测分部工程不参与单位工程评优。

（二）工程外观质量评价

依据《水电水利工程施工质量检验与评定规程》（SL 176—2007）的有关规定，2014年11月28日项目法人单位组织设计、施工、监理单位成立导流洞单位工程外观质量评定组，评定组对导流洞外观质量进行了评定，评定结果为：应得98分，实得86.2分，得分率88.0%。

（三）工程质量检测情况

根据规范要求，施工单位对进场原材料、中间产品等项目进行抽检试验；监理单位对其进行跟踪检测和平行检测，检测频率均符合要求。对试验结果及时统计分析，统计分析结果如下：

1. 施工单位自检

施工单位对各种原材料及中间产品等项目共抽检 677 组，合格 677 组，合格率 100%。其中水泥抽检 56 组、全部合格；钢筋抽检 77 组，全部合格；铜止水抽检 1 组，全部合格；聚乙烯高压闭孔泡沫板抽检 1 组，全部合格；橡胶止水带抽检 1 组，全部合格；粗细骨料：细骨料抽检 23 组，全部合格；粗骨料抽检 38 组，全部合格；混凝土外加剂抽检 2 组，全部合格；钢筋焊接件力学性能试验抽检 189 组，全部合格；混凝土试块：抽检 273 组，全部合格；锚杆抗拉拔力：抽检 16 组，全部合格。

2. 监理单位抽检

监理质量检查方式包括平行检测和跟踪检测。按照合同要求，监理对导流洞工程现场使用的原材料及中间产品的质量，委托第三方中心试验室完成，其中平行检测结果如下：

监理单位对各种原材料及中间产品等项目共抽检 96 组，合格 96 组，合格率 100%。其中水泥抽样检测 8 批次，全部合格；钢筋抽检 18 批次，全部合格；高效减水剂抽检 2 批次，全部合格；天然砂累计检测 3 组，全部合格；碎石累计检测 7 组，全部合格；钢筋焊接检测抽检 24 组，全部合格；混凝土质量检测 34 组，全部合格。

3. 第三方检测结果

第三方质量检测方式为抽检，对各种原材料及中间产品等项目共抽检 64 组，合格 64 组，合格率 100%。

检测结果如下：水泥抽样检测 5 批次，全部合格；钢筋抽样检测 7 组，全部合格；天然砂检测 2 组，全部合格；碎石检测 4 组，全部合格；钢筋焊接质量检测 9 组，全部合格；混凝土抗压强度试块检测 34 组，全部合格；混凝土抗渗试块抽样 1 组，检测结果合格；锚杆拉拔力检测 2 组，全部合格。

4. 观测成果分析

导流洞原型观测工程设计有 4 个监测断面，施工布置分别为导 0+271、导 0+325、导 0+464 和导 0+527 监测断面。其中导 0+271 和导 0+464 断面设计有渗压计、应变计、无应力计、钢筋计、测缝计和土压力计；导 0+325 和导 0+527 断面仅设计有渗压计、测缝计和土压力计，每个断面观测仪器埋设位置与设计一致。导流洞原型观测仪器率定及埋设情况见表 4。

表 4　　导流洞原型观测仪器率定及埋设情况统计

序号	仪器名称	率定数	率定合格率/%	埋设数	埋设成活率/%
1	渗压计	12	100	12	100
2	应变计	8	100	8	100
3	无应力计	6	100	6	100
4	钢筋计	16	100	16	100
5	测缝计	12	100	12	100
6	土压力计	4	100	4	100

通过对施工期安全监测仪器的测读、收集及分析，各种物理量均在较小的数量级上，属于安全级别。洞内安全监测无明显异常，符合国家和行业技术标准及合同约定的

技术要求。

（四）单位工程质量等级评定意见

本单位工程共有17个分部工程，其中安全监测分部工程不参与评优，其他16个分部工程全部优良；施工中未发生质量事故；单位工程外观质量得分率为88.0%；单位工程施工质量检验与评定资料齐全；本单位工程经施工单位自评，监理单位复核，项目法人认定，单位工程质量等级为“优良”。

五、分部工程验收遗留问题处理情况

无

六、运行准备情况

单位工程运行准备工作已就绪，具备运行条件。

七、存在的主要问题及处理意见

无

八、意见和建议

无

九、验收结论

单位工程验收工作组通过听取各参建单位的有关情况汇报、现场查看、核查资料后一致认为：该单位工程已按合同文件完成施工内容，本单位工程17个分部工程质量全部合格，其中安全监测分部工程不参与评优，剩余分部工程全部优良；施工中未发生质量和安全事故，外观质量得分率88.0%；单位工程施工质量检验与评定资料齐全，工程施工期单位工程安全监测资料分析结果符合国家和行业技术标准及合同约定的技术要求。依据《水利水电工程施工质量检验与评定规程》（SL 176—2007），单位工程质量等级评定为优良，验收工作组同意通过验收。

十、保留意见

无

十一、单位工程验收工作组成员签字表

《×××枢纽导流洞单位工程验收工作组签字表》。

十二、附件

《单位工程施工质量评定表》。

【示例 5】 枢纽前期准备工程合同完工验收鉴定书

×××水利枢纽前期准备工程

合同完工验收
(SHK－C1)
鉴　定　书

×××水利枢纽前期准备工程合同完工验收工作组

二〇一七年五月二十七日

项目法人：陕西省×××工程建设有限公司

设计单位：×××水利电力勘测设计研究院

监理单位：×××国际工程咨询有限责任公司

施工单位：中国水电建设集团×××工程局有限公司

质量和安全监督机构：水利部水利工程建设质量与安全监督总站×××项目站

运行管理单位：陕西省×××工程建设有限公司

验收时间：2017年5月27日

验收地点：××县×××镇

前　　言

2017年5月27日，陕西省×××工程建设有限公司主持召开了×××水利枢纽前期准备工程合同完工验收会议，会议成立了由陕西省×××工程建设有限公司、×××水利电力勘测设计研究院、×××国际工程咨询有限责任公司、中国水电建设集团×××工程局有限公司等单位代表组成了×××水利枢纽前期准备工程合同完工验收工作组，水利部水利工程建设质量与安全监督总站×××项目站列席会议。

验收工作组听取了参建单位关于工程建设有关情况汇报；现场查看工程完成和工程质量情况；检查验收资料、档案整理情况；检查了工程完工结算等情况，评定了合同工程质量等级。依据×××水利枢纽前期准备工程一期工程施工合同、施工图及有关设计变更文件、《水利水电建设工程验收规程》（SL 223—2008）以及有关规程和技术标准进行了认真讨论和评审，形成鉴定意见如下：

一、合同工程概况

（一）合同工程名称及位置

合同工程名称：×××水利枢纽前期准备工程

合同工程位置：陕西省××市××县××镇上游约3.8km

（二）合同工程主要建设内容

本合同工程主要建设内容包括：左右坝肩高程535.00m以上边坡的开挖及支护；岸坡原型监测设备安装；左右岸高程646.00m、高程610.00m、高程565.00m灌浆平洞开挖及支护施工；上、下游围堰施工；柳树沟渣场、枫筒沟渣场及交通桥下游渣场3个渣场防护；永久交通工程（2号路、4号路、筒大公路左坝肩段）的施工。

（三）合同工程建设过程

合同要求开工时间：2014年1月28日；完工时间：2015年3月30日。

本合同工程实际自2014年2月21日正式开工，2015年11月6日完成永久交通工程施工；2016年1月18日完成3个渣场防护施工；2016年4月19日完成上、下游围堰施工；2016年4月28日完成坝肩开挖施工，至此本合同工程完成施工内容。

二、验收范围

本次合同工程验收范围包括坝肩开挖、渣场防护与围堰工程、永久交通工程3个单位工程。

三、合同执行情况

（一）合同管理

本工程于2014年1月28日签订了施工合同。在合同执行过程中合同双方严格按照合同条款要求执行，对合同中约定双方的权利、义务、责任认真履行，完成了合同工程任务，实现了合同工程目标，合同执行过程中无安全、质量事故发生，投资可控，合同履行期间未发生合同纠纷，合同执行情况良好。

（二）工程完成情况和完成的主要工程量

1. 工程完成情况

×××水利枢纽前期准备工程已完成了左右坝肩开挖及支护，岸坡原型监测设备安装，灌浆平洞开挖及支护施工，上、下游围堰施工，柳树沟渣场、枫筒沟渣场及交通桥下游渣场3个渣场防护，永久交通工程（2号路、4号路、筒大公路左坝肩段）等所有合同任务。

2. 完成的主要工程量情况

实际完成工程量与合同工程量对比情况见表1。

表1　　实际完成工程量与合同工程量对比情况

序号	项目名称	单位	合同工程量	实际工程量	工程量增减	备注
1	左右坝肩开挖	m^3	1608410	1289012	−319398	设计开挖高度降低
2	锚杆	根	10059	6865	−3194	
3	喷混凝土	m^3	11388	6051.25	−5336.75	
4	安全监测仪器	组	37	22	−15	
5	围堰填筑	m^3	361257	365667	4410	
6	混凝土防渗墙	m^2	1123	1979	856	
7	道路土石方开挖	m^3	159046	163801	4755	
8	路面混凝土	m^3	21510	19242	−2268	

3. 工程结算情况

根据合同规定及工程进度情况，施工单位按时上报工程支付申请，经监理单位审核后上报项目法人按期支付工程款。工程合同项目施工已按要求全部完成，合同金额11893.5369万元，完工结算金额18757.79万元，最终完工结算金额以审计结果为准。

四、合同工程质量评定

（一）单位工程验收

本合同工程包含3个单位工程。2017年5月26日，项目法人组织对坝肩开挖、永久交通工程、渣场防护与围堰工程3个单位工程进行验收，其中永久交通工程不参与评优，其余2个单位工程质量等级均为优良。

（二）本合同工程质量评定

本合同工程共划分3个单位工程，其中永久交通工程不参与评优，其余2个单位工

程质量达到优良等级，未发生过质量事故；工程施工质量检验与评定资料齐全。本合同工程经施工单位自评，监理单位复核，项目法人认定质量等级为优良。

五、历次验收遗留问题处理情况

无

六、存在的主要问题及处理意见

无

七、意见和建议

无

八、结论

×××水利枢纽前期准备工程经合同工程验收工作组对工程现场和档案资料的检查，讨论后验收结论如下：

本合同工程完工日期为2017年5月27日。

本合同工程已按合同文件规定的内容完成，工程质量符合设计和规范要求，工程投资控制合理，合同执行顺利，验收资料齐全，资料整编规范并满足验收要求。

验收工作组同意本合同工程通过验收，工程质量等级优良。

九、保留意见

无

十、合同工程验收工作组成员签字表

见附表：《陕西省×××工程×××水利枢纽前期准备工程合同工程完工验收工作组成员签字表》。

十一、附件

项目法人、设计、监理、施工单位的工作报告。

第十三章　工程质量监督档案与信息化管理

一、工程质量监督档案管理

水利工程质量监督档案是指工程质量监督机构对水利工程建设实施质量监督过程中形成的具有保存价值的文字、图表、声像、数据等各种形式和载体的原始记录。质量监督档案反映了质量监督活动的全过程，是水利建设工程质量监督工作的重要痕迹。质量监督档案工作是水利质量监督管理的重要组成部分，是依法行政、强化监督、规范管理、确保工程质量的重要基础性工作。

近年来，水利行业工程建设任务大，中小型水利工程普遍存在工程资料不全，重工程外业、轻资料内业，重工程建管、轻验收评定，工程投入运行后补资料、补验收的情况。质量监督机构自身的档案管理意识不强，档案内容不完整，档案整编不规范，特别是县区质监站正处于建设阶段，人员不稳定、工作不连续、资料不齐全、保管不妥善。

工程质量监督档案工作实行"统一领导、分级管理"的原则，业务上接受同级档案行政管理部门、水行政主管部门和上级质量监督机构的指导与监督。各级质量监督机构要将质量监督档案工作纳入领导议事日程，纳入质量监督工作计划和管理工作程序，纳入相关部门及人员的工作职责并进行考核。要明确档案工作分管领导和职能部门，健全管理制度，配备管理人员，保证所需经费，与质量监督工作实行同步管理，做到同部署、同实施、同检查、同考核，做到质量监督档案的完整、准确、系统、安全和有效利用。

（一）工程质量监督档案要求

水利工程质量监督档案工作是质量监督工作的重要组成部分，必须及时、系统、完整、准确地整理质量监督工作文件资料，归档立卷。质量监督机构的质量监督档案工作应做到以下几点：

1. 质量监督档案必须系统

归档材料从工程项目申请监督备案起至工程结束的整个监督期间，包括不同阶段、不同方面的质量监督工作的开展情况等。

2. 质量监督档案必须完整

归档材料必须能真实地记述和反映质量监督机构质量监督工作的全过程，包括：质量监督工作计划的贯彻落实、参建单位资质及人员资格确认、质量管理体系检查、项目划分与外观质量评定标准的确认、质量监督检查记录与结果通知、分部工程施工质量等级核备、施工质量检验资料核查、外观质量评定结果核备、单位工程施工质量等级核备与工程项目施工质量等级核备、质量监督报告及有关单位的来往文件等。

3. 质量监督档案记录必须准确

归档文件必须真实地记录和准确地反映工程项目质量监督的实际情况，图文相符，签

字手续完备，文件符合档案管理的有关规定。

4. 质量监督档案必须统一管理

质量监督机构应建立完整的档案管理制度，专人负责，并按档案管理工作的有关规定，编制文件资料目录，将文件资料原件建档立卷保存。个人使用应办理借阅手续，经领导同意后，个人可保存复印件。

（二）整理归档的主要内容

项目质量监督员负责整理的质量监督档案，是以被监督的工程项目为对象，以质量监督工作的开展至竣工验收后的整个监督期为时段，对质量监督工作的真实记载。因此，质量监督文件资料整理归档主要包括两大部分：应归档的文件资料和宜归档的文件资料。应归档的文件资料主要是质量监督工作的各种文件及相关监督检查记录、工作记录等；宜归档的文件资料主要是被监督工程各参建单位的情况及与工程技术、质量有关的资料。

1. 应归档的资料

水利工程质量监督文件材料应归档范围与档案保管期限见表 13－1。

表 13－1　　水利工程质量监督文件材料应归档范围与档案保管期限

序号	归　档　范　围	保管期限
1	办理质量监督手续的文件材料	
1.1	项目初步设计文件及图纸	10 年
1.2	项目法人与勘察设计、施工、监理、检测等单位签订的合同副本	10 年
1.3	项目质量管理组织情况等文件材料	永久
1.4	勘察设计、施工、监理、检测等单位的营业执照、资质证书等材料	永久
1.5	水利工程质量监督书	永久
2	组建工程质量监督项目组的文件材料	
2.1	成立文件及相关附件	永久
2.2	项目组的相关工作制度	永久
3	工程项目划分上报及确认文件材料	永久
4	工程质量监督计划材料	
4.1	质量监督计划交底相关材料	永久
4.2	质量监督计划文件	永久
5	枢纽工程外观质量评定标准上报及确认文件	永久
6	工程质量检测计划文件材料	
6.1	工程施工质量自检计划材料	永久
6.2	第三方质量检测方案材料	永久
6.3	监理单位报质量监督机构备案的平行检测计划材料	永久
7	工程项目划分表、新增单元（工序）工程质量评定标准	
7.1	项目法人上报的工程划分表、项目划分调整文件、新增单元（工序）工程评定标准等文件及相关附件	永久
7.2	质量监督机构确认、批准文件	永久

续表

序号	归　档　范　围	保管期限
8	质量管理体系核查文件材料	
8.1	质量管理体系核查表、检查通知、意见及整改报告等回复材料	永久
8.2	项目法人组建文件、主要人员证书（复印件）、质量管理体系	30年
8.3	设代机构成立文件、主要人员资格证书和注册证书（复印件）、现场服务体系	30年
8.4	监理单位现场机构组建文件、总监理工程师任命文件、主要人员资格证书和注册证书（复印件）、质量控制体系文件	30年
8.5	施工单位项目部成立文件，项目建造师、技术负责人任命文件、主要人员资格证书和注册证书复印件、质量保证体系文件	30年
8.6	检测单位主要人员资格证书和注册证书（复印件）、质量保证体系文件	30年
9	监督检查文件材料	
9.1	监督检查通知	永久
9.2	监督检查记录	永久
9.3	监督检查整改意见及回复	永久
9.4	监督检查工作影像	永久
9.5	监督检查工作简报	30年
9.6	监督检查工作会议通知、议程、报告、决定、签到表、领导讲话、总结、记录、纪要、录音、录像、照片等	永久
10	质量监督日常工作形成的文件材料	
10.1	工作记录表（日志）	30年
10.2	工作简报	30年
10.3	工作会议通知、议程、报告、决定、签到表、领导讲话、总结、记录、纪要、录音、录像、照片等	永久
11	质量评定及质量问题处理文件材料	
11.1	验收质量结论核备文件材料	
11.1.1	重要隐蔽单元工程（关键部位单元工程）质量等级核备文件材料	
11.1.1.1	签证表	永久
11.1.1.2	单元工程质量评定表	永久
11.1.2	分部工程验收质量结论核备文件材料	
11.1.2.1	分部工程验收鉴定书	永久
11.1.2.2	分部工程质量评定表	永久
11.1.2.3	分部工程质量检测文件材料	永久
11.1.2.4	验收申请报告	10年
11.1.2.5	单元工程质量评定汇总表	永久
11.1.2.6	单元工程质量评定资料	10年
11.1.2.7	原材料、中间产品、混凝土（砂浆）试件等检验与评定资料	10年
11.1.2.8	金属结构、启闭机、机电产品等检验及运行试验记录资料	10年

续表

序号	归 档 范 围	保管期限
11.1.2.9	监理抽查资料	10年
11.1.2.10	设计变更资料	10年
11.1.2.11	质量缺陷备案表	永久
11.1.2.12	质量事故调查、处理文件、照片等	永久
11.1.3	单位工程施工质量核备文件材料	
11.1.3.1	单位工程验收鉴定书	永久
11.1.3.2	单位工程施工质量评定表	永久
11.1.3.3	单位工程施工质量检验与评定资料核查表	永久
11.1.3.4	单位工程完工质量检测文件	永久
11.1.3.5	单位工程外观质量评定表	永久
11.1.3.6	工程施工期及试运行期观测资料及分析结果文件	永久
11.1.3.7	竣工图	10年
11.1.3.8	质量缺陷备案文件	永久
11.1.3.9	质量事故处理情况文件、照片等	永久
11.1.3.10	分部工程遗留问题已处理情况及验收情况文件	永久
11.1.3.11	未完工程清单、未完工程的建设安排文件	永久
11.1.3.12	验收申请报告	永久
11.1.3.13	工程建设管理工作报告	10年
11.1.3.14	工程建设监理工作报告	10年
11.1.3.15	工程设计工作报告	10年
11.1.3.16	工程施工管理工作报告	10年
11.1.3.17	其他	10年
11.2	质量问题处理文件材料	
11.2.1	历次施工质量缺陷备案表及相关附件	永久
11.2.2	历次质量事故处理调查取证资料及调查报告	永久
11.3	质量结果文件材料	
11.3.1	第三方检测单位工程质量检测报告	永久
11.3.2	质量监督检测报告	永久
11.3.3	水利工程质量监督各类报告或意见	永久
11.4	验收结论文件材料	
11.4.1	分部工程验收鉴定书	永久
11.4.2	单位工程收鉴定书	永久
11.4.3	合同工程完工验收鉴定书	永久
11.4.4	阶段验收鉴定书	永久

续表

序号	归　档　范　围	保管期限
11.4.5	专项验收鉴定书	永久
11.4.6	竣工验收鉴定书	永久
12	其他文件材料	
12.1	收文登记簿、发文登记簿	10年
12.2	档案移交清册、销毁清册	永久

2. 宜归档的资料

(1) 上级部门文件。

(2) 政府部门文件。

(3) 项目法人单位文件资料。

1) 建设项目审批文件。

2) 项目法人单位组成文件。

3) 质量月报。

(4) 勘测设计单位文件资料。

1) 现场组织机构。

2) 初设报告。

3) 设计文件。

4) 设计通知。

5) 地质报告。

6) 设计变更通知。

7) 施工技术要求。

8) 施工详图。

(5) 施工单位文件资料(分单位编制)。

1) 现场组织机构。

2) 质量保证体系。

(6) 监理单位文件资料(分单位编制)。

1) 现场监理机构组建文件。

2) 总监、副总监任命书。

3) 监理规划。

4) 监理实施细则。

5) 质量月报。

(7) 竣工验收文件。

1) 参建各单位工作报告。

2) 竣工验收鉴定书。

(8) 工程影像资料。

1) 工程照片。

2）会议照片。

3）图片说明。

4）影像资料。

（9）质量保修书、质量责任终止书。

（三）质量监督档案收集与管理

1. 档案收集

工程质量监督机构应将工作中形成的有关各种材料按档案部门的要求，由专人及时进行收集、整理和立卷。质量监督人员应按规定及时收集、整理应归档文件材料，并向本单位档案部门移交。任何单位、部门和个人不得据为己有或拒绝归档。

在工程质量监督过程中，应做好反映质量监督工作重要节点、重大事件或成果的照片、录音、录像等声像文件材料的收集、整理和归档工作。质量监督工作中形成的电子文件是质量监督档案的重要组成部分，质量监督机构要切实加强对质量监督电子文件的管理，并按要求做好归档工作。

根据《水利基本建设档案资料管理规定》（水办〔2005〕480号）的要求，各种档案材料必须完整、准确、系统，归档文件材料应为原件，且字迹清晰、图面整洁、装订整齐、签章手续完备，图片与照片等还要附以有关情况说明，制成材料符合档案保护要求。使用复制件归档的，应标明原件所在位置。所有归档材料不得使用圆珠笔、铅笔和红墨水等易褪色材料书写。质量监督归档文件应纳入质量监督机构档案全宗，按专业档案进行分类管理，以项目为单位进行整理。

电子文件整理应符合《电子文件归档与管理规范》（GB/T 18894—2002）要求。重要的数码照片应保存相应的纸质照片，整理工作执行《数码照片归档与管理规范》（DA/T 50—2014）、《照片档案管理规范》（GB/T 11821—2002）等规范和标准。

中小型水利工程质量监督档案整理其他的有关工作可参照《四川省水利建设工程质量监督档案管理办法》（川水函〔2015〕848号）中附录2《四川省水利建设工程质量监督档案整理要求》执行。

2. 档案管理

各级质量监督机构应根据工作需要，配备符合档案保管保护要求的库房及设施设备，采取有效防护措施，确保档案实体与信息安全。有条件的质量监督机构应采用现代信息技术，加强质量监督档案信息管理，促进质量监督档案管理与本单位信息化建设同步发展。

各级质量监督机构档案部门应依法开展档案信息的利用服务。质量监督档案一般仅限于现场查阅、摘录和复制。查档人员查阅档案后应填写档案利用效果登记表，以反映利用质量监督档案产生的效益。

质量监督档案管理人员工作调离时，应清点档案，并办理质量监督档案移交手续后方可离岗。纳入同级国家综合档案馆收集范围的质量监督档案应按有关规定进行移交。对已过保管期限的质量监督档案，应成立档案鉴定小组开展档案价值鉴定。对仍需继续保存的档案应重新划定保管期限；对保管期满确无保存价值的档案应登记造册，填写销毁清册，经质量监督机构法定代表人批准后进行监督销毁。销毁清册永久保存。

二、工程质量监督信息化管理

随着我国互联网、移动通信等信息技术的高速发展和不断应用，水利建设行业各项信息化建设也获得了日新月异的发展。充分利用信息技术，质量监督机构可以及时掌握准确、完整的信息，可以使工程建设的实施过程更加透明和公正，可以对质量管理目标进行更好的监督，可以使工程建设各方责任主体及相关单位更加重视工程质量安全，不断提高工程质量水平。质量监督机构通过工程质量监督信息化管理，用公正、公平的监督标准来保证整个监督管理工作规范化与程序化，强化质量监管工作中的薄弱环节；通过建立质量监督信息平台，及时掌握区域内水利工程建设项目质量动态，使监督人员耳聪目明、卓有成效地开展监督工作，从而推动区域内水利工程整体质量的提高。

（一）质量监督信息化管理现状

水利行业作为一个古老的专业，随着社会信息技术的高速发展，也在不断地探索中前进。质量监督信息化管理作为水利信息化的一项内容，目前尚处于起步探索阶段。

1. 全国重大水利项目质量监督信息化管理系统建设领先推进

重大水利工程利用其规模和资金优势，与国内著名高校、水利科研机构积极展开合作研究，取得了明显成效。例如，清华大学与陕西引汉济渭工程建设有限公司合作，主导研发了三河口大坝无人驾驶碾压混凝土智能筑坝技术；陕西引汉济渭工程建设有限公司招标采购华北水利水电学院主导研发的质量控制智能化监控系统，都为质量监督信息化管理进行了有益的探索。

2. 国有大型水利施工企业加大了质量管理信息化的投入

国内一些水利水电施工总承包企业，已经认识到了信息化管理的重要性，开始研究开发并全面推广应用企业内部工程管理系统。其系统包括材料管理、人员管理、现场质量控制、安全控制、成本控制、资料管理、项目竣工阶段的验收管理等，结合现场实时视频监控系统，基本实现了项目施工现场的全过程信息化管理。在一部分技术难题上，运用自动控制技术，对工程质量影响因素进行量化，将系统行为和形态、数学模型和物理模型及其时空表现模式有机地结合起来，建立系统仿真模型并求解，然后进行纠偏校正，实现工程建设目标的有效控制，显著提高了工作效率和工作质量，并在一定程度上提高了企业的管理水平，为质量监督管理信息化建设奠定了很好的基础。

3. 部分省市水利工程质量监督管理信息化建设小有成效

国内部分省份、城市已开发研制了水利工程质量监督管理软件，主要包括北京市、广西壮族自治区的水利工程质量监督管理系统软件，应用效果明显。西安市水利工程质量监督站多方争取市级财政的支持，联系专业软件公司开发研制“西安市水利工程质量监督信息化管理系统”，预期该质量监督信息化管理系统具有独特的功能，能按不同工程、不同质量监督员、自动分检项目数据并自动传递到质量监督员的个人工作站点；检测出不合格的工程项目数据，会自动在质量监督员的个人工作站上和站长工作站上开机显示，提出警示，部分实现质量检测监督工作自动化、智能化、动态化、网络化，提高监督工作效率。

4. 一些水利工程质量检测单位也在积极行动

作为工程质量监督管理链条上的重要环节，水利工程质量检测机构也积极行动起来，

基于互联网数据库技术的应用，对质量检测过程中产生的海量信息，包括文字、图形文档和声音、视频资料等，实现企业内容的网络化管理、有效存储和快速查询，以及相关数据的上报。

（二）工程质量监督信息化管理存在的主要问题

虽然计算机技术、网络通信技术等在内的信息技术为水利建设领域的相关政府部门、监督机构的监督管理带来了新手段，提高了工作的自动化程度、信息交流和信息处理的效率，甚至可以辅助技术及管理人员进行决策，但从总体上看，水利行业的信息化运用远远落后于其他行业的水平。作为水利信息化的一部分，水利工程质量监督信息化管理系统建设的问题尤为明显，并且有些问题将直接影响到工程质量监督管理信息化应用建设的进一步发展。

1. 基础工作尚不完善

规范化是信息化的基础。水利工程质量监督的规范化正在建设中，尚未完成。质量监督管理信息化在某个方面、某个工作阶段的实现，只是局部的、零星的探索和实践。中小型水利工程的质量监督管理信息化很大程度上要依赖于水利行业的整体推进和省级信息化平台的实现。

2. 信息化规范、标准缺乏

由于需求驱动、分散建设，水利工程质量监督系统基本上没有一套适用的信息化管理制度和标准，无法保证各部门、企业信息化步调一致的推进。在建设信息系统时，没有一套可参照执行的信息基础编码标准，直接影响了信息数据的有效共享。

3. 信息孤岛和信息断层依然存在

目前，信息技术促进的信息化主要发生在企业内部的工作中，企业与外部（例如监督管理机构、其他企业或行业主管部门）协同的工作中还远未实现信息化。由于各企业往往使用不同的应用软件，企业之间很难实现信息的自动交换和共享，从一个企业得到的信息，另一个企业不得不重新手工录入到自己的信息系统中，这就造成所谓的“信息孤岛”和“信息断层”。而质量监督机构更是难以从各个不同的企业应用软件中及时获取第一手的各项管理数据，严重影响了信息化应用效果。

4. 质量监督机构信息化组织体系没有建立

目前，质量监督机构绝大多数没有设立独立的信息化部门，信息化建设没有负责人、协调人，对涉及全系统的信息化建设从宏观上缺少有力的指导和监督，同时，信息化建设和管理的组织协调困难、执行力薄弱。

（三）工程质量监督信息化管理探索

水利工程质量监督信息化管理必须学习和借鉴住建、交通、技术监督等行业的思路和方法，尽快行动起来，加大工作力度，紧跟时代前进的步伐，适应更高的工作要求。

1. 加强行业指导和信息化组织体系建设

推进工程质量监督信息化建设，是各级水行政主管部门的一项重要职责。水行政主管部门应加强对信息化工作的领导，深入调查研究，设立或指定专门机构负责统筹规划、科学管理、宏观调控，推进信息化规划的实施。加强信息化制度建设，制定有关信息化管理的法规和信息安全制度，改革不适应信息化要求的管理体制，打破地域和部门分割，提高信息交换及共享水平，创造有利于水利行业信息化的体制条件。

2. 加强水利工程质量监督信息化建设和管理

加强水利工程质量监督信息化管理组织建设，设立专职的信息化管理部门、岗位和人员，按政务公开相关规定定期发布质量信息。同时，质量监督机构对项目法人提供的涉及商业秘密的资料要加强保密管理，不得泄露给未经授权的任何组织或个人，否则将承担相应的行政和法律责任。

3. 给予一定的资金保障和经费支持

各级水利工程质量监督机构应将质量监督信息化建设项目列入工作经费计划，研究开发或引进专业成熟的工程质量监督管理软件，逐步推广应用。制定质量监督信息化建设的具体措施，要求日常监督管理中的各种申报、统计、确认、备案、核备等逐步采用电子申报和网上申报，提高工作效率。

4. 运用市场机制推进工程质量监督信息化建设

充分发挥市场调节机制的作用，开展信息化标准制定、优秀软件的评议推荐、信息化知识普及和业务培训等活动，逐步打通软件之间数据流通的瓶颈，建立工程质量监督信息化软件产品测评体系（图 13.1），开展行业信息化培训，提高行业基础信息的数字化水平，推动工程质量监督信息化建设技术在水利行业的普及，为工程质量监督全面信息化建设打好基础。

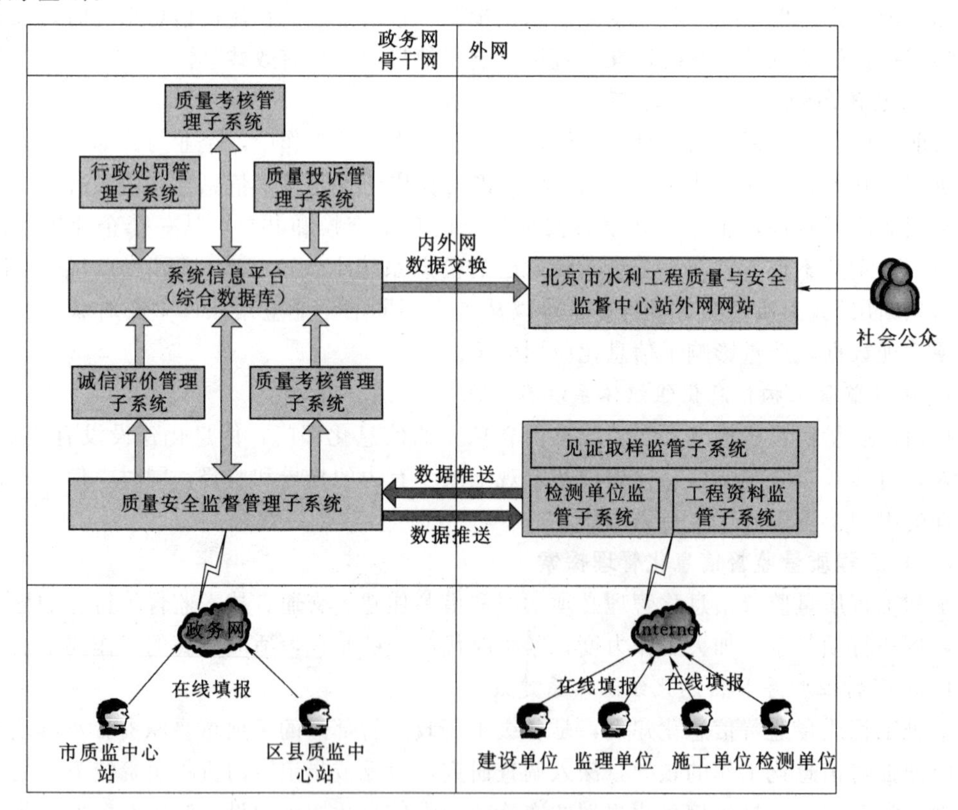

图 13.1　工程质量监督信息化软件产品测评体系

（四）水利工程质量监督信息化系统基本框架

近年来，北京、广西等省（自治区、直辖市）积极开展水利工程质量监督信息化系统建设，顺利实现了将省级质量监督机构管理、质量监督管理、工程资料监督管理、见证取样监督管理、检测单位实时监控、质量投诉管理、行政处罚管理、诚信评价、质量考核管理等所有关键环节纳入监管体系。并以工程项目为中心，通过互联网建立监督单位、项目法人单位、施工单位、检测单位、监理单位之间的有机互联互通，实现监管部门远程在线实时监管，及时、全面掌握工程检测工作的准确性、完整性，保证检测工作的科学、公正、准确、真实，并有效规范检测行为，确保混凝土和工程实体等主要部位的质量。用公正、公平的监督标准来保证整个检测监督管理工作的规范化和程序化，从源头上杜绝质量隐患，减少工程质量安全事故的发生。由过去的巡回检查、定期抽查转变为全面实时监管、疑点督查等，规范企业经营，避免人为因素影响，将市场的无序竞争引入到注重检测质量和规范服务的正确轨道上。

水利工程质量监督信息化系统按照水利工程质量监督的工作程序和工作方法，通过实施信息一体化解决方案，实现水利工程质量监督信息化建设，形成一个向导型、智能化的业务体系，为工程质量监管部门提供一个高效的、实时的工作工具。结合现有的移动互联网与智能终端技术，使其既可方便快捷地完成具体监督任务，又可有效进行全局的控制管理，并最大限度地实现信息资源共享，进而提高工程监督管理的工作水平和工作效率。

水利工程质量监督信息化系统通过互联网实现监督站及各参建单位信息的双向实时传递，各子系统均架构在统一的业务架构平台上，均为基于平台的业务组件，通过平台中的数据总线将各业务子系统互联，解决数据孤岛和业务协作性问题，达到数据的充分整合。

水利工程质量监督信息化系统的业务子系统一般包括以下几个方面：

1. 省质监中心站监督机构管理子系统

该子系统主要用于统计全省水利工程质量监督机构的各项工作情况，内容涵盖省质监中心站和市、区县质量监督机构的机构建设、工程监督情况等信息。通过该子系统可实时掌握全省水利工程质量监督机构工作情况，包括基本信息、人员信息、经费信息等；实时掌握各市县质监站月度工作开展情况，分享较好的管理经验；实时掌握省质监中心站及市县质监站监督工程的基本情况，包括工程名称、开完工时间、投资额、主要管理人员、工程建设进度、验收情况等，对进一步加强工程质量管理、加强参建单位质量行为管理有着重要作用。

（1）监督机构基本信息模块。该模块用于实时汇总全省各个质量监督机构建设情况，包括基本信息、人员信息、经费信息等。能够利用图表、报表结合等多种方式，直观立体地展示各个质量监督机构建设数据，并与往年数据进行同比、环比，形成各种统计报表，以图形、图表的方式直观地进行展示。

（2）质量情况月报模块。系统自动统计各个市（县）月度情况，省质监中心站和市县质监站可按权限查看。能够提供多维度，按时间、关键字、类别等方式进行指标数据的查询，支持在线导出 Excel、Word 等格式文件和在线打印。能够利用图表、报表结合等多种方式，直观立体地展示各个质量监督机构工程监督数据，并与往年数据进行同比、环比，形成各种统计报表，以图形、图表的方式直观地进行展示。包括：监督工程月报、竣工工程月报、质量隐患月报、重大事故月报及其他情况月报。

(3) 监督工程模块。该模块用于实时统计汇总省质监中心站及市县质监站监督工程的基本情况，包括工程名称、开工时间、计划完工时间、投资额、主要管理人员、工程建设进度、检查和验收情况、工程五方责任主体等信息。支持在线导出 Excel、Word 等格式文件和在线打印，能够利用图表、报表结合等多种方式，直观立体地展示各个监督工程数据，并与往年数据进行同比、环比，形成各种统计日报、月报、年报，以图形、图表的方式直观地进行展示。其具体业务流程就是由业务人员登录子系统进行查询，子系统查询完成后用户可以进行信息的导出、打印功能。

2. 质量监督管理子系统

该子系统能够全面公开监督备案流程及所需资料，实现在线监督备案功能，实现在线监督任务分配功能，简化程序，加快工程开工进度；实现在线编辑、审核监督工作计划，及时对工程质量问题进行取证、审核、批准；简化工作程序，实现在线批准验收申请，审核验收资料功能；在线实时统计工程核备情况，在线发送核备修改意见；在线申请原材料、构配件、金属结构和机电产品登记，并进行审核批准。

该子系统采用省质监中心站质量监督业务流程为管理核心，能自动采集、分析工程项目和建设活动有关责任主体及有关管理人员的质量行为动态信息，使工程质量监督所需要的数据和信息能够由该子系统自动采集或生成。能够处理工程质量监督业务并对检测单位、施工单位、监理单位、项目法人单位及商品混凝土公司等的日常行为进行规范管理，对上述各单位的质量行为进行实时动态的监管，并通过移动终端对质量进行实时动态的监管。

(1) 网上报监模块。该模块用于完成服务单位办理质量监督手续的输入、审核、回复等工作，输入服务单位提供的报监信息，并按要求产生相应的监督注册编号。服务单位通过登录网上窗口，输入工程信息并存档、上传，打印登记表格后加盖公章，并与报监资料一块送办件部门，工作人员接收资料初核通过后交主办人员，再次审核通过后网上回复服务单位接受报监，打印工程质量监督备案登记表。

(2) 工程质量监督检查模块。该模块用于质量监督人员接到监督任务通知书后，在线填写工程质量监督告知书、质量监督计划、监督交底等内容，报主管领导审批合格后推送至项目法人单位、施工单位和监理单位等。质量监督人员针对现场发现工程实体、资料存在质量问题下发质量监督检查结果通知书，收集整改回复等工作；质量监督人员可利用移动办公设备及时编制质量监督检查结果通知书，并能完成现场实物或资料的取证照相，通过网络上传至分管领导审批后可通过系统推送至项目法人单位和施工单位，项目法人单位和施工单位可通过该子系统在线填写整改回复。监督人员在质量问题整改完成后收集所有资料并上报分管领导。

(3) 工程竣工验收模块。该模块用于监督人员对施工现场重要分部工程验收、单位工程验收、合同工程完工验收、竣工技术预验收及竣工验收的管理。工程验收阶段，服务单位按要求填写验收申请，通过该子系统传送至质量监督人员审核，通过后推送给质量监督负责人安排现场验收监督工作，验收监督完成后填写相应验收监督记录并存档。

施工单位和项目法人单位可通过该功能模块在线填报工程参建单位基本情况表、工程竣工验收申请报告、工程材料进场检验报告、工程检测报告等各类工程竣工验收材料。质

量监督人员可在线审核并生成 Excel、Word 等格式文件并在线打印。

(4) 质量核备模块。该模块用于每项验收工作结束后，质量监督人员可对工程验收资料进行核查，核查后将意见发至项目法人单位和施工单位，完成核备工作。

(5) 施工现场安全监督检查模块。施工现场安全监督检查模块用于对施工现场安全监督检查情况进行管理，记录检查情况，对于检查出的问题，将整改通知发至有关单位，及时上报分管领导。

(6) 原材料构配件登记管理模块。工程项目施工人员将所使用的原材料、中间产品及构配件通过网上提交登记申请，并进行现场资料审核，通过后方可使用。该功能模块应具有网上申报、生成备案表、网上材料信息审核、备案公示、打印备案证及公告等功能，并能够提供多维度，按时间、关键字等方式进行指标数据的查询。支持在线导出 Excel、Word 等格式文件和在线打印。

(7) 工程分布图模块。该模块能展示所有在监工程的施工现场分布情况，可进行 GPS 查询，提供自由放大、拖拉、测量距离与面积等空间展示功能，并支持图层控制。点击地图中某个在监工程，可以查看在监工程基础信息和监督信息，能够实现数字地图最基本的放大、缩小、全图显示和移动的功能，能够测算任意两点或多点间的距离和面积，可以查询选定范围的在监工程，可以根据选定的条件进行空间定位和属性查询。

(8) 监督现场移动互联 APP 模块。该模块通过智能手机、PAD 为质量监督人员提供移动端监督检查的服务。包括：工程统计汇总信息、工程进度情况信息、工程五方责任主体信息、工程质量监督检查。方便监督人员录入项目现场监督记录、拍摄并保存施工现场照片、提交并保存施工现场质量问题记录等；方便监督站监督人员在施工现场操作不方便的情况下办公。包括：通过移动互联 APP 查看在监工程情况、待验工程情况、本月竣工工程情况、新建工程情况。在现场填报监督检查记录，并通过照片、音频、视频和 GPS 定位取证，并随检查记录上传至服务器。

3. 工程资料监管子系统

该子系统是为各方参建单位提供工程资料在线编辑、审核、上报质量监督机构的系统。资料上报后，质量监督机构能及时查看工程资料，发现未按照规定提交工程资料的单位或存在问题的资料时可以及时做出处理，从而实现对工程资料实时、高效的监督，全面规范当前水利工程所需工程资料表格及试验表格。

(1) 施工资料在线填报模块。该模块可供施工单位资料员和技术人员在线填报各类施工管理和技术资料，系统提供自动计算、智能评定、验收数据自动生成、特殊符号、技术交底等功能。

施工单位和监理单位可在线填写基建文件、监理资料、施工管理资料、施工技术资料、施工测量记录、施工试验资料、竣工质量验收资料等各类施工和监理资料，并自动上传，质量监督人员可实时查看。

(2) 施工资料打印模块。施工单位、监理单位和质量监督机构可根据自身的需要，批量打印施工资料表格，并提供套打的功能。

(3) 竣工验收资料模块。施工单位、监理单位可通过该模块填写竣工验收所需的工程竣工验收资料，进行工程备案及工程存档。施工单位和项目法人单位可通过该功能模块整理收集上报各类工程验收材料，包括：参建单位基本情况表、工程竣工验收申请表、工程竣工报告、工程质量保修书、工程质量监督报告、工程材料进场检验报告等。

（4）组卷备案模块。施工单位、监理单位可通过该模块完成施工资料自动组卷备案工作。系统自动按施工单位、监理单位、项目法人单位和档案管理部门的工程资料保存要求分类规整。

（5）资料审核模块。监理单位监理人员可通过该模块对施工单位上传的各类施工资料和检测申请进行审核，并提交审核意见，不合格的资料可驳回，要求施工单位重新填写。

4. 综合查询模块

质量监督人员可通过设置查询条件对施工单位上传的各类施工资料进行查询。能够提供多维度，按时间、关键字等方式进行指标数据的查询。支持在线导出 Excel、Word 等格式文件和在线打印。内容包括：工程质量验收记录综合查询，检验批记录综合查询，工程资料在线审批和打印，查看工程资料填写进度。

5. 见证取样监管子系统

该子系统从取样的时间、地理位置、人物几个关键元素来设计，有效地控制了取样至送检过程中样品的唯一性、真实性。采用手机 APP 或微信对取样位置进行 GPS 定位并对原材料植入二维码作为唯一标签，然后通过手机 APP 或微信对标签进行扫描来确定取样的样品唯一性，并对取样时间、委托信息等参数进行记录。

（1）见证取样人员管理模块。见证人和取样员通过该模块上报见证人、取样员的基本信息，质量监督人员可对信息进行审核，未通过审核者将不能进行见证取样的客户端软件操作，将无法完成见证取样工作。

（2）见证送检管理模块。取样员通过该模块可完成原材料及中间产品的见证送检申请，见证人可对信息审核。该模块应可在线填写可各类原材料及中间产品见证取样送检申请，包括：水泥、管材、管件、防水材料、钢筋原材初复检、钢筋焊接及连接、砂浆配合比、混凝土抗压强度、混凝土配合比、混凝土抗渗、钢筋拉拔、预制混凝土构件结构等。

取样员将二维码绑扎或植入到样品中，通过手机 APP 扫描二维码，填写本次取样的样品基本信息，如强度等级等，对当前的样品进行拍照，保留影像资料，提交本次检测申请取样信息。见证人扫描二维码，核对检测申请信息，对当前的样品进行拍照，确认本次检测申请的见证信息。

（3）见证抽检管理模块。质量监督人员通过该模块可完成抽检送检申请。该模块可在线填写可各类抽检送检申请。监督人员将二维码绑扎或植入到样品中，通过手机 APP 扫描二维码，填写本次取样的样品基本信息，对当前的样品进行拍照，保留影像资料，提交本次见证抽检取样信息。

（4）样品状态追踪管理模块。取样员、见证人和质量监督人员可通过该模块对见证取样材料进行追踪。监督人员可对见证员与取样员的地理位置信息、见证员递交见证信息的时间与取样员递交取样信息的时间间隔进行监管。

（5）检测报告管理模块。该模块可对见证取样检测报告进行管理，通过扫描检测报告上的二维码获取见证取样信息和检测报告信息，可对虚假伪造的检测报告进行有效控制。能够提供多维度，按时间、关键字等方式进行指标数据的查询。支持在线导出 Excel、

Word 等格式文件和在线打印。

6. 检测单位监管子系统

该子系统为各检测机构及检测业务主管部门，建立一套适用于检测机构、委托单位、监管部门之间及时进行检测业务数据交流，具有良好数据通信能力，管理流程规范、管理模型统一，并具有分析项目数据和大数据分析处理能力的综合建设工程质量监管信息的系统。能够实现混凝土、钢筋等大部分力学试验数据（包含原始记录、检测报告、曲线）的自动采集，曲线具有缩放功能，检测报告支持一张报告上体现多组样品。通过该子系统的建设和实施，提高水利工程检测、监管的工作效率和管理水平，并为委托单位、检测机构及主管部门间提供一个数据交换和管理的平台。

对于各检测业务主管部门，检测单位监管子系统具备远程数据的同步与提取功能，能提供全面的检测业务活动监督管理功能，辅助监管人员进行决策，保证各检测机构的操作规范、数据准确，检测报告的客观性与公正性，及时发现检测机构与相关从业人员的操作异常情况，工程质量及材料的异常情况。实现对检测机构检测数据的实时监督与管理，对辖区范围内材料、工程实体、监测数据的预警，对检测机构所检测报告真实性的验证与检测数据的溯源，对检测机构自动采集数据的管理，为主管部门决策提供信息依据。

对于各检测机构，该子系统能通过对检测业务流程及数据流进行控制实现数据查询与统计速度的提升。通过自定义报表模板，实现检测报告的自动化生成，通过对检测设备进行自动化改造，实现采集数据的自动接入及原始记录的自动生成，从而提高工作效率、提高服务质量。同时，检测单位通过远程控制电子签章与电子签名，实现委托方自己在线打印检测报告的功能。对于项目法人及施工、监理、监督单位，亦可在线登录系统，查询所需要的检测信息，验证报告真伪等。

（1）检测机构管理模块。该模块用于管理检测机构的基本信息、资质信息、场地信息等，能够提供多维度，按时间、关键字等方式进行指标数据的查询，支持在线导出 Excel、Word 等格式文件和在线打印。检测单位工作人员负责填报本检测单位的相关信息，质量监督人员进行审核，监督管理人员可进行统计分析，汇总全省检测单位的情况。

（2）检测设备管理模块。该模块用于管理检测单位检测设备的基本信息及设备检测检定到期信息提醒，能够提供多维度，按时间、关键字等方式进行指标数据的查询，支持在线导出 Excel、Word 等格式文件和在线打印。检测单位工作人员负责填报本检测单位检测设备的基本信息及设备检测检定信息，质量监督人员进行审核，监督管理人员可进行统计分析，汇总全市检测单位的设备使用情况。

（3）检测合同备案管理模块。该模块用于检测机构上报检测合同到检测机构监管子系统，质量监督人员可以查询、审核，省质量监督中心站也可以设置管理规则，如一个工程不能在多个检测机构签订合同等。能够提供多维度，按时间、关键字等方式进行指标数据的查询，支持在线导出 Excel、Word 等格式文件和在线打印。

检测单位工作人员填报检测合同，质量监督人员进行审核。委托单位在进行委托办理时，系统即从检测监管子系统内获取当前委托单位所签订的检测合同，如合同未经备案审核，则不能进行委托办理。监管人员在监管系统内只需输入合同编号，即可列出该合同对应的工程名称、委托单位与所有报告信息，同时可调出该合同对应的检测项目列表，与实际的检测项目报告进行比对，完成对检测合同与委托单位、检测报告的监管。

（4）检测人员管理模块。该模块用于管理检测单位检测人员的基本信息，并可以查询出人员的资质挂靠多个单位的问题等，同时人员的证书可以直接在系统里进行打印管理，质量监督人员可以进行统计查询人员分布情况。该模块能够提供多维度，按时间、关键字等方式进行指标数据的查询，支持在线导出 Excel、Word 等格式文件和在线打印。

（5）自动采集数据模块。该模块通过同检测单位的检测设备互联，实现采集数据的自动接入及原始记录的自动生成，并记录手动修改的数据，实现对材料、工程实体、监测数据的监管。

对于具有力学指标等自动采集项目，进行自动采集监管控制，通过监管系统统一设置必须自动采集的试验项目，如没有自动采集就不能做试验、出具报告。试验报告上传至检测监管系统后要对试验曲线进行回放，曲线具有缩放功能，便于与报告原始记录数据进行比对，使检测过程具有再现性，达到试验过程可追溯的目的。

（6）检测数据上报模块。该模块可将检测单位的检测数据、检测报告和曲线及破型照片自动上报给相应的质量监督机构，实现对检测机构检测数据的实时监督与管理。系统可以实时反映每天、每周、每月、每年度各个检测机构的数据上传情况。

（7）虚假试验报告监管模块。虚假试验报告监管主要针对如下 4 种试验报告进行管理：

1）重复报告。同一报告号检测单位造假出不同结果，检测数据监管平台可自动对试验检测机构重复的报告编号进行筛选，进行汇总，形成重复报告编号表备查。

2）检测数据有改动。采集数据和报告数据对不上则用红色提醒，数据自动采集系统保存的曲线数据是原始加密数据，试验员对任何原始数据进行修改，系统均会进行提醒并形成报表备查。

3）自动采集样品无记录。结合检测取样二维码唯一性标识（只能使用一次）管理系统，一旦采集过就有记录，保证样品的唯一性，杜绝更换不合格试件现象。

4）报告有修改。报告有修改提示，修改是否有申请记录，试验检测机构按照标准的信息修改流程，应具备信息修改过程记录信息，如修改原因、修改人、授权修改意见等。修改时试验管理软件自动记录相应的修改过程信息，如修改时间、修改前值、修改后值等。修改数据汇总至平台后自动形成被修改报告台账。

（8）检测质量评估模块。该模块应提供综合统计报表，可以方便的统计分析原材料、工程质量的检测结果。

（9）检测业务管理系统。该系统包含有室内常规检测业务的管理及现场检测管理，包括：委托收样管理，样品、检测与报告管理，检测人员管理，质量体系管理，检测权限管理。

7. *质量考核管理子系统*

省质监中心站按要求每年参与组织年度质量考核工作，通过该子系统发布通知，接收报告及在建工程情况，发布质量考核安排及结果。

（1）通知通报管理模块。省质监中心站通过子系统向市（县）质监站发布年度考核工作要求，市（县）质监站通过子系统提交考核报告和在建工程情况信息，省质监中心站发

布考核结果，并推送给市（县）质监站。

（2）考核管理模块。考核管理模块用于管理各市（县）质监站提交的考核报告和在建工程情况，以及各市（县）质监站各年度的考核结果。

8. 门户网站

门户网站主要用于网上信息发布，平台管理员可向社会公众发布相关信息，如政务服务、法律法规库、通知通告、资料文库、案例文库、质量通病、行业动态等。行业相关人士可以通过网络服务平台浏览最新法律法规信息和办事流程等信息。市民也可以通过网络服务平台浏览各种信息，通过“质量投诉窗口”功能对水利工程质量问题进行网上投诉。

（1）新闻栏目管理。

1）政务服务：政务可公开发布的信息包括政策法规和工作制度公开、监督工作公开、人事管理公开、决策公开等信息。

2）法律法规库：用于发布最新法律法规文件。

3）通知通告：用于发布相关的通知通告。

4）质量投诉窗口：为市民提供网上投诉通道。

5）资料文库：提供水利行业相关标准、检测指标等信息浏览。

6）案例文库：展示以往成功监督监管相关项目的质量控制和处理案例。

7）质量通病：用于展示工程建设过程中经常出现的质量通病和预控管理。

8）行业动态：用于公布单位以及行业的一些最新动态。

9）培训考试：按规定发布相关培训和考试信息，以及能力验证考核信息，为相关单位部门提供报表考试、证书查询服务。

10）理论研讨：发布全省水利工程质量监督专业技术论文。

11）资质资格：查询单位或人员的资质信息，提供相关网上申报、年审的服务功能。

12）“四新”信息：用于发布新技术、新工艺、新设备、新材料信息。

13）受监工程：提供受监工程信息查询。

14）友情链接：用于设置周边相关单位的网站链接。

15）文件下载：提供相关资料表格等文件的下载。

（2）新闻管理。编辑文字、图片、动画视频并用于新闻发布。

（3）新闻模板管理。

【延伸阅读】 陕西省引汉济渭三河口大坝质量控制智能化监控系统

水利工程质量管理中的智能化监控系统研究

杨　诚

（陕西省引汉济渭工程建设有限公司，陕西　西安　710000）

摘要：三河口水利枢纽大坝为碾压混凝土双曲拱坝，受技术难度、地质条件及施工技术水平的限制，针对传统质量管理容易出现的质量管控盲区，论述建立智能化监控系统的必要性，并就水利工程质量管理中的智能监控系统进行研究，大坝智能化监控系统采用信息化、数字化、智能化手段对施工质量进行全面监控，以监控管理的智能化促进施工的精细化，实现施工质量智能化管理，并为枢纽工程的安全鉴定、竣工验收以及今后长期安全运行提供支撑平台。

关键词：水利工程；质量管理；智能化监控研究

传统的质量管理依赖于从业人员专业素养与责任，从近些年发现的大坝建设出现的诸如混凝土裂缝、混凝土碾压不密实、灌浆不合格等质量问题时，其中一个很重要的原因就是信息不畅导致措施与管理不到位，信息获取“四不”——“不及时、不准确、不真实、不系统”。三河口水利枢纽大坝为碾压混凝土双曲拱坝，受技术难度、地质条件及施工技术水平的限制，大坝混凝土碾压、温控、灌浆等施工方面容易出现质量控制盲区。研发并建立全面感知、真实分析、实时控制的大坝智能化监控系统，采用信息化、数字化、智能化手段对施工质量进行全面监控，实现智能温控、数字大坝、数字灌浆等质量管理目标，确保监测、控制与预警信息的及时、准确、真实、系统，以监控管理的智能化促进施工的精细化，从而确保大坝整体安全。

1　水利工程智能化监控系统建立的必要性

三河口水利枢纽大坝为碾压混凝土拱坝，最大坝高 141.5m，正常蓄水位 643m，水库总库容为 7.1 亿 m^3；枢纽主要由包括拦河大坝、泄洪放空系统、供水系统和连接洞等组成。如何采取有效的手段确保工程的施工质量一直是工程建设的主要任务。作为我国少见的几个高碾压混凝土拱坝之一，大坝建设过程中将面临如下不利因素：

（1）枢纽地处高山峡谷区，地形、地质条件复杂，水推力大，工程整体防裂要求高、控制难度大。

（2）大坝工程建设规模居国内拟建同类坝型前茅，工程规模大，建设周期长，施工过程受自然环境、结构形式、工艺要求、组织方式、浇筑机械及建筑材料等诸多因素影响，质量控制难度较大。

（3）左右岸坝肩断层发育，蓄水后坝肩稳定问题突出。

（4）碾压混凝土抗裂能力相对常态混凝土偏弱，尤其是层间结合质量控制难度大，层面防渗、抗裂能力较差。

（5）坝址所在地区，1月多年平均温度为1.2℃，7月多年平均温度为24.2℃，年温差大，温控条件较恶劣，防裂难度明显大于同类已建工程。

上述不利因素给工程建设的施工质量管理带来重大挑战。如何实现对大坝混凝土施工质量的有效监控，确保大坝现场施工质量的有效评价，对现场各种可能发生的风险事故预防与预警显得尤为重要。通过研发并建立智能化监控系统，实现对大坝建设施工质量温度控制、碾压质量、浇筑信息、灌浆和变形监测等信息的智能采集、统一集成、实时分析与智能监控，有效确保大坝施工质量。

2 水利工程智能化监控系统的设计

三河口水利枢纽施工期智能化监控系统是由项目法人结合工程实际设计开发的一套智能化监控系统，进行辅助质量管理，其核心是在一个智能化控制管理平台下，以BIM图形信息为纽带，统一协调6个施工质量管理子系统以及包含了人员车辆定位、施工安全视频监控、施工进度仿真管理等4个其他子系统；在此对6个施工质量管理子系统的设计原理及实现的功能进行重点介绍，6个子系统包括大坝混凝土温度智能监控管理、大坝混凝土碾压质量监控管理、混凝土加浆振捣监控管理、大坝施工质量综合监控管理、灌浆质量自动化监控管理、大坝坝踵变形自动化监测管理，框架如图1所示。

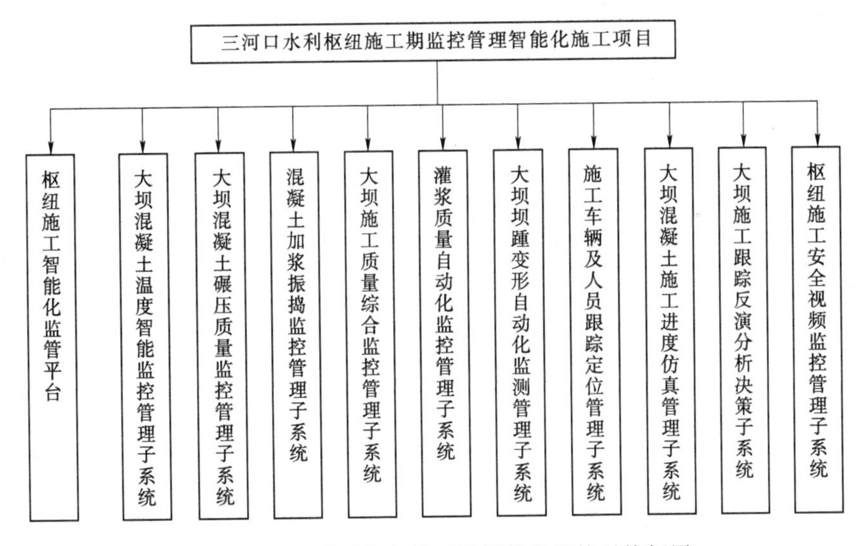

图1 三河口水利枢纽施工期智能化监控系统框图

2.1 大坝混凝土温度智能监控管理

结合三河口水利枢纽工程的特点及大体积混凝土温控防裂要求，建立三河口水利枢纽工程碾压混凝土拱坝施工期温控防裂智能监控系统。该系统应运用自动化监测技术、GPS定位技术、无线传输技术、网络与数据库技术、信息挖掘技术、数值仿真技术、自动控制技术，实现温控信息实时采集、温控信息实时传输、温控信息自动管理、温控信息自动评价、温度应力自动分析、开裂风险实时预警、温控防裂实时反馈控制。子系统功能划分如图2所示。

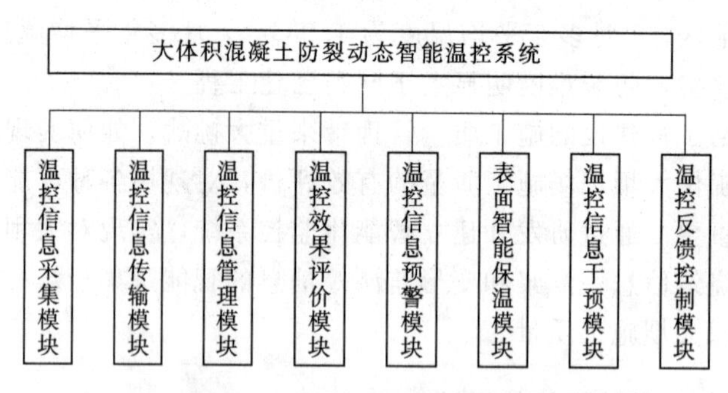

图2　混凝土防裂动态智能温控系统框图

2.2　大坝混凝土碾压质量监控管理

通过在碾压车辆上安装集成高精度的GPS接收机的监测设备装置，基于GPS、GPRS和PDA技术，实现了碾压遍数、碾压轨迹、行车速度、激振力、压实厚度等碾压参数的全过程、在线实时监控，采用适合于连续碾压质量控制要求的压实质量实时评估指标值，动态监测和评估大坝压实效果，并根据坝料压实情况，自适应地调整碾压机械运行特征，实现远程监控和反馈指导施工。子系统功能划分如图3所示。

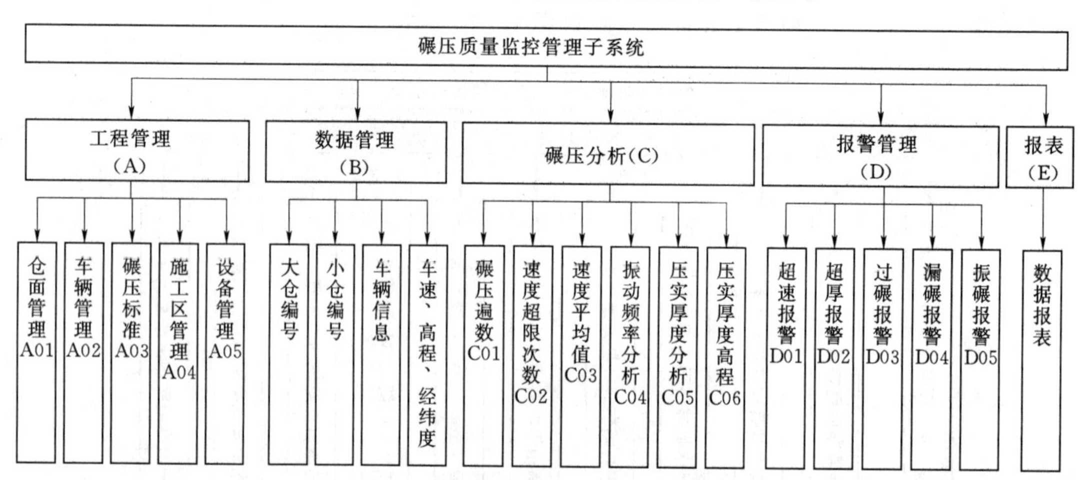

图3　碾压质量监控管理系统框图

2.3　混凝土加浆振捣监控管理

为有效监控加浆振捣质量，研发完成混凝土振捣加浆监控系统，实现对混凝土振捣位置、加浆量、加浆浓度等智能监控，该系统运用自动化监测技术、GPS定位技术、无线传输技术、网络与数据库技术、信息挖掘技术、数值仿真技术、自动控制技术开发完成综合评价子系统数据，逐层生成图形报告与数据报表。根据需求分析，子系统功能划分如图4所示。

2.4　大坝施工质量综合监控管理

结合三河口水利枢纽工程的特点及混凝土施工质量要求，建立三河口水利枢纽工程碾压混凝土拱坝施工期混凝土施工质量管理系统。实现以施工单元（浇筑仓）为核心的大坝建设过程中重要业务数据的监控与采集、实时分析、反馈与共享，通过数字化的方式实现

混凝土试验检测、仓面设计、开仓计划、配合比等施工流程的电子化管理，提供直观、人性的业务界面，数据采集全部依托日常业务开展，相关的成果全部通过系统自动生成。子系统功能划分如图 5 所示。

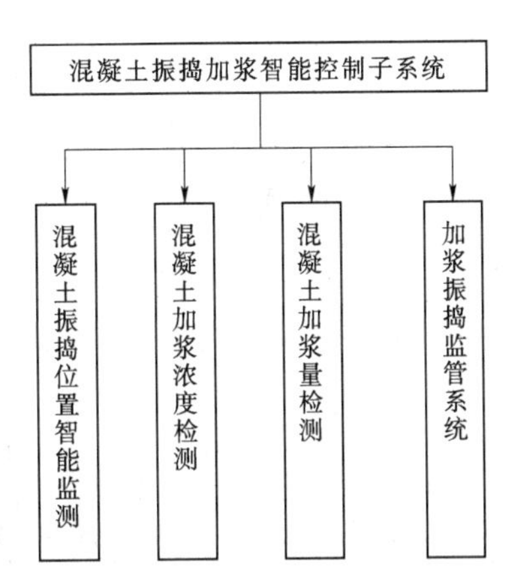

图 4 混凝土振捣加浆智能控制系统框图

2.5 灌浆质量自动化监控管理

灌浆管理信息系统是以电子信息技术、数据库技术、无线网络技术为基础，形成所需要的数据库系统。具有现场数据收集，数据远程传输，数据融合分析一体化功能。为设计管理、施工过程管理、质量管理到成果管理在内的施工全生命周期的灌浆监控系统，提供数据支撑；它的应用能提高工程管理人员在灌浆管理过程中的实时性和成工作效率，及时发现灌浆过程中出现的异常情况，从而提高灌浆工程质量管理水平。子系统功能划分如图 6 所示。

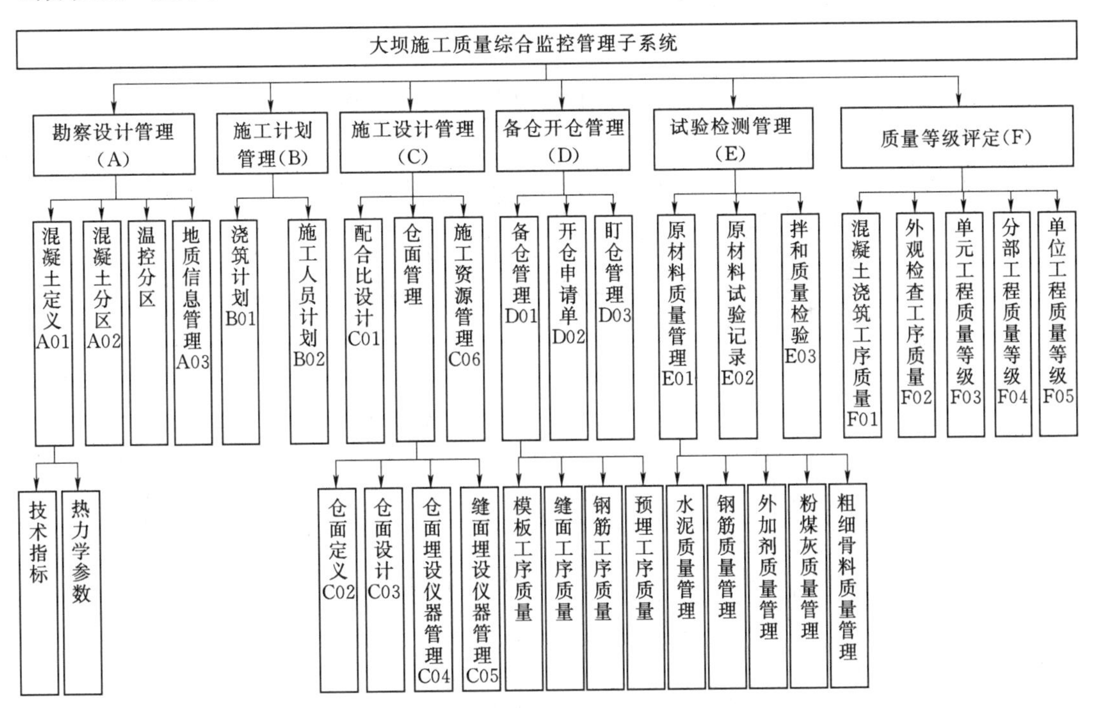

图 5 大坝施工质量综合监控管理系统框图

2.6 大坝坝踵变形自动化监测管理

为了弥补传统监测方式的不足，解决施工期变形漏测问题，开发完成施工期大坝变形智能监测系统，实时捕捉施工期坝体的变形，获取第一手资料，为后期大坝工作动态分析提供依据。项目主要内容为施工期变形自动监测系统，包括变形监测信息实时自动采集与存储模块、海量变形数据实时传输、变形风险实时预警、坝踵变形监测系统。子系统功能划分如图 7 所示。

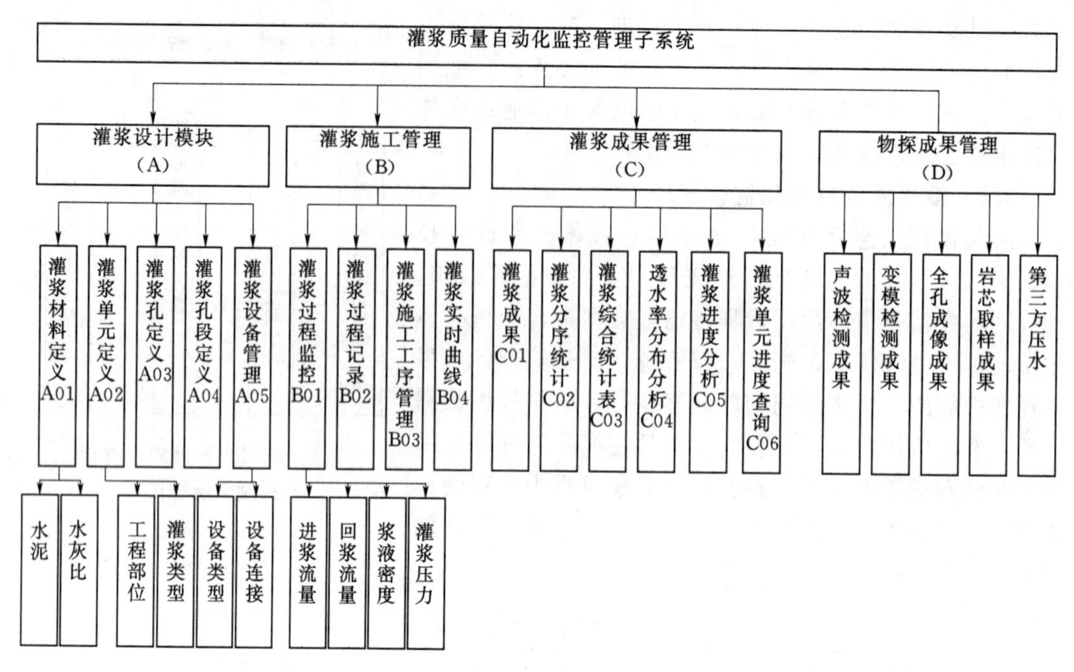

图 6　灌浆质量自动化监控管理系统框图

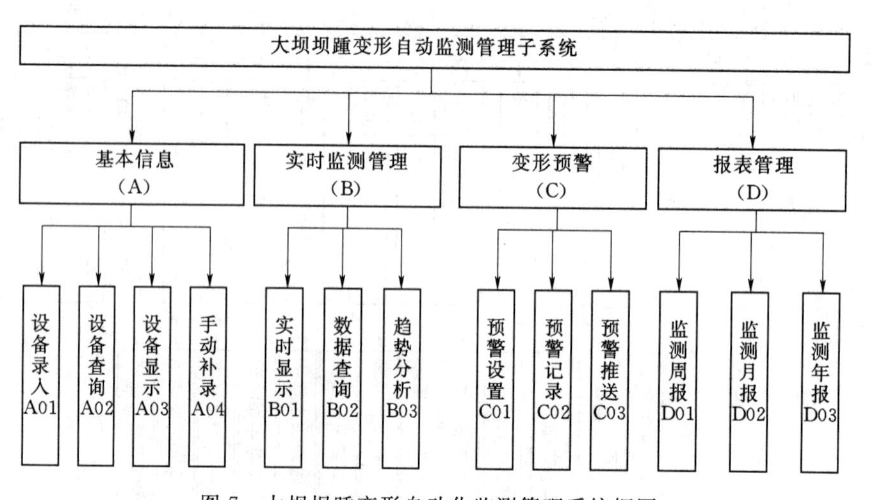

图 7　大坝坝踵变形自动化监测管理系统框图

3　结论

通过本项目的建设，实现了对大坝建设全过程混凝土浇筑信息、碾压质量、温度控制和变形监测等信息的智能采集、统一集成、实时分析与智能监控。

(1) 实现海量施工质量等各类监控数据的自动获取，确保数据的“实时、有效、准确和完整”，有效地解决现场监控模式的“四不”问题（不及时、不准确、不真实、不系统）。

(2) 实现混凝土大坝施工的自动管理与评价，确保混凝土施工全过程的可知、可控、可调，达到防止危害性裂缝发生的目的。

(3) 实现混凝土施工全环节的智能化监控，提高工程管理效率，为施工质量提供可靠保障。

(4) 为现场应急决策提供可操作、可展示的智能化监控平台，实现施工现场各类资料的直观展现，为建设决策提供依据。

(5) 为工程的资料管理和验收提供数字化档案服务。

系统的全方位应用还将实现水利工程的创新化管理，既为打造优质精品样板工程提供有力保障，又为枢纽工程的安全鉴定、竣工验收以及今后的长期运行安全管理提供支撑平台，成为项目法人实施质量智能化管理不可或缺的好帮手。

目前正是三河口水利枢纽大坝建设的高峰期，由于系统刚投入使用，系统运行、人员培训、报告报表等相关工作仍需进一步补充、完善，后续更好地服务于工程质量管理。

（选自《陕西水利》2018年第3期，总第212期）

参 考 文 献

[1]《建设工程质量管理条例》(国务院令第 279 号)，2000 年 1 月.
[2]《质量发展纲要（2011—2020 年）》起草工作小组. 质量发展纲要（2011—2020 年）[M]. 北京：中国质检出版社，2012.
[3]《水利工程质量管理规定》(水利部令第 7 号)，1997 年 12 月.
[4]《水利工程质量事故处理暂行规定》(水利部令第 9 号)，1999 年 3 月.
[5]《水利工程建设项目验收管理规定》(水利部令第 30 号)，2007 年 4 月.
[6]《水利工程质量检测管理规定》(水利部令第 36 号)，2008 年 11 月.
[7]《水利工程质量监督管理规定》(水利部水建管〔1997〕339 号)，1997 年 8 月.
[8]《贯彻质量发展纲要提升水利工程质量的实施意见》(水利部水建管〔2012〕581 号)，2013 年 1 月.
[9]《关于进一步明确水利工程建设质量与安全监督责任的意见》(水利部水建管〔2014〕408 号)，2014 年 12 月.
[10]《水利工程建设项目档案管理规定》(水利部水办〔2005〕480 号)，2005 年 11 月.
[11] SL 176—2007 水利水电工程施工质量检验与评定规程 [S]. 北京：中国水利水电出版社，2007.
[12] SL 223—2008 水利水电建设工程验收规程 [S]. 北京：中国水利水电出版社，2008.
[13] SL 288—2014 水利工程施工监理规范 [S]. 北京：中国水利水电出版社，2014.
[14] SL 631～637—2012 水利水电工程单元工程施工质量验收评定标准 [S]. 北京：中国水利水电出版社，2012.
[15] SL 638～639—2013 水利水电工程单元工程施工质量验收评定标准 [S]. 北京：中国水利水电出版社，2013.
[16] SL 703—2015 灌溉与排水工程施工质量评定规程 [S]. 北京：中国水利水电出版社，2015.
[17] GB 50268—2008 给水排水管道工程施工及验收规范 [S]. 北京：中国建筑工业出版社，2009.
[18] SL 688—2013 村镇供水工程施工质量验收规范 [S]. 北京：中国水利水电出版社，2013.
[19] SL 734—2016 水利工程质量检测技术规程 [S]. 北京：中国水利水电出版社，2016.
[20]《水利工程建设标准强制性条文》编制组. 水利工程建设标准强制性条文（2016 年版）[S]. 北京：中国水利水电出版社，2016.
[21] SL 168—2012 小型水电站建设工程验收规程 [S]. 北京：中国水利水电出版社，2012.
[22] SL 47—94 水工建筑物岩石基础开挖工程施工技术规范 [S]. 北京：中国水利水电出版社，2002.
[23] SL 378—2007 水工建筑物地下开挖工程施工规范 [S]. 北京：中国水利水电出版社，2008.
[24] SL 32—2014 水工建筑物滑动模板施工技术规范 [S]. 北京：中国水利水电出版社，2014.
[25] SL 377—2007 水利水电工程锚喷支护技术规范 [S]. 北京：中国水利水电出版社，2008.
[26] SL 53—94 水工碾压混凝土施工规范 [S]. 北京：中国水利水电出版社，1999.
[27] SL 62—2014 水工建筑物水泥灌浆施工技术规范 [S]. 北京：中国水利水电出版社，2014.
[28] SL 677—2014 水工混凝土施工规范 [S]. 北京：中国水利水电出版社，2014.
[29] SL/Z 690—2013 水利水电工程施工质量通病防治导则 [S]. 北京：中国水利水电出版社，2013.
[30] SL 27—2014 水闸施工规范 [S]. 北京：中国水利水电出版社，2014.
[31] 石庆尧，黄玮，庞晓岚，等. 水利工程质量监督理论与实践指南 [M]. 3 版. 北京：中国水利水

电出版社，2015.
[32] 水利部水利建设与管理总站. 水利工程质量监督实务 [M]. 北京：中国计划出版社，2005.
[33] 《水利水电工程施工质量检验及评定规程标准应用指南》编写组. 水利水电工程施工质量检验及评定规程标准应用指南 [M]. 北京：中国水利水电出版社，2008.
[34] 水利部建设与管理司. 水利水电工程单元工程施工质量验收评定表及填表说明（上、下册）[M]. 北京：中国水利水电出版社，2016.